中 国 震 例
EARTHQUAKE CASES
IN CHINA
（2018）

主　　编　邵志刚

常务副主编　宋美卿

副 主 编　冯志生　吕　坚　冯建刚　王　博

地震出版社

图书在版编目（CIP）数据

中国震例. 2018/邵志刚主编. —北京：地震出版社，2022. 10
ISBN 978-7-5028-5493-5

Ⅰ. ①中… Ⅱ. ①邵… Ⅲ. ①地震报告—中国—2018 Ⅳ. ①P316. 2

中国版本图书馆 CIP 数据核字（2022）第 191677 号

地震版 XM4730/P（6315）

中国震例（2018）

主　　　编：邵志刚
常务副主编：宋美卿
副　主　编：冯志生　吕　坚　冯建刚　王　博
责任编辑：王　伟
责任校对：凌　樱

出版发行：地震出版社
　　　　　北京市海淀区民族大学南路 9 号　　　　　邮编：100081
　　　　　销售中心：68423031　68467991　　　　　传真：68467991
　　　　　总 编 办：68462709　68423029
　　　　　编辑二部（原专业部）：68721991
　　　　　http://seismologicalpress.com
　　　　　E-mail：68721991@sina.com

经销：全国各地新华书店
印刷：北京广达印刷有限公司

版（印）次：2022 年 10 月第一版　2022 年 10 月第一次印刷
开本：787×1092　1/16
字数：787 千字
印张：30.75
书号：ISBN 978-7-5028-5493-5
定价：160.00 元

《中国震例》编委会

内 容 提 要

《中国震例》系列丛书是研究地震和探索地震预测预报的重要科学资料。1988、1990、1999、2000、2002、2003、2008、2014、2018、2019、2021 年陆续出版了《中国震例》1~17 册，合计收录 1966~2017 年发生的 376 次地震共 322 篇震例总结研究报告。本册（第 18 册）共收录 2018 年发生的 10 次地震、2019 年发生的 1 次地震，以及补充的 2007 年 1 次地震共 11 篇震例总结报告。每个报告大体包括摘要、前言、测震台网及地震基本参数、地震地质背景、烈度分布及震害、地震序列、震源机制解和地震主破裂面、观测台网及前兆异常、前兆异常特征分析、应急响应和抗震设防工作、总结与讨论等基本内容。本书是以地震前兆异常为主的系统的、规范化的震例研究成果，文字简明、图表清晰，便于查询、对比和分析研究。

本书可供地震预测预报、地球物理、地球化学、地震地质、工程地震、震害防御等领域的科技人员、地震灾害管理专家学者、大专院校师生及关心地震监测、地震预测研究、地震直接和间接灾害防御等方面的读者使用和参考。

Synopsis

The multi-volume series book of 《Earthquake Cases in China》 contains important scientific data and information for seismological studies and researches on earthquake prediction and/or forecast. The volume 1 to volume 17 of this multi-volume series book were published in 1988, 1990, 1999, 2000, 2002, 2003, 2008, 2014, 2018, 2019 and 2021 with 322 case study reports on 376 earthquakes occurred from 1966 to 2017. The volume 18 includes 11 study reports on 10 earthquakes with $M_S \geqslant 5.0$ occurred in 2018 and 1 earthquake with $M_S 5.3$ occurred in 2019, as well as 1 supplementary study report on an earthquake with $M_S 6.4$ occurred in 2007. In general, each case report includes abstract, introduction, seismic network and basic parameters of mainshock, seismological background, seismic intensity distribution and earthquake damages, earthquake sequence, focal mechanism solutions and main fault plane, monitoring network and precursory anomalies, analyses on characteristics of precursory anomalies, measures of emergency response and earthquake protection, summary and discussions. This book is a collection of basic analyses and results of systematic and standardized studies on earthquake cases mainly based on the earthquake precursory anomalies. Simple and concise illustrations and distinct figures and tables are convenient for readers to get references, to make comparisons and analyses.

The book can be used and referred to by scientific and technical workers of earthquake prediction and forecast, geophysics, geochemistry, geology, engineering seismology, by earthquake disaster managers, by university and/or college teachers and students and by readers who are interested in seismic hazard reduction.

编 写 说 明

中国地震预测预报实践自 1966 年邢台地震开始，已走过 50 多年的历程，取得了显著的进展。地震预测预报是以观测为基础的科学，短临预测预报作为地震预测预报的主要目标，实现它的重要环节是获取可靠的地震前兆异常，综合分析多方面的资料，进而进行地震发生时间、地点和震级三要素的预测。因此，全面积累每次地震的地震地质、震害、地震参数、地震序列，尤其是地震前兆异常及预测预报和应急响应的经验教训等资料，对于地震科学研究、地震预测预报和防震减灾具有特别重要的科学价值。经过研究整理的一次或一组地震的上述系统资料，本书中称之为震例研究报告，它们是地震预测预报及其研究的基础。

《中国震例》的震例研究和报告编写工作基本按《震例总结规范》进行，以研究报告集的形式按地震发生日期顺序编辑成册。各总结研究报告按以下基本章节内容进行编写：

一、摘要

概述报告的主要内容。

二、前言

给出主震或重要地震的基本参数、震害、预测预报、宏观考察和研究历史等情况的概述。

三、测震台网和地震基本参数

给出地震前震中附近测震台网情况和主震或重要地震的基本参数。对同一地震，当不同单位给出不同参数时，则分别列出，编写人认为最合理的参数放在第一条。

四、地震地质背景

简要介绍震中附近地区的区域大地构造环境、深部构造条件、区域形变场概貌、历史地震活动及主要构造与断裂的活动性，以及与发震构造有关的资料。

五、烈度分布与震害

给出烈度分布图、宏观震中的地理位置。简要介绍等震线范围、重要地表破坏现象、烈度分布特征及震害评估结果。

六、地震序列

尽可能给出全序列资料（包括直接前震和余震的有关参数）、余震震中分布图、地震序列类型、应变释放曲线或能量衰减曲线图、序列 b 值、频度衰减系数及较大余震目录等。

七、震源机制解和地震主破裂面

分别给出震源机制解图和表。对同一地震，如有不同的解，则分别列出，编写人认为最合理的解列在表中第一条。综合分析地震主破裂面和发震构造。

八、观测台网及前兆异常

介绍地震前的定点前兆观测台网及其他有关观测情况。规定 $M_S \geq 7.0$ 级地震距震中 500km 以内，$6.0 \leq M_S < 7.0$ 级地震距震中 300km 以内，$5.0 \leq M_S < 6.0$ 级地震距震中 200km

以内，作为定点观测台网前兆观测资料的统计范围，给出此范围内测震台（项目）以外的其他地震前兆定点观测台站（点）或观测项目分布图，并在必要时给出前兆异常项目平面分布图。认为与此次地震孕育过程有关的全部前兆异常，包括非定点台网观测到的异常和上述规定距离以外的重要异常，均列入前兆异常登记表，并给出前兆异常图件。概述前兆异常的总体情况，以图表为主，必要时加以简要文字说明。对地震学项目以外所有定点观测台站（点）的所有观测项目或异常项目进行累加统计时，其统计学单位称为台项。对前兆异常登记表中的异常项目进行累加统计时其统计单位称为项次或条。

为保证资料的可靠性，要求所用数据的观测质量必须符合观测规范，且能够区别正常动态与异常变化。根据地震前兆观测资料清理和分析研究的结果把观测资料质量划分为三类：1 类——符合上述要求；2 类——基本符合；3 类——不符合。规定只选用 1、2 类观测资料，3 类资料不予使用，亦不进入统计。异常判定应经过全部资料和全过程的分析，经排除干扰和年变等因素后，根据一定的判据，认定与地震关系密切的变化才列入异常登记表。

规定按时间发展进程把异常分为 L、A、B、C 四个阶段类别：L——长期趋势背景异常，出现在地震前 5 年以上；A——中期趋势背景异常，出现在震前 0.5~5 年；B——短期趋势异常，震前延续 1~6 个月；C——临震异常，震前 1 个月内。另外，对远离规定的震中距范围以外，或据现有认识水平一时无法解释，以及非常规观测的、值得研究的其他可靠和较可靠的异常现象划为 D 类，在相应的异常阶段类别前冠以 D 字样，以留下资料和记录供后续研究。对各类异常，按照其可信程度，又区别为 Ⅰ、Ⅱ、Ⅲ 三个等级，以下角标标示：Ⅰ——可靠；Ⅱ——较可靠；Ⅲ——参考，留作记录。D 类异常只取 Ⅰ 和 Ⅱ 两类。如：$C_{Ⅱ}$ 为较可靠的临震异常；$DA_{Ⅰ}$ 为可靠的中期 D 类异常。关于 Ⅰ、Ⅱ、Ⅲ 等级的确定，主要尊重总结研究报告作者的意见，编辑过程中仅作了个别调整，供读者参考。宏观异常在登记表中总的作为一项异常。异常登记表中各栏目，既是报告作者对异常研究的结果，亦是为了给读者提供使用、研究和参考的方便。对异常进行以上的认真审核和分类处理，既可达到去粗取精、去伪存真的目的，又可避免丢失可能有科学价值的异常记录，以利于进一步研究和资料积累。尽管如此，书中辑入的异常未必都恰当，读者可根据提供的资料和文献进一步做出判断。

九、前兆异常特征分析

简要给出对主要异常特征的综合分析与讨论，给出要点，提出有依据的看法和待研究的问题。

十、应急响应和抗震设防工作

简要介绍（记录）预测预报、应急响应和抗震设防等方面的重要情况和工作过程，包括对强余震的监测预报情况等。

十一、总结与讨论

从科学上讨论有技术和工作特色的经验、学术观点、教训和问题及启示。

十二、参考文献和资料

给出在震例研究和报告编写工作中研究过的全部文献和资料目录，同时也尽可能列出与该地震相关的但作者并未引用的文献资料。报告中直接引用已出版文献或未出版的参考资料、图件和工作结果时均应注明来源，以便读者进行核对或追踪研究。

在本系列书中，对于已发表有专著的强震，根据专著发表后的研究成果，亦按以上要求编写震例报告，并进行必要的资料补充，专著中发表过的异常图件一般从略，文字从简。

本书辑入的震例总结研究报告是前人和作者对该次震例资料整理和研究成果的集中表达，是以地震前兆异常为主的系统的、规范化的震例科研成果。《中国震例》编辑组工作的指导思想是：经过科学整理和分析研究，给出各次地震的基本资料，既可供读者使用、参考，又可供进一步追踪研究；既具有资料性，又要反映目前研究程度；文字力求简明，避免冗长的叙述和讨论，因此尽量使用了图表，便于对比。由于资料和研究程度的差异，各报告在坚持质量和科学性的前提下，根据实际情况编写和编辑，因此篇幅和章节编排不尽一致。

中国大陆地震前兆的观测与预测预报实践表明，地震孕育和发生是一个极其复杂的过程，影响因素很多，伴随这一过程有许多异常现象。我们把那些地震前出现的、与该地震孕育和发生相关联的现象称之为地震前兆，即采用了广义地震前兆的概念。本书辑录的地震前兆异常，是经过审核的、有别于正常变化背景的、可能与该地震孕育和发生相关联的异常变化，其中既可能有区域构造应力场增强引起的异常（"构造前兆异常"），又可能有来自震源的信息（"震源前兆异常"），具有不同的前兆指示意义，无疑包含着丰富的可能的前兆信息。因而震例研究报告是地震前兆研究和预测预报探索的宝贵财富，它既是进一步研究的基础资料，又可供在今后震情判定中借鉴。

需要指出的是，震例报告是震后经过若干年的资料收集、发掘、整理和总结研究之后编写的，从震后总结到实现震前的科学预测预报，还要经过一段艰难的路程。还需要指出的是，随着地震业务工作的发展及科学认识的深入，本册在严格遵循《震例总结规范》的基础上，力图在以下方面有所加强：

（1）强调震例的史料及档案性质。要求第八部分"观测台网及前兆异常"在对地震学及前兆异常进行系统梳理（震后总结）的前提下，着重震前预测主要科学依据、所得结论的叙述，着重当时论证过程实事求是的还原，包括不同观点的碰撞。要求尽可能提供震前预测及震后趋势判定全面的原始证据，包括预测依据及预报凭据。对有一定预测实效的震例，更要加强预测过程、预测依据的详细辑录，详细收集当时开展科学预测的原始凭据。

（2）进一步强化震例总结的科学性。第九部分"前兆异常特征分析"除已有内容的客观表达外，要求作者站在目前的角度、以当前的科学眼光，重点对当时预测过程的得失成败进行科学评述及原因分析。

（3）为突出地震预测预报这一震例总结工作的重点，并保证资料的权威性，对第五部分"烈度分布与震害"和第十部分"应急响应和抗震设防工作"两部分适当简化，对应急、震害等数据直接引用相关正式资料并列出参考文献即可。

本书所辑入的震例报告，基本以"属地原则"由发生地震所在的省（自治区、直辖市）地震局负责总结研究。各报告对前人或相关的研究工作成果，特别是地震前兆研究的成果，虽尽力作了反映，但由于人员变动和资料收集的困难，以及水平限制等原因，难免仍会有疏漏，对个别异常和资料的处理亦可能会有不妥之处。

《中国震例》（2018）编辑组仍遵循此前制订的2~3人分别把关评审与主编审定的工作

程序，确保每份报告至少都经历了初稿、修改稿（2 次以上）等过程。编辑组在严格遵守作者"文责自负"的前提下，在不违背原则的情况下对每份报告的体例和分析结果等进行了适当的编辑处理。编辑组虽然作了很大努力，但由于水平和条件所限，书中可能还有不周或不足之处，望予谅解并提出宝贵意见。

编　者

2022 年 9 月　北京

About This Book

In China, practices in earthquake precursor observations and earthquake prediction and/or forecast have been carried out for more than 50 years since the Xingtai earthquake in 1966 and substantial progress has been achieved. Earthquake prediction and forecast is a science that mainly based on observations. The short term and imminent prediction or forecast of the time, magnitude and place of an earthquake is the principal goal of earthquake prediction or forecast. Successful forecast or prediction can only be achieved on the basis of acquisition of reliable data of earthquake precursory anomalies and comprehensive analyses of all data. Therefore, for earthquake research, prediction, protection and hazard mitigation it is of particularly important scientific value to accumulate extensive data of seismogeology, earthquake disasters, earthquake parameters, earthquake sequence and especially earthquake precursor anomalies and lessons of prediction and emergency response of an earthquake. The above mentioned systematic data of an earthquake or a group of earthquakes obtained through researches and classification are treated as research reports of earthquake cases in this book. They are the foundation data for earthquake prediction or forecast and related researches.

The book is compiled in the form of collection of reports on earthquake cases and arranged according to occurrence dates of the earthquakes. All reports of earthquake cases were written with the reference standards and requirements of 《Specification for Earthquake Case Summarization》. Each report contains the following basic components:

Abstract is a summary of the major contents.

Introduction gives a brief description of the occurrence time of the main shock or main earthquakes, its or their damages, the status of prediction or forecast, the macroscopic investigations and the history of earthquake studies, etc.

Seismic Network and Basic Parameters of the Earthquake gives the distribution of seismic network near the epicenter before the event (s) and the basic parameters of the main shock or main earthquakes. When the different parameters of an earthquake were given by different agencies, they are listed separately, but the first one on the list is the parameters that the authors deem most reasonable.

Seismogeological Background gives a brief description of the location of the regional geotectonic structures, deep structures, general picture of the regional deformation field, historical earthquake activity, activities of main structures and faults and other data associated with the seismogenic structures around the hypocenter.

Distribution of Seismic Intensity and Damages illustrates the distribution of seismic intensity, the geographic location of the macroseismic epicenter. The range of isoseismal lines and significant phenomena of surface destruction are described, the features of intensity distribution and the estimated earthquake damages are outlined.

Earthquake Sequence provides the whole sequence (including the relevant parameters of all direct foreshocks and aftershocks), the distribution of aftershock epicenters, the type of the sequence, the strain release curve or the energy attenuation curve, b value of the sequence, the frequency attenuation coefficient, and the catalogue of major aftershocks.

Focal Mechanism Solution and Main Rupture Plane gives figures and tables of the focal mechanism solutions. When there are different solutions, they are given separately, with the most appropriate one is listed as the first one by the authors. Comprehensive analyses are made for the earthquake rupture plane and the seismogenic structure.

Monitoring Network and Precursory Anomalies describes the precursor monitoring network and other related observations. Statistical analyses are made on the precursory anomalies obtained from the networks within or more than the distance of 500km from the epicenters of the $M_S \geqslant 7.0$ earthquakes, within 300km from the epicenters of earthquakes of $6.0 \leqslant M_S < 7.0$, and within 200km from the epicenters of the earthquakes of $5.0 \leqslant M_S < 6.0$. Maps of fixed observation stations (points) or observation items (except seismic observation items) within such distances and maps of distribution of precursory anomalies (only indicating precursory items of fixed observations except seismic anomalies) are also provided. All anomalies that are assumed to be closely linked with the process of the earthquake preparation, including the important anomalies at non-fixed observation points and outside the defined distances, are listed in the summary table of precursory anomalies with corresponding figures. The overall situation of the precursory anomalies is outlined, mainly with figures and tables and with concise illustrations if necessary. The statistic unit of observation items or anomaly items of all stations (points) is called station-item.

In order to ensure the reliability of the data, the observation quality of the data must meet the observation specifications and the normal variations and anomalous changes can be distinguished. According to the result of the sorting out and analyses of the precursor observations, the quality of the observation data are classified into three classes: Type 1 — the data meet the above mentioned quality requirements; Type 2 — the data meet the quality standards in general and the normal variations and anomalies can be distinguished; Type 3 — the data don't meet the requirements. It is decided that only the first two types of data can be used, while the data of the third type will not be selected for statistical analyses. The anomalies are identified on the basis of result of analyses on all data during the whole process after eliminating contaminations, annual variations, and other contamination factors. Thereafter, only anomalies identified to be closely associated with earthquakes are listed in the summary table of precursory anomalies.

The anomalies are divided into four classes L, A, B and C according to the time development of the anomalies: Class L indicates the long-term trend anomalies that appear five years or more before the earthquake; Class A is the mid-term trend anomalies which occur about six months to five years before the earthquake; Class B denotes the short-term anomalies which last for about one to six months before the earthquake; Class C means the imminent anomalies that occur within approximately one month before the impending earthquake. In addition, class D is introduced to include certain reliable or fairly reliable anomalies that deserve further studies. They might appear at observation stations that are even further away from the epicenter than the defined distance, they could not be explained with present knowledge, or they are not obtained by conventional observations. The anomalies are further classified according to their reliability into degrees Ⅰ, Ⅱ and Ⅲ, with Ⅰ— reliable; Ⅱ— fairly reliable; and Ⅲ— for reference. But the anomalies of class D are only classified in degrees Ⅰ and Ⅱ. The reliability degree is marked by subscript to the bottom right of the class symbols. For example, $C_Ⅱ$ is a fairly reliable imminent anomaly; $DA_Ⅰ$ is a reliable mid-term anomaly of Class D. They are usually determined by the opinions of the authors, except a few are revised by the editors for reader's reference. The macroscopic anomalies registered in the summary table of precursory anomalies are regarded as one item of anomalies. Various items of anomalies registered in the table are the research results obtained by many authors and are provided to the readers to utilize, study and refer to with convenience. The stringent evaluation and classification of the anomalies not only serves the purpose of selecting the high quality data, but also helps to avoid the possibility of losing any scientifically valuable records of anomalies that are useful in further scientific analyses. However, the anomalies included in the book are not necessarily correct for all of them and readers should make further judgment based on the data and references provided.

Analyses of Features of Precursory Anomalies gives comprehensive analyses and discussions on features of the main anomalies with interpretation based on facts and opinions on problems for future study.

Measures of Emergency Response and Earthquake Prevention gives brief introduction on important situations and procedures of the work in earthquake forecast or prediction, emergency response and earthquake prevention, including the monitoring of strong aftershocks and so on.

Discussions and Concluding Remarks explores scientifically the experience, academic ideas, lessons, problems and revelations that are characteristic in technology and practical work.

References and Information lists all references and data catalogues which have been studied during the case study and report compilation. References that are related with the earthquake but not quoted by the author (s) are listed as many as possible. The origins of published and unpublished data, figures and results, which are directly quoted in the reports, were given also.

Some strong earthquakes that have been studied in published monographs are also compiled with earthquake case reports, with necessary data supplemented. However, the published figures of anomalies are usually deleted and illustrations are simplified.

Each of the earthquake case reports contained in this book is the manifestation of the achievement gained by the predecessors and authors in sorting out and studying the earthquake case. They are the fruit of a systematic and standardized scientific research on earthquake cases with emphasis on precursor anomalies. The Editorial Board of Earthquake Cases in China has been worked under the guide line that this book will provide readers for their use, reference and future research with basic data of each earthquake obtained through scientific sorting out and analyses. Therefore, all reports are designed to have abundant information and clearly indicate the current research level. The literal illustrations are as simple as possible without lengthy descriptions and discussions, so available figures and tables are given for comparison. Each report is compiled and written to the highest possible quality and scientific soundness. However, owing to differences in data and research extent and the actual situations, the length and format for all reports are not exactly the same.

The earthquake precursor observations and forecast or prediction practices in Chinese mainland have shown that the preparation and occurrence of an earthquake is a rather complicated process influenced by many factors and accompanied by various anomalous phenomena. We call the anomalies appeared before an earthquake that are closely linked with the process of the preparation and occurrence of the earthquake and distinct from the normal background of variations as earthquake precursor anomalies, or as precursor anomalies in general sense. The earthquake precursory anomalies included in the book are examined to be relevant phenomena associated possibly with the process of earthquake preparation and occurrence. Among them there may be anomalies caused by intensification of regional tectonic stress field (referred to as "tectonic precursor anomalies") and the information from a single earthquake focus (called as "focal precursor anomalies"). They have different precursory implications, undoubtedly with possible and rich precursory information. Therefore the earthquake case reports are the valuable accumulations for studies on earthquake precursors and forecast or prediction. They provide not only basic data for further investigations, but also contribute references for future assessment of the development of earthquake activity.

However, it should be noted that those earthquake case reports have been compiled through several years of collection, analysis and exploration, and summarizing of the data after the earthquakes, and there is still a long and arduous way from the post-earthquake summarization to scientific earthquake prediction or forecast. It also should be pointed out that besides following the 《Specification for earthquake case summarization》 strictly, some new demands have been proposed for this volume:

1. Emphasizing the historical and dossier properties of the earthquake cases. Following the systemic study on the seismogeological and precursory anomalies, a scientific and real description on evidences and conclusions are needed, especially for decision-making process before the mainshock. The original proofs for earthquake forecast or judgment of aftershock tendency are asked to provide.

2. Emphasizing the scientific properties of the earthquake cases. In "**Analyses of Features of Precursory Anomalies**", besides something mentioned above, the authors also have been asked to comment on the successful or unsuccessful earthquake prediction, on the side of present scientific point of view. The analysis on reasons of successful or unsuccessful earthquake prediction are the key points of this part.

3. For projecting the earthquake forecast or prediction, which is the emphases of the 《Earthquake Case in China》, as well as to ensure the reliability of the book, two parts mentioned above,

"**Distribution of Seismic Intensity and Damages**" and "**Measures of Emergency Response and Earthquake Prevention**", should be simplified felicitously. It is feasible that the correlative data could be quoted directly and references be listed.

The research reports of earthquake cases collected in this book were prepared by Earthquake Administrations of the provinces, autonomous regions and metropolitan cities according to the principle of the earthquake location. All efforts were made to ensure that the reports reflect the achievement of researches obtained by the predecessors or in related researches and particularly the achievement of researches on precursors to earthquakes. However, due to personnel changes and limited data accessibility, there might be inappropriate omissions or improper processing of individual anomalies and data.

For every report there had to be a manuscript, a revised manuscript (revised once or several times) and the manuscript had to be examined and accepted by the institution that participated the project. Under the prerequisite that "the author is responsible for his own report or paper" the editorial board made some appropriate editing of the format and the results of analyses without violation of the principles. Though great efforts were made by the editorial board, there might still be some improper aspects in the book due to our limited scientific knowledge and work conditions. Therefore, any comments and corrections are greatly appreciated.

The Editorial Board
September 2022, Beijing

地震前兆异常项目名称一览表

学　科	异　常　项　目　名　称
地　震　学	地震条带，地震空区（段），空区参数 σ_H，地震活动分布（时间、空间、强度），前兆震群，震群活动，有震面积数 A 值，地震活动性指标（综合指标 A 值，地震活动熵 Q^t、Q^N、Q^Σ，地震活动度 γ、S（模糊地震活动度 Sy）），地震强度因子 M_f 值，震级容量维 D_0 值，地震节律，应变释放，能量释放，地震频度，b 值，h 值，地震窗，缺震，诱发前震，前震活动，震情指数 $A(b)$ 值，地震空间集中度 C 值，η 值，D 值；地震时间间隔，小震综合断层面解，P 波初动符号矛盾比，地震应力降 τ，环境应力值 τ_0，介质因子 Q 值，波速，波速比，S 波偏振，地震尾波（持续时间比 τ_H/τ_V、衰减系数 a、衰减速率 p），振幅比，地脉动，地震波形；断层面总面积 $\Sigma(t)$，小震调制比，地震非均匀度 GL 值，算法复杂性 $C(n)$、AC
地　形　变	定点水准（短水准），流动水准；定点基线（短基线），流动基线；测距；地倾斜；断层蠕变；GPS
应力-应变	钻孔应变（体积应变，分量应变），压容应变，电感应力，伸缩应变
重　　力	定点重力，流动重力
地　　电	视（地）电阻率 ρ_s；自然电位 V_{SP}；地电场
地　　磁	Z 变化，幅差，日变低点位移，日变畸变；总场（总强度），流动地磁；磁偏角；感应磁效应（地磁转换函数）；电磁扰动（电磁波）
地下流体	氡(水、气、土)，总硬度，水电导，气体总量，pH 值，CO_2、H_2、痕量 H_2、He、N_2、O_2、Ar、H_2S、CH_4、Hg（水、气）、SiO_2、Ca^{2+}、Mg^{2+}、SO_4^{2-}、HCO_3^-、Cl^-、F^- 含量；地下水位，井水位；水（泉）流量，水温
气　　象	气温，气压；干旱，旱涝
其他微观动态	油气井动态；地温；长波辐射（OLR）
宏观动态	宏观现象
综　　合	前兆信息熵（H）；异常项数

The List of Earthquake Precursory Items

Subject	Precursory items
seismology	seismic band, seismic gap (segment), parameter of seismic gap σ_H, earthquake distribution (temporal, spatial, magnitude), precursory earthquake swarm, earthquake swarm activity, number of areas of earthquake occurrence (A value), index of seismic activity (comprehensive index A, seismic entropy Q^t, Q^N and Q^Σ, degree of seismic activity γ and S, fuzzy degree of seismic activity Sy), seismic intensity factor M_f value, fractal dimension of magnitude capacity D_0, earthquake rhythm, strain release, energy release, earthquake frequency, b value, h value, seismic window, earthquake deficiency, induced foreshock, foreshock activity, exponential of earthquake situation ($A(b)$ value), degree of seismic concentration C value, η value, D value of seismicity; time interval between earthquakes, composite fault plane solution of small earthquakes, sign-contradiction ratio of P-wave first motions, co-seismic stress drop τ, ambient stress τ_0, quality factor (Q value), wave velocity, wave velocity ratio, S-wave polarization, seismic coda wave (sustained time ratio τ_H/τ_V, attenuation coefficient a, attenuation rate p), amplitude ratio, microtremor, seismic waveform; total area of fault plane ($\Sigma(t)$), regulatory ratio of small earthquakes, degree of seismic inhomogeneity (GL value), Algorithmic Complexity ($C(n)$, AC)
deformation	fixed leveling (leveling of short route), mobile leveling; fixed baseline (short baseline), mobile baseline; ranging; tilt; fault creep; GPS
strain stress	borehole strain (volumetric strain, 4-components strain), piezo-capacity strain, electric induction stress, extensor strain
gravity	fixed-point gravity, roving gravity
geoelectricity	apparent resistivity (ρ_s); spontaneous potential (V_{SP}); geoelectric field
geomagnetism	Z variation of geomagnetism, amplitude difference of geomagnetism, low-point drift of daily variation of geomagnetism, distortion of daily variation of geomagnetism; total intensity of geomagnetism, roving geomagnetism; magnetic declination; induced magnetic effects (geomagnetic transfer functions); electromagnetic disturbance (electromagnetic wave radiation)

Subject	Precursory items
ground water	radon content in (groundwater, air, soil), total water hardness, water conductivity, total amount of gas in groundwater, pH value; CO_2, H_2, Trace hydrogen, He, N_2, O_2, Ar, H_2S, CH_4, Hg (groundwater, air), SiO_2, Ca^{2+}, Mg^{2+}, SO_4^{2-}, HCO_3^-, Cl^- and F^- content in groundwater; ground water level, well water level, (spring) water-flow quantity, water temperature
meteorology	atmospheric temperature, atmospheric pressure; drought, waterlogging
other microscopic variation	variation of oil well; ground temperature; outgoing longwave radiation (OLR)
macroscopic variation	macroscopic phenomena
comprehensive	precursor information entropy (H); anomalous item number

图件中的常用图例
Legend

微观震中
instrumental epicenter

宏观震中
macroscopic epicenter

地震台站（不分观测项目时使用）
earthquake-monitoring station

测震台
seismic station

初动向上
first motion（up）

初动向下
first motion（down）

水　准
leveling

基　线
baseline

D　断层蠕变
fault creep

T　地倾斜
tilt

E　地　电
geoelectricity

ρ_s　视（地）电阻率
apparent resistivity

V_{SP}　大地电场（自然电位）
spontaneous potential

M　地　磁
geomagnetism

M_Z　垂直磁场强度
vertical magnetic intensity

M_D　磁偏角
magnetic declination

G　重　力
gravity

Rn　具体标示的地球化学项目（圆内符号用相应化学组分符号标示）
marked geochemical item

Ch　不做具体标示的或一个以上的地球化学项目
unmarked geochemical items

W_F　水电导度
conductivity of groundwater

W_Q　水流量
water-flow quantity

W　水　位
water level

σ　应力应变
stress strain

验潮站
tidal gauge station

电磁扰动（电磁波）
electromagnetic disturbance

W_C　水　温
water temperature

G_C　地　温
ground temperature

目　　录

2018 年 5 月 6 日青海省称多 5.3 级地震 ……………………………… 1

2018 年 5 月 28 日吉林省松原 5.7 级地震 ……………………………… 34

2018 年 8 月 13、14 日云南省通海 5.0 级震群 ………………………… 85

2018 年 9 月 4 日新疆维吾尔自治区伽师 5.5 级地震 ………………… 138

2018 年 9 月 8 日云南省墨江 5.9 级地震 ……………………………… 174

2018 年 10 月 16 日新疆维吾尔自治区精河 5.4 级地震 ……………… 224

2018 年 10 月 31 日四川省西昌 5.1 级地震 …………………………… 264

2018 年 11 月 4 日新疆维吾尔自治区阿图什 5.1 级地震 …………… 325

2018 年 12 月 16 日四川省兴文 5.7 级地震和

　　2019 年 1 月 3 日四川省珙县 5.3 级震群 ………………………… 354

2018 年 12 月 20 日新疆维吾尔自治区阿克陶 5.2 级地震 ………… 389

2007 年 6 月 3 日云南省宁洱 6.4 级地震 ……………………………… 422

Contents

The M_S5. 3 Chengduo Earthquake on May 6, 2018 in Qinghai Province ·················· 1

The M_S5. 7 Songyuan Earthquake on May 28, 2018 in Jilin Province ·················· 34

The Tonghai M_S5. 0 Earthquakes Swarm Occurred on August 13, 14, 2018
in Yunnan Province ·················· 85

The M_S5. 5 Jiashi Earthquake on September 4, 2018
in Xinjiang Uygur Autonomous Region ·················· 138

The M_S5. 9 Mojiang Earthquake on September 8, 2018 in Yunnan Province ·················· 174

The M_S5. 4 Jinghe earthquake on October 16, 2018
in Xinjiang Uygur Autonomous Region ·················· 224

The M_S5. 1 Xichang Earthquake on October 31, 2018 in Sichuan Province ·················· 264

The M_S5. 1 Artux Earthquake on November 4, 2018
in Xinjiang Uygur Autonomous Region ·················· 325

The M_S5. 7 Xingwen Earthquake on December 16, 2018 and
M_S5. 3 Gongxian Earthquake Swarm on January 3, 2019 in Sichuan Province ·················· 354

The M_S5. 2 Aktao Earthquake on December 20, 2018
in Xinjiang Uygur Autonomous Region ·················· 389

The M_S6. 4 Ninger Earthquake on June 3, 2007 in Yunnan Province ·················· 422

2018 年 5 月 6 日青海省称多 5.3 级地震

青海省地震局

李启雷　马茹莹　袁伏全　冯丽丽　刘文邦

张丽峰　黄　浩　屠泓为　王培玲

摘　要

2018 年 5 月 6 日青海省玉树藏族自治州称多县发生 $M_S5.3$ 地震，震源深度 9km，微观震中的经纬度为 96.53°E、34.56°N，宏观震中位于称多县扎朵镇的夏茸扎陇沟（96.74°E，33.78°N）。等震线长轴总体呈 NWW 走向，震中烈度Ⅵ度，Ⅴ度区及以上总面积约 10960km² 。此次地震未造成人员伤亡，部分农房出现不同程度裂缝，直接经济损失 8713.2 万元[1]。

称多 $M_S5.3$ 地震序列为震群型，次大地震发生于 5 月 5 日，震级为 $M_S4.8$，最大地震和次大地震的震级差 $\Delta M = 0.5$，最大地震占整个序列的能量百分比为 79.2%，次大地震占整个序列的能量百分比为 19.90%。此次地震的震源机制解为走滑型，节面Ⅰ走向 349°、倾角 52°、滑动角 -172°，节面Ⅱ走向 254°、倾角 84°、滑动角 -38°。结合精定位、震源机制等结果，综合分析认为，称多 $M_S5.3$ 地震的主破裂面为 NW 走向的节面Ⅰ，发震构造可能是巴颜喀拉山主峰断裂。

称多 $M_S5.3$ 地震震中 300km 范围内共有测震台 10 个、地球物理观测台 3 个，观测项目有水位、水温、水氡、重力、地电、电磁、地电阻率和地倾斜等 7 项，周边 100 km 范围内无地球物理观测台站。震前青海省地震局共提出 2 条地震学背景性异常、1 条热红外异常和 1 条中长期定点地球物理观测异常，所有测项震前均未发现显著短临变化。

称多 $M_S5.3$ 地震震中位于巴颜喀拉块体内部，据历史记载，震中附近 100km 范围内，共记录到 $M_S \geq 5.0$ 级地震 7 次，其中 6 级以上地震 3 次，具备发生中强以上地震的活动背景。该地震距 2018 年度趋势会商划定的唐古拉中段 $M_S5.5$ 左右地震危险区约 100km。地震发生后，青海省地震局立即启动地震应急Ⅲ级响应，联合州县地震局组成现场工作队开展地震应急处置工作，与青海省民政厅、住建厅等单位对灾害损失进行评估，结合震区自然环境、经济发展及震害特点对灾害恢复重建提出建议。

前　言

据中国地震台网测定，2018 年 5 月 6 日 17 时 23 分，青海省玉树藏族自治州称多县发生 M_S5.3 地震，微观震中为 96.53°E、34.56°N，震中距离曲麻莱县城 83km，距离称多县城约 143km，距离玉树市 180km，距离西宁市 528km。根据《青海称多县 M_S5.3 地震灾害损失评估报告》，极震区位于青海省称多县扎朵镇革新村，烈度为Ⅵ度，宏观震中为 96.74°E、33.78°N。此次地震未造成人员伤亡，部分农房出现不同程度裂缝，直接经济损失 8713.2 万元。

青海省地震局在 2018 年度趋势会商中提出"2018 年度或稍长时间唐古拉地区存在 5.5 级左右地震的危险"[3]，该地震发生在唐古拉中段危险区西北约 100km 处。2018 年度青藏地区震情监视协作工作会议中指出：唐古拉至甘青川区域近期存在发生中强地震的可能，2018 年 5 月 6 日称多 M_S5.3 地震发生在该区域内[4]。

青海监测台网分布极不均匀，东密西疏，称多 M_S5.3 地震震中位于地震监测能力薄弱区。震中 100km 范围内只有 2 个测震台，没有地球物理观测台；震中 300km 范围内有 10 个测震台，地球物理观测仅有玉树、都兰、格尔木 3 个观测台。

称多 M_S5.3 地震发生于巴颜喀拉块体内部，区域内主要断裂多为 NW 向大型走滑断裂。据历史记载，震中附近 100km 范围内，共记录到 M_S≥5.0 级以上地震 7 次，其中 6 级以上地震 3 次，分别为 1915 年 4 月 28 日曲麻莱东 M_S6.5、1915 年 5 月 5 日治多东 M_S6.5 和 1995 年 12 月 18 日果洛西 M_S6.2 地震。

该地区 5 级以上地震序列以主余型和孤立型为主，但也曾发生过数次震群型序列，尤其是 2000 年以来，震群型地震序列占唐古拉地震带的 20.6%。此次地震活动为震群型，首发地震为 5 月 2 日 M_L3.0 地震，5 月 3、4 日先后发生了 M_S3.6、M_S3.0 地震，在地震发生前 M_L2 地震存在"活跃、平静、再活动"的交替活动现象。

2018 年度会商以来，该区域仅存在 2017 年称多 M_L2 小震群、唐古拉震群、青海大范围 M_L4.0 平静等数项背景性异常[3,5,6]。2018 年 3 月以来，又提出了热红外异常。该地区 2018 年 2 月 20 日左右热红外相对功率谱出现小面积小幅度异常，随后逐步发展，在 3 月初异常强度及空间尺度达到峰值，之后逐渐减弱直至 3 月底消失。文中对这些异常进行了分析和反思，最后对地震监测能力薄弱区面临的地震预报困难做了讨论，对此次地震出现的前震现象进行了分析，认为应重视数字地震学方法的应用，尤其要加强前震识别方向的研究。

称多 M_S5.3 地震发生后，青海省地震局立即启动地震应急Ⅲ级响应，应急值班人员按照预案开展相关应急处置工作。青海省地震局现场工作队抵达震区后，会同有关单位组成联合工作组，立即开展震情研判、烈度评定、灾害调查与评估、社会稳定等现场应急工作。

在有关文献和资料的基础上，经综合分析，完成此报告。

一、测震台网及地震基本参数

1. 测震台网

称多 M_S5.3 地震发生于青藏高原东部、青海省南部的称多县内，震中所在区域测震台站的分布密度较小，在震中 300km 范围内共有 10 个测震台站（图 1），全部为青海测震台网台站，其中 100km 范围内有 2 个测震台站，距离震中最近的台站为曲麻莱台，震中距 74km，101～200km 范围有 3 个测震台站，201～300km 范围有 5 个测震台站，震后没有架设流动观测台。

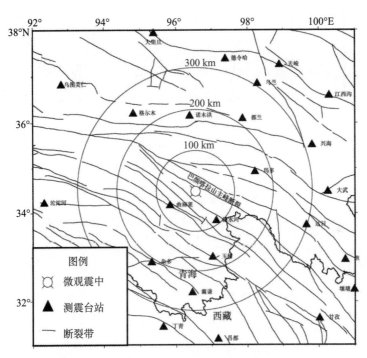

图 1　青海称多 M_S5.3 地震震中附近测震台站分布

Fig. 1　Distribution of earthquake-monitoring stations around the M_S5.3 Chengduo earthquake

2. 地震基本参数

中国地震台网、青海地震台网和四川地震台网对本次地震进行了速报[8]，青海省地震台网测定的震级是 M_S5.0[9]，四川台网测定的震级为 M_S5.4[10]，国家台网正式测定的震级为 M_S5.3。青海地区地震监测能力如图 2 所示[1]，蓝色实线所包围的区域地震监测能力达到 M_L2.5，称多 M_S5.3 地震就发生在该区域，该地区地震定位精度是 3 类精度，即误差 15～30km。表 1 给出了此次地震不同来源发布的基本参数。

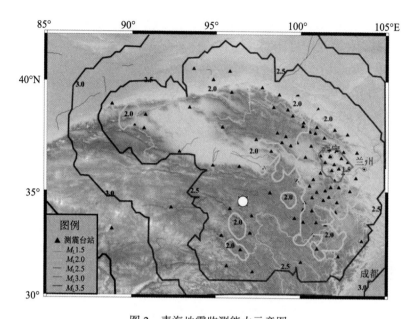

图 2　青海地震监测能力示意图

Fig. 2　Ability map of seismic monitoring in Qinghai province

图中白色圆圈为称多 M_S5.3 地震位置

表 1　称多 M_S5.3 地震基本参数

Table 1　The basic parameters of the M_S5.3 Chengduo earthquake

编号	发震日期 年.月.日	发震时刻 时：分：秒	震中位置（°）		震级			震源深度 （km）	震中地名	结果来源
			φ_N	λ_E	M_S	M_W	M_b			
1	2018.05.06	17：23：39	34.56	96.53	5.3			9	青海玉树州称多县	中国地震台网
2	2018.05.06	17：23：36	34.55	96.54	5.0			9	青海玉树州称多县	青海地震台网
3	2018.05.06	17：23：36	34.56	96.59	5.4			10	青海玉树州曲麻莱县	四川地震台网
4	2018.05.06	09：23：39	34.560	96.515			5.0	18.3	中国青海	NEIC[11]
5	2018.05.06	09：23：38	34.56	96.49		5.2		15	中国青海南部	CSEM[12]
6	2018.05.06	09：23：37	33.0	96.1			5.0 4.8		中国青海	SZGRF[13]

注：国家规范是按定位误差进行分类，1 类精度，误差小于 5km，2 类精度，误差 5~15km，3 类精度，误差 15~30km，4 类精度，误差大于 30km，单台无误差。

二、地震地质背景

称多 M_S5.3 地震震中位于青海玉树州称多县内，有关学者根据测震、重力、电磁等观测资料对玉树区域深部结构进行了研究。李静[11]通过对青藏高原玉树—海西地区重力调查，结合航磁、遥感、地质、地震等前人资料进行的综合研究，对断裂构造宏观分析后认为：区内的北西西向断裂发育早、断距大、活动期长，是主构造线方向，该组断裂将测区划为北西西向的条带状结构；北东向和南北向断裂发育晚、断距较小，它们将北西西向断裂进行了后期改造；区内具有南北分带、东西分块的基本特征；区内构造具有左旋特征。申重阳等[12]采用高精度重力、GPS 测量方法在青海玉树 M_S7.1 地震震源区及其附近开展了重力剖面探测，获取其深浅构造分布特征。基于类乌齐—玉树—玛多重力剖面测量结果，分析了密度界面起伏、重力异常归一化总梯度和重力均衡的基本特征[13,14]。结果表明，该剖面莫霍界面起伏变化幅度约 5.7km，最浅 68.8km，最深 74.5km，平均 72.8km，地壳厚度总体趋势为南西的羌塘块体大于北东的巴颜喀拉块体。

称多县在地质构造上属于巴颜喀拉块体，区域断裂构造较发育（图 3）。巴颜喀拉块体位于青藏高原中北部，地域广袤，横贯东西，块体呈西部狭长、东侧张开的倒三角形态，该块体被北侧柴达木—西秦岭褶皱带、西南侧羌塘块体及东南侧四川盆地所围。北缘的东昆仑断裂带和南缘的玉树—甘孜断裂带均为巨型左旋走滑活动断裂，东缘的龙门山断裂带是以逆冲作用占优、兼具右旋走滑的活动断裂带[2,3]。

震中区域发育的构造断裂带自北至南依次为达日断裂、巴颜喀喇山主峰断裂、清水河断裂、杂孕—楚玛尔河断裂。其中，称多 M_S5.3 地震震中距离巴颜喀喇山主峰断裂为 11km，巴颜喀喇山主峰断裂目前尚没有公开研究资料，称多 M_S5.3 地震的发震构造需结合其他资料进行分析。

达日地区发育了多条 NW—NWW 和近 SN 向的晚第四纪活动断裂。其中，达日断裂是青藏高原巴颜喀拉块体内部的一条活动性强的晚第四纪大型走滑断裂，断裂中段曾发生 1947 年 7¾级地震[4]。全长约 700km，总体呈 N60°W 展布。该断裂带是由数条断裂组成的控制二级构造单元的边界大断裂，断裂带生成于印支期，新生代以来活动明显，沿带形成一系列的断层崖、三角面、断层残山、沟槽等，以及第三纪、第四纪盆地的线性分布，并多处见老地层逆冲于第四系之上，说明该断裂第四纪以来有明显活动[5]。

清水河断裂由一束密集成带的 NW 向断裂组成。主断裂西延被昆南深断裂系截切，东经曲麻莱北、清水河，近 SEE 向延出省境。青海省内长约 200km，倾角 50°～60°。断裂主要切割中、下三叠系，但在清水河以西，断裂多次分岔，使下二叠统出露地表。沿断裂带还见上三叠统逆冲于第三系之上，并形成挤压破碎带、断层陡坎。沿带有各类岩石群分布。第三纪—第四纪窄长条状断陷盆地时有发育。晚近时期沿断裂带有多处温泉分布。据区域资料[6]，清水河断裂在航磁与重力图中都有所显示，也有新近纪窄长状盆地零散发育。从遥感影像上看，沿断裂带的线性沟谷地貌虽然较发育，但地表水系的偏转现象并不显著，第四纪盆地也零星发育，且构造形态多不规则[7]。历史记载的最大地震为 1915 年 4 月 28 日曲麻莱东 M_S6.5 地震。

据历史记载，震中附近 100km 范围内，共记录到 5 级以上地震 7 次（表 2，图 3），其中 6 级以上地震 3 次，分别为 1915 年 4 月 28 日曲麻莱东 M_S6.5、1915 年 5 月 5 日治多东 M_S6.5 和 1995 年 12 月 18 日果洛西 M_S6.2 地震。曲麻莱东 M_S6.5 地震震中距离杂孕—楚玛尔河断裂约 7km，该断裂运动性质及此次地震的发震构造均无文献记录，紧邻且走向相近的两条断裂称多—曲麻莱—五道梁断裂、清水河断裂均为左旋逆走滑、倾向 NE，推测曲麻莱东 M_S6.5 地震的发震断层可能为杂孕—楚玛尔河断裂，运动性质为左旋逆走滑的可能性较大。治多东 $M_S6.5$ 地震震中距离称多—曲麻莱—五道梁断裂约8km，该断层性质为左旋逆走滑。果洛西 $M_S6.2$ 地震震中距离达日断裂约10km，其性质以左旋走滑为主。

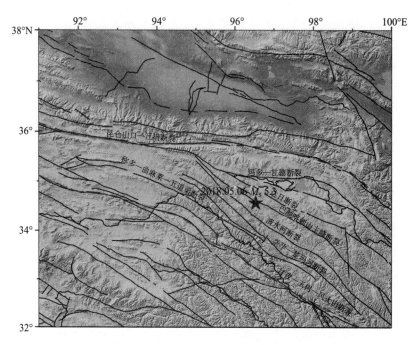

图3　称多 $M_S5.3$ 地震附近地质构造图

Fig. 3　The seismological map above the epicenter of the $M_S5.3$ Chengduo earthquake

表2　称多 $M_S5.3$ 地震震中附近100km范围内历史地震目录（$M_S \geq 5.0$）

Table 2　Historical seismological catalogue around the $M_S5.3$ Chengduo earthquake within 100km（$M_S \geq 5.0$）

序号	发震时间 年.月.日	震级 M_S	震中（°）		震中地名
			北纬	东经	
1	1915.04.28	6.5	34.5	96.0	青海曲麻莱东
2	1915.05.05	6.5	34.0	96.0	青海治多东
3	1947.01.21	5.25	35.0	97.5	青海鄂陵湖附近
4	1995.12.18	6.2	34.6	97.3	青海果洛西部
5	1995.12.20	5.5	34.6	97.5	青海果洛西部
6	2002.10.27	5.4	35.2	96.1	青海都兰、曲玛莱交界
7	2018.05.06	5.3	34.56	96.53	青海玉树州称多县

三、地震影响场及震害

现场工作队依照《地震现场工作：调查规范》（GB/T 18208.3—2011）、《中国地震烈度表》（GB/T 17742—2008），通过现场调查了解分析评估（图 4），期间共抽查牧户 205 户，房屋 537 间。结合灾区地质构造背景、震源机制、余震分布图等科技支撑信息，确定了此次地震的烈度分布[1]，如图 5 所示。

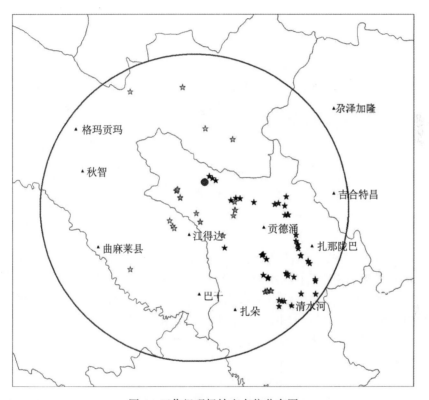

图 4　工作组现场抽查点位分布图

Fig. 4　Spot checking distribution map

此次地震极震区烈度为Ⅵ度，等震线长轴总体呈 NWW 走向，长轴 17.2km，短轴 9.4km，主要涉及青海省称多县扎朵镇革新村，总面积约 525.1km²，共有居民 35 户。Ⅴ度区长轴 78km，短轴 42km，主要涉及称多县扎朵镇治多村、直美村、红旗村，清水河镇红旗村、普桑村、文措村、中卡村，曲麻莱县麻多乡、巴干乡等面积约 10434.9km²，共有 1395 户居民位于Ⅴ度区。Ⅴ度区外共统计到 1426 户居民房屋受损。

此次震区房屋建筑分为土木结构、石木结构、混凝土空心砌块结构、砖混结构等。受损房屋主要为土（石）木结构、混凝土空心砌块结构房屋，砖混结构未产生明显破坏。土（石）木结构房屋主要为农牧区老旧房屋，此类结构房屋含两种墙体结构，一类为石墙体支撑屋盖，另一类为土墙支撑屋盖。土（石）木结构房屋破坏主要为墙体出现倒塌、墙体裂

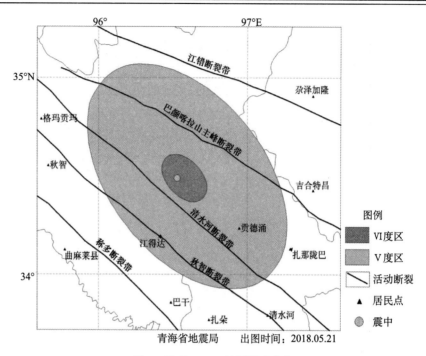

图 5　称多 M_S5.3 地震烈度分布

Fig. 5　Isoseismo map of the M_S5.3 Chengduo earthquake

缝，门窗洞口角部墙体开裂、纵横墙交接处开裂等。混凝土空心砌块结构房屋主要为游牧民定居工程，此类结构房屋破坏主要为墙体开裂、纵横墙交接处坍塌等。砖混结构房屋主要为墙体裂缝。其中称多县空心砖砌体结构占比 83.5%，土木结构占比 19.3%，严重破坏以空心砖砌体结构房屋为主，占比 61.8%。曲麻莱县砖混结构占比 5%，砖木结构占比 15%，空心砖砌体结构占比 27.5%，土木结构占比 47.5%，严重破坏以土木结构和空心砖砌体结构房屋为主，分别占比 45%、25%。

据统计，2 县共造成 5 个乡镇 2856 户 7128 间房屋不同程度倒损。称多县清居住房屋建筑破坏直接经济损失总值 6977.1 万元，曲麻莱县居住房屋建筑破坏直接经济损失总值 1736.1 万元。称多县共 1775 户 4241 间农房不同程度受损，其中扎朵镇房屋倒损 843 户 1767 间，倒塌 10 户 22 间、损坏 833 户 1745 间，清水河镇损坏 932 户 2474 间；曲麻莱县共 1081 户 2887 间农房不同程度受损，其中麻多乡倒损 512 户 1268 间，倒塌 13 户 33 间、损坏 499 户 1235 间，秋智乡损坏 206 户 510 间，巴干乡损坏 363 户 1109 间，以上损坏房屋均无修复加固价值，需拆除重建。震区农房恢复建设经费约需 5.8201 亿元，其中称多县扎朵镇 1.686 亿元、清水河镇 1.864 亿元；曲麻莱县巴干乡 0.7623 亿元、秋智乡 0.4326 亿元、麻多乡 1.0752 亿元。

称多 5.3 级地震震害特征：

（1）波及范围广，无人员伤亡。震区地广人稀，人口密度较低。据核查，此次地震未造成人员和牲畜伤亡，但 2 县 5 个乡镇 20 个村 2856 户 7128 间房屋出现不同程度倒损。

（2）应急响应及时，未发生次生灾害。州、县、乡镇反应迅速，启动应急预案及时有效，未发生滑坡等地震次生灾害。

（3）老旧房屋较多，房屋开裂现象普遍。受灾乡镇未列入"4.14"地震灾后重建范围，老旧危房较多，抗震、防震能力较弱，加之受 2015、2016 年及今年发生的地震影响，房屋普遍出现开裂现象，存在很大的安全隐患。

（4）房屋重建成本高，受灾群众自救能力弱。受灾地区地处偏远牧区，交通不便，信息闭塞，房屋多数为老旧游牧民定居房，加之大量建筑原材料需从外地调运，将大大增加农房建设成本。其次，受灾地区为纯牧业区，贫困面大，贫困程度深，受灾群众防灾抗灾意识和能力薄弱。同时，该地区也是生态环保区域，生态环境保护和经济建设发展之间的矛盾较为突出，同样也将加大恢复建设成本。

四、地震序列

1. 地震序列基本情况

2018 年 5 月 5 日 0 时 37 分，青海省称多县（34.55°N，96.60°E）发生 M_S4.8 地震。2018 年 5 月 6 日 17 时 23 分，青海省称多县（34.56°N，96.53°E）再次发生 M_S5.3 地震，两次地震相隔不足 41 小时。截至 2018 年 5 月 23 日 22 时，青海测震台网共记录到 140 次地震，其中，M_L1.0~1.9 地震 76 次，M_L2.0~2.9 地震 53 次，M_L3.0~3.9 地震 9 次，M_S4.0~4.9 地震 1 次，M_S5.0~5.9 地震 1 次。最大地震为 5 月 6 日 M_S5.3 地震，最大地震和次大地震的震级差 $\Delta M = 0.5$。最大地震占整个序列的能量百分比为 79.2%，次大地震占整个序列的能量百分比为 19.90%，该序列类型显示为震群型。

表 3　称多 M_S5.3 地震序列目录（$M_L \geqslant 3.0$）

Table 3　The seismological catalogue of the M_S5 Chengduo earthquake sequence（$M_L \geqslant 3.0$）

编号	发震日期 年.月.日	发震时刻 时：分：秒	震中位置（°）		震级		震中地名	结果来源
			φ_N	λ_E	M_L	M_S		
1	2018.05.02	09：20：40	34.53	96.61	3.0		称多县	青海台网
2	2018.05.03	10：47：24	34.61	96.51		3.6	称多县	CENC
3	2018.05.04	13：50：09	34.54	96.59		3.0	称多县	CENC
4	2018.05.04	18：40：19	34.54	96.60	3.0		称多县	青海台网
5	2018.05.05	00：37：45	34.56	96.55		4.8	称多县	CENC
6	2018.05.05	00：40：36	34.54	96.59	3.1		称多县	青海台网
7	2018.05.06	17：23：36	34.48	96.53		5.3	称多县	CENC
8	2018.05.06	21：38：37	34.55	96.59	3.2		称多县	青海台网
9	2018.05.07	00：41：02	34.58	96.51		3.3	称多县	CENC
10	2018.05.09	12：13：05	34.56	96.58	3.0		称多县	青海台网
11	2018.05.12	12：50：55	34.54	96.59	3.1		称多县	青海台网

注：CENC 为中国地震台网中心

2. 地震序列时空分布

1）时间分布

根据序列 $\lg N$-M 图，该序列完整性震级下限为 2.0 级。由 M-T 图可以看出（图6），此次震群在 5 月 2 日 $M_L3.0$ 地震后开始活动，5 月 3、4 日先后发生了 $M_S3.6$、$M_S3.0$ 地震，前两次 3 级地震发生前后都存在"发震、衰减、平静再发震"的活动规律，5 月 3 日 22 时 44 分 $M_L2.1$ 地震发生后出现了近 12 小时的地震平静，平静打破后发生多次 2 级地震直至 5 月 5 日 $M_S4.8$ 地震发生，5 月 6 日 $M_S5.3$ 地震发生后，地震开始正常衰减，震级与频次明显减小。序列参数计算结果显示，整个序列 b 值为 0.8996，h 值为 0.8，p 值为 0.6379（图7），应变释放曲线显示该地震序列的能量释放大致经历了 3 个不同阶段：5 月 2~4 日，能力缓慢释放，5 月 5~6 日能量释放加快，5 月 7 日之后余震迅速衰减（图8）。

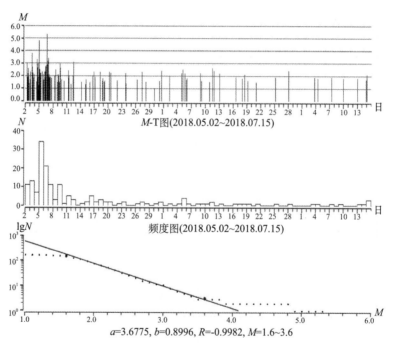

a=3.6775, b=0.8996, R=-0.9982, M=1.6~3.6

图 6　称多 $M_S5.3$ 地震序列 M-T、N-T、$\lg N$-M 图

Fig. 6　The map of M-T、N-T、$\lg N$-M of the $M_S5.3$ Chengduo earthquake sequence

2）空间分布

根据青海测震台网观测记录，选取称多 $M_S5.3$ 地震序列中 $M_L \geqslant 1.0$ 级定位地震，利用双差定位法（hypoDD）进行重新定位分析，定位所采用的速度模型见表 4[8]。精定位前余震近似 "L" 形展布（图9），称多 $M_S5.3$ 地震偏离震群中心，余震分布范围较大，无法判断优势分布方向；精定位后地震序列全部位于巴颜喀拉山主峰断裂的西南侧（图9），地震序列存在 NE—SW、NW—SE 两个优势展布方向。重定位后主震位于序列中心西侧，震源参数为：发震时刻 2018.05.06 17：23：36.28，震中位置 96.5767°E、34.5387°N，震源深度 9.035km。

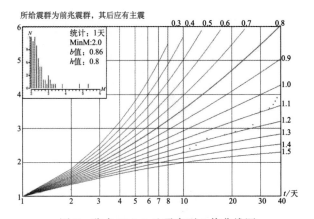

图 7　称多 M_S5.3 地震序列 h 值曲线图

Fig. 7　The map of h of the M_S5.3 Chengduo earthquake sequence

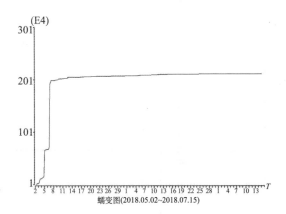

图 8　称多 M_S5.3 地震序列应变释放曲线图

Fig. 8　The map of e of the M_S5.3 Chengduo earthquake sequence

表 4　玉树地区速度模型

Table 4　The velocity model of Yushu region

层号	1	2	3	4	5	6	7
顶层深度/km	0	4.5	14.5	24	36	52	70
P 波速度/（km/s）	4.30	5.25	5.75	5.85	6.30	6.55	8.0

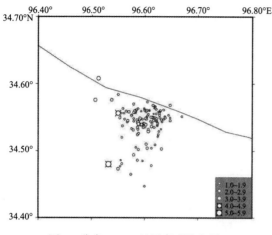

图 9　称多 M_S5.3 地震序列分布图

Fig. 9　The epicenter distribution of
the M_S5.3 Chengduo earthquake sequence

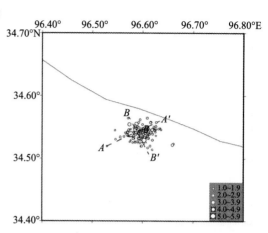

图 10　精定位后称多 M_S5.3 地震序列震中分布图

Fig. 10　The relocepicenter distribution of
the M_S5.3 Chengduo earthquake sequence

图 11 为震源深度剖面图，沿 NE—SW 长轴走向的 AA' 震源剖面宽约 11km，序列震源深度基本分布在 3~13km 范围，优势分布在 7~11km 深度范围，称多 M_S5.3 地震位于剖面的中下部，称多 M_S4.8 地震位于剖面的下部；BB' 剖面宽约 7km，断层面整体向西南倾斜，东北部震源较浅，西南部震源较深，7km 以上地震分布稀疏。

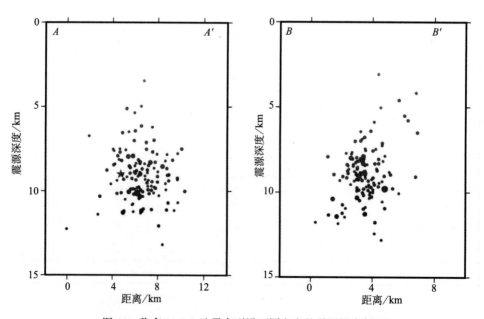

图 11　称多 M_S5.3 地震序列沿不同方向的震源深度剖面

Fig. 11　Focal depth profile along different directions of the M_S5.3 Chengduo earthquake sequence

五、震源参数和地震破裂

选取青海测震台网 8 个震中距范围在 50~400km 的宽频带数字地震台站的波形资料，使用 CAP（Cut and Paste）方法反演了称多 M_S5.3 地震的震源机制解，未收集其他研究机构的震源机制解结果信息。反演结果显示：称多 M_S5.3 地震以走滑型破裂为主，节面 I 走向349°，倾角 52°，滑动角-172°；节面 II 走向 254°，倾角为 84°，滑动角-38°（表5）。与采用 HASH 方法计算的结果对比发现，两者震源机制解的节面走向基本一致。

表 5　震源机制解的结果对比

Table 5　Comparison of the results of focal mechanism solutions

节面 I（°）			节面 II（°）			P 轴（°）		T 轴（°）		B 轴（°）		结果来源
走向	倾角	滑动角	走向	倾角	滑动角	方位	倾角	方位	倾角	方位	倾角	
349	52	-172	254	84	-38	204	31	308	21	66	51	李启雷
343	85	-161	251	71	-5	209	17	116	10	357	70	黄浩

震源深度最佳拟合结果为 5.4km（图12），拟合误差为 0.2，对应矩震级为 M_W5.22。波形拟合结果显示（图13），每个图形分为 PV、PR、SV、SR、SH 五个波段，其中 PV 和 PR 分别为 P 波段的垂直向和径向分量，而 SV、SR、SH 分别为 S 波段的垂直向、径向和切向分量；波形拟合图左侧为台站名，台站名下方为震中距与波形偏移量；波形拟合图下方分别为各分量的偏移量和相关系数，80% 的波形相关系数在 0.6 以上，60% 的波形相关系数在0.8 以上。波形拟合相关系数较好，震源机制解结果可靠性较高。

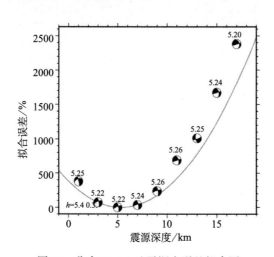

图 12　称多 M_S5.3 地震深度误差拟合图

Fig. 12　Fitting chart of the depth and error of the M_S5.3 Chengduo earthquake

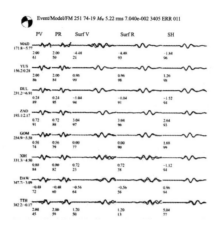

图 13　称多 M_S5.3 地震实际波形与理论波形对比

Fig. 13　Comparison of the observed and theoretical waves of the M_S5.3 Chengduo earthquake

利用 CAP 方法反演了称多 M_S5.3 地震序列中 7 次 $M_L \geqslant 3.0$ 级地震的震源机制解（图 14），这 7 次地震的震源机制解一致性非常好，均以走滑型为主，这与区域的主要断裂多为走滑性质相吻合。称多 M_S5.3 地震震源机制解中节面 I 走向为 349°，与巴颜喀拉山主峰断裂走向基本一致，与其运动性质相近，也与烈度图等震线长轴方向相吻合。结合精定位、震源机制等综合分析认为，主破裂面沿北西走向，发震构造可能是巴颜喀拉山主峰断裂。

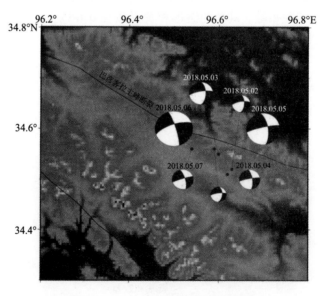

图 14　$M_L \geqslant 3.0$ 级地震的震源机制解

Fig. 14　The focal mechanism of the M_S5.3 Chengduo earthquake sequence （$M_L \geqslant 3.0$）

六、观测台网及前兆异常

1. 前兆观测台网

1) 定点前兆

称多 M_S5.3 地震附近 300km 范围内定点前兆测项分布如图 15 所示。由于该地震震中位于青藏高原腹地，定点前兆监测能力十分薄弱。震中 100km 范围内无前兆观测台站，300km 范围内仅有玉树、都兰、格尔木 3 个台，观测项目有水位、水温、水氡、重力、地电、电磁、地电阻率、地倾斜等，震前除 3 项地震活动异常外，定点前兆只有格尔木台于 2016 年 6 月 4 日提出的 1 项浅层水温异常，为趋势转折变化，属中长期异常。

2) 热红外监测

中国静止气象卫星 FY-2G 产出的亮温数据产品经计算处理，可用于地震前兆识别。FY-2G 卫星于 2014 年 12 月 31 日发射，定位于 105°E 赤道上空，轨道高度为 35000km，星下点分辨率为 5km，于 2015 年 6 月 3 日开始数据服务。数据一般每小时记录一次，记录最小像元为 0.05°×0.05°。该方法可以持续稳定地获得全国各地区的红外亮温数据，有效弥补了高海拔地区前兆监测能力低下的问题。

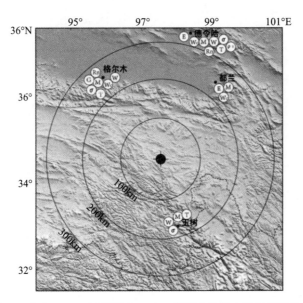

图 15　称多 M_S5.3 地震周边 300km 范围内的定点前兆观测分布

Fig. 15　Distribution of fixed-precursor observations within 300km around the M_S5.3 Chengduo earthquake

3）异常项目表

表6 称多 $M_S5.3$ 地震前兆异常登记表

Table 6 The precursory anomaly of the $M_S5.3$ Chengduo earthquake

序号	异常项目	台站（点）或观测区	分析方法	异常判据及观测误差	震前异常起止时间	震后变化	最大幅度	震中距 Δ/km	异常类别及可靠性	图号	异常特点及备注
1	地震平静	青海地区 31°～40°N 89°～104°E	$M_S \geq 5.0$ 级	$\Delta T \geq 1$ 年	2016.12.14～ 2018.05.06	结束	1.4 年		M_1	16	强震背景显著 震前提出
2		震中100km 范围内	$M_L \geq 4.0$ 级		2010.07.13～	结束	7.8 年		M_2	17	震后总结
3	震群	称多 33.8°～34.11°N 96.25°～97.25°E	震群	$M_L \geq 0.2$ 级	2017.01.01～	持续		65	S_1	18	区域活动增强 震前提出
4	热红外异常	治多—杂多 32°～34°N 93°～97°E	热红外		2018.02.21～ 03.17	结束	17 倍	90	S_2	20	依据往年资料 震前提出

2. 地震活动性异常

表 5 给出了地震活动异常，三项异常分别为青海地区长达近 17 个月 $M_S5.0$ 地震平静、称多 $M_S5.3$ 地震震中附近 $M_L4.0$ 地震平静及称多 M_L2 震群。2016 年青海相继发生了门源 $M_S6.4$、杂多 $M_S6.2$ 地震后青海地区进入长时间 $M_S5.0$ 地震平静，在此背景下，2017 年 1 月称多发生 M_L2 震群，并且该震群持续活动，表明该地区应力场增强，显著地震发生为后续震情跟踪提供了依据。

1）青海地区 5 级地震平静

2016 年 12 月 14 日新疆若羌 $M_S5.0$ 地震后青海及邻区进入长时间 5 级地震平静（图 16），2018 年 5 月 6 日称多 $M_S5.3$ 地震将青海地区长达 17 个月的 $M_S5.0$ 地震平静打破。统计显示长时间 $M_S5.0$ 地震平静结束后，青海地区发生 $M_S6.0$ 地震的时间紧迫性进一步增强。

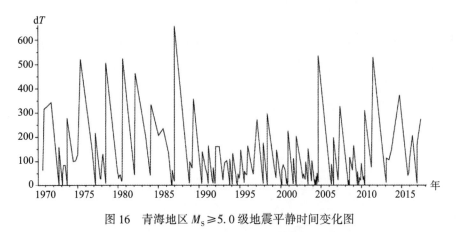

图 16　青海地区 $M_S \geqslant 5.0$ 级地震平静时间变化图

Fig. 16　Interval curve of the $Ms \geqslant 5.0$ earthquake in Qinghai province

2）4 级地震平静

该异常为称多 $M_S5.3$ 地震发生后总结的地震活动异常现象（图 17），在距离称多 $M_S5.3$ 地震震中 100km 范围内，如果 $M_L4.0$ 地震平静时间超过 4 年，便达到异常判定标准，对玉树及周边地区发生中强以上地震具有一定预测意义。1986 年 11 月 9 日曲麻莱 $M_S4.7$ 地震发生后，区域 $M_L4.0$ 地震平静时间近 14 年，直到被 2000 年 9 月 13 日曲麻莱 $M_S5.0$ 地震打破，平静打破后 7 个月便在此地区发生了玉树 7.1 级地震。自 2010 年 7 月 13 日曲麻莱 $M_S4.3$ 地震后，该区域再次进入 $M_L4.0$ 地震显著平静状态，在称多 $M_S5.3$ 地震发生前达到异常指标，预示着该区域随时有发生中强地震的危险。

3）称多 M_L2 震群

2017 年 1 月 20 日至 2 月 22 日在青海省称多县（34.9°N，96.9°E）发生了小震群事件（图 18）。通过对此次震群进行震群参数计算得到 $U = 0.8246$（$U > 0.50$ 为前兆震群）、$F = 1.7826$（$F > 0.70$ 为前兆震群）$\rho = 0.7889$（$\rho \geqslant 0.55$ 为非前兆震群）、$K = 0.7052$（$K > 0.70$ 为前兆震群）、$h = 0.0100$（$h < 1.00$ 为前兆震群）、$b = 1.2808$（$b > 0.65$ 为前兆震群）。通过分析，以上 6 个参数中有 5 个参数满足前兆震群判定条件，故认为此次震群为前兆震群。该

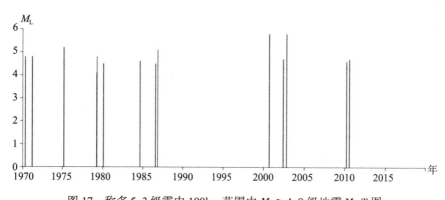

图 17　称多 5.3 级震中 100km 范围内 $M_L \geq 4.0$ 级地震 M-T 图

Fig. 17　The M–T diagram of the M_S5.3 Chengduo earthquake sequence within 100km （$M_L \geq 4.0$）

异常于 2017 年 2 月 15 日提出。根据对青海地区 1980 年以来 34 个震群事件的研究[15]，发现，有 29 个震群在其后 1 年左右在异常出现的地区及附近构造带上对应了 5~7 级地震，占震群总数的 85%，其中参数计算判断为前兆震群的对应率为 100%，非前兆震群其后也有 50% 的概率发生中强震。称多 M_S5.3 地震发生在称多 M_L2 震群西北方向约 65km，此次地震可以对应该项震群异常。

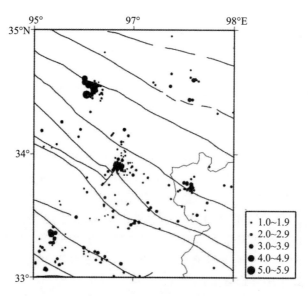

图 18　2017 年 1 月 20 日称多震群震中分布图

Fig. 18　Distribution of the M_L2.0 Chengduo earthquake sequence on January 20，2017

3. 前兆异常

格尔木浅层水温自 2016 年 6 月 3 日出现了快速下降，2016 年 9 月 23 日上升，2017 年 8 月 13 日转折下降，2017 年底开始回升（图 19）。此次地震前没有发现显著变化，且该测向此前也无震例对应，因此分析认为该项异常不能对应此次地震。

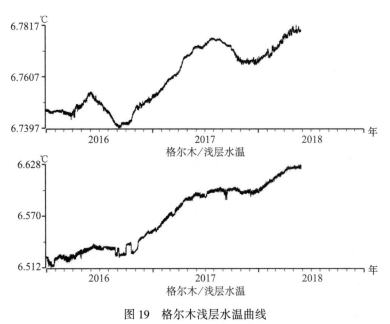

图 19　格尔木浅层水温曲线

Fig. 19　Gerermu shallow water temperature curve

在热红外跟踪分析过程中发现，2 月底在青海治多、杂多县内出现小区域热红外异常。其随时间演变过程如图 20 所示。2 月 20 日左右该地区出现小面积小幅度异常，随后逐步发展，在 3 月初异常强度及空间尺度达到峰值，后逐渐减弱直至 3 月底消失。

选取 0.5°×0.5°区域（黑色方形），分析其自 2017 年以来的相对功率谱时间序列变化（图 21）。结果表明该区域在 2017 年同期没有出现大幅度异常，近期出现的异常幅值在 2 月中旬快速上升，3 月 6 日达到最大值，约为背景值 17 倍，之后快速下降。相对功率谱大于 2 倍的持续时间为 33 天。在热红外相对功率谱幅值达到最大值后的 61 天发生了此次称多地震。震中距离 3 月 6 日异常区边界约 100km。

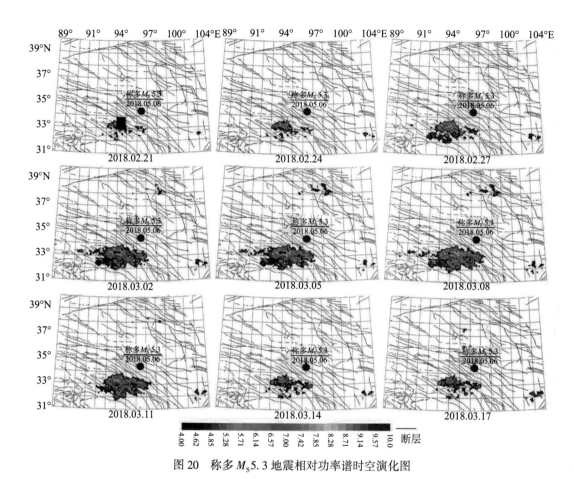

图 20　称多 M_S5.3 地震相对功率谱时空演化图

Fig. 20　Spatio-temporal evolution of relative power spectrum of the M_S5.3 Chengduo earthquake

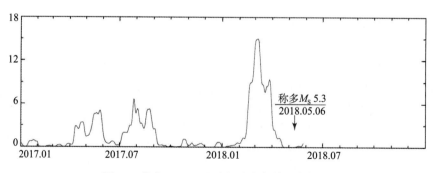

图 21　称多 M_S5.3 地震相对功率谱时序曲线

Fig. 21　Time-series curves of relative power spectrum of the M_S5.3 Chengduo earthquake

七、地震前兆异常特征分析

1. 测震学异常

2016 年 12 月 14 日新疆若羌 M_S5.0 地震后青海及邻区进入长时间 5 级地震平静，2018 年 5 月 6 日称多 M_S5.3 地震将青海地区长达近 17 个月的 M_S5.0 平静打破。统计显示长时间 5 级地震平静结束后，青海地区发生 M_S6 地震的时间紧迫性进一步增强。

在称多 M_S5.3 地震震中 100km 范围内，自 2010 年 7 月 13 日曲麻莱 M_S4.3 地震发生后该区域 4 级以上地震进入显著平静。2017 年 1 月青海称多县内发生 2 级震群活动，2017 年前半年震群活动相对活跃，2017 年下半年震群活动有所减弱，2018 年开始称多震群活动有所增强，2018 年 5 月 6 日于该震群西北方向约 70km 处发生称多 M_S5.3 地震。

2. 地球物理场异常

该地震震中位于前兆监测能力薄弱区，震中周边定点地球物理台站未发现前兆异常。由于该地区海拔较高、人烟稀少，因此未在该地区开展流动观测工作。称多地震前兆异常仅有热红外（中短期）和格尔木水温（中长期）两项异常，故无法进行综合分析。

八、震前预测、预防与震后响应

1. 震前预测情况

青海省地震局根据"2015 年尼泊尔 8.1 级地震影响区域""九寨沟地震后优势响应区域""长时间 6 级平静打破后的强震优势发生区域"等预测依据在 2018 年度趋势会商中提出"2018 年度或稍长时间唐古拉地区存在 5.5 级左右地震的危险"，2018 年 5 月 6 日称多 M_S5.3 地震发生在危险区域外围。2018 年度青藏地区震情监视协作工作会议中指出：唐古拉至甘青川区域近期存在发生中强地震的可能，称多 M_S5.3 地震发生在该区域内。

5 月 4 日青海省地震局预报中心针对 5 月 3、4 日先后发生的 3.6 级、3.0 级地震召开了临时会商会[7]，认为这些地震为近期青海地区的显著地震活动现象，应密切关注该区域的震情发展；5 月 5 日 4.8 级地震发生后预报中心及时召开了紧急会商，认为近期震区仍存在发生 5 级左右地震的危险。5 月 5 日 14 点，中国地震台网中心召集青海省、甘肃省、新疆维吾尔自治区、云南省地震局参加的视频会会议。

震前存在异常及总结：

（1）青海称多 M_S5.3 地震前测震学异常该区域仅有 2017 年称多 M_L2 震群、青海 M_S5.0 平静 2 项背景性异常[3,5,6]，其中 2017 年称多 2 级小震群自 2017 年 1 月 20 日开始持续活动，2017 年下半年出现地震活动减弱或平静现象，但在称多 M_S5.3 地震前地震活动正常，未发现明显短临活动异常。

（2）地球物理场观测在该区域非常薄弱，300km 内只有 3 个观测台站，震前没有捕捉到短临异常信息，仅有格尔木水温 1 项中长期异常，震前也未发现短临变化。2018 年 2 月 20 日热红外相对功率谱在青海治多、杂多县内热红外出现小区域异常，随后逐步发展，在 3

月初异常强度及空间尺度达到峰值，后逐渐减弱直至 3 月底消失。由于热红外观测时间较短，没有震例支撑，仅能为地震预报提供参考，不能提出明确的短临预测、预报意见。

（3）在青藏高原内部，地球物理场定点观测点普遍较少，提取地球物理短临异常难度较大。在当前条件下大面积增加观测点有一定困难，应加大流动地球物理观测力度。此次地震出现前震活动现象，前震活动是测震学重要的短临预测手段，在地球物理观测薄弱区，应更加重视地震活动性尤其是前震活动现象的综合研究。在此次地震前由于地震监测能力不足，2 级及以下地震记录不全，该区域历史上的 5 级地震未有前震记录。因此在地球物理观测异常较少甚至缺失的情况下，青海局预报中心震前提出了存在发生 5 级左右地震的危险，没有作出明确的短临预报。

2. 震后响应和余震趋势判定

1）震后响应

地震发生后，国务委员王勇，应急管理部党组书记黄明、副部长郑国光，省委书记、省长王建军，常务副省长王予波和副省长涵勇第一时间做出了重要批示，地方党委政府靠前指挥，各级政府相关部门迅速反应，及时组织人员深入实地核查灾情，全力安排震区群众生活。

青海省地震局立即启动地震应急Ⅲ级响应，迅速通过电话了解震区相关情况，并要求玉树州地震局、称多县地震局先行赶往震中，应急值班人员按照预案开展相关应急处置工作。随后，省地震局现场工作队由哈辉副局长带队赶赴震区指导当地政府开展地震应急相关工作。5 月 6 日 19 时中国地震台网中心再次针对此次地震开展视频会商会议，对震情的进一步发展进行研判工作。

2）震后趋势判定

此次青海称多 $M_S5.3$ 地震距 5 月 5 日称多 $M_S4.8$ 地震震中约 6km，二者都位于巴颜喀喇山主峰断裂附近。2018 年 1 月以来青海及邻近区域共发生 9 次 M_L4 以上地震，主要集中在唐古拉区域，5 月 5 日称多 $M_S4.8$ 地震之后，又发生了那曲 $M_S4.6$ 地震和此次称多 $M_S5.3$ 地震，表明了 5 级地震开始活跃。省内及邻区近期 M_L3 地震较为活跃，部分地震视应力较高，有利于中强震的发生。另外，此次地震的震源机制解为走滑型，与原震区自 5 月 2 日以来 M_L3 以上地震的震源机制解有较好的一致性，综合分析认为原震区仍有发生 5 级左右地震的可能。

为了进一步跟踪 2018 年 5 月 5 日以来称多县发生的 $M_S4.8$ 和 $M_S5.3$ 地震的后续震情发展，青海省地震局于 5 月 7、8 日召开了加密会商会，分析认为：该序列的 P 波初动方向具有较好的一致性，截至 5 月 8 日 15 时地震频度明显降低，序列衰减较快，结论维持紧急会商意见。5 月 10 日进行了视频会商震情通报工作，将此次称多 $M_S5.3$ 地震序列及原震区自 5 月 2 日以来的地震确认为 2018 年 5 月称多震群，并分析认为在地震活动频繁的唐古拉地区内地震活动相对活动较弱的区域发生两次震群事件（一次为 2017 年称多震群，与此次震群相距 70km），表明唐古拉地区地震活动有增强迹象；青海地区 6 级地震具有平静—活跃交替的现象，自 2016 年门源 $M_S6.4$、杂多 $M_S6.2$ 地震以来，青海地区进入新一轮 6 级地震活跃阶段，统计历史资料在 6 级地震发生前会出现 5 级地震长时间平静被打破的现象，此次称多

M_S5.3 地震的发生打破了青海省内长达近 17 个月的 5 级地震平静。综合分析认为：近期唐古拉地区仍存在发生 5 级左右地震的可能；青海地区发生 6 级以上地震的可能性进一步增强。

此后，对 2018 年 5 月称多震群陆续开展了相关工作，提交了震群分析报告。报告中对其震源机制解、精定位结果以及地震的发震断裂进行了详细讨论，对比分析了震群的视应力变化等，计算了其相关参数，结果表明为非前兆震群。

3. 震害分析

5 月 15 日，匡湧副省长在玉树州组织召开称多地震工作部署会，根据会议安排，15 日省减灾委下发《关于组成联合工作组前往玉树州进行核灾的紧急通知》，16 日玉树州政府下发《关于开展称多 M_S5.3 地震灾情核查与评估工作的紧急通知》，17～18 日，省民政厅、地震局、住建厅会同州县民政局、地震局、住建局、发改委及各乡镇政府进行了震情统计抽查工作，共抽查牧户 205 户，房屋 537 间，取得了详实资料，据此对此次地震的直接经济损失进行了评估测算。

据统计，2 县共造成 5 个乡镇 2856 户 7128 间房屋不同程度倒损。根据烈度划分，共有 35 户位于Ⅵ度区；共有 1395 户位于Ⅴ度区；Ⅴ度区外共统计到 1426 户居民房屋受损。

此次地震具有如下几个特点：

（1）地震活动频繁，震级逐增。自 5 月 3 日以来，先后发生了 3.0 级以上地震 5 次，其中 5 月 6 日 17 时 23 分发生的 5.3 级地震，震源深度 9km。

（2）波及范围广，无人员伤亡。震区地广人稀，人口密度较低。据核查，此次地震未造成人员和牲畜伤亡。

（3）应急响应及时，未发生次生灾害。州、县、乡镇反应迅速，启动应急预案及时有效，未发生滑坡等地震次生灾害。

（4）老旧房屋较多，房屋开裂现象普遍。受灾乡镇未列入 "4·14" 地震灾后重建范围，老旧危房较多，抗震、防震能力较弱，加之受 2015、2016 年及今年发生的地震影响，房屋普遍出现开裂现象，存在很大的安全隐患。

（5）房屋重建成本高，受灾群众自救能力弱。受灾地区地处偏远牧区，交通不便，信息闭塞，房屋多数为老旧游牧民定居房，加之大量建筑原材料需从外地调运，将大大增加农房建设成本。其次，受灾地区为纯牧业区，贫困面大，贫困程度深，受灾群众防灾抗灾意识和能力薄弱。同时，该地区也是生态环保区域，生态环境保护和经济建设发展之间的矛盾较为突出，同样也将加大恢复建设成本。

4. 地震应急与救灾

地震发生后，省直各涉灾部门，震区党委、政府认真贯彻上级领导的决策部署，全力做好应急阶段各项工作。省民政厅第一时间允许震区民政部门根据实际需要，紧急动用各类省级代储物资。其中，动用省级代储 20m² 救灾棉帐篷 400 顶，12m² 棉帐篷 620 顶，救灾青稞 22 万公斤，棉被褥 500 套、折叠床和行军床 1161 张，不锈钢水盆 700 个，救灾衣物 3000 件，毛皮鞋 3060 双。玉树州民政局紧急下拨救灾资金 100 万元，调运炒面 1.5 万公斤。玉树州县红会调运帐篷 100 顶。居住在倒损住房内的受灾群众已得到妥善安置。

九、结论与讨论

1. 结论

（1）称多 $M_S5.3$ 地震发生于巴颜喀拉块体内部，该块体被北侧柴达木—西秦岭褶皱带、西南侧羌塘块体及东南侧四川盆地所围，区域内主要发育的构造断裂带有达日断裂、巴颜喀喇山主峰断裂、清水河断裂以及杂孕—楚玛尔河断裂。此次地震发生在巴颜喀喇山主峰断裂附近，震中距离约 11km。余震精定位存在北东、北西两个优势展布方向，震源机制解以走滑为主，两个节面走向分为北北西、南西西走向，地震等震线长轴总体呈北西西走向，综合精定位、震源机制解及地震烈度调查结果，初步分析认为称多 $M_S5.3$ 地震发震构造可能为北西走向的巴颜喀喇山断裂。

（2）称多地震序列最大地震为 5 月 6 日 $M_S5.3$ 地震，次大地震为 5 月 5 日 $M_S4.8$ 地震，最大地震和次大地震的震级差 $\Delta M = 0.5$，最大地震占整个序列的能量百分比为 79.2%，次大地震占整个序列的能量百分比为 19.90%，根据震群判定规则判断该序列类型为震群型。

（3）震区定点地球物理场监测能力十分薄弱，300km 内只有 3 个观测台站，称多 $M_S5.3$ 地震前没有发现短临异常，既有异常只有格尔木水温 1 项中长期异常，震前也未出现明显短临变化。震前测震学提出的地震活动性异常均为背景性异常，如青海近 17 个月的 M_S5 地震平静、2017 年称多 M_L2 震群等。2018 年 2 月 20 日热红外相对功率谱在青海治多、杂多县内热红外出现小区域异常，随后逐步发展，在 3 月初异常强度及空间尺度达到峰值，后逐渐减弱直至 3 月底消失。由于热红外观测时间较短，没有震例支撑，仅能为地震预报提供参考，不能提出明确的短临预测意见。

2. 讨论

（1）2018 年 1 月以来青海及邻近区域共发生 9 次 $M_L4.0$ 以上地震，主要集中在唐古拉区域，5 月 5 日称多 $M_S4.8$ 地震之后，又发生了那曲 $M_S4.6$ 地震和此次称多 $M_S5.3$ 地震，表明了唐古拉地区 5 级地震开始活跃。部分 $M_L3.0$ 地震地震视应力较高，有利于中强震的发生。另外，此次地震的震源机制解为走滑型，与原震区自 5 月 2 日以来 $M_L3.0$ 以上地震的震源机制解有较好的一致性，称多 2 级震群的参数计算显示为前兆震群，综合分析认为原震区仍有发生 5 级左右地震的可能。2017 年 6 月后称多小震群进入约 6 个月的相对平静期，地震活动明显减弱，但自 2018 年 1 月中旬以来，称多 $M_L2.0$ 震群又开始密集活动，此次 5 级震群发生前 M_L2 震群活动增强，青海省地震局意识到地震在迫近，但因为此前原震区监测能力弱，未有小震群事件记录，缺乏相关震例，难以进一步提出预测预报意见。

（2）目前，地震活动性异常除地震活动显著增强、前震活动外，主要作为中、长期地震预报判据，短临预报实践多依赖前兆短临变化。但在青海中西部地区地震监测能力弱，地球物理观测台十分稀少且分布极不均匀，在唐古拉及周边地区甚至没有 1 个地球物理场定点观测台站，现有条件下难以进行地震短临预报。在此情况下可以尝试利用数字地震学方法开展地震短临预报。称多 $M_S5.3$ 地震前发生了几次 M_L2、M_L3 左右前震，它们与主震的震中距只有几千米，5 月 5 日 $M_S4.8$ 发生后 40 余小时又发生了 $M_S5.3$ 地震。在此次称多 $M_S5.3$ 地

震发生前曾有 M_L2 地震密集活动,这些小震的 P 波初动一致性非常好,震中位置比较集中,属于前震征兆。因此在称多县接连发生 $M_S3.6$、$M_S3.0$ 地震后,青海省地震局于 5 月 4 日召开了临时会商会,提出应密切关注该区域的震情发展。

(3)称多 $M_S5.3$ 地震的发生打破了该地区 $M_L4.0$ 近 8 年的地震平静,根据震例总结,平静打破后,该区域及周边在未来 2~3 年进入中强地震相对活跃期,应继续关注该区域震情发展。同时,称多 $M_S5.3$ 地震的发生打破了青海省内长达近 17 个月的 5 级地震平静。综合分析认为:近期唐古拉地区仍存在发生 5 级左右地震的可能,青海地区发生 6 级以上地震的可能性进一步增强。

参 考 文 献

[1] 沙成宁、崔煜、赵永海,青海数字测震台网监测效能评估 [J],高原地震,28(4):21~26,2016

[2] 徐锡伟、闻学泽、陈桂华等,巴颜喀拉地块东部龙日坝断裂带的发现及其大地构造意义 [J],中国科学 D 辑:地球科学,38(5):529~542,2008

[3] 闻学泽、杜方、张培震等,巴颜喀拉块体北和东边界大地震序列的关联性与 2008 年汶川地震 [J],地球物理学报,54(3):706~716,2011

[4] 戴华光,1947 年青海达日 7¾级地震 [J],西北地震学报,5(3):71~77,1983

[5] 青海省志·地震志(1986~2005)[M],西宁:青海人民出版社,2018

[6] 青海省地质矿产局,中华人民共和国地质矿产部地质专报 [M],青海省地质志,北京:地质出版社,1982

[7] 吴中海、周春景、冯卉等,青海玉树地区活动断裂与地震 [J],地质通报,33(04):419~469,2014

[8] 王勤彩、王中平、张金川等,2010 年 4 月玉树 $M_S7.3$ 地震序列的断层结构 [J],地球物理学报,58(6):1931~1940,2015

[9] 马玉虎、姚家骏、土培玲等,2008 年唐古拉 5 级强震群序列初期特征及震源机制解和发震构造研究 [J],高原地震,27(4):1~5,2015

[10] 姚家骏、马玉虎、赵燕杰等,2013 年德令哈郊区 $M_L4.5$ 震群特征及发震背景研究 [J],地震,34(4):118~126,2014

[11] 李静,青藏高原玉树—海西地区断裂的区域重力特征研究 [D],中国地质大学,武汉,2005

[12] 申重阳、邢乐林、谈洪波等,玉树 $M_S7.1$ 地震前后青藏高原东缘绝对重力变化 [J],地球物理学进展,27(6):2349~2357,2012

[13] 杨光亮、申重阳、孙少安等,类乌齐—玉树—玛多剖面重力异常研究 [J],大地测量与地球动力学,31(5):1~4/19,2011

[14] 玄松柏、申重阳、谈洪波等,类乌齐—玛多剖面地壳结构与玉树 7.1 级地震 [J],大地测量与地球动力学,33(6):36~39,2013

[15] 陈玉华、姚家骏、李戈云等,1980 年以来青海地区震群活动与前震序列特征分析 [J],中国地震,29(4),489~500,2013

参 考 资 料

1)青海称多县 5.3 级地震灾害损失评估报告,内部报告,2018

2)2018 第 3 期紧急会商意见

3)青海省地震局,2016 年度青海省地震趋势研究报告,2016

4）2018 年度青藏地区震情监视协作工作会议纪要，内部纪要，2018

5）青海省地震局，2017 年度青海省地震趋势研究报告，2017

6）青海省地震局，2018 年度青海省地震趋势研究报告，2018

7）2018 第 09 期临时会商震情会商报告

8）国家地震台网地震速报目录（q00）

9）青海省地震台网地震速报目录（q63）

10）四川省地震台网地震速报目录（q51）

11）美国国家地震信息中心（http：//earthquake. usgs. gov/regional/neic/）

12）欧洲地中海地震中心（http：//www. emsc-csem. org/）

13）德国格拉芬堡地震台阵地震中心观测站（http：//www. szgrf. bgr. de/）

The M_S 5.3 Chengduo Earthquake on May 6, 2018 in Qinghai Province

Abstract

A M_S5.3 earthquake occurred in Chengduo county, Qinghai province at 17 : 23 p. m. on May 6, 2018, with an epicentre intensity of Ⅵ degree, and a total area of 10960 square kilometers above the Ⅴ degree. The earthquake did not cause casualties, but some of the rural housing cracks in different level, resulting in a direct economic loss of 87. 132 million yuan (RMB).

In the history of the Tang Gula region, the earthquake sequences are mostly residual and isolated. Since 1970, also there have been a number of multiple-earthquake events. The sequence of the M_S5.3 earthquakes belongs to the earthquake group type. The other main earthquake occurred on May 5, the magnitude is 4.8, the magnitude difference between the largest earthquake and the second largest earthquake is 0.5, and the ratio the largest earthquake accounts for the energy of the whole sequence is 79.2%, and the second largest earthquake accounts for 19.90% of the total sequence energy. The focal mechanism solution section Ⅰ of the earthquake moves towards 349°, with a dip angle of 52°, a slip angle of −172°, a section Ⅱ towards 254°, a dip angle of 84°, and a slip angleof −38°. Combined with the comprehensive analysis of the precise location and the source mechanism, it is believed that the seismogenic structure of the M_S5.3 earthquake may be an unknown branch fault of the main peak fault of Bayanka La mountain, which strike-angle is about 250°.

There are 10 seismological stations in the epicenter of 300km and 3 precursory observatories. The precursory observation items include water level, water temperature, water radon, gravity, geoelectricity, electromagnetic resistance, ground resistivity, and ground tilt. Before the M_S5.3 earthquake, 3 anomalies were put forward, of which 2 were seismological anomalies, mainly 5 calmness in the near 17 months in the Qinghai area, and a group of small earthquakes in 2017. The precursory anomaly was only 1 of the thermal infrared anomaly.

After the 4.8 magnitude earthquake occurred at 00 : 37 a. m. on May 5, the first time of the emergency consultation was carried out by the Bureau, and the provincial government reported to the provincial government of the Provincial Committee, and the possibility of an earthquake of M_S5.0 in the original earthquake area was clearly proposed. After about 41 hours, the original earthquake area had a M_S5.3 earthquake at 17 : 23 on May 6, and the provincial committee was awarded the Provincial Committee. The government is highly affirmed and forwarded the original consultation advice to all provinces and provincial bureaus.

After the earthquake, Qinghai Earthquake Agency immediately started the earthquake emergency Ⅲ response. The working group which joint by state and county seismological bureau formed a field task force to carry out the emergency disposal after the earthquake. The disaster losses were evaluated by the civil affairs department and the housing construction department of Qinghai province, and the disaster recovery and reconstruction were rebuilt in combination with the natural environment, economic development and the characteristics of earthquake damage in the earthquake area. Suggestions were made to follow the development of sequence closely.

The earthquake was located on the periphery of the dangerous area around the Tanggula region, which was delineated in the seismic trend consultation of 2018. In April 2018, Song Zhiping, a researcher at the China Earthquake Administration, handed in a short earthquake forecast card, but the magnitude was much larger than the Chengduo earthquake.

报 告 附 件

附件一：震例总结用表

附表 1 固定前兆观测台（点）与观测项目汇总表

序号	台站（点）名称	经纬度（°）		测项	资料类别	震中距 Δ/km	备注
		φ_N	λ_E				
1	曲麻莱	34.17	95.82	测震 Δ		74	
2	清水河	33.82	97.11	测震 Δ		91	
3	玛多	34.91	98.20	测震 Δ		160	
4	玉树	33.01	97.01	测震 Δ		170	
				静水位	II		
				水温	I		
				钻孔应变	II		
				地倾斜（摆式）	II		
				地磁 D	I		
				地磁 H	I		
				地磁 Z	I		
5	诺木洪	36.15	96.37	测震 Δ		186	
6	杂多	32.89	95.31	测震 Δ		210	
7	都兰	36.08	97.86	测震 Δ		214	
				水温	II		
				地磁 F	II		
				地磁 D	II		
				地磁 H	II		
				地磁 Z	II		
				地电场	I		

续表

序号	台站（点）名称	经纬度（°） φ_N	λ_E	测项	资料类别	震中距 Δ/km	备注
8	格尔木	36.19	94.81	测震 Δ		246	
				氡（气氡、水氡）	II		
				水温	II		
				重力	I		
				地倾斜（摆式）	II		
				钻孔应变	I		
				地磁 F	II		
				地磁 D	II		
				地磁 H	II		
				地磁 Z	II		
9	那曲	31.45	92.09	测震 Δ		255	
10	达日	33.73	99.64	测震 Δ		298	
11	乌兰	36.84	98.27	测震 Δ		306	
12	兴海	35.50	99.80	测震 Δ		319	

附表 2　测震以外固定前兆观测项目与异常统计表

序号	台站（点）名称	测项	资料类别	震中距 Δ/km	$0<\Delta\leqslant100$km					$100<\Delta\leqslant200$km					$200<\Delta\leqslant300$km				
					L	M	S	I	U	L	M	S	I	U	L	M	S	I	U
分类统计	台项	异常台项数			0	0	0	0	0	0	0	0	0	0	0	0	0	0	0
		台项总数			0	0	0	0	0	4	4	4	4	4	10	10	10	10	10
		异常台项百分比/%			0	0	0	0	0	0	0	0	0	0	0	0	0	0	0
	观测台站（点）	异常台站数			0	0	0	0	0	0	0	0	0	0	0	0	0	0	0
		台站总数			0	0	0	0	0	1	1	1	1	1	2	2	2	2	2
		异常台项百分比/%			0	0	0	0	0	0	0	0	0	0	0	0	0	0	0
	测项总数（14）				0					4					10				
	观测台站总数（3）				0					1					2				
	备注			称多 5.3 级地震无固定前兆异常															

附件二：相关会商文件

附件

2018 年度西藏安多-青海杂多全国地震重点危险区协作区震情监视跟踪工作会议纪要

2018 年 3 月 12 日-13 日，西藏安多-青海杂多全国地震重点危险区协作区震情监视跟踪工作会议在青海西宁召开。中国地震局监测预报司梁毓强副调研员、青海省地震局哈辉副局长、西藏自治区地震局张军副局长出席会议并讲话，青海省地震局赵冬副局长、中国地震台网中心西北片区首席专家宋治平研究员、年度地震重点危险区涉及的两省（区）市州地震部门、地震台的负责人和两省（区）分析预报人员参加了会议。会议就近期显著地震活动及前兆异常进行了深入分析，对西藏安多-青海杂多全国地震重点危险区震情进行了跟踪分析，对近期地震形势进行了研判，进一步细化完善了 2018 年协作区震情监视跟踪工作措施。

会议纪要如下：

一、近期震情形势及危险区跟踪

（一）青藏高原主体地区短期内存在发生 6 级左右地震的危险

2017 年 12 月以来，青藏高原主体地区的青海和西藏共发生 8 次 4 级以上地震，其中西藏境内分别发生了 2017 年 12 月 20 日林芝市巴宜区 5.0 级、2018 年 1 月 10 日阿里地区改则县 4.0 级、1 月 17 日那曲地区双湖县 4.5 级、2 月 15 日曲麻莱区尼玛县 4.2 和 3 月 2 日喀则市谢通门县 4.6 级地震，青海境内分别发生了 12 月 16 日黄南州泽库县 4.9

级、2018 年 2 月 9 日玉树州杂多县 4.0 级和 2 月 13 日海西州都兰县 4.0 级地震。

2015 年 4 月 25 日尼泊尔 8.1 级地震后，在青藏高原 5 级地震呈现北东向带状分布，条带上先后发生多次 5 级以上地震，且该条带与 2002 年以来在西北地区形成的 6 级地震空区交汇。在此背景下，2015 年 10 月西北地区 5 级空区打破后在青海中部存在北西向 4 级地震条带。2017 年 8 月 8 日九寨沟 7 级地震后，4 级条带交汇于甘青川交界地区，且甘青川交界及附近地区 4 级地震集中活动现象突出。

年度会商以来，青海地区先后出现了乐都气氡、平安水温和水位、玉树水温、门源水平摆倾斜等前兆异常。与此同时，西北地区也存在如山丹、平凉地电阻率，中卫水位，三关口、安国等跨断层等具有短期性质前兆异常，以及西宁-班玛间 GPS 基线阶跃异常，但总体上，西北地区和青藏地区前兆异常均不突出。

综合分析认为，青藏高原主体地区短期存在发生 6 级左右地震的可能，重点关注唐古拉-甘青川交界地区。

（二）协作区年度地震重点危险区跟踪

年度会商提出的该危险区及其附近存在的地球物理场年尺度依据，如流动重力异常、6 级地震自然概率较高、唐古拉地震进入 5 级地震活跃阶段、青藏高原 5 级地震带状分布经过唐古拉地区、4 级地震条带交汇于唐古拉地区、唐古拉地区 4 级地震活动集中，4 级震群显著和图像信息方法（PI）热点异常等年度异常和依据持续有效。

年度会商会以来危险区及其附近新增异常主要有 2018 年 1 月以来青海地区 3 级地震条带交汇与青藏交界地区，震例显示 1979 年 3 月 29 日玉树 6.2 级地震前曾出现短期内 3 级地震条带交汇现象。2018 年 2 月 18 日和 2 月 27 日发生在汶川余震区边缘的四川青川 M4.8、理县 M4.1 级地震具有窗口效应，对青藏交界地区的中强以上地震具有指示意义。2017 年 12 月 22 日-24 日唐古拉群活动对唐古拉地区发生中强地震具有指示意义。此外，青藏交界一带还出现地脉动应变场异常，2018 年 2 月 27 日在杂多县-玉树市一带出现热红外异常，3 月 3 日异常集中区在时间上出现最大值。

综合分析认为，西藏安多-青海杂多（6.0±）危险区短期存在发生 5.5 级左右地震的可能。

二、下一阶段工作措施

（一）加强对观测数据产出各环节可靠性和可信度的分析，强化数据跟踪分析处理，在此基础上，重点跟踪玉树水温、大武水温、乐都气氡的观测资料。全力推进热红外等空间对地观测资料的应用和异常跟踪。（责任单位：青海局、西藏局）

（二）加强历史震例类比分析和映震效能较好测项的震例总结，提炼出关键性预测指标，提升预报依据与会商结论之间的关联性和逻辑性。（责任单位：青海局）

（三）根据《中国地震局重大震情评估通报制度》，以及青海、西藏各自制定的震情评估通报实施细则，采用灵活有效的方式开展震情通报服务。（责任单位：青海局、西藏

局）

（四）建议中国地震局监测预报司组织相关单位，对该地区及其周边开展如重力、GNSS 等地球物理场的观测或 insaR 的观测与跟踪研究，进一步夯实震情跟踪工作。

秘密☆1 个月　　　　　　　　　　　　　　　　　　　　编号：L15-15

震 情 会 商 报 告

单 位	青海省地震局	会商类型	临时会商
期 数	第 09 期	会商地点	西宁
	（2018）总第 28 期	会商时间	2018 年 05 月 04 日 16 时
主持人	王培玲	发送时间	05 月 04 日 17 时 00 分
签发人	屠泓为	收到时间	
Apnet 网络编码	ap63	发送	苏维刚

2018 年 05 月 04 日 15 时 30 分，青海省地震局针对 5 月 3 日、4 日玉树州称多县发生的两次 M3.6、M3.0 级地震召开临时会商会。会商意见汇总如下：

一、地震活动背景

1. 截止 17 时，青海省地震台网自 5 月 2 日以来共记录到该区域地震 25 次；

2. 这两次地震距 2017 年 1 月 20 日称多震群约 75KM；

3. 近期青海地区地震活动明显增强。

二、相关地震分析

1. 两次 3 级地震的震源机制解表明均为走滑型地震，与巴彦喀拉主峰断裂的断层性质基本一致；

2. 这两次地震视应力分别为 0.06Mpa 和 0.037Mpa。

三、前兆异常

该区域无前兆观测台站，省内其他前兆资料无新增异常。

四、会商结论：

1. 综合分析认为近期该原震区发生破坏性地震的迹象不明显；

2. 维持月会商意见。

五、后续工作措施

1. 将密切关注后续震情发展，根据需要随时召开会商会；

2. 随时与国家地震局相关专家沟通。

报：中国地震局监测预报司、中国地震台网中心

送：局领导

发：办公室、监测处、震防处、应急处、监测中心、预报中心、资料室（存档）

秘密☆3个月　　　　　　　　　　　　　　编号：L17-17

紧急会商意见

2018 年（第 3 期）

青海省地震局　　　　　　　　　　　　　2018 年 5 月 5 日

一、会商分析及讨论：

2018 年 5 月 5 日 0 时 37 分在青海玉树州称多县发生 M4.8 级地震，震中位于东经 96.6 度，北纬 34.55 度，震源深度为 8km。青海省地震局于 2018 年 5 月 5 日 2 时会商，会商意见如下：

该地震位于巴彦喀喇山主峰断裂带附近，近期附近发生了 2 次 3 级以上地震，为 5 月 3 日 M3.6 级地震、5 月 4 日 M3.0 级地震。近 5 年该区域 100 公里范围内共发生 M3.0 以上地震 7 次，地震活动较弱。1970 年以来震中附近 100 公里范围内共发生 M4 级以上地震 15 次，以主余型及孤立型为主。1900 年以来震中附近 100 公里范围内共发生 5 级以上地震 8 次，最早的地震记载是 1915 年青海曲麻莱东 6.5 级地震，距当前震 55.2 公里，也为距离最近的地震。最近时间的地震为 2002 年 10 月 27 日青海都兰、曲麻莱交界 5.4 级地震，距当前震 85.5 公里。最大震级的地震是 1937 年 1 月 7 日青海阿兰湖东 7.5 级地震，距当前震 139.5 公里。

根据青海地震台网观测，自 2018 年 5 月 2 日 9 时 20 分发生的 M3.0 级地震后，截止 5 月 5 日 2 时，共记录 34 次地震，震源机制解显示本次地震为走滑型地震，与前两次 3 级地震震源机制解类似，应力降计算显示本次地震应力降为 0.12Mpa，前两次 3 级地震应力降分别为 0.03Mpa、0.06Mpa；

本次地震周围 300 公里范围内共有 3 个前兆台站（格尔木 260 公里，都兰 240 公里、玉树 170 公里），青海省内前兆异常中仅格尔木水温 1 项异常距本次地震较近。

因近期该区域 3 级地震相对活跃，根据形势需要，我局已于 5 月 3 日下午进行了临时会商，分析认为该区域发生破坏性地震的迹象不明显，维持月会商意见。

二、综合分析及结论：

鉴于我省 5 级以上地震平静已超 17 个月，该现象比较突出。综合分析认为，近期原震区仍存在发生 5 级左右地震的危险，同时应密切关注我省确定的几个危险区域的震情发展。将密切跟踪序列和前兆资料的发展变化。

三、后续工作措施：

1. 将密切关注后续震情发展，根据需要随时召开会商会；
2. 随时与国家地震局相关专家沟通。

主持：屠泓为　　　签发：哈辉
报：省委、省政府、中国地震局监测预报司、中国地震台网中心；
送：局领导；
发：办公室、监测处、震防处、应急处、监测中心、预报中心、资料室（存档）

附件三：领导批示

请省地震局加强监测和分析会商。

王予波
5.5

青海应急值班快报

2018 年 05 月 05 日第 042 期（总第 3875 期）

青海省人民政府应急管理办公室编　　　签发：闰民

玉树州称多县地区 M4.8 级地震会商分析

一、会商分析及讨论

2018 年 5 月 5 日 0 时 37 分在玉树州称多县发生 M4.8 级地震，震中位于东经 96.6 度，北纬 34.55 度，震源深度为 8 公里，省地震局于 5 月 5 日 2 时会商，会商意见如下：

该地震位于巴彦喀拉山主峰断裂带附近，近期附近发生了 2 次 3 级以上地震，其中 5 月 3 日 M3.6 级地震、5 月 4 日 M3.0 级地震。近 5 年该区域 100 公里范围内共发生 M3.0 级以上地震 7 次，地震活动较弱。1970 年以来震中附近 100 公里范围内共发生 M4 级以上地震 15 次，以主余型及孤立型为主。1900 年以来震中附近 100 公里范围内共发生 5 级以上地震 8 次，最早的地震记载是 1915 年青海曲麻莱东 6.5 级地震，距当前震 55.2 公里，也为距离最近的地震，最近时间地震为 2002 年 10 月 27 日都兰、曲麻莱交界 5.4 级

地震，距当前震 85.5 公里。最大震级的地震是 1937 年 1 月 7 日阿兰湖东 7.5 级地震，距当前震 139.5 公里。

根据省地震台网观测，自 2018 年 5 月 2 日 9 时 20 分发生的 M3.0 级地震后，截止 5 月 5 日 2 时，共记录 34 次地震，震源机制解显示本次地震为走滑型地震，与前两次 3 级地震震源机制解类似，应力降计算显示本次地震应力降为 0.12Mpa，前两次 3 级地震应力降分别为 0.03Mpa、0.06Mpa；本次地震周围 300 公里范围内共有 3 个前兆台站（格尔木 260 公里、都兰 240 公里、玉树 170 公里），省内前兆异常中仅格尔木水温 1 项异常距本次地震较近。

因近期该区域 3 级地震相对活跃，根据形势需要，地震局已于 5 月 3 日下午进行了临时会商，分析认为该区域发生破坏性地震的迹象不明显，维持月会商意见。

二、综合分析及结论

鉴于我省 5 级以上地震平静已超 17 个月，该现象比较突出。综合分析认为，近期原震区仍存在发生 5 级左右地震的危险，同时应密切关注我省确定的几个危险区域的震情发展。将密切跟踪序列和前兆资料的发展变化。

三、后续工作措施

1. 将密切关注后续震情发展，根据需要随时召开会商会；
2. 随时与国家地震局相关专家沟通。

（省地震局于 5 月 5 日 7 时 17 分提供）

送：王建军省长、王予波常务副省长、匡湧副省长、张黄元秘书长、郭臻先副秘书长。

责任编辑：杨继林　刘晓峰　　　2018 年 05 月 05 日 07 时 45 分印

2018 年 5 月 28 日吉林省松原 5.7 级地震

吉林省地震局

盘晓东　贾　若　刘俊清　康建红　张洪艳　李　婷
唐春呈　曹戎机　刘冰冰　郑传芳

摘　要

2018 年 5 月 28 日 1 时 50 分 52 秒，吉林省松原市宁江区（45.27° N，124.71° E），发生 5.7 级地震，震源深度 13km。此次地震发生在松辽断陷带中央坳陷区内，震中位于 NE 向扶余—肇东断裂和 NW 向第二松花江断裂交会处。宏观震中位于松原市宁江区毛都站镇牙木吐村至复兴村一带，震中烈度达Ⅶ度，宏微观震中基本一致。极震区长轴呈 NEE 方向展布。吉林省大部分地区、黑龙江省部分地区有震感，其中松原市区、前郭县、大安市震感强烈。此次地震共造成 1 省 1 市 2 县（区）受灾，无人员伤亡，直接经济损失约 42980 万元。

此次地震序列为主震—余震型，地震序列较为丰富，总体呈现起伏衰减特征，截至 2018 年 7 月 17 日共记录到余震 972 次，最大余震为 9 月 15 日 $M_L5.0$ 地震。余震序列分布较为集中，长宽约 9km，无明显优势方位。震源机制为走滑型，节面 Ⅰ 走向 221°、倾角 75°、滑动角 168°，节面 Ⅱ 走向 314°、倾角 79°、滑动角 16°，两节面走向与震中区域附近 NE 和 NW 走向的两条断裂一致。烈度等震线长轴呈 NEE 向，震后地质调查结果并未见明显的地表破裂，无论从重新定位还是震源机制解结果上看，发震构造尚不明确。最新的矩张量反演结果显示，震源更接近节面 Ⅰ，与北东向的扶余—肇东断裂走向及倾角一致，因此推测扶余—肇东断裂为发震断层。此次地震震中 300 km 范围内，共有 29 个测震台，34 个定点地球物理观测台站，包括地电阻率、地电场、水位、水温、地温、水氡、气氡、气汞、钙离子、镁离子、氯离子、碳酸氢根离子、洞体应变、体应变、井下竖直摆、伸缩仪、钻孔倾斜、水管倾斜、垂直摆、地磁 Z、H、D、F 及氦等 21 个观测项目，共计 123 个台项。震前出现 1 项测震学异常和 6 项定点地球物理观测异常，异常占比较少。空间上，前兆异常空间分布及演化特征不明显；时间上，存在由趋势异常向短期异常再向临震异常演化的特征，短期异常以水温下降、水氡高值突跳为主，临震异常以加速下降为主。

松原 5.7 级地震发生在吉林省地震局 2018 年度划定的震情跟踪工作重点监视

区域内。此次地震前,吉林省地震局做出了较准确的年度预测。地震发生后,吉林省地震局组成现场工作组开展地震流动监测、震情趋势判定、烈度评定、灾害调查评估、科学考察等工作,并架设了 5 个流动测震台。吉林省地震局震后对此次地震序列类型做出了较准确的判断。

　　本研究报告是在有关文献和资料的基础上,经过重新整理和分析研究完成的。由于地震发生至本文完稿部分相关研究成果未完成公开发表,本文所收集资料难免有所遗漏,所得结论难免以偏概全。

前　　言

　　据中国地震台网测定,2018 年 5 月 28 日 1 时 50 分 52 秒,吉林省松原市宁江区(45.27° N,124.71° E),发生 5.7 级地震,震源深度 13km,是继 2013 年吉林前郭 5.8 级震群后松原地区发生的一次较大地震。宏观震中位于松原市宁江区毛都站镇牙木吐村至复兴村一带,震中烈度达Ⅶ度,宏观和微观震中基本一致。此次地震有感范围较大,吉林省大部分地区、黑龙江省部分地区有震感,其中松原市区、前郭县、大安市震感强烈。此次地震共造成 1 省 1 市 2 县(区)受灾,无人员伤亡,直接经济损失约 42980 万元。

　　此次地震发生在吉林省地震局 2018 年度划定的震情跟踪工作重点监视区域内,该地震的时间和地点预测准确,震级略微偏小,中期预测较为准确。地震发生后,吉林省地震局立即启动地震应急响应,派出现场工作队开展烈度评定、灾害损失评估、地震监测、震情监视预报、应急宣传等工作。

　　松原 5.7 级地震发生在松辽断陷盆地内,发震构造尚不明确。松原地区历史上曾发生过 1119 年前郭 6¾ 级地震、2006 年前郭 5.0 级地震、2013 年前郭 5.8 级震群、2017 年松原 4.9 级地震。此次 5.7 级地震发生在区域地震活动水平相对较高的背景下,该区域地震类型复杂,此次余震序列丰富,呈起伏性衰减,余震持续时间较长,震情趋势把握困难。地震序列最大地震为 5.7 级,最大余震为 9 月 15 日 M_L 5.0 地震,2~3 级地震相对较少,此次地震发生在 2017 年 7 月 23 日 4.9 级地震的原震区。

　　5.7 级地震后,吉林省地震局针对此次地震在监测预报、震害防御和震后应急响应等方面进行了认真总结和反思,经过重新整理和总结,最终确定该次地震前存在定点地球物理观测异常 6 项、测震学异常 1 项,异常比率小于 10%。本报告主要开展了前兆异常特征分析、余震序列特征分析、测震学参数计算、地震精定位、震源机制解反演、发震构造探讨、后续余震序列趋势研判等工作,取得了初步研究成果,但有待进一步深入研究,尤其是发震构造及未来的地震趋势分析和东北地震大形势分析研判方面。

　　本报告系统整理了测震台网及地球物理台网观测的基本情况,归纳了测震学及地球物理观测异常特征,总结了历史地震活动及地震地质、震后应急、地震影响及震害特征、震前预测预防等内容。深入总结了较为可靠的地震预测指标,对地震序列类型及震后趋势研判进行了较详细的总结,并对该地区未来地震趋势进行了讨论。

一、测震台网及地震基本参数

1. 测震台网

图 1 给出了震中 300km 范围内的测震台站分布，这些地震台在研究时段内基本监测到 $M_L \geq 1.3$ 级的地震。局部区域的地震监测能力较强，可监测到 $M_L 1.0$ 以下地震。100km 内有松原、肇源、安广、乾安 4 个测震台站；100~200km 有净月、三岗、长岭等 9 个测震台站；200~300km 有丰满、通河、延寿等 16 个测震台站。震中附近地区的地震监测能力为 $M_L \geq 1.3$ 级，震中附近，平面定位精度优于 1km，深度定位精度优于 5km。

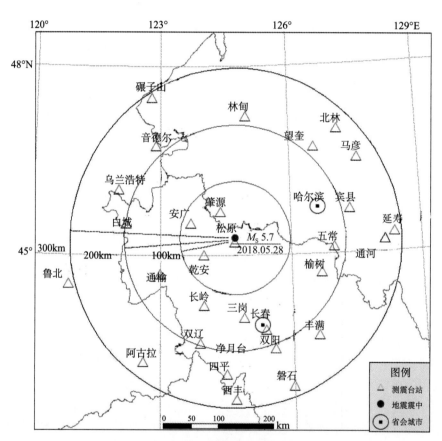

图 1 松原 5.7 级地震震前震中附近测震台站分布图

Fig. 1 Distribution of earthquake-monitoring stations around the epicentral area before the M_S 5.7 Songyuan earthquake

地震发生后，在震中区附近布设了 5 个流动测震台，见图 2。根据 G-R 关系拟合可见，架设流动台前，该地区最小完备震级 M_C 约为 $M_L 2.0$（图 3a），而架设流动台后，此次序列最小完备震级在 $M_L 0.2$ 左右（图 3b），可见，流动台的架设大大提高了该地区的小震监测能力。

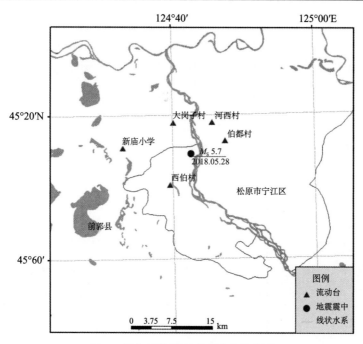

图 2　震中区附近流动测震台分布图

Fig. 2　Distribution of mobile earthquake-monitoring stations in Songyuan earthquake region

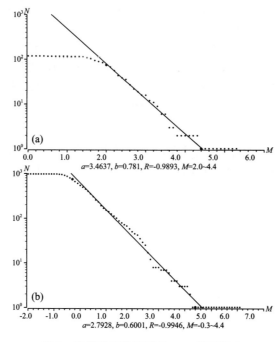

图 3　松原地区地震活动 G-R 关系拟合

Fig. 3　G-R relationship fitting of the M_S5. 7 Songyuan earthquake

（a）1968~2017 年松原地区全部地震活动 G-R 关系拟合；（b）松原 5.7 级地震序列活动 G-R 关系拟合

2. 地震基本参数

表1为相关机构给出的此次地震的基本参数，考虑到吉林台网有固定台和流动台的监测数据，对定位精度的提升有一定的帮助，同时，吉林台网给出的定位结果与现场考察的宏观震中较接近，因此本报告采用吉林台网的定位结果。

表1　松原5.7级地震主震基本参数

Table 1　Mainshock information of the M_S5.7 Songyuan earthquake

编号	发震日期 年.月.日	发震时刻 时：分：秒	震中位置（°） φ_N	λ_E	震级	震源深度 （km）	震中 地名	结果 来源
1	2018.05.28	01：50：52	45.27	124.71	5.7M_S	13	松原市宁江区	中国地震台网
2	2018.05.28	01：50：52	45.27	124.71	5.7M_S	15	松原市宁江区	吉林省地震台网
2	2018.05.28	07：13：36	45.28	124.56	5.1M_W	10	FUYU，China	USGS
3	2018.05.28	07：13：35	45.33	124.42	5.2M_b	10	Northeastern China	GFZ

二、地震地质背景

此次地震发生在东北断块区松辽断陷带中央坳陷区内，地貌上为广阔的平原区。松辽盆地是一个大型的中、新生代内陆断（坳）陷盆地，具有断坳双重结构、复合型沉积盆地特点，盆地边界断裂发育。松辽盆地南部断陷构造层主要以凸起相过渡，整体上形成断凸相间的构造格局。坳陷构造层在继承古构造的基础上，以平衡沉降为主，在沉积末期，东南隆起区在挤压应力作用下整体上反转抬升，并持续到新近纪末，造成沉积盖层严重剥蚀。基底由古生代变质岩系组成，基底之上的中生代沉积层厚约4000m，上部第四系沉积层在震中区厚度约80m。两翼不对称，西翼陡、东翼缓，沉降幅度西深东浅。

松辽断陷盆地又进一步划分为西部斜坡区、中央凹陷区和东南隆起区等三个二级新构造单元。中央凹陷区根据基岩深度和沉积层发育情况，又划分大安凹陷、长岭凹陷、扶余凸起等五个三级构造单元。震中区所在深部构造单元则是中央凹陷区的扶余凸起（图4），靠近东南隆起区。

东北地区尤其是松辽盆地中部的重力场以NE走向为主要特征，表现出宽缓的等值线，反映出深部构造以NE向构造为主。区域地磁场则以负异常为主，异常连续性好，负异常背景是由巨厚的中新生代无磁性盖层及深部莫霍界面的隆起使磁性层变薄引起。在松盆断陷带中央坳陷区和东南隆起区交界部位存在中强地震的发震构造条件，尤其是NE向布格重力异常梯度带及其附近，中小地震活动呈带状、丛集状分布。

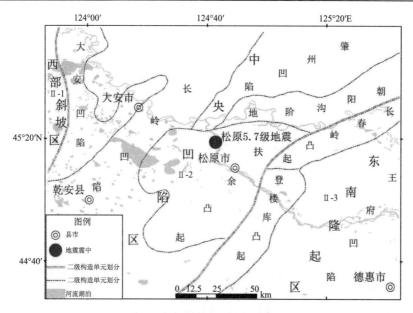

图 4　研究区所在大地构造位置

Fig. 4　The geotectonic position of the research area

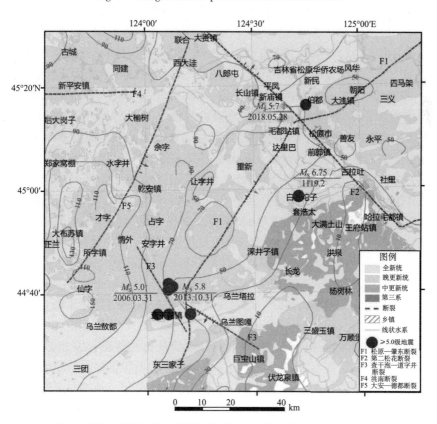

图 5　研究区域主要活动断裂及历史地震震中分布图（5 级以上）

Fig. 5　Major faults and distribution of historical earthquakes around research area（$M_S \geqslant 5.0$）

　　震中所在区域主要断裂分布及历史地震分布见图5。松原地区主要断裂有：NE向松原—肇东断裂、NW向第二松花江断裂和查干泡—道字井断裂。松原地区历史上曾发生过1119年前郭6¾级地震、2006年前郭5.0级地震、2013年前郭5.8级震群、2017年松原4.9级地震、2018年松原5.7级地震。此次松原5.7级地震就发生2017年松原4.9级的原震区。这些历史中强地震位于上述断裂及其交会部位，具有深部地球物理场孕育中强地震的构造条件。但上述断裂均为隐伏断裂，属于地球物理场解译断裂，未见地表出露，线性影像不清晰，新构造运动特征也不明显，历史破坏性地震也未见明显的地表破裂。已有研究表明[1~3]，1119年前郭6¾级地震的发震构造至今并未完全清楚，有两种观点，一种是认为与NW向第二松花江断裂有关，一种则认为与NW向第二松花江断裂无关。2006年以来松原中强地震频发，这些中强地震均与NE向松原—肇东断裂有关，并且发生在该断裂与NW向断裂的交会部位。之前的震例总结研究表明，2006年前郭5.0级地震、2013年前郭5.8级震群的发震构造初步认为与NW向断裂有关。

　　与此次地震有关的地震构造主要有两条断裂，即NE向的松原—肇东断裂和NW向的第二松花江断裂，两条断裂呈近垂直相交，5.7级地震就发生在两条断裂南端交会部位。

　　松原—肇东断裂（F1）：位于松辽盆地中部的NE向断裂，北起肇东，经松原至怀德杨大城子一带，该断裂两侧地貌形态明显不同。断裂大致位于基底等深线的陡变带上，控制了西侧晚白垩世、第三纪沉积物的分布。根据中石化地震勘探反射资料，松原—肇东断裂对基底埋深有明显的控制作用，断裂西侧为坳陷区，东侧为相对隆起区。断裂在第二松花江南岸的白垩系中有出露，走向NE45°，近直立，取断层泥，采用热释光法测年，年龄为（57.20±4.40）×10⁴a，即最新活动时代为中更新世早期。在黑龙江省肇东附近，断裂西北盘基底埋深最厚达5600m，而东南盘最厚为4600m，两盘相差1000m，反映断裂前第四纪活动明显。2014年"松原市活动断层探测与地震危险性评价"项目研究[4]认为该断裂南段为晚更新世活动断裂，具有逆断性质，倾向SE，近直立。吉林省地震局在该断裂与查干泡—道字井断裂交会处附近进行了12km的浅层人工地震勘探，勘探结果并未发现该断裂晚第四纪活动的证据。该断裂与NW向第二松花江断裂带交会处曾发生1119年前郭6¾级地震，2003、2011年，在松原附近小震活动频繁，并发生2017年4.9级、2018年5.7级地震。断裂南端与查干泡—道字井断裂交会处于2006年发生5.0级地震，2013年连续发生5.5、5.0、5.3、5.8、5.0级地震，因此，该断裂及其与NW向断裂交会处是区域地震活动最为强烈的构造部位。

　　第二松花江断裂（F2）：该断裂因其大部分沿第二松花江展布而得名，绝大部分隐伏于第四纪盖层之下。前人资料认为，第二松花江断裂是由重力、航磁和石油地震勘探等资料确定的一条NW向断裂，依据前人划分，可分为三段。该断裂航磁特征比较明显，在正负异常区呈NNE走向分布的背景上出现异常等值线走向由NE或NNE经直角转弯弯折呈NW，形成一些断续性的NW向异常梯度带。布格重力异常特征也与航磁异常相似，在总体呈NNE走向分布的背景上局部出现明显的NW向梯度带。钻孔资料也证实在松原市的东南区域白垩系下统中确有NW向断裂存在，未能断穿白垩系及其以上盖层。地貌与第四纪研究推断松原以西该断裂为早第四纪断裂，松原以东的断裂活动延续到第四纪，新生代以来为一南升北降的正断裂。松原市以东的第二松花江一级阶地呈带状广泛分布于河之南岸，江北仍可见残留的Ⅰ级阶地呈窄条状贴于台地边上，在前缘形成了3m左右的陡坎，阶地宽数十米，长约

200m。沿江可多处见到断裂在晚更新世有过活动迹象，断裂走向 NW 330°，倾向 NE，倾角 80°，为正断层，断面平直，切割的最新地层为晚更新世的含砾砂黏土。此外，中国地震局地质研究所研究人员在考察第二松花江断裂活动性时，在哈拉毛都一带也见有类似现象，晚更新世的黄土状亚黏土与下白垩统泥岩直接为断层接触。断层上盘的黄土状亚黏土经热释光测定为 7.84±0.64 万年，确认为晚更新世沉积的。上述这些断裂露头虽然规模不大，但形迹清楚，显示此段断裂为一活动断裂[3]。

大安—德都断裂（F5）：该断裂沿北北东向从吉林省的大安一带向北到黑龙江省的都德一带，是红岗—大安阶地与长岭凹陷的分界线，向西倾，上陡下缓，错断基底及第三系，为一条长期活动的断层，主要活动时期为中侏罗世到白垩纪及晚更新世末期，全新世以来也表现出较强的活动性。

从断层活动性、野外烈度调查结果认为等烈度线长轴呈 NE 向、震源机制解两组节面分别为 NE 和 NW 向、余震精定位结果没有明显优势方位、对震区的地质考察也未见有任何断错地貌等情况来看，此次地震的发震构造尚无法确定。但最新的矩张量反演使用了 H-C 方法分析了震源、矩心与节面之间的关系，可推断扶余—肇东断裂为此次地震的发震断层。

三、地震影响场和震害

2018 年 5 月 28 日松原 5.7 级地震有感范围较大，松原市震感强烈，白城、长春、吉林、四平等地震感明显，此外黑龙江、辽宁、内蒙古部分地区也有震感。地震造成松原市宁江区、前郭县部分乡镇遭受不同程度破坏。

1. 地震影响场

震后，现场工作队根据地震灾害调查、烈度评定和损失评估工作按照《中国地震烈度表》（GB/T 17742—2008）、《地震现场工作　第 3 部分：调查规范》（GB/T 18208.3—2011）、《地震烈度评定工作细则》（中震救发〔2015〕53 号）和《地震现场工作　第 4 部分：灾害直接损失评估》（GB/T 18208.4—2011）作为烈度评定依据，对烈度区的破坏标准作具体规定，制定出烈度区划的具体标志。调查了松原市宁江区和前郭县 13 个乡镇共计 83 个调查点。烈度调查划分为两个评估区，评估区一为Ⅶ度区范围，评估区二为Ⅵ度区范围。根据调查结果，结合构造背景、余震分布、震源机制、强震动观测记录等资料分析，确定了此次地震的烈度分布（图 6）。灾区最高烈度Ⅶ度，Ⅵ度区及以上总面积为 1037km²，共造成吉林省松原市 2 个县（区）受灾。

据现场实地考察及调查资料，松原 5.7 级地震宏观震中位于牙木吐村附近，极震区烈度Ⅶ度。Ⅶ度区等震线形状呈近椭圆形，长轴走向 NEE（图 6）。主要涉及吉林省松原市宁江区毛都站镇、伯都乡、新城乡和前郭县平凤乡，面积为 157km²。Ⅵ度区主要涉及吉林省松原市宁江区毛都站镇、伯都乡、新城乡、大洼镇、兴原乡和前郭县平凤乡、长山镇、达里巴乡，黑龙江省大庆市肇源县极少部分无居民点地区，面积为 880km²。此外，位于Ⅵ度区之外的部分地区也受到波及，部分老旧房屋出现破坏受损现象。此次地震共造成 18810 人受灾，紧急转移 9669 人，倒塌房屋 1 户 2 间，严重损坏房屋 2811 户 6940 间，一般损坏房屋 3756 户 9452 间。直接经济损失约 42980 万元，地震无人员伤亡。

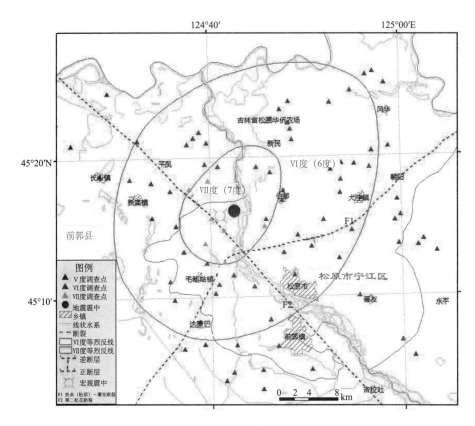

图 6　松原 5.7 级地震烈度分布图

Fig. 6　Earthquake intensity map of the M_S 5.7 Songyuan earthquake

2. 震害情况

现场调查表明，震害多体现于建筑物上，主要表现为土木结构、砖木结构和单层砖混结构房屋有明显震害；多层砖混结构和钢筋混凝土结构震害特征不明显。近年来恢复重建房屋采取设防措施，未发现受损。部分村屯有房屋开裂、墙皮脱落、烟筒断裂、院墙倒塌等现象。当地电力供应正常，造成部分移动通信网络连接困难。此外此次地震还出现了砂土液化现象。

1）建筑物震害特征

震区内主要有五类结构类型建筑，分别是土木结构、砖木结构、单层砖混结构、多层砖混结构、钢筋混凝土结构。土木结构房屋，抗震性能差，现存数量较少，总体占比小于5%，破坏相对较重。以房屋整体倾斜、变形，夯土墙外包砖局部墙体倒塌，后墙倒塌、墙面明显开裂、错位变形、纵横墙交接处外闪等破坏现象为主。土木结构房屋基本毁坏或严重破坏，不能继续使用。砖木结构房屋，一般由住户根据自身条件自行设计、建造，十分不规范。此类房屋是震区最多的结构类型，总体占比在 50% 左右。纵横墙无拉接，墙体抗震能力差，少数设地圈梁，一般都没有上圈梁。此次地震灾区中占绝大多数，产生的震害情况较多。地震对这类建筑破坏以少数严重破坏、多数中等和轻微破坏为主。其中典型的破坏情况为：山墙外闪或局部倒塌；墙角开裂；外纵墙向外弯曲开裂；山墙、内横墙与外纵墙拉脱，出现竖向裂缝；门窗墙、其他墙体有裂缝；烟囱掉落、折断或开裂；围墙倒塌，明显开裂。单层砖混结构房屋，总体占比在40%左右，多数只采用了底圈梁、顶圈梁结构抗震措施，仅有近年新建的建筑在以上抗震措施的基础上，在建筑四角和纵横墙交接处增加了构造柱，此类结构抗震性能相对较好，此次地震造成少数中等破坏，多数轻微破坏或基本完好。其中典型的破坏情况为：墙角开裂；门窗墙有裂缝；山墙与纵墙轻微裂缝，山尖墙与山墙间水平裂缝；瓷砖脱落、地面瓷砖变形拱起；烟囱折断或开裂。多层砖混结构房屋，数量较少，多为市区内楼房，一般5层以下，一般采用底圈梁、顶圈梁、构造柱等抗震措施，大部分按Ⅷ度设防。地震中个别房屋墙体出现轻微裂缝，房屋基本完好。钢筋混凝土结构房屋，数量较少，此类结构包括钢筋混凝土框架、钢筋混凝土框剪和纯剪力墙结构，由于这类结构多为Ⅷ度设防，地震中主体构件没有损伤，仅在极少数非结构构件上有轻微破坏，如填充墙、楼梯间等，表现为基本完好。

建筑物破坏程度划分：①简易房屋划分为基本完好、破坏、毁坏3个破坏等级；②非简易房屋划分为基本完好、轻微破坏、中等破坏、严重破坏、毁坏5个破坏等级（表2、表3）。

表2 简易房屋破坏损失比（%）

Table 2 Damage loss ratio of simple house（%）

结构类型	毁坏	破坏	基本完好
土木结构	86	28	3

表3 非简易房屋破坏损失比（%）

Table 3 Damage loss ratio of non simple house（%）

结构类型	毁坏	严重破坏	中等破坏	轻微破坏	基本完好
砖木结构	86	71	28	11	3
单层砖混结构	86	71	28	11	3
多层砖混结构	91	73	31	12	2

基础设施的破坏主要表现在生命线工程系统中，包括电力系统、交通系统、通信系统、供（排）水系统、供气系统等五大系统。此次地震后，电力方面：前郭县长兴甲线6181开关1组瓷件与金属浇筑部分受损，895根水泥杆产生裂纹和倾斜，部分钢芯铝绞线以及高压绝缘导线断股受损，但未造成较大损失。其他方面（交通系统、通信系统、供（排）水系统）有轻微受损现象，均无明显影响。

2）地震地质灾害特征

此次地震主要地震地质灾害现象以砂土液化为主。震中区由于处于第二松花江河道附近，饱和砂土非常发育，且存在着厚度较大、地下水位较高、地表黏性土覆盖层较少较薄、砂土颗粒较细以及砂土密实度较差等因素，存在砂土液化的危险。此次地震出现了大量的砂土液化现象（图7、图8）表现为地下砂土层液化受压后喷出地面造成喷砂冒水。据统计有150余处喷砂冒水点，绝大部分发生在水田中，对农业生产有一定影响，部分可能影响到房屋的地基稳定性、容易导致地基的不均匀沉降。

图 7　姜家围子村砂土液化点

Fig. 7　Sand liquefaction of Jiangjiaweizi village

图 8　牙木吐村某水田内砂土液化点

Fig. 8　Sand liquefaction of Yamutu village

3. 强震动观测结果

震中所在区域共有 15 个强震动台站（图 9），主要分布在震中的南部，虽未能对此次地震形成较好的包围，但仍有部分台站较好地触发并记录到了此次地震。震中区 100km 范围内有 3 个强震台站，其记录到的最大峰值加速度在 0.18g~0.19g，地震烈度相当于Ⅶ度。图 10 为 2018 年 5 月 28 日松原 5.7 级地震的强震记录，峰值加速度分别为风华台 189Gal、达里巴台 188Gal、乌兰塔拉台 26Gal，图 11 为震中区域强震动台站仪器地震烈度分布图。

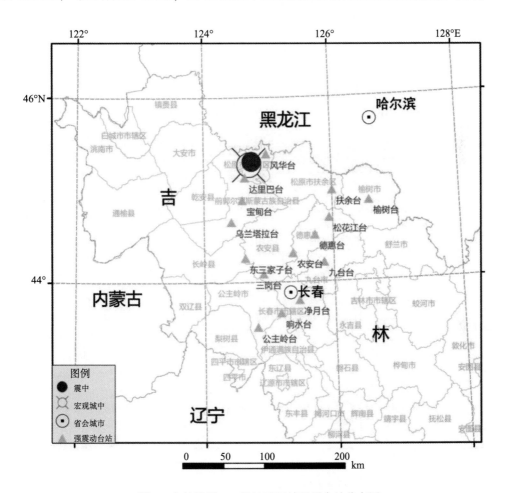

图 9   吉林松原 5.7 级地震区域强震台站分布图

Fig. 9   The distribution of strong earthquake stations around epicentral area

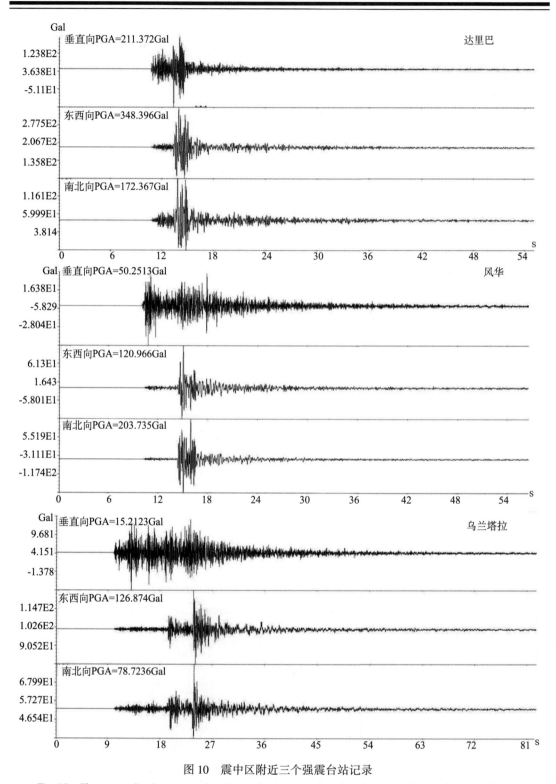

图 10 震中区附近三个强震台站记录

Fig. 10 Three records of strong earthquake stations of strong earthquake network around epicentral area

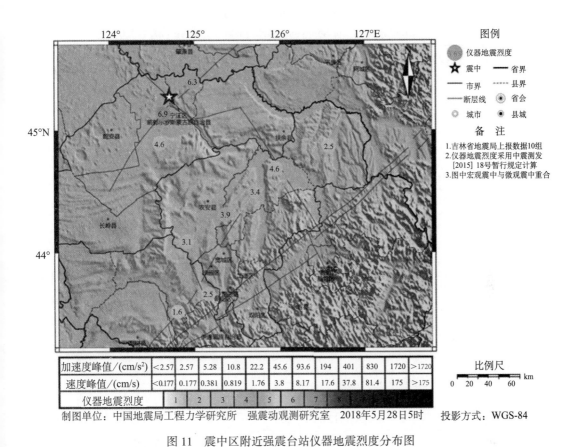

图 11 震中区附近强震台站仪器地震烈度分布图

Fig. 11 The instrumental seismic intensity distribution of strong earthquake stations around epicentral area

四、地 震 序 列

据中国地震台网（CENC）测定，2018 年 5 月 28 日 01 时 50 分 52.0 秒，在吉林省松原市宁江区（45.27°N，124.71°E）发生 M_S5.7 地震，震源深度 13km。根据吉林地震台网记录的地震目录，绘制松原 M_S5.7 地震序列震中分布图（图 12）。此次地震震中位于 2017 年 7 月 23 日 M_S4.9 地震的余震序列集中区域。图中显示，所有地震均发生在地震序列中心区半径 10km 的范围内。截至 2019 年 5 月 17 日，吉林省区域台网共记录到地震 1465 次，其中，M_L1.0~1.9 地震 171 次，M_L2.0~2.9 地震 79 次，M_L3.0~3.9 地震 18 次，M_L4.0~4.9 地震 3 次，M_L5.0~5.9 地震 1 次，M_L6.0~6.9 地震 1 次。表 4 给出了统一编目后 M_L3.0 以上地震。

表 4　松原 $M_L \geqslant 3.0$ 级地震序列目录

Table 4　Catalogue of the Songyuan earthquake sequence （$M_L \geqslant 3.0$）

编号	发震日期 年.月.日	发震时刻 时：分：秒	震中位置（°）		震级		震源深度（km）	震中地名	结果来源
			φ_N	λ_E	M_L	M_S			
1	2018.5.28	01：50：52	45.27	124.71	6.1	5.7	15	吉林松原	统一编目
2	2018.5.28	13：04：26	45.25	124.69	3.3		10	吉林松原	统一编目
3	2018.5.29	14：36：12	45.28	124.72	4.2		12	吉林松原	统一编目
4	2018.5.31	13：00：41	45.23	124.71	4.1		9	吉林松原	统一编目
5	2018.5.31	17：19：28	45.24	124.72	3.7		10	吉林松原	统一编目
6	2018.6.4	13：30：21	45.24	124.70	3.4		7	吉林松原	统一编目
7	2018.6.5	13：02：10	45.24	124.69	3.4		11	吉林松原	统一编目
8	2018.6.17	13：28：57	45.24	124.71	3.0		9	吉林松原	统一编目
9	2018.7.21	11：25：00	45.25	124.70	3.0		10	吉林松原	统一编目
10	2018.8.12	02：00：23	45.24	124.71	3.8		10	吉林松原	统一编目
11	2018.9.15	09：13：12	45.22	124.66	5.0		7	吉林松原	统一编目
12	2018.9.15	09：33：08	45.22	124.67	3.4		9	吉林松原	统一编目
13	2018.10.2	19：10：17	45.26	124.70	3.0		11	吉林松原	统一编目
14	2018.10.10	21：35：02	45.23	124.65	3.2		8	吉林松原	统一编目
15	2018.11.9	04：24：39	45.23	124.73	3.3		9	吉林松原	统一编目
16	2018.11.9	04：24：39	45.23	124.73	3.3		9	吉林松原	统一编目
17	2018.11.11	02：43：07	45.22	124.64	3.0		7	吉林松原	统一编目
18	2018.11.30	15：57：37	45.23	124.77	4.2		7	吉林松原	统一编目
19	2019.1.12	04：03：21	45.24	124.66	3.8		9	吉林松原	统一编目
20	2019.4.15	22：08：33	45.25	124.73	3.0		9	吉林松原	统一编目
21	2019.5.11	11：48：28	45.27	124.74	3.3		10	吉林松原	统一编目
22	2019.5.11	11：54：12	45.29	124.66	3.9		11	吉林松原	统一编目
23	2019.5.11	21：35：26	45.24	124.73	3.6		8	吉林松原	统一编目

1. 余震空间分布

根据吉林地震台网编目结果，松原 5.7 级地震余震主要分布在吉林省松原市柏都乡至毛都站镇一带，丛集在 25km×20km 空间范围内，没有明显的优势展布方向（图 12），震源深度介于 5~12km。

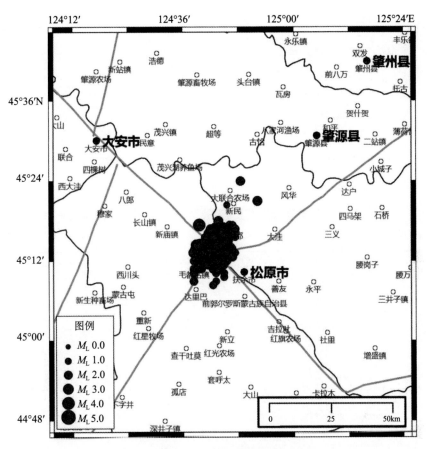

图 12 松原 5.7 级地震序列震中分布图

Fig. 12 Epicenter distribution of the M_S5.7 Songyuan earthquake sequence

　　为了更好地了解此次地震序列的空间分布，采用双差法对该序列余震进行了重新定位。重新定位后精度显著提高（图 13），E—W、N—S 和 U—D 三个方向的定位精度分别为 1.0、1.1 和 1.2km。地震序列初始定位震中分布范围比较大，震源深度主要集中在 2～14km 的范围（图 13a、c）。重新定位后，余震序列震中空间分布进一步集中，但没有显示出沿断层分布的迹象（图 13b），震源深度集中分布在 6～9km 范围（图 13d）。震中区位于松辽盆地中央，盆地基底之上的中生代沉积层厚约 6km，上部第四纪盖层厚 50m，地表未见任何断错地貌，附近存在两条隐伏断裂，分别为 NW 向第二松花江断裂、NE 向扶余（松原）—肇东断裂。根据地震序列重新定位结果尚无法判断发震构造，有待进一步研究。

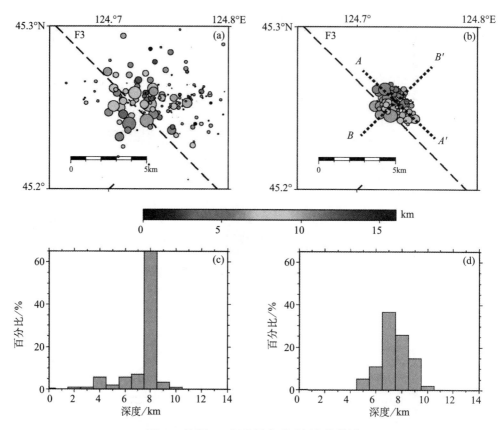

图 13　松原 5.7 级地震序列重新定位结果

Fig. 13　Aftershock relocation of the M_S5.7 Songyuan earthquake sequence

（a）初始定位震中分布图；（b）重新定位后震中分布图，F3：第二松花江断裂；

（c）初始定位震源深度直方图；（d）重新定位后震源深度直方图

2. 地震序列衰减情况

地震序列 M-T 图、频度图、G-R 关系拟合、最大震级变差见图 14。此次地震序列主震后早期余震活动相对丰富，频次缓慢衰减、强度呈现起伏性活动。2018 年 9 月 15 日发生最大余震 M_L5.0 地震（图 14），随后余震活动频次和强度均呈现出起伏性衰减特征，序列后续以 M_L2.0 左右地震活动为主。对该序列的固体潮调制现象统计分析表明，此次松原宁江 M_S5.7 地震发生于 5 月 28 日农历四月十四，即月相大潮期望时段，震后早期的两次 M_L4.2 和 M_L4.1 余震分别发生在十五和十七，由此可见此序列主震及早期强余震受调制现象明显，对比 M_S4.9 震群，其早期余震同样具有调制特征。由此说明该震区的地震活动受到一定的潮汐应力触发作用影响。

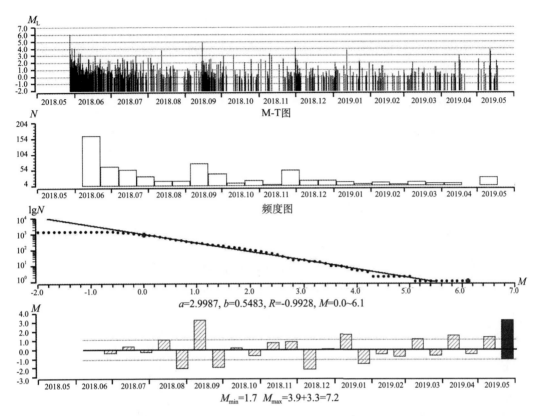

图 14　松原 5.7 级地震序列 M-T 图、频度图和 G-R 关系图、最大震级变差

Fig. 14　M-T, frequence, G-R relationship, and Max magnitude difference figure

of the M_S 5.7 Songyuan earthquake sequence

资料时段：2018.05.28~2018.07.17

3. 序列参数

相比于 2017 年发生在该地区的 M_S4.9 地震，此次地震后早期余震更为丰富，根据早期 30 天资料，计算了序列 h 值为 1.17（图 15），统计震级档为 M_L0 以上。对序列早期 p 值进行了拟合计算（图 16），得到全序列拟合 p 值约为 1.1，与 2013 年前郭 M_S5.8 震群相比较高，反映了该序列目前频次衰减速度正常。由图 14 显示的 G-R 关系拟合中，序列 b 值为 0.55，低于东北地区平均 b 值水平[5]，但高于 2013 年前郭 M_S5.8 地震序列、2017 年松原宁江 M_S4.9 序列的 b 值。通常低 b 值反映了震区应力释放不充分，由此推断，此次 M_S5.7 地震序列进一步释放了震区的累积应力。综合各参数结果，对比此前 M_S4.9 震群的强余震活动特征，此次序列余震具有持续缓慢衰减的特征，初步判断该序列进一步发展为震群的可能性不大。基于 Ishimoto 等及 Gutenberg 等的研究，采用 Wiemer 和 Wyss 提出的 MAXC 方法，计算 M_S5.7 地震后余震序列最小完整性震级随时间变化，统计步长 50。结果如图 17 所示，截至 2018 年 6 月 28 日，包含有单台记录的序列目录最小完备震级平均水平在 M_L0 以下。

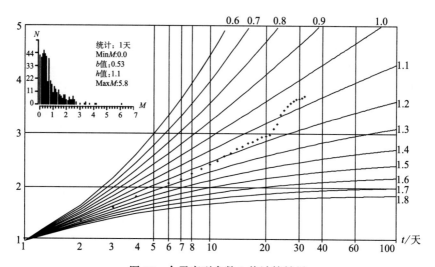

图 15　余震序列参数 h 值计算结果

Fig. 15　h value of aftershock sequence

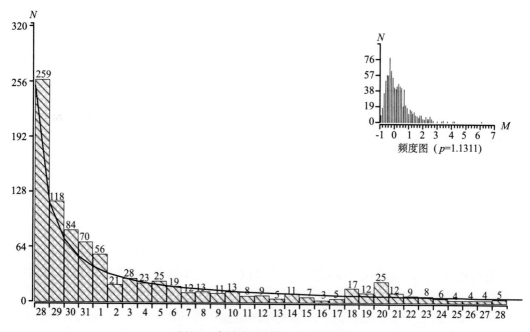

图 16　余震序列参数 p 值计算结果

Fig. 16　p value of aftershocks

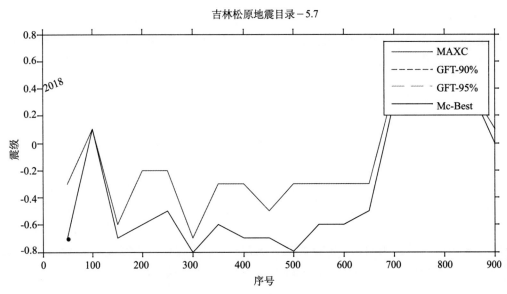

图 17　松原 5.7 级地震序列最小完备震级随时间演化（频次统计步长 50 个）

Fig. 17　Minimum magnitude of completeness temporal evolution

of the M_S 5.7 Songyuan earthquake sequence（frequency step：50）

4. 地震序列类型分析

　　序列主震震级 5.7 级，最大余震为 2018 年 9 月 15 日 M_L 5.0（M_S 4.6）地震，与主震相差震级 1.1（0.7 < ΔM ≤ 2.4 级），按中国地震局《地震现场工作大纲和技术指南》及《测震学分析预报方法》划分标准，地震序列属主震余震型。据统计，1970 年以来震中 150km 范围 M_S 5.0 以上地震 7 次，其中主余型 2 次、震群型 5 次（表 5）。

表 5　震中附近地震序列主震目录

Table 5　List of historical earthquake sequences

序号	主震时间	纬度（°）	经度（°）	主震震级	序列类型	地点
1	2006.03.31	44.60	124.05	M_S 5.0	主—余震型	吉林前郭
2	2013.10.31	44.68	124.10	M_S 5.5	多震型	吉林前郭
3	2013.10.31	44.69	124.12	M_S 5.0	多震型	吉林前郭
4	2013.11.22	44.70	124.10	M_S 5.2	多震型	吉林前郭
5	2013.11.23	44.60	124.10	M_S 5.8	多震型	吉林前郭
6	2013.11.23	44.60	124.10	M_S 5.0	多震型	吉林前郭
7	2018.05.28	45.27	124.71	M_S 5.7	主—余震型	吉林松原

5. 波速比分析

选取吉林地区 2008 年至 2018 年 5 月共 572 次地震事件的 P 波和 S 波到时资料，对收集到的数据进行了严格的筛选和限定，最后选出满足条件的地震事件 198 个。利用多台多震和达法，按照时间发生顺序，计算以 5 个地震为一组的平均波速比随时间变化曲线，结合 2013 年 M_S5.8 前郭震群、2017 年松原 M_S4.9 震群[6] 和此次 2018 年松原 M_S5.7 地震，重点分析中强震发生前后吉林省平均波速比随时间的变化特征。

平均波速比研究结果表明，2013 年前郭 M_S5.8 震群发生前，平均波速比持续均值 1.7 左右，5.8 级震群同震活动期间，波速比有微弱上升，并伴随有上下大幅突跳，随后又逐渐恢复至均值。2015 年出现一段低值异常，并于 2016 年开始恢复。2017 年松原宁江 4.9 级地震发生后波速比呈现高值，之后逐渐降低（图 18）。此次 M_S5.7 地震前，波速比在均值水平，相对 4.9 级地震有所偏低，5.7 级地震同震期，波速比呈现高值状态，相关研究显示[7] 此次地震震源区存在高波速异常区，易于积累能量孕育地震。此次 5.7 级地震前波速比有一定的低值异常现象，但不明显，对比此前两次震群前后波速比变化特点，此次地震同震期显示出的不稳定高值波动与以往类似，后续波速比值可能会逐渐恢复正常。

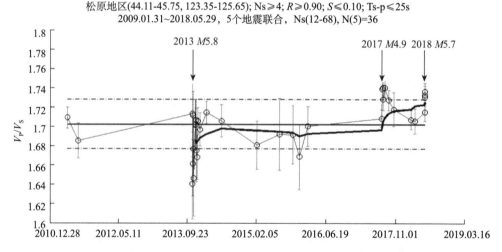

图 18　2008~2018.05 吉林松原地区地震活动平均波速比时间分布曲线

Fig. 18　Average V_P/V_S value evolution of Songyuan, Jilin during 2008 to 2018

6. 序列特征小结

综合分析，该序列余震统计结果表明此次序列为主震—余震型，余震的频次和强度明显高于 2017 年 M_S4.9 地震；余震活动呈缓慢起伏性衰减，相对震区历史地震活动呈现高 b 值特征；序列活动受到一定的固体潮调制影响；重定位结果显示余震活动空间分布较为集中，没有明显的优势展布方向；震前波速比有较弱的低值异常，其他测震学参数未见明显异常。

五、震源参数和地震破裂面

1. 震源机制解

求解震源机制解的地震波形资料来源于吉林区域地震台网记录，采用 FOCMEC 方法与 gCAP 矩张量反演方法，反演松原宁江 M_S5.7 地震序列中 M_L≥3.0 级地震震源机制解。gCAP 方法的优势在于反演结果对速度模型的依赖性相对较小。该方法通过对 Pnl 与 S 波（或面波）赋予不同权重，计算理论波形与实际波形的拟合误差函数，采用网格搜索法获取误差最小的最优解。我们在反演时选用震中距 250km 范围内的台站记录，滤波频率范围为 0.03~0.6Hz；走向、倾角与滑动角的搜索间隔均为 1°，深度搜索间隔为 0.5km；格林函数采用频率波数法（FK）计算，采样间隔设为 0.08s、采样点为 2048 个。反演结果显示，波形拟合的约化方差 87%，矩心深度 6km，压轴近东西向，DC 分量 84.3%，属于构造地震范围，详见表 6、表 7，图 19、图 20。图 21 是 M_S4.7 地震后余震及其此次 M_S5.7 地震震源机制解，由于台站较少及分布不均匀，考虑 M_S≥3.6 级地震有可靠的震源机制解，结果显示震源机制解一致性很高，均为走滑型地震。从地震精定位及震源机制解结果上看，不能准确判断此次地震的发震构造，对震区的地质考察结果也并未见明显的地表破裂。但最新的矩张量反演结果显示，震源更接近节面 I，与北东向的扶余—肇东断裂走向及倾角一致，进一步使用 H-C 方法分析了震源、矩心与节面之间的关系，推断扶余—肇东断裂为此次地震的发震断层。

表 6　M_S≥4.0 级地震的震源机制解

Table 6　The Focal Mechanism solutions of M_S≥4.0 earthquakes

| 发震时刻 | M_S | 节面 I（°） | 节面 II（°） | P 轴（°） | T 轴（°） |
年.月.日时:分:秒		S/D/R	S/D/R	Azi./Pl.	Azi./Pl.
2017.07.23 07:13:30	4.9	217/76/168	310/79/14	83/3	174/18
2017.08.15 11:58:20	4.5	218/89/178	308/88/1	264/5	173/10
2018.01.04 20:21:07	4.3	222/81/171	313/81/9	268/0	177/13
2018.03.05 06:50:00	4.2	209/70/164	305/75/21	76/4	168/26
2018.04.23 01:46:38	4.0	229/78/170	321/80/12	95/1	185/15
2018.05.28 01:50:00	5.7	220/74/167	314/77/16	87/2	178/20

注：S/D/R 分别代表走向、倾角、滑动角

表7 松原5.7级地震断层面解

Table 7 Fault plane result of the M_S5.7 Songyuan earthquake

类别	震级 M_W	节面 I（°）			节面 II（°）			P 轴（°）		T 轴（°）	
		走向	倾角	滑动角	走向	倾角	滑动角	方位	仰角	方位	仰角
本文	4.9	221	75	168	314	79	16	88	9	178	4
gCMT	5.3	314	75	−1	44	89	165				

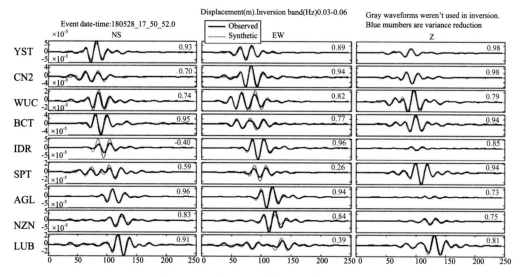

图19 松原5.7级地震观测波形与合成波形的拟合结果

Fig. 19 Fitness result of observed waveform and theoretical waveform

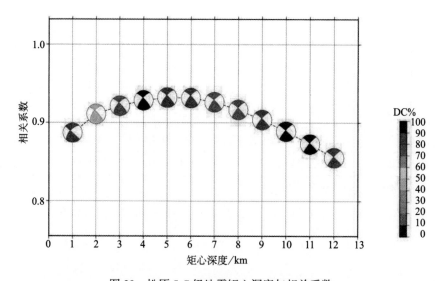

图20 松原5.7级地震矩心深度与相关系数

Fig. 20 Earthquake moment center depth and correlation coefficient of the M_S5.7 Songyuan earthquake

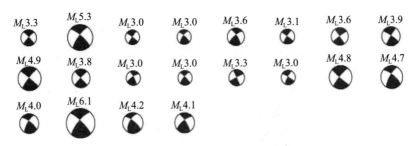

图 21　地震序列震源机制解（$M_L \geq 3.0$）

Fig. 21　The focal mechanism of earthquakes sequence（$M_L \geq 3.0$）

2. 同震库仑应力计算

采用中国地震局地球物理研究所提供的矩张量反演的震源机制解，计算了此次 M_S5.7 地震的同震库仑应力变化。震源节面选取为北西西向展布，具体参数为：Strike：307、Dip：82、Rake：4，震源节面深度 12km，矩阵级 M_W6.0，根据 Wells 和 Coppersmith[8] 给出的震级与断层破裂的经验关系，计算得出横纵破裂尺度分别约 2.41、2.66km。视摩擦系数取 0.4。参考 Wan[9] 给出的中国大陆构造应力场分布，确定所选研究区的构造应力场分布如下：最大主应力 S1 轴的方位角为 91°，倾伏角为 14°；中间主应力 S2 轴的方位角为 184°，倾伏角为 69°；最小主应力 S3 轴的方位角为 349°，倾伏角为 20°，泊松比取 0.25。根据震源机制解显示此次地震走滑型，因此接受断层参数选择最优走滑破裂方向，计算深度 10km。计算结果显示（图 22），主震破裂对震区产生了大于 0.01MPa 的应力加载，加载区域主要集中在主震破裂面附近，距离断层面 5km 左右南北两端为应力影区。初步推论，M_S5.7 地震对后续余震活动有着较为明显的触发作用，且后续余震活动可能主要沿着主震断层面方向展布。从应力变化的空间展布来看，南北两端距离主破裂 5km 左右存在应力影区，其结果可能导致余震活动进一步被"压缩"至主破裂附近。

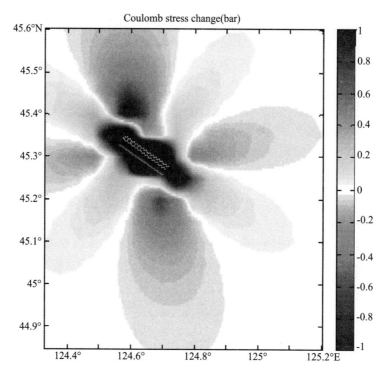

图 22　松原 5.7 级地震同震库仑应力变化空间分布图（NW 向震源机制解节面）

Fig. 22　Coseismic coulomb stress changes distribution of the M_S5.7 Songyuan earthquake（NW focal nodal plane）

六、地震前兆观测台网及前兆异常

　　松原 5.7 级地震前，震中距 $\Delta \leqslant 300$km 范围有 34 个台，87 个台项，涵盖流体、电磁、形变等各观测学科。$\Delta \leqslant 100$km 范围有 5 个台站，以流体观测为主，其中吉林 4 个、黑龙江 1 个；$100 < \Delta \leqslant 200$km 范围有 12 个台站，其中吉林 7 个、黑龙江 4 个、内蒙古 1 个，同样以流体和电磁观测为主；$200 < \Delta \leqslant 300$km 范围有 17 个台站，其中吉林 5 个、黑龙江 7 个、内蒙古 4 个、辽宁 1 个，图 23 为震中附近地区前兆观测台站分布图。

　　通过收集并归纳地震前震中距 300km 内所出现的异常，共有测震学异常 1 项，地球物理观测异常 6 项（表 8，图 23）。表 8 和图 24 至图 27 给出了具体的异常情况，异常主要集中在 201~300km 范围。

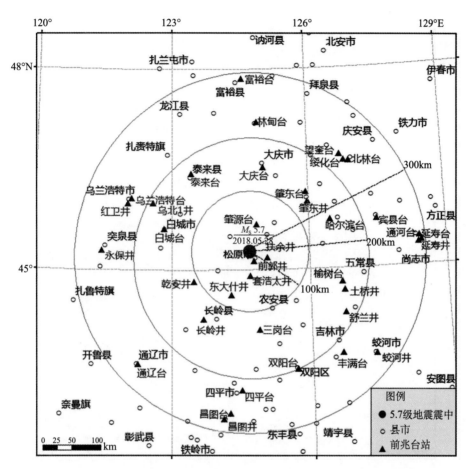

图 23　震中附近地区（300km）地球物理观测台站分布图（台站测项参见附表 2）

Fig. 23　Precursory earthquake-monitor stations around epicenter area

(Table 1 for station parameters)

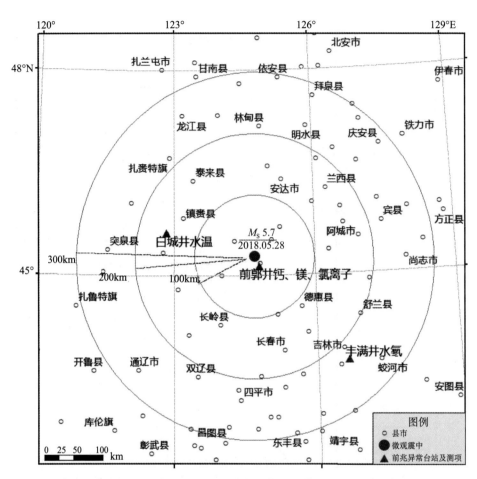

图 24　定点地球物理观测异常台站分布图（台站测项参见附表 2）

Fig. 24　Distribution diagram of precursory anomaly earthquake-monitor stations

（Table 2 for station parameters）

表 8 地震地球物理异常登记表

Table 8 Summary table of earthquake precursory anomalies

序号	异常项目	台站（点）或观测区	分析方法	异常判据及观测误差	震前异常起止时间	震后变化	最大幅度	震中距（km）	异常类别及可靠性	图号	异常特点及备注	震前提出/震后总结
1	视应力	松原及附近区域	视应力计算	上升一转折一下降	2013~	仍在高值	—	—	L_1	25、26、27	高值	震后总结
2	水氡	丰满	日均值分析	高值突跳超二倍方差	2018.01.01~	有所下降但维持在高值水平	高于均值水平 115Bq/L	230	M_2	29	高值水平超二倍方差	震前提出
3	水温	套浩太	日均值分析	趋势上升	2017.07.30~	6月6日转折下降	—	45	M_2	30、31	持续上升，后因动探头，升幅不能计算	震前提出
4	水温	白城	日均值分析	低值下降	2018.03.11~	—	0.0058℃	150	I_2	32、33	震前出现明显低值变化	震前提出
5	Mg^{2+}	前郭	日均值分析	趋势上升背景下低值变化	2016.02~	无变化	0.6 mg/L	16	M_3	28	呈低值趋势异常	震前提出
6	Ca^{2+}	前郭	日均值分析	高值波动变化，震前低值	2016.07~	阶升	0.7mg/L	16	M_3	28	高值波动变化，震前低值	震前提出
7	Cl^-	前郭	日均值分析	临震下降低值变化	2018.05.28	阶降	40mg/L	16	I_2	28	临震下降低值变化	震后提出

1. 地震学异常

此次松原 5.7 级地震前，松原及邻区存在视应力高值异常。

为消除震级对视应力的影响，对 $M_L \geqslant 2.4$ 级地震做了视应力差值处理，对消除震级影响的视应力差值 $\Delta\sigma_{app}$ 进行窗长为 5，步长为 1 的滑动平均处理后，其随时间演化特征显示松原 5.7 级地震前，视应力存在明显的上升现象，表明震区应力水平逐渐升高。然后对较小震级区间（$M_L 2.5\sim3.1$、$M_L 3.0\sim3.9$）的地震视应力进行分析。由于该震级区间较小，因此可以忽略震级对视应力的影响，其绝对视应力值随时间演化特征如图 26、图 27 所示，松原 5.7 级地震前，两个震级区间的视应力都存在明显的升高现象，异常形态明显。

综上所述，在松原 5.7 级地震发生前，松原震区地震视应力出现明显的升高现象，反映了震中区附近震前应力积累的过程。

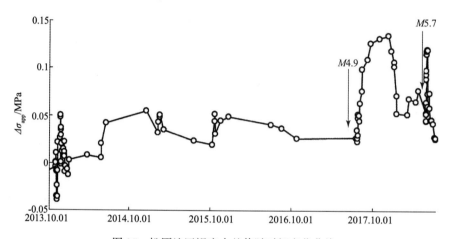

图 25　松原地区视应力差值随时间变化曲线

（窗长为 5，步长为 1）

Fig. 25　Apparent stress difference evolution of Songyuan region

（window length：5，step length：1）

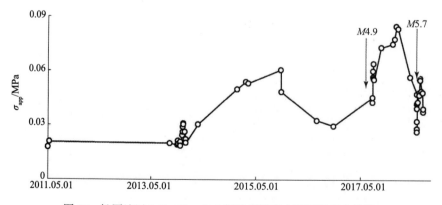

图 26　松原地区 $2.5 \leqslant M_L \leqslant 3.1$ 级地震视应力随时间变化曲线

（窗长为 5，步长为 1）

Fig. 26　Apparent stress evolution of $2.5 \leqslant M_L \leqslant 3.1$ earthquakes，Songyuan region

（window length：5，step length：1）

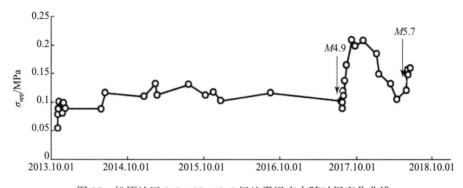

图 27　松原地区 3.0≤M_L≤3.9 级地震视应力随时间变化曲线

（窗长为 5，步长为 1）

Fig. 27　Apparent stress evolution of 3.0≤M_L≤3.9 earthquakes

（window length：5，step length：1）

2. 地球物理观测异常

松原 5.7 级地震震中 300km 范围内震前有 4 个地球物理观测台出现了 6 项异常，全部为吉林省内的地球物理观测观测台站。中期异常 4 项、短临异常 2 项，丰满水氡虽然为中期异常，在临震阶段还具有短临异常特征，显示该测项在异常演化过程中有其特殊性。具体异常描述如下：

1) 中期趋势异常

（1）前郭钙、镁离子。

钙离子在趋势上升背景下于 2016 年 2 月出现低值变化，变幅不大，而镁离子则于 2016 年 7 月与钙离子出现同步上升变化，这两种离子的异常变化并不显著，只是存在趋势性变化异常（图 28），最近几年的映震效果不明显，信度较低。

（2）丰满水氡。

丰满水氡作为一项相对较为可靠的前兆测项，对于吉林省中西部地区的中强地震有较好的映震效果。震例总结表明，丰满水氡高值突跳作为前兆异常的指标，变幅超二倍均方差为异常判据，而地震多发生在水氡值下降阶段的 2 个月时间尺度内，这是由多个震例总结出来的特征。丰满水氡既可表现出中期异常特征，也可表现出短期甚至临震特征。在自 2017 年 12 月末出现上升趋势，2018 年 1 月 1 日达到最高值 420Bq/L，之后有所下降，1 月 4 日和 3 月 5 日松原市宁江区分别发生 4.3 级和 4.2 级地震。4 月 19 日该井水氡再次出现高值突跳，达 414Bq/L，之后呈下降趋势，松原 5.7 级地震发生后，丰满水氡值仍在高值水平（图 29），异常未有完全恢复趋势，这表明松原震区的构造应力场仍为完全得到充分释放。

（3）套浩太水温。

套浩太水温在松原几次中强地震前后未有明显的映震前兆响应，但 2017 年 7 月以来持续上升，存在趋势上升变化，与历年同期变化特征不一致，比历年同期上升持续时间较长、幅度也较大，5 月 28 日松原 5.7 级地震后有所下降趋势（图 30、图 31），可作为此次地震前的中期异常，但信度不高。

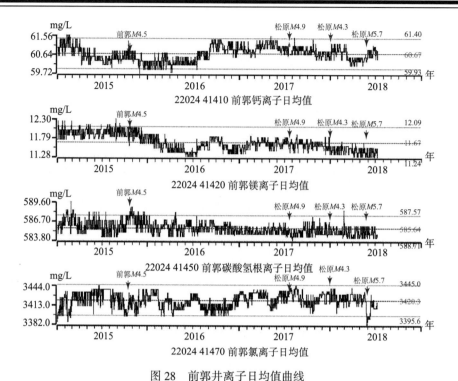

图 28　前郭井离子日均值曲线

Fig. 28　Hydration day average curve of Qianguo well

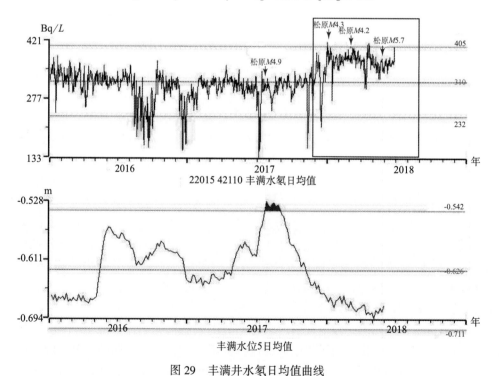

图 29　丰满井水氡日均值曲线

Fig. 29　Water radonday average curve of Fengman well

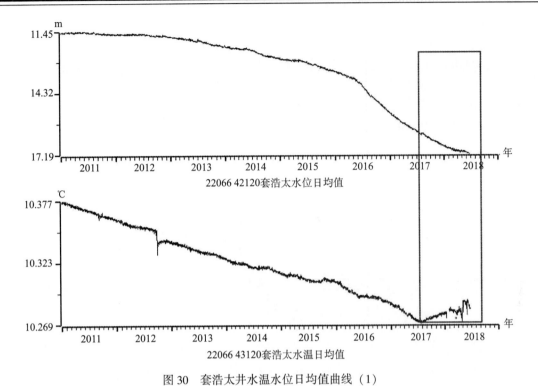

图 30　套浩太井水温水位日均值曲线（1）

Fig. 30　Water temperature and level day average curve of Taohaotai well

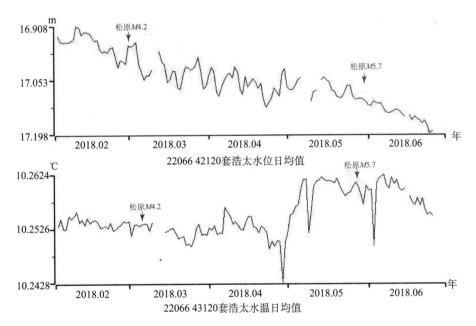

图 31　套浩太井水温水位日均值曲线（2）

Fig. 31　Water temperature and level day average curve of Taohaotai well

2）短临异常

（1）白城水温。

白城水温历年来呈现"漂式"上升变化（图32），但2018年1月以来上升速率明显减小，3月11日起出现下降特征，最大降幅0.0058℃，5月23～28日地震前加速下降。白城井水温在2013年前郭5.8级地震前出现明显阶降，降幅0.004℃，之后在前郭震区4级以上地震也有过多次震前水温下降的现象，因此该井水温下降与松原地震存在较一定的对应关系（图32、图33），可将该井水温低值下降作为该测项的异常指标。

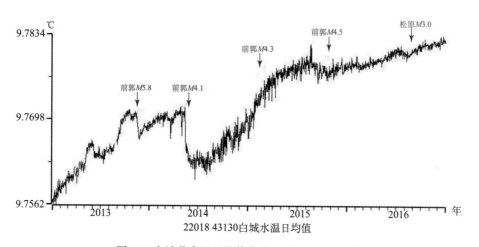

22018 43130白城水温日均值

图32 白城井水温日均值曲线（2013～2016年）

Fig. 32 Water temperature and level day average curve of Baicheng well （2013−2016）

22018 43130白城水温日均值

图33 白城井水温日均值曲线（2017.09～2018.06）

Fig. 33 Water temperature and level day average curve of Baicheng well （2017.09−2018.06）

（2）前郭氯离子。

前郭氯离子震前的低值异常变化是一个相对可靠的异常指标，2006 年前郭 5.0 级地震前就出现了明显的前郭氯离子低值短临异常。前郭氯离子于松原 5.7 级地震发生的当天，出现明显下降，出现低值 3382mg/L，比 2018 年以来均值（3425mg/L）低 43mg/L，表现为低值异常。震后有所恢复（图 34），因此低值下降可作为该测项的异常指标。

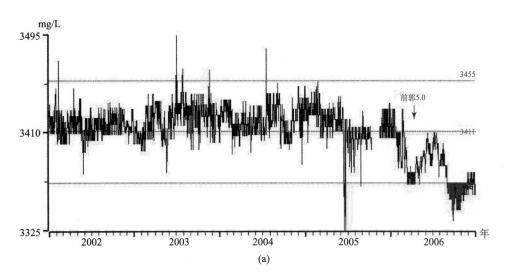

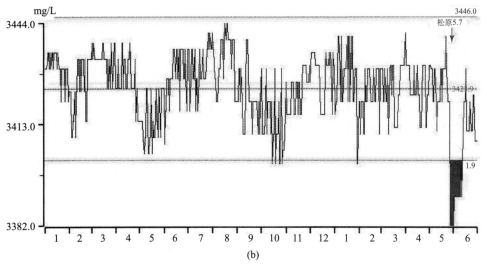

图 34　前郭井氯离子日值变化曲线

Fig. 34　Chloride ion day average curve of QianGuo well

（a）2002~2006.04 日值曲线；（b）2017~2018.06 日值曲线

2018 年 5 月 28 日松原 5.7 级地震前，中国地震局地球物理研究所和吉林省地震局一起开展了 2017 年流动地磁野外观测，观测结果并未显示在松原地区存在异常现象；2014~2017 年吉林省流动水化学观测结果也未显示出明显的异常特征。

七、地震前兆异常特征分析

1. 地震学前兆异常特征

M-T 图（图 35）显示吉林西部地区 2006~2011 年，地震活动的频次和强度维持在正常水平范围内，2012 年活动水平最弱，2013~2018 年地震活动的频次和强度明显增强，分别发生了 2013 年前郭 5.8 级震群、2017 年松原 4.9 级震群及 2018 年松原 5.7 级地震。通过对松原及邻区的地震视应力计算分析，结果表明，在松原 5.7 级地震之前，去掉震级影响的视应力差值、较小震级区间（$M_L 2.5 \sim 3.1$、$M_L 3.0 \sim 3.9$）视应力均存在显著上升—转折—下降的变化形态，地震发生在视应力下降后。

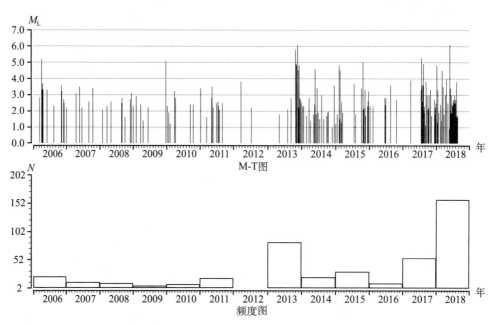

图 35　吉林省西部地区 2006 年以来地震活动 M-T 及频度图

Fig. 35　M-T and frequence figure of Jilin west region since 2006

2. 定点及流动观测前兆异常特征

松原 5.7 级地震震中 300km 范围内的定点地球物理观测台站中，共发现 6 项定点前兆异常测项，均为中短期异常。与 2013 年前郭 5.8 级震群相比，异常台站明显减少，异常测项占比下降。震中 100km 范围内有前郭井 3 项水化离子异常和套浩太水温异常，占总异常测项的 67%，尽管异常占比相对较高，但异常信度不高。而与松原 5.7 级地震震中所在区域具有构造关联（震中区域与丰满台位于同一断裂构造带上，即第二松花江断裂）的 200km 以外的丰满水氡不仅表现有中期异常变化，甚至在短临阶段还表现出明显的异常；另外距松原 5.7 级地震震中 150km 的白城水温，也表现出短临异常变化特征。

从 300km 范围内异常数量上来看，对比分析表明，此次松原 5.7 级地震前存在 6 项异常。而 2013 年前郭 5.8 级震群前出现 18 项异常，2006 年前郭 5.0 级地震前出现 8 项异常，是上述松原地区几次 5 级以上地震地球物理异常数量较少的一次。在松原地区的南北两个震区（相距约 80km）中，5 级以上地震发生前，地球物理异常对前郭震区（南部）的映震能力较明显，对松原宁江震区地震的响应能力相对较弱。

从异常测项的映震能力来看，丰满水氡在松原历次 5 级以上地震中，均表现出震前高值异常。通过分析松原几次 5 级以上地震前丰满井水氡异常特征，可将丰满水氡作为松原震区 5 级以上地震活动的信息异常，即丰满井水氡出现高值异常时，需关注松原震区 5 级以上地震。

从空间分布特征上看，前兆异常多数集中在伊舒断裂带西部的松原震区内部及周边，只有丰满井位于伊舒断裂带东侧的北西向第二松花江断裂带上。由于松原地区自 2006 年前郭 5.0 级地震尤其是 2013 年前郭 5.8 级震群发生以来，构造应力场一直处于调整变化过程中，受区域应力场影响。在震前一年尺度内，在震中区外围 100~200km 范围，相继出现了套浩太水温、丰满水氡、白城水温、前郭氯离子异常，其异常出现时间分别为 10 个月、5 个月、2 个月和 1 天。从异常对三次地震的前兆反应上来看，流体学科中，除套浩太井水温外，其他异常测项均在前两次地震事件中出现异常变化。2006 年前郭 5.0 级地震前兆异常以短临为主[8,11]，只有一个测项存在破年变异常；2013 年 5.8 级震群的前兆异常更为复杂，既有中期，也有短期和临震。此次地震前主要为中期、短期异常，且所有异常均在地震前数天至 40 天内出现短临变化。从震级与异常数量对应分析表明，似乎震级越大，地震越多，前兆异常的分布越广。

从时间序列上，存在由趋势异常向短期异常再向临震异常演化，短期异常以水温下降、水氡高值突跳为特征，而临震异常主要以加速下降为主。

八、震前预测、预防和震后响应

1. 预测情况

1）中长期预测

在《2012 年度地震趋势研究报告》中的专题报告里，专门研究了 10 年尺度的危险性，认为东北地区存在发生中强地震的危险。2013 年前郭 5.8 级震群、2017 年松原宁江 4.9 级地震及 2018 年松原 5.7 级地震的发生，表明 10 年尺度的长期趋势预测基本准确。但在《2015 年度地震趋势研究报告》《2016 年度地震趋势研究报告》及《2017 年度地震趋势研究报告》中给出的东北地震大形势趋势预测结果认为，东北地区第五活跃期于 2013 年底已基本结束，从 2014 年起进入地震活动平静期。因此，中期预测中 3 年尺度的预测不准确。

2）年度预测

《吉林省 2018 年度地震趋势研究报告》中对 2018 年度吉林省地震危险区判定结果认为：松原宁江 4.9 级地震序列尚未结束，同震库伦应力变化显示震源区南侧有微弱应力加载，视应力水平较高，P 波初动一致性较好，显示震源区仍受较强应力场作用，前郭井镁离子及钙离子异常持续，因此松原震区有发生 4.5 级左右地震的可能。并将 2018 年度吉林省地震注意地区的松原地区作为年度震情跟踪工作的重点监视区域。年度预测基本准确，但预测震级偏低。

3）短期预测

2017 年松原 4.9 级地震发生后，序列呈总体衰减趋势，但序列并未出现结束特征，于 2017 年 8 月 15 日、2018 年 1 月 4 日、3 月 5 日分别在原震区继续发生 4.5、4.3、4.2 级地震。在上述地震趋势研判中，均认为，松原地区近期存在发生 4.5 级地震的可能，并持续进行震情跟踪和滚动会商。值得说明的是，2018 年 1 月初，丰满台水氡出现高值突跳异常，在 1 月 3 日的周震情例会上进行认真讨论，预报中心立即开展异常核实。当天下午丰满台人员进行了加密观测，并采取水样，进行氢、汞及水质测试。丰满台水氡映震能力及效果较好，有过多次震例，预报中心立即向中国地震台网中心相关专家及中国地震局地下流体学科专家进行汇报，学科组高度重视，将此测项列为异常。实际是 1 月 4 日松原宁江发生 4.3 级地震，根据以往丰满水氡的震例分析及预测指标总结经验认为，1 月 4 日 4.3 级地震的发生，并不能交代此次丰满水氡的高值异常，需密切关注水氡高值转折下降后的 1~2 个月尺度的危险性，因此 1 月 4 日 4.3 级地震趋势会商研判认为，原震区仍存在发生 4.5 级左右地震的可能。一直到 3 月 5 日 4.2 级地震发生前，丰满台水氡虽然仍处于高值水平，但略有下降，在下降过程中发生 3 月 5 日 4.2 级地震，4.2 级地震发生后，水氡值出现下降式波动特点，根据此前几次 4 级地震前丰满水氡变化特征，分析认为原震区仍存在发生 4.5 级左右地震的可能。

此次松原 5.7 级地震之前，于 4 月 12 日发生 $M_L 3.0$ 地震，2018 年 4 月 17 日周震情例会上发现震中区附近流体测项出现异常变化，后经现场异常核实确认震中区存在前郭水化离子、白城水温及套浩太水温等异常。因此，在随后召开的会商会上吉林局流体学科组认为"3 个月内前郭地区有发生 4.5 级左右地震的可能"，经综合研判认为：松原震区有发生 4.5 级地震的可能。一个半月之后，在松原市宁江区发生 5.7 级地震，该地震发生在预测时间段内，但震级强度预测偏低。

2018 年 1~5 月份的月会商结论均认为：松原宁江震中区近期有发生 4.5 级左右地震的可能，省内其他地区发生破坏性地震的可能性不大。并且 2018 年 5 月 17 日的全省年中会商会上，结合新近出现的套浩太水温、白城水温短期异常的特征，继续维持"下半年松原地区存在发生 4.5 级左右地震的可能"的结论。实际情况是 5 月 28 日在松原宁江震区发生 5.7 级地震，月会商及年中会商结论中对松原宁江震区的预测强度震级偏低，地点及时间均准确。无临震预测情况。

2. 震后趋势判定

5 月 28 日 1 时 50 分 5.7 级地震发生后，吉林省地震局立即按地震应急预案开展各项工作，实时分析处理测震及前兆资料，对余震序列进行跟踪分析，开展地震视应力、波速比、地震精定位、P 波极性一致性及震源机制解分析研究。2 时 30 分，与中国地震台网中心、黑龙江省地震局等单位召开紧急联合视频会商，2 小时内提出会商意见："近日内震中区不会发生更大地震，但仍需关注地震序列发展态势，进一步做出研判"，并将意见及时上报中国地震局和省委省政府，通过政府及时通告广大市民，稳定市民情绪。

在综合分析余震序列及测震、前兆各学科数据变化情况的基础上，于 5 月 28 日 10 时再次召开与中国地震台网中心、黑龙江省地震局等单位的紧急联合视频会商，均认为，近日内震中区不会发生更大地震，但仍需关注强余震的起伏。由于松原地区地震类型复杂，既有主余型地震，也有震群型地震特点，对该地区地震类型的认识不足，结合松辽盆地及周边历史上存在多次震群型地震发生的震例，因此不能排除震群型地震的可能性，根据目前序列的特点及震中区社会稳定的现实需要，暂时给出上述的会商结论，但关注地震序列发展态势，进一步做出研判。5 月 29 日发生了此次地震序列的最大余震，预报人员对松原 5.7 级地震序列的测震学指标进行详细分析，认为余震强度偏小，b 值偏低，视应力偏高，能量释放相对不充分，震源机制解结果呈走滑型，与 2013 年 5.8 级震群的震源机制解结果不同，但地震精定位结果仍比较集中，无明显优势方位，发震构造无法准确判断，但最新的矩张量反演结果推断扶余—肇东断裂为此次地震的发震断层。在紧急会商会上认为，参考国内类似地震序列和本地区地震活动规律，要重视松辽盆地及周边地震有震群型地震发生的特点，不能排除再次发生 5 级左右地震的可能性，但近日内震中区不会发生更大地震，仍需关注强余震的起伏。综合各参数结果（h 值、p 值、b 值），对比此前 $M_S4.9$ 震群的强余震活动特征，此次序列余震具有持续缓慢衰减的特征，初步判断该序列进一步发展为震群的可能性不大。

3. 应急响应

地震发生后，中国地震局立即启动地震应急三级响应，第一时间派出现场工作队赶赴震区开展应急处置工作。吉林省地震局迅速派出现场工作队，与松原市、宁江区、前郭县地震局及工力所、黑龙江局等单位先后到达现场的工作人员共计 66 人，与随后到达的由中国地震局派出的现场工作队，组成地震现场指挥部，在现场开展地震流动监测、震情趋势判定、烈度评定、灾害调查评估、科学考察等现场应急工作。各市县地震局迅速启动预案开展应急工作。

此次松原 5.7 级地震是应急管理部组建以来发生的震级最大的一次地震。在地震系统现场应急指挥部的领导和震区各级党委政府的大力支持下，现场工作队深入灾区一线，历时 3 天，对松原市宁江区和前郭县 13 个乡镇共计 83 个调查点开展了实地调查，完成了此次地震灾害调查、烈度评定及灾害损失评估等工作。震区的流动台网记录到了相对丰富的余震序列。震后趋势研判会商意见认为"近日内震中区不会发生更大地震，但仍需关注 4.5 级左右地震的起伏活动"，并经省委宣传部审核后，通过媒体向社会发布，起到了安定民心、稳定社会的作用。5 月 28 日 5.7 级地震后，马上面临高考，高考是否如期开考，吉林省地震局结合会商研判情况，建议正常组织考试，确保了高考的顺利进行。

九、结论与讨论

2018 年松原 5.7 级地震发生在松辽断陷带中央坳陷区内，其微观震中及宏观震中均在 NE 向松原—肇东断裂和第二松花江断裂的交会处。该地震为主—余型地震。截至 2019 年 5 月 17 日，吉林省区域台网共记录到地震 1465 次，其中，$M_L1.0 \sim 1.9$ 地震 171 次，$M_L2.0 \sim 2.9$ 地震 79 次，$M_L3.0 \sim 3.9$ 地震 18 次，$M_L4.0 \sim 4.9$ 地震 3 次，$M_L5.0 \sim 5.9$ 地震 1 次，$M_L6.0 \sim 6.9$ 地震 1 次。利用 CAP 方法计算的震源机制解参数显示本次地震是走滑型的断层错动，波形反演获得的矩心深度约 6km。

　　松原 5.7 级地震发生在 2017 年 7 月 23 日松原 4.9 级地震的原震区，此次发生前，震区地震视应力出现明显的升高现象，反映了震中区附近震前应力积累的过程。震前出现的异常 7 项，其中 1 项测震学异常和 6 项定点地球物理观测异常。松原地区地震的地震序列既有主震余震型，也有震群型，地震序列类型难以把握[11]。在此次 5.7 地震发生后早期，震后预测指标 b 值偏低，反映了震区应力释放不充分，但根据 h 值及最大震级差，会商分析认为该序列为主余型的可能性较大，低 b 值则可能暗示后续有强余震活动，从后来的地震序列发展来看，我们的判断基本准确。

　　通过对松原多次中强地震的震例总结发现，在中强地震前较长一段时间内表现有区域地震活动水平增强的现象。但震前却往往出现小震平静现象，前兆异常多以短临异常为主，震中区虽存在一些前兆异常，但信度不高，而与震中区有构造关联的前兆异常测项却表现较为明显，如丰满水氡、白城水温在震前有明显的短临变化。因此对类似这种相对敏感的测项开展震情跟踪和异常核实，对短期预测具有重要意义。2018 年以来对丰满水氡开展了详细的现场异常核实工作，并进行了震例回溯分析，梳理出该测项异常的特征指标，这对松原震区未来的短期预测有重要意义。但是目前的总结分析认为，丰满水氡尽管对发震的时间有相对较好的指示，但对震级的预测还存在较大难度，还需进一步研究。从目前的小震重新定位及震源机制解结果，尚不能明确判断此次地震的发震构造，未来仍需开展更多的工作，并结合该地区活动断裂探测结果做进一步判断。

　　近年来的松原地区中强地震频发，如 2006 年前郭 5.0 级地震、2013 年前郭 5.8 级震群（包括 5 次 5 级以上地震及多次 4~5 级的强余震）、2017 年松原宁江 4.9 级地震，2018 年松原 5.7 级地震，地震预测面临严峻的挑战。不容忽视的一个问题是对东北地震大形势的分析判断存在较大难度。以往的东北地震大形势[10]认为，东北地震活跃期已于 2013 年底结束，但随着 2017 年松原宁江震区相继发生多次中强地震，打破了以往对东北地震大形势的认识，不同学者对东北地震大形势展开了讨论，观点不一。加上松原地区地震序列类型复杂，发震构造识别也存在颇多存疑之处，已有资料推断的构造均为隐伏断层。因此此次地震的震例总结也只能是基于目前的认识水平基础上，尚需以后进一步总结修改。

参 考 文 献

[1] 杨清福、王佳蕾、刘志平等，第二松花江断裂带地质特征及第四纪活动性研究，中国地震，26（1）：34~45，2010

[2] 李志田、赵成弼等，第二松花江断裂活动性剖析，吉林地质，21（1）：15~19，2002

[3] 李传友、张良怀，吉林省松原地区 1119 年 6¾ 地震的发震构造条件，中国地震，15（3）：237~246，1999

[4] 吉林省地震局，松原市活动断层探测与地震危险性评价，北京：地震出版社，2014

[5] 蒋海昆、傅征祥等，中国大陆地震序列研究，北京：地震出版社，2007

[6] 刘俊清、刘财、雷建设等，2013 年前郭 $M5.8$ 震群矩张量研究，地球物理学报，60（9）：3418~3431，2017

[7] 杨宇、雷建设、张广伟等，前郭 $M_S5.8$ 松原 $M_S5.7$ 地震震源区地壳速度结构与孕震环境，地球物理学报，62（11）：4259~4278，2019

[8] Wells D L, Coppersmith K J, New empirical relationships among magnitude, rupture length, rupture width,

rupture area, and surface displacement. Bulletin of the seismological Society of America, 84（4）：974 - 1002, 1994

[9] Wan, Contemporary tectonic stress field in China, Earth Sci, 23：377-386, 2010

[10] 吕政、张京辉等, 2006 年 3 月 31 日吉林省前郭—乾安 M_S4.8 地震序列, 国际地震动态, 10：27~ 32, 2006

[11] 盘晓东、李克, 2006 年 3 月 31 日吉林省前郭尔罗斯—乾安 5.0 级地震, 中国震例（2003—2006）, 北京：地震出版社, 656~681, 2013

[12] 高立新, 中国松辽盆地构造环境及东北地区地震活动特征分析, 地震, 28（4）：59~67, 2008

参 考 资 料

1）吉林省地震局, 吉林省 2012 年度地震趋势研究报告, 2011, 打印稿

2）吉林省地震局, 吉林省 2013 年度地震趋势研究报告, 2012, 打印稿

3）吉林省地震局, 吉林省 2014 年度地震趋势研究报告, 2013, 打印稿

4）吉林省地震局, 吉林省 2015 年度地震趋势研究报告, 2014, 打印稿

5）吉林省地震局, 吉林省 2016 年度地震趋势研究报告, 2015, 打印稿

6）吉林省地震局, 吉林省 2017 年度地震趋势研究报告, 2016, 打印稿

7）吉林省地震局, 吉林省 2018 年度地震趋势研究报告, 2017, 打印稿

8）吉林省地震局, 吉林省 2018 年度地震趋势研究报告, 2018, 打印稿

9）吉林省地震局, 吉林前郭 5.8 级震群震例总结报告, 2014, 打印稿

The M_S 5. 7 Songyuan Earthquake on May 28, 2018 in Jilin Province

Abstract

At 1 ： 50 ： 52 on May 28, 2018, in Ningjiang district, Songyuan city, Jilin province (45. 27° N, 124. 71° E), a magnitude 5. 7 earthquake occurred with a focal depth of 13km. The earthquake occurred in the central depression area of the Songliao fault zone. The epicenter is located at the intersection of the NE-trending Fuyu-Zhaodong fault and the NW-trending second Songhuajiang fault. The macro-epicenter is located in the area from Yamutu village to Fuxing village, Maoduzhan town, Ningjiang district, Songyuan city. The epicenter has an intensity of Ⅶ degrees, and the macro-micro epicenter is basically the same. The long axis of the extreme earthquake zone spreads in the NEE direction. The earthquake was felt in most areas of Jilin province and some areas of Heilongjiang province, including Songyuan city, Qianguo county and Da'an city. The earthquake caused a total of 1 province, 1 city, 2 counties (districts), no casualties, and direct economic losses of approximately 429. 8 million yuan.

This earthquake sequence which is relatively rich is one of the main shock-aftershock type, showing the characteristics of undulation and attenuation. As of July 17, 2018, a total of 972 aftershocks have been recorded. The largest aftershock was the M_L5. 0 earthquake on September 15 . The aftershock sequence is relatively concentrated, about 9km in length and width, and has no obvious dominant position. The focal mechanism is a strike-slip type. Nodal plane Ⅰ strike angle 221°, dip angle 75°, slip angle 168°, nodal plane Ⅱ strike angle 314°, dip angle 79°, slip angle 16°. The two nodal planes are in the NE direction and the NW direction respectively, which are consistent with the two faults in the NE and NW directions near the epicenter. The long axis of the intensity isoseismal line is in the NEE direction, and there is no obvious surface rupture in the post-earthquake geological survey results. Regardless of the relocation or focal mechanism solution results, the seismogenic structure is still unclear. The latest moment tensor inversion results show that the source is closer to the nodal plane Ⅰ, which is consistent with the strike and dip angle of the northeast Fuyu-Zhaodong fault, so it is speculated that the Fuyu-Zhaodong fault is an seismogenic fault.

Within 300km of the epicenter of this earthquake, there are 29 seismic stations and 34 fixed-point geophysical observation stations, including 21 observations projects of the ground resistivity, geoelectric field, water level, water temperature, ground temperature, water radon, gas radon, gas mercury, calcium ion, magnesium ion, chloride ion, bicarbonate ion, cave body strain, body strain, downhole vertical pendulum, extensometer, borehole tilt, water pipe tilt, vertical pendulum, geomagnetic Z, H, D, F and helium. There are 123 items in total. There were 6 geophysical anomalies and 1 seismic anomalies in the fixed-point precursor observation before the earthquake, and the precursor anomalies accounted for a relatively small proportion. In space, the spatial distribution and evolution characteristics of precursor anomalies are not obvious. In terms of time, there are characteristics of evolution from trend anomalies to short-term anomalies and then to impending anomalies. The short-term anomaly is dominated by water temperature decline and water radon high jump, and impending anomalies is dominated by accelerated decline.

The M_S5. 7 Songyuan earthquake occurred in the key earthquake monitoring area designated by Jilin Earthquake Agency in 2019. Before the earthquake, Jilin Earthquake Agency made a more accurate annual forecast. After the earthquake, Jilin Earthquake Agency formed an on-site working group to carry out seismic mobile monitoring, earthquake situation trend determination, intensity evaluation, disaster investigation and evaluation, scientific investigation, etc., and set up 5 mobile seismic stations. After the earthquake, Jilin Earthquake Agency made a more accurate judgment on the type of earthquake sequence.

This research report is completed on the basis of related literature and data by rearrangement and analysis. Since the relevant research results of this paper were not published until the earthquake occurred, the data collected in this paper are inevitably omitted, and the conclusions are inevitably incomplete.

报 告 附 件

附表 1　固定前兆观测台（点）与观测项目汇总表

序号	台站（点）名称	经纬度（°）		测项	资料类别	震中距 Δ/km	备注
		φ_N	λ_E				
1	松原	124.70	45.20	测震		8	
2	前郭	124.81	45.12	水温	Ⅱ	18	
				钙离子	Ⅰ	18	
				镁离子	Ⅰ	18	
				碳酸氢根离子	Ⅰ	18	
				氯离子	Ⅰ	18	
3	扶余	125.10	45.18	水位	Ⅱ	32	
				水温	Ⅱ	32	
4	套浩太	124.72	44.91	水位	Ⅱ	40	
				水温	Ⅱ	40	
5	肇源	124.38	45.68	测震		44	
				水温	Ⅲ	44	
				氡气	Ⅲ	44	
6	乾安	124.00	45.01	测震		63	
		123.50	44.83	水位	Ⅱ	107	
				水温	Ⅱ	107	
7	东大什	124.30	44.63	水位	Ⅱ	78	
				水温	Ⅱ	78	
8	安广	123.70	45.50	测震		83	
9	长岭	124.00	44.20	测震		132	
		123.70	44.27	水位	Ⅱ	137	
				水温	Ⅱ	137	
10	肇东	125.97	46.15	地电场	Ⅱ	133	
				水位	Ⅱ	133	
				水温	Ⅱ	133	
		126.00	46.01	水氡	Ⅰ	130	

续表

序号	台站（点）名称	经纬度（°）		测项	资料类别	震中距 Δ/km	备注
		φ_N	λ_E				
11	三岗	124.90	44.00	测震		142	
		124.90	44.10	水温	Ⅲ	142	
				地电场	Ⅲ	142	
				地磁 Z、H、D、F	Ⅰ	142	
12	大庆	125.05	46.53	地温	Ⅱ	144	
13	哈尔滨	126.49	45.73	测震	Ⅱ	148	
				地磁 Z、H、D、F	Ⅱ	148	
14	通榆	123.00	44.70	测震		149	
15	泰来	123.44	46.44	水位	Ⅱ	166	
				水温	Ⅱ	166	
16	榆树	126.70	44.70	测震		169	
		126.70	44.80	地电阻率	Ⅰ	169	
				地电场	Ⅲ	169	
17	净月台	125.40	43.80	测震		172	
18	土桥	126.75	44.67	水位	Ⅰ	174	
19	五常	127.00	45.10	测震		180	
20	乌北 1 井	122.60	46.00	水位	Ⅲ	183	
				水温	Ⅲ	183	
21	舒兰	126.76	44.34	水位	Ⅰ	192	
22	双辽	123.90	43.60	测震		197	
23	白城	122.20	45.50	测震		198	
		122.85	45.62	地电场	Ⅲ	150	
				地电阻率	Ⅱ	150	
				水温	Ⅱ	150	
				气汞	Ⅲ	150	
24	林甸	124.92	47.20	测震	Ⅱ	211	
				地电阻率	Ⅱ	211	
				地电场	Ⅱ	211	
				水位	Ⅱ	211	

续表

序号	台站（点）名称	经纬度（°）		测项	资料类别	震中距 Δ/km	备注
		φ_N	λ_E				
24	林甸	124.92	47.20	水温	Ⅱ	211	
				氦气	Ⅱ	211	
25	双阳	125.70	43.50	测震		212	
				水管倾斜	Ⅱ	212	
				垂直摆	Ⅱ	212	
				伸缩仪	Ⅱ	212	
26	音德尔	122.89	46.73	测震		215	
27	宾县	127.40	45.70	测震		222	
		127.50	45.72	水氡	Ⅱ	226	
28	乌兰浩特	122.03	46.04	测震		225	
		122.13	46.07	洞体应变	Ⅳ	219	
				水管倾斜	Ⅳ	219	
29	绥化	126.83	46.61	地电场	Ⅱ	222	
				地电阻率	Ⅱ	222	
				水位	Ⅱ	222	
				水温	Ⅱ	222	
				水氡	Ⅱ	222	
30	红卫	122.05	46.00	水位	Ⅲ	222	
				水温	Ⅲ	222	
31	望奎	126.74	46.70	测震		223	
				地电场	Ⅱ	223	
				地磁 Z、H、D、F	Ⅱ	223	
				气氡	Ⅱ	223	
				水氡	Ⅱ	223	
32	丰满	126.67	43.73	测震		231	
				水氡	Ⅰ	231	
				气氡	Ⅰ	231	
				水管倾斜	Ⅱ	231	
				垂直摆	Ⅱ	231	
				伸缩仪	Ⅱ	231	

续表

序号	台站（点）名称	经纬度（°）		测项	资料类别	震中距 Δ/km	备注
		φ_N	λ_E				
33	四平	124.50	43.10	测震		242	
		124.50	43.20	地电阻率	Ⅱ	231	
				水位	Ⅰ	231	
				水温	Ⅰ	231	
34	永保	121.50	45.30	水位	Ⅲ	251	
				水温	Ⅲ	251	
35	巴彦	127.60	46.50	测震		262	
36	北林	127.16	46.97	测震		267	
		126.93	46.60	水位	Ⅱ	225	
				水温	Ⅱ	225	
37	通辽	122.30	43.60	水位	Ⅲ	267	
				水温	Ⅲ	267	
				气汞	Ⅲ	267	
				水氢	Ⅲ	267	
38	磐石	126.00	43.00	测震		273	
				水管倾斜	Ⅲ	273	
				垂直摆	Ⅲ	273	
				伸缩仪	Ⅲ	273	
39	蛟河	127.38	43.710	水位	Ⅱ	274	
				水温	Ⅱ	274	
40	阿古拉	122.63	43.30	测震		274	
41	昌图	124.12	42.77	井下竖直摆	Ⅲ	282	
		124.26	42.85	水温	Ⅱ	271	
42	西丰	124.70	42.70	测震		286	
43	富裕	124.59	47.85	水位	Ⅱ	287	
				水温	Ⅱ	287	
44	碾子山	122.80	47.50	测震		288	

续表

序号	台站（点）名称	经纬度（°）		测项	资料类别	震中距 Δ/km	备注
		φ_N	λ_E				
45	延寿	128.42	45.43	测震		290	
				水位	Ⅱ	290	
				水温	Ⅱ	290	
		128.40	45.34	垂直摆	Ⅲ	289	
46	通河	128.47	45.36	测震		294	
		128.74	45.92	地电场	Ⅲ	322	
				地磁 Z、H、D、F	Ⅱ	322	
				钻孔倾斜	Ⅱ	322	
				体应变	Ⅱ	322	
				水位	Ⅱ	322	
				水温	Ⅱ	322	

分类统计	0<Δ≤100km	100<Δ≤200km	200<Δ≤300km	总数
测项数（N）	8	9	17	34
台项数（n）	17	40	69	126
测震单项台数（a）	4	9	16	29
形变单项台数 b	0	0	13	13
电磁单项台数 c	0	14	10	24
流体单项台数 d	13	17	30	60
综合台站数（e）	3	7	14	24
综合台中有测震项目的台站数（f）	2	5	11	18
测震台总数（$a+f$）	6	14	27	47
台站总数 $a+b+c+d+e$	20	47	83	150
备注				

附表 2　测震以外固定前兆观测项目与异常统计表

序号	台站(点)名称	测项	资料类别	震中距 Δ/km	按震中距 Δ 范围进行异常统计														
					0<Δ≤100km					100<Δ≤200km					200<Δ≤300km				
					L	M	S	I	U	L	M	S	I	U	L	M	S	I	U
1	前郭	水温	II	18	—	—	—	—	—										
		钙离子	I	18	—	V	—	—	—										
		镁离子	I	18	V	—	—	—	—										
		碳酸氢根离子	I	18	—	—	—	—	—										
		氯离子	I	18	—	—	—	V	—										
2	扶余	水位	II	32	—	—	—	—	—										
		水温	II	32	—	—	—	—	—										
3	套浩太	水位	II	40															
		水温	II	40	—	V													
4	肇源	水温	III	44															
		氡气	III	44															
5	东大什	水位	II	78	—	—	—	—	—										
		水温	II	78	—	—	—	—	—										
6	乾安	水位	II	107						—	—	—	—	—					
		水温	II	107						—	—	—	—	—					
7	肇东	水氡	I	130						—	—	—	—	—					
		地电场	II	133						—	—	—	—	—					
		水位	II	133						—	—	—	—	—					
		水温	II	133						—	—	—	—	—					
8	长岭	水位	II	137						—	—	—	—	—					
		水温	II	137						—	—	—	—	—					
9	三岗	水温	III	142						—	—	—	—	—					
		地电场	III	142						—	—	—	—	—					
		地磁 Z、H、D、F	I	142						—	—	—	—	—					
10	大庆	地温	II	144						—	—	—	—	—					
11	哈尔滨	地磁 Z、H、D、F	II	148						—	—	—	—	—					

续表

序号	台站(点)名称	测项	资料类别	震中距Δ/km	按震中距Δ范围进行异常统计															
					0<Δ≤100km					100<Δ≤200km					200<Δ≤300km					
					L	M	S	I	U	L	M	S	I	U	L	M	S	I	U
12	白城	地电场	III	150						—	—	—	—	—					
		地电阻率	II	150						—	—	—	—	—					
		水温	II	150						—	—	∨	—	—					
		气汞	III	150						—	—	—	—	—					
13	泰来	水位	II	166						—	—	—	—	—					
		水温	II	166						—	—	—	—	—					
14	榆树	地电阻率	I	169						—	—	—	—	—					
		地电场	III	169						—	—	—	—	—					
15	土桥	水位	I	174						—	—	—	—	—					
16	乌北1井	水位	III	183						—	—	—	—	—					
		水温	III	183						—	—	—	—	—					
17	舒兰	水位	I	192						—	—	—	—	—					
18	林甸	地电阻率	II	211											—	—	—	—	—
		地电场	II	211											—	—	—	—	—
		水位	II	211											—	—	—	—	—
		水温	II	211											—	—	—	—	—
		氦气	II	211											—	—	—	—	—
19	双阳	水管倾斜	II	212											—	—	—	—	—
		垂直摆	II	212											—	—	—	—	—
		伸缩仪	II	212											—	—	—	—	—
20	乌兰浩特	洞体应变	IV	219											—	—	—	—	—
		水管倾斜	IV	219											—	—	—	—	—
21	绥化	地电场	II	222											—	—	—	—	—
		地电阻率	II	222											—	—	—	—	—
		水位	II	222											—	—	—	—	—
		水温	II	222											—	—	—	—	—
		水氦	II	222											—	—	—	—	—
22	红卫	水位	III	222											—	—	—	—	—
		水温	III	222											—	—	—	—	—

续表

序号	台站(点)名称	测项	资料类别	震中距 Δ/km	按震中距 Δ 范围进行异常统计														
					0<Δ≤100km					100<Δ≤200km					200<Δ≤300km				
					L	M	S	I	U	L	M	S	I	U	L	M	S	I	U
23	望奎	地电场	II	223											—	—	—	—	—
		地磁 Z、H、D、F	II	223											—	—	—	—	—
		气氡	II	223											—	—	—	—	—
		水氡	II	223											—	—	—	—	—
24	北林	水位	II	225											—	—	—	—	—
		水温	II	225											—	—	—	—	—
25	宾县	水氡	II	226											—	—	—	—	—
26	丰满	水氡	I	231											—	—	∨	—	—
		气氡	I	231											—	—	—	—	—
		水管倾斜	II	231											—	—	—	—	—
		垂直摆	II	231											—	—	—	—	—
		伸缩仪	II	231											—	—	—	—	—
27	四平	地电阻率	II	231											—	—	—	—	—
		水位	I	231											—	—	—	—	—
		水温	I	231											—	—	—	—	—
28	永保	水位	III	251											—	—	—	—	—
		水温	III	251											—	—	—	—	—
29	通辽	水位	III	267											—	—	—	—	—
		水温	III	267											—	—	—	—	—
		气汞	III	267											—	—	—	—	—
		水氡	III	267											—	—	—	—	—
30	磐石	水管倾斜	III	273											—	—	—	—	—
		垂直摆	III	273											—	—	—	—	—
		伸缩仪	III	273											—	—	—	—	—
31	蛟河	水位	II	274											—	—	—	—	—
		水温	II	274											—	—	—	—	—
32	昌图	井下竖直摆	III	282															
		水温	II	271											—	—	—	—	—

续表

序号	台站（点）名称	测项	资料类别	震中距 Δ/km	按震中距 Δ 范围进行异常统计															
					0<Δ≤100km					100<Δ≤200km					200<Δ≤300km					
					L	M	S	I	U	L	M	S	I	U	L	M	S	I	U
33	富裕	水位	Ⅱ	287											—	—	—	—	—
		水温	Ⅱ	287											—	—	—	—	—
34	延寿	水位	Ⅱ	290											—	—	—	—	—
		水温	Ⅱ	290											—	—	—	—	—
分类统计	台项	异常台项数			1	2	0	1	/	0	0	1	0	/	0	0	1	0	/
		台项总数			13	13	13	13	/	25	25	25	25	/	51	51	51	51	/
		异常台项百分比/%			8	15	0	8	/	0	0	4	0	/	0	0	2	0	/
	观测台站（点）	异常台项数			1	2	0	1	/	0	0	1	0	/	0	0	1	0	/
		台项总数			5	5	5	5	/	12	12	12	12	/	17	17	17	17	/
		异常台项百分比/%			20	40	0	20	/	0	0	8	0	/	0	0	6	0	/
	测项总数				7					10					16					
	观测台站总数				5					10					15					
备注																				

2018 年 8 月 13、14 日云南省通海 5.0 级震群

云南省地震局

刘　强　李智蓉　刘自凤　钱晓东　罗睿洁　贺素歌

摘　要

2018 年 8 月 13 日 01 时 44 分和 8 月 14 日 03 时 50 分相继在云南省玉溪市通海县发生两次 5.0 级地震。中国地震台网中心测定的微观震中分别为 24.18°N、102.72°E，24.18°N、102.73°E，宏观震中位于通海县四街镇的四街至四寨一带，震中烈度为Ⅵ度。地震灾区主要涉及通海县、江川区、华宁县共计 3 个县（区）13 个乡（镇），地震受灾面积约 650km²，受灾人口 387158 人，地震造成 31 人受伤，直接经济损失共 4.944 亿元。

此次地震序列为震群型，最大强余震 $M_L4.1$。余震主要集中在震后 1~5 天，频度衰减呈阶段性变化，余震序列总体呈 NE—SW 向分布。两次 5.0 级地震的震源机制均为走滑型，节面Ⅰ走向为 24°~25°，结合余震及烈度等震线分布，推测节面Ⅰ为地震主破裂面，小江断裂带中南段西支的明星—二街断裂为两次 5.0 级地震的发震断层。

地震震中 200km 范围内有 22 个测震固定台站、34 个地球物理观测台站。地球物理观测包括水位、水温、水质、水（气）氡、地电场、地倾斜、应变、磁偏角 D、垂直分量 Z、地磁总强度 F 等 16 个定点观测项目，短水准和短基线 2 个流动形变观测项目，共计 94 个观测台项。震前出现云南地区、小江断裂、滇西南—滇南 $M_S \geq 5.0$ 级地震平静，云南省内 $M_L \geq 4.0$ 级地震平静，滇东南 $M_S \geq 4.0$ 级地震、云南地区 $M_S \geq 4.0$ 级地震 1 个月滑动 6 个月累积频次显著增强，宏观、洞体应变、水平摆、流动跨断层短基线短水准、水位等 12 个异常项目，共 23 条异常。其中，测震学异常 6 条，占总异常的 26%；宏观异常 6 条，占总异常的 26%；微观前兆异常 11 条，占总异常的 48%。中期异常 10 项，占总异常的 44%；短期异常 9 项，占总异常的 39%。总体而言，震前以中短期异常为主。

通海 5.0 级震群发生在全国地震趋势会商会划定的 2018 年度地震重点危险区和云南地震趋势会商会划定的 2018 年度地震重点危险区。云南省地震局对此次地震做出了一定程度的短期预测。地震发生后，云南省地震局启动地震应急Ⅲ级响应，派工作组开展了地震流动监测、震情趋势判定、烈度评定、灾害调查评估等现

场应急工作，并在震区架设了 6 个流动测震台。云南省地震局组织专家召开多次震后趋势判定会，对地震序列进行了研判。

　　本研究报告在收集到的有关文献和资料基础上，经过重新整理和充分分析，力求全面和客观，还原地震前我们得到的各类异常，以及根据这些依据我们能够做出的判断。由于部分相关研究成果未完成或未公开发表，所收集资料难免有所遗漏，所得结论难免以偏概全。

前　　言

　　2018 年 8 月 13 日 01 时 44 分和 8 月 14 日 03 时 50 分相继在云南省玉溪市通海县发生两次 5.0 级地震。中国地震台网中心测定的微观震中分别为 24.18°N、102.72°E，24.18°N、102.73°E，宏观震中位于通海县四街镇的四街至四寨一带，震中烈度为Ⅵ度。地震灾区主要涉及通海县、江川区、华宁县共计 3 个县（区）13 个乡（镇），地震受灾面积约 650km^2，受灾人口 387158 人，地震造成 31 人受伤，直接经济损失共 4.944 亿元。

　　地震发生后，云南省地震局启动地震应急Ⅲ级响应，派出 35 名专家组成的工作组开展了地震流动监测、震情趋势判定、烈度评定、灾害调查评估等现场应急工作，其中灾害评估组历时 5 天，累计行程 6000 余千米，完成 202 个调查点的调查。

　　震区大地构造横跨扬子准地台的二级构造川滇台背斜和滇东台褶带，区内地质构造较复杂，是强震多发区。震中 100km 范围内最大地震为 1970 年 1 月 5 日通海 7.8 级地震，也是距离此次震群最近的破坏性地震，相距仅 16km。震中 200km 范围内共有 22 个测震固定台站、34 个前兆观测台站。震前出现 12 个异常项目的 23 条异常。

　　通海 5.0 级震群发生在全国地震趋势会商会划定的 2018 年度地震重点危险区（附件四）、云南地震趋势会商会划定的 2018 年度中强地震重点危险区（附件五），云南省地震局对此次地震做出了一定程度的短期预测（附件二、附件三）。

　　通海 5.0 级震群 50km 范围历史上完成了 1970 年 1 月 5 日通海 7.8 级、1999 年 11 月 25 日澄江 5.2 级和 2001 年 7 月 15 日江川 5.1 级地震共 3 次震例总结，该 3 次地震均为主震—余震型，而此次地震为震群型。随着对这一地区震例总结的增多，使我们对本区地质构造，震后地震序列规律，震前地震活动、前兆和宏观异常特征等的认识逐步深入。

　　本研究报告是在有关文献和资料的基础上[1~20]；1~10]，经过重新整理和充分分析之后完成的。报告严格按《震例总结规范》要求编写，力求全面和客观，还原地震前我们得到的各类异常，以及根据这些依据我们能够做出的判断。

一、地质构造和地震烈度

1. 地质构造

　　通海 5.0 级震群发生在川滇菱形块体南端，位于扬子准地台—川滇台背斜二级构造单元[1]，该构造单元西邻川滇台背斜，东邻滇东南褶皱带，南被沿 NW 向与红河断裂走向一致的丽江台缘褶皱带分割，在该构造单元主要分布有小江断裂带、曲江断裂和楚雄—建水断裂。

　　小江断裂带近 NS 走向，全长约 400km。分为北、中、南三段，北段自巧家沿金沙江、小江而下至东川小江村；中段自小江村分成东、西二支，向南分别到宜良和阳宗海，二支相距 12~16km；南段宜良和阳宗海向南，东、西二支断裂各分成 2~4 条分支平行发育或斜裂交叉，宏观呈现辫状。小江断裂带形成于古生代并定形于中生代，向下至少深切至下地壳[2]。新生代早期以来，随着川滇活动块体的形成及其 SE—SSE 向的主动滑移运动[3,4]，小江断裂带成为该块体东边界的南段（或东南边界），呈现以西盘为主动盘的强烈左旋走滑运动。

　　GPS 速度场结果显示[5]，小江断裂带滑动速率北段为 4.0~8.6 mm/a；中段东支为 4.8 mm/a，西支为 6.4 mm/a；南段为 2.5~4.8 mm/a；延自开远、个旧附近减至 1 mm/a。如此高速率的活动性使得小江断裂带成为云南地区地震活动较强烈的断裂带。

　　通海地区主压应力方向为 NNW 向，其力源为青藏高原在印度板块和欧亚板块相互碰撞下，受到 NS 向挤压使该区地壳压缩，产生 EW 向扩张，迫使川滇地块向 SSE 方向运移的结果。

　　小江断裂带布格重力异常特征以东川为界分为南、北两段[6]，南段处于重力异常由低向高的转换地带，北段则处于重力低异常区东缘的突变转折部位。均衡重力异常在南段有负背景上相对较高带（东）和低值带（西）的过渡带显示，局部地段等值线呈 NS 向平行排列的梯级带状。剩余重力异常在南段有明显正、负异常带的分界线。在均衡布格重力异常图上有重力高值和低值转换带的显示。航磁异常断裂上的反映是 NS 向串珠状正磁异常群分布于断裂带及其旁侧。布格重力异常反映的是区域地下物质密度的横向变化，是上地幔界面起伏在近地表空间的展布形态。将云南历史上 5 级以上地震叠加在布格重力异常图上，发现 5 级地震的分布虽然有一定的随机性，但大部分还是分布在布格重力低值的异常区[6]；而 6 级以上的强震几乎分布在布格重力低值异常区及向低值区过渡的梯级带转折部位。高值异常区无 6 级以上强震分布，5 级地震也很少。这种强震分布的深部地球物理环境特征可能对中长期地震预测，特别是潜在震源区的判定具有一定参考价值。

　　通海两次 5.0 级地震震中 150km 范围内历史上是强震多发地区（图 1），1500 年以来共发生 5 级以上地震 89 次，其中 6.0~6.9 级地震 15 次，7.0~7.9 级地震 7 次，8.0~8.9 级地震 1 次。历史地震以主—余震型为主，占比 81%。1833 年在震区以北的嵩明—杨林一带发生 8.0 级大地震，发震构造为小江断裂西支；1970 年发生通海 7.8 级地震，发震构造为曲江断裂。此次 5.0 级震群发生在小江断裂西支的次级断裂明星—二街断裂区域，明星—二街断裂可能是本次震群的发震断层，该断裂历史上未发生 6 级以上地震。

2. 地震烈度

1）地震影响场和震害

　　（1）地震灾害调查、烈度评定和损失评估工作按照《中国地震烈度表》（GB/T 17742—2008）、《地震现场工作　第 3 部分：调查规范》（GB/T 18208.3—2011）和《地震现场工作　第 4 部分：灾害直接损失评估》（GB/T 18208.4—2011）的要求进行。

　　现场工作队严格以上述规范作为烈度调查和划分的原则，通过对灾区 202 个调查点（含 155 个居民点，47 所学校、卫生院所、生命线工程等专项）的震害调查，结合构造背

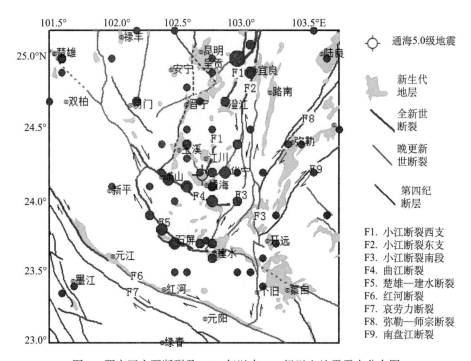

图 1　研究区主要断裂及 1500 年以来 5.0 级以上地震震中分布图

Fig. 1　Main faults of studied area and $M_S \geqslant 5.0$ earthquakes epicenter distribution map since 1500

景、余震分布、震源机制、强震动观测记录等资料分析，确定了此次地震的烈度分布。

据震区的考察资料[1)]，灾区最高烈度为Ⅷ度，宏观震中位于通海县四街镇的四街至四寨一带。烈度等震线呈椭圆形（图2），长轴方向近 NS，长轴长约 32.5km，短轴长约 26km，东起华宁县宁州街道杨柳坝，西至通海县河西镇水磨村，北自江川区前卫镇杨家咀，南到通海县里山乡五里箐—落水洞一带。极震区烈度为Ⅷ度，面积约 650km²。涉及通海县四街镇、纳古镇、杨广镇、兴蒙乡、九龙街道、秀山街道、里山乡、河西镇，江川区大街街道、雄关乡、前卫镇、九溪镇，华宁县宁州街道，共计 3 个县（区）13 个乡（镇）89 个行政村（社区）。

（2）灾区房屋建筑按结构类型可分为土木结构、砖木结构、砖混结构、框架结构四类。

①土木结构：为灾区传统民房，数量较多。穿斗木构架承重，土坯墙或夯土墙围护，部分夯土墙土质含砂量高，黏结力差，人字形瓦屋顶。破坏占 11.43%，毁坏占 0.63%。

②砖木结构：砖墙承重或穿斗木构架承重，少数墙体为空心砖砌筑而成，人字形木屋架，数量较少。破坏占 8.09%，无毁坏。

③砖混结构：砖砌墙体承重，设置钢筋混凝土圈梁、构造柱和现浇楼（屋）盖的混合结构。轻微破坏占 6.42%，无中等以上破坏。

④框架结构：主要为经过正规设计的由钢筋混凝土梁柱组成的框架体系承重，现浇楼板（屋）盖。主要为学校、医院、政府办公等公共建筑，抗震性能好。轻微破坏占 7.08%，无中等以上破坏。

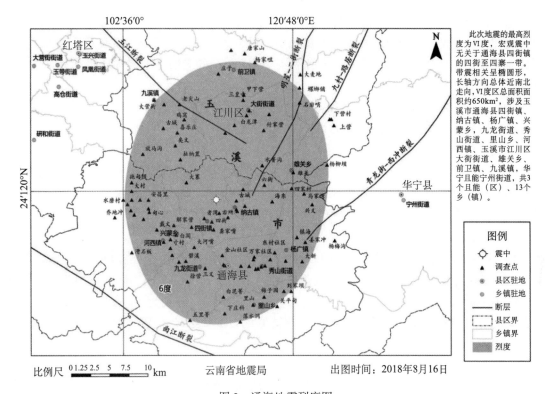

图 2　通海地震烈度图

Fig. 2　Isoseimal map of Tonghai earthquakes

（3）地震造成房屋建筑和工程结构不同程度破坏。

①房屋震害。

Ⅵ度区：框架结构和砖混结构房屋个别填充墙体与梁柱结合部位开裂或墙体细微裂缝；砖木结构房屋少数墙体开裂、梭掉瓦；土木结构墙体开裂较多、梭掉瓦，老旧房屋个别局部倒塌。

②工程结构震害。

交通系统：边坡塌方，路面开裂，路基沉陷、路面轻微开裂等。

电力系统：线路损坏，设备受损。

通信系统：基站及设备受损，线路损坏，机房受损等。

水利工程结构：水库、塘坝漏水，涵管开裂及漏水；堤防受损；灌溉沟渠开裂、塌陷；乡村饮用水供水设施及管道受损等。

地震造成玉溪市通海县、江川区与华宁县 3 县共 13 个乡镇不同程度受灾，灾区人口 387158 人、130977 户，其中失去住所人数 11409 人。地震造成直接经济损失 4.944 亿元，其中房屋经济损失 4.3 亿元，各系统直接经济损失 0.644 亿元。

（4）地震影响场与震害特征。

地震的影响场与震害特征主要有以下几点：

①在较短时间（26小时）内，几乎原地连发两次5.0级地震，存在震害叠加。

②灾区抗震设防烈度高（四代区划图0.20g，五代区划图0.30g），隔震建筑、已实施农危改或按住建部门提供标准图集自建的民房、教育系统、卫生系统房屋及其他基础设施抗震性能良好，震后破坏较轻。但多数村组仍有30%~70%的老旧土木结构房屋存量，成为此次地震"破坏主体"。

③地震发生前，震区地方政府和地震工作部门组织了多次地震演练和防震减灾科普宣传，有效增强了居民地震应急避险意识，为减轻人员伤亡发挥了重要作用。

④震区位于2018年度全国地震重点危险区、云南省地震局划定的2018年度中强地震重点危险区，云南省各级党委、政府高度重视，认真落实各项地震应急准备工作。地震发生后，震区各级党委政府，按照事先应急准备，科学、有序、高效开展抗震救灾工作，有效减轻地震灾害损失。

2）强震动观测

据云南强震动台网资料，8月13日通海5.0级地震触发了42个强震台，8月14日通海5.0级地震触发了31个强震台，获取到最大加速度峰值PGA的台站为距震中最近的2号点台，震中距为3.4km，其PGA（东西向，未去除仪器响应）分别为460.5、278.9Gal，去除仪器响应后仪器烈度分别为8.7、7.9，参数结果见表1、表2，强震台网分布图如图3，反应谱见图4。

表1　8月13日通海5.0级地震强震加速度记录

Table 1　Seismic acceleration records of the August 13 Tonghai M_S5.0 earthquake

台站名	台站代码	震中距（km）	峰值加速度/（cm/s²）			仪器烈度	场地
			EW	NS	UD		
安宁	53ANS	84.8	5.1	5.8	1.5	2.1	土层
船舶工业	53CBG	89.4	2	2.2	1.1	1.3	土层
九村	53CJJ	62.3	4.2	4.9	2.2	2.3	土层
财贸学院	53CMX	99.5	1.5	1.5	0.7	1.3	土层
阳宗	53CYZ	75.8	4.3	3.6	1.5	2.1	土层
化念	53EHN	52.9	5.7	4.2	3	2.1	土层
峨山	53ESX	31.5	5.3	6.4	2	2.7	基岩
南供电所	53GDS	81.8	2.2	3	1.4	1.8	土层
华溪	53HHX	34.6	10.3	11.4	5.1	3.7	土层
茂地村	53HMD	28.4	20.8	17.9	12.3	4.3	土层
华宁	53HNX	22.9	37.2	35.4	20.7	5.5	土层
普茶寨村	53HPC	29.4	17.6	39.6	16.9	5.2	土层
盘溪	53HPX	40.2	7.9	8.1	7.4	2.7	土层

续表

台站名	台站代码	震中距（km）	峰值加速度/（cm/s²）			仪器烈度	场地
			EW	NS	UD		
青龙	53HQL	39.2	6.7	11.3	4.5	3.4	土层
岔科	53JCK	48.9	10.9	9.2	4.3	3.2	土层
江川	53JCX	11.9	84.6	106.3	46	6.2	土层
江城镇	53JJC	28.3	35.5	30.7	13.2	5.2	土层
昆阳	53JKY	52.8	4.9	6.5	5.3	3.1	土层
路居	53JLJ	23.8	21.8	30.9	19.3	5	土层
利民	53JLM	37.5	7.8	7.8	5.5	2.4	土层
面甸	53JMD	68.7	5.8	5.5	3.1	2.5	土层
曲江	53JQJ	32.5	24.2	21.3	12.4	4.3	土层
羊街	53JYJ	53.7	6.3	7.3	3.8	2.2	土层
竹塘子	53JZT	50.5	6.2	3.1	1.8	2.1	土层
海口	53KHK	67.3	2.5	3	2.2	1.5	土层
李浩寨	53LHZ	41.9	5.7	8.6	6.5	2.6	土层
兰色庄园	53LZY	81.6	2.5	3.2	1	2.3	土层
巡检司	53MXJ	54.5	9.5	6.3	3.4	3.1	土层
坝心	53SBN	60	8.2	10	5.8	3.5	土层
宝秀	53SBU	56.6	12.6	10.6	8	3.4	土层
技工学校	53SJZ	101.3	2.1	1.6	1.5	1.8	土层
龙朋	53SLP	36.2	47.5	48.6	19.9	5	土层
石屏	53SPX	57.9	15	18	5.1	3.9	土层
高大	53TGD	20.9	77.2	118	34.9	6.3	土层
里山	53TLS	14.2	63	55.1	40.2	5.8	土层
天文台	53TWT	93.4	3.6	1.9	1.2	1.8	土层
北城	53YBC	33.7	6	8.1	8.1	2.9	土层
大营	53YDY	27.8	17.1	17.9	8.9	4.4	土层
红塔区	53YHQ	25.2	20.7	18.3	14.3	4.3	土层
红塔集团	53YHT	22.2	31.6	25.6	19.7	4.2	土层
研和	53YYH	20.6	38.1	39.9	20.6	5.3	土层
2 号点	53SA2	3.4	460.5	200.4	327.7	8.7	土层

表2　8月14日通海5.0级地震强震加速度记录

Table 2　Seismic acceleration records of the August 14 Tonghai M_S5.0 earthquake

台站名	台站代码	震中距（km）	峰值加速度/（cm/s²）			仪器烈度	场地
			EW	NS	UD		
2号点	53SA2	3.4	278.9	200.3	167.5	7.9	土层
河西	53THH	8.2	49.4	40.6	79.6	5.6	土层
雄关	53JXG	9.7	77	103.8	41.2	6.1	土层
江川	53JCX	11.9	40.7	51.5	18.4	5.3	土层
里山	53TLS	14.2	63.7	50.4	48.5	5.7	土层
研和	53YYH	20.6	14.2	26.3	10.6	4.6	土层
高大	53TGD	20.9	47.6	69.6	21.7	5.9	土层
红塔集团	53YHT	22.2	17.8	18.6	11.2	3.2	土层
华宁	53HNX	22.9	16.6	19.4	12.9	4.3	土层
路居	53JLJ	23.8	11.1	18.2	10.9	4	土层
红塔区	53YHQ	25.2	11.2	14	10.5	3.6	土层
大营	53YDY	27.8	17.4	10.9	6.5	4.1	土层
江城镇	53JJC	28.3	16	13.5	7.6	4.2	土层
茂地村	53HMD	28.4	12.5	11.1	6.8	3.6	土层
普茶寨村	53HPC	29.4	16.5	24.8	10.3	4.6	土层
峨山	53ESX	31.5	4.3	5.1	1.6	2.5	基岩
曲江	53JQJ	32.5	11.9	10.3	8	3.7	土层
北城	53YBC	33.7	5.9	3.7	3	2.3	土层
华溪	53HHX	34.6	6.4	10.2	4.2	3.8	土层
龙朋	53SLP	36.2	45.9	28.6	14.6	4.9	土层
利民	53JLM	37.5	6.2	6.3	5.9	2.7	土层
盘溪	53HPX	40.2	6.5	5.4	3.9	2.2	土层
李浩寨	53LHZ	41.9	5.3	5	4.1	2.2	土层
岔科	53JCK	48.9	11.6	8.4	4.8	3.5	土层
昆阳	53JKY	52.8	2.9	3.5	2.3	2.3	土层
化念	53EHN	52.9	4.7	4.2	3.2	2.3	土层
巡检司	53MXJ	54.5	9.4	5.2	3.5	3.2	土层
宝秀	53SBU	56.6	12	10.7	9.6	3.5	土层
石屏	53SPX	57.9	12.4	15.2	4.9	3.8	土层

续表

台站名	台站代码	震中距 （km）	峰值加速度/（cm/s²）			仪器烈度	场地
			EW	NS	UD		
坝心	53SBN	60	7.6	13.3	7.9	3.8	土层
面甸	53JMD	68.7	3.6	4.4	2.2	2.3	土层

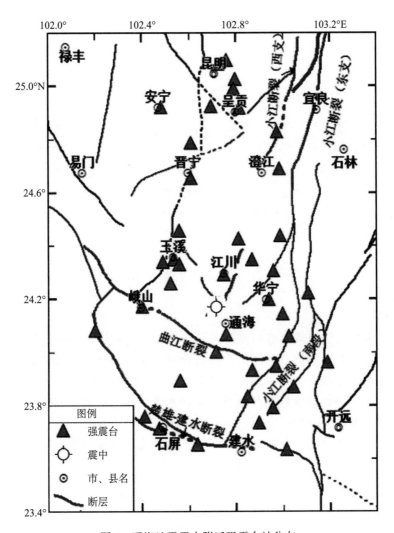

图 3　通海地震震中附近强震台站分布

Fig. 3　Distribution of strong motion observation stations around the epicentral area of Tonghai earthquakes

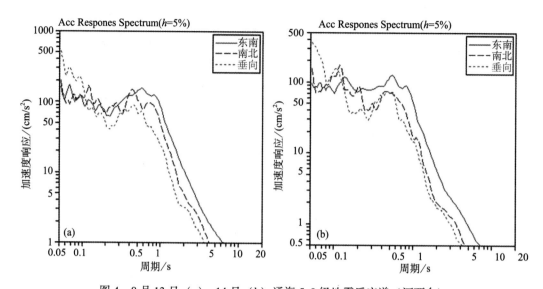

图4 8月13日（a）、14日（b）通海5.0级地震反应谱（河西台）

Fig. 4 Acceleration response spectra of Tonghai $M_S 5.0$ earthquakes on August 13 (a)

and August 14 (b) (Hexi station)

二、地震基本参数

1. 基本参数

图5给出通海5.0级地震附近的测震台站分布情况。震中100km范围内有通海、黄草坝、石屏、建水、弥勒、易门、红河7个测震台站；100~200km范围有元江、个旧、黑龙潭、昆明、西北勒、双柏、楚雄、禄劝、马龙、金平、镇源、罗平、文山、元谋、江城15个测震台站。根据台站仪器参数及环境背景噪声水平，理论计算得到该区地震监测能力为$M_L \geq 1.6$级，定位精度0~10km[2]。

表3列出云南地震台网、中国地震台网、USGS给出的通海两次5.0级地震的基本参数。此次地震基本参数采用中国地震台网中心统一快报目录给出的结果。

云南省地震局在震中200km范围内共架设了6个流动测震台（图5），其中，8月13日通海5.0级地震后架设了梅子铺、右所营和大海洽3个台，9月8日墨江5.9级地震后架设了丙蚌村、孟弄镇、泗南江3个台。架设后，震源区附近地震监测能力可达到$M_L \geq 1.2$级。

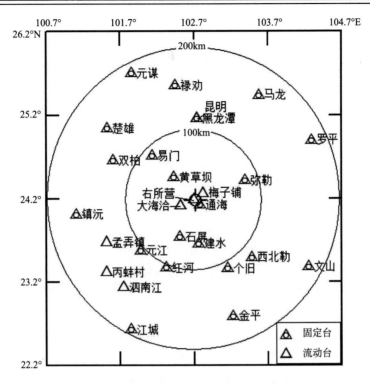

图5 通海地震震中附近测震台站分布图

Fig. 5 Distribution of earthquake-monitoring stations around the epicenters of Tonghai earthquakes

表3 地震基本参数

Table 3 Basic parameters of earthquakes

编号	发震日期 年.月.日	发震时刻 时：分：秒	震中位置（°）		震级			震源 深度 （km）	震中地名	结果 来源
			φ_N	λ_E	M_S	M_L	M_b			
1	2018.08.13	01：44：25	24.18	102.72	5.0			14	通海	CENC[2]
	2018.08.13	01：44：25	24.19	102.71	5.0	5.4		7	通海	云南局[3]
	2018.08.13	01：44：26	24.32	102.94			5.0	10	Xiaojiezi	USGS[4]
2	2018.08.14	03：50：37	24.18	102.73	5.0			6	通海	CENC[2]
	2018.08.14	03：50：37	24.19	102.71	5.0	5.4		6	通海	云南局[3]
	2018.08.14	03：50：38	24.14	102.86			4.9	10	Xiongguan	USGS[5]

2. 余震空间分布

采用 HypoDD 方法[10]对通海地震序列进行精确定位。观测报告数据下载自全国编目网[6]，剔除不同台网定位的重复定位地震事件后获得 887 次地震事件。其中，$M_L < 1.0$ 级地震 524 次，$M_L 1.0 \sim 1.9$ 地震 297 次，$M_L 2.0 \sim 2.9$ 地震 55 次，$M_L 3.0 \sim 3.9$ 地震 8 次，$M_L 4.0 \sim 4.9$ 地震 1 次，$M_S 5.0 \sim 5.9$ 地震 2 次。

　　双差定位方法虽然极大地减小了地壳速度模型不精确引起的重定位误差，但是并没有完全消除速度模型误差的影响[11]，Michelini 和 Lomax[12]认为双差定位方法对研究区域速度模型变化比较敏感。因此，提供准确精细的研究区域的地壳速度模型是必要的。本文采用的速度模型参考了天然地震[13,14]和人工地震测深的研究结果[15～17]，构建了通海地区的一维速度结构模型，该地区的泊松比取 1.72[18]，获得了 481 次地震的重定位结果，如图 6A 所示。震中分布图中 AA* 和 BB* 为辅助线，互相垂直。重定位结果显示，通海地震序列以 AA* 辅助线为中心向内紧缩，呈 NE—SW 向条带状分布；深度剖面显示地震序列优势分布范围为3～12km，余震序列在 BB* 剖面上近垂直分布，表明此次地震的发震断裂为近纯走滑型。重定位后两次主震分布在整个序列东北部，距离较近，两次 5.0 级地震震源深度分别为 11.08 和 9.24km，8 月 13 日 5.0 级主震深度位于整个地震序列的下方，余震序列逐渐向浅部扩展。

　　为分析两次主震的空间关系，绘制了 8 月 14 日 5.0 级地震前后通海地震序列空间分布图（图 6B、C）。8 月 14 日 5.0 级地震前，地震序列呈 NE—SW 向分布，沿余震走向的深度剖面 AA* 显示（图 6B），优势深度分布范围为 6～12km；8 月 14 日 5.0 级地震后，地震序列的展布方向不变，但整体向 NW 方向移动约 0.5km，优势深度分布范围为 3～11km（图6C）。垂直于地震序列的深度剖面 BB* 显示，8 月 14 日 5.0 级地震前后地震序列分布方向无变化，序列自西向东呈现逐渐加深的变化特征，表明发震断层面倾向为 E 倾。综合上述现象分析认为，8 月 13 日 5.0 级地震后，余震发生在主震周围，断层在较深的位置破裂，8月 14 日 5.0 级地震后，余震逐渐向地表迁移，断层破裂向浅层传播。由于发震断裂倾向东，导致 8 月 14 日地震发生后，余震序列震中分布向西北移动。

　　地震序列空间分布表明，两次主震发生在同一断层上，通海地震发震构造为 NE 向走滑断裂，走向约为 NE35°，倾角约为 85°，倾向东。分析认为，8 月 13 日 5.0 级地震发生后，震源区积累的能量并未释放完全，在 25 个小时之后发生另外一次 5.0 级地震。

3. 震源机制解

1）主震震源机制

　　根据云南区域数字测震台网记录的波形数据，使用距震中 200km 范围内的台站波形资料，采用赵翠萍等开发的 sei_ CAP 软件解算两次通海 5.0 级地震的震源机制解。该软件基于 Zhao 和 Helmberger[19]、Zhu 和 Helmberger[20]提出的 CAP（Cut and Paste）波形反演方法开发。为保证求解结果的可靠性，地震事件和波形记录的选取需满足以下条件：台站的震中距 $R \leqslant 200km$、台站方位角分布较为均匀、三分量波形信噪比高。反演前，首先对观测波形进行了去除仪器响应，垂直、东西、南北三分量旋转至 $r-t-z$ 方向，并对波形进行 0.08s 的重新采样。在震源机制解求解的网格搜索过程中，设定走向、倾角、滑动角的网格搜索步长为 5°。反演过程中，对 Pnl 波和面波分别进行不同频率的带通滤波，以求得误差最小的震源机制解。反演得到两次 5.0 级地震的震源机制参数。

　　第一次 5.0 级地震最佳矩心深度为 8.1km，矩震级为 4.9，最佳双力偶机制解节面 I 走向 25°、倾角 83°、滑动角-5°，节面 II 走向 115°、倾角 85°、滑动角-173°；第二次 5.0 级地震最佳矩心深度为 6.4km，矩震级为 4.76，最佳双力偶机制解节面 I 走向 204°、倾角81°、滑动角-17°，节面 II 走向 297°、倾角 73°、滑动角-171°。两次 5.0 级地震断层节面 I呈 NE—SW 向、节面 II 呈 NW—SE 向展布。

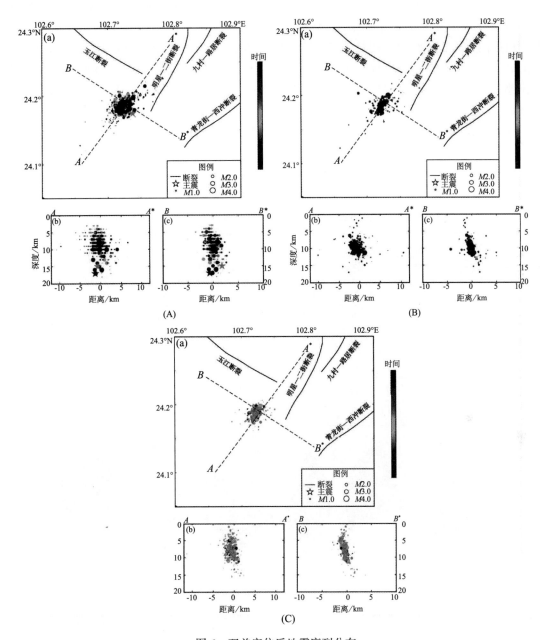

图 6　双差定位后地震序列分布

Fig. 6　Distribution of the DD-relocated earthquake sequence

（A）通海地震序列重定位震中分布（a）、AA^* 深度剖面（b）和 BB^* 深度剖面（c）

（B）8 月 14 日 5.0 级地震前通海地震序列分布（a）、AA^* 深度剖面（b）和 BB^* 深度剖面（c）

（C）8 月 14 日 5.0 级地震后通海地震序列分布（a）、AA^* 深度剖面（b）和 BB^* 深度剖面（c）

本文收集了不同机构、不同方法解算得到的通海两次 5.0 级地震震源机制解（表 4，图7）。云南省地震局和中国地震局滇西地震预报实验场采用 CAP 方法反演的结果较为一致，利用改进的格点尝试法得到的结果与两个 CAP 反演结果较为接近。对比发现，云南省地震局 CAP 反演过程中波形拟合较好（相关系数 $R \geqslant 0.8$），且反演得到的矩心深度、矩震级与中国地震局正式发布的结果较为一致，因此本文选取云南省地震局用 CAP 方法给出的震源机制解结果。

两次 5.0 级地震破裂类型为走滑型，结合震源区的地质构造、地震精定位结果，判定NE—SW 向展布的节面 I 为两次地震的主断层面。

表 4 通海 5.0 级地震震源机制解

Table 4 Focal mechanism solutions of Tonghai M_S5.0 earthquake

	节面 I（°）			节面 II（°）			矩震级 M_W	深度（km）	研究机构
	走向	倾角	滑动角	走向	倾角	滑动角			
第一主震	25	83	−5	115	85	−173	4.9	8.1	云南省地震局（CAP）
	203	90	0	113	90	−180	4.1	10.1	中国地震局滇西地震预报实验场（CAP）
	206	69	4	114	86	159	—	—	云南省地震局（格点尝试法）
第二主震	204	81	−17	297	73	−171	4.76	6.4	云南省地震局（CAP）
	201	79	−12	293	78	−169	4.8	6.1	中国地震局滇西地震预报实验场（CAP）
	203	80	2	113	88	170	—	—	云南省地震局（格点尝试法）

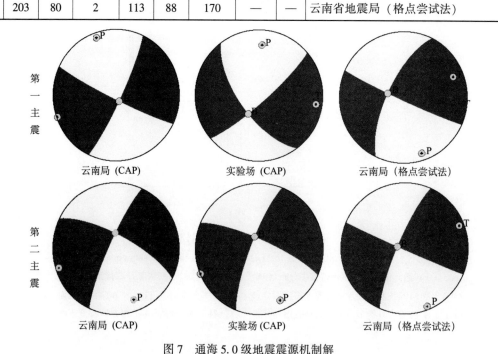

图 7 通海 5.0 级地震震源机制解

Fig. 7 Focal mechanism solutions of Tonghai M_S5.0 earthquakes

2）余震的震源机制

利用 CAP 方法计算了序列中 7 次 $M_L \geqslant 3.0$ 级余震的震源机制解（表 5，图 8），7 次余震均为走滑型，表明大部分余震的震源机制类型与主震类似。分析震源机制参数可知，NW 和 NE 为节面的优势走向，7 次余震中 4 次余震的 P 轴方位与主震一致（NW），另外 3 次的 P 轴方位为 NE 向。序列余震震源机制一致性程度高，表明该区虽然已经发生 2 次 5.0 级地震，但区域应力水平依然很高。

表 5　通海两次 5.0 级地震主震及 $M_L \geqslant 3.0$ 级地震的震源机制解

Table 5　The focal mechanism of Tonghai M_S 5.0 earthquakes main shocks, $M_L \geqslant 3.0$ foreshocks

地震事件	节面 I（°）			节面 II（°）			P 轴（°）		T 轴（°）		最佳拟合深度（km）
	走向	倾角	滑动角	走向	倾角	滑动角	方位角	倾伏角	方位角	倾伏角	
20180813 01：44 M_S5.0	25	83	−5	115	85	−173	340	8	250	1	8.1
20180813 01：48 M_S3.9	204	54	9	108	82	143	161	19	60	30	8.9
20180813 01：49 M_S4.1	50	74	−29	149	62	−162	6	31	−101	8	10.1
20180813 01：55 M_S3.3	211	78	167	119	78	−12	75	16	−345	0	12.1
20180813 02：30 M_S3.4	211	78	167	119	69	−174	75	16	−345	0	8.5
20180813 10：40 M_S3.5	14	65	−13	110	78	−155	334	26	−240	8	8.9
20180814 03：50 M_S5.0	204	81	−17	297	73	−171	159	18	251	6	6.1
20180814 13：02 M_S3.6	150	66	143	257	56	29	205	5	110	42	4.7
20180815 03：55 M_S3.3	197	58	−30	304	64	144	163	42	−69	4	6.2

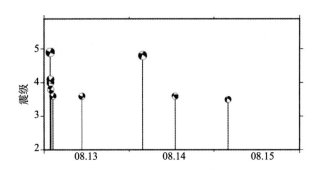

图 8　通海地震序列 $M_L \geqslant 3.0$ 级地震震源机制解

Fig. 8　The focal mechanism of Tonghai $M_L \geqslant 3.0$ earthquakes sequence

4. 地震破裂面与发震构造的确定

通海两次 5.0 级地震的错动性质为走滑型。震源机制解所得到的节面 I 走向为 24°~ 25°，与精定位的余震分布长轴走向以及小江断裂带中南段西支的明星—二街断裂走向一致，由此确定节面 I 为地震主破裂面。

明星—二街断裂走向 NE，主要表现为走滑性质，其与震源机制解节面 I 的展布方向和错动性质一致，并且与地震烈度等震线长轴 NE 向展布方向以及余震展布方向一致。

结合烈度等震线分布、震源机制解、断裂走向以及余震分布，综合分析认为，通海地震的发震断层为小江断裂带中南段西支的明星—二街断裂。

三、地 震 序 列[7]

根据云南地震台网记录结果，截至 2018 年 9 月 16 日，通海序列共记录到 $M_L \geqslant 1.0$ 级地震 374 次，其中 $M_L 1.0$~1.9 地震 302 次，$M_L 2.0$~2.9 地震 61 次，$M_L 3.0$~3.9 地震 8 次，$M_L 4.0$~4.9 地震 1 次，$M_L 5.0$~5.9 地震 2 次。8 月 13 日 5.0 级地震后发生的最大余震为 8 月 13 日 1 时 49 分 $M_L 4.1$ 地震，8 月 14 日 5.0 级地震后发生的最大余震为 8 月 15 日 3 时 55 分 $M_L 3.6$ 地震。表 6 给出了云南地震台网定位的 $M_L \geqslant 3.0$ 级地震序列目录。

表 6　通海地震序列目录（$M_L \geqslant 3.0$）

Table 6　Catalogue of Tonghai earthquakes sequence（$M_L \geqslant 3.0$）

编号	发震日期 年．月．日	发震时刻 时：分：秒	震中位置（°） φ_N	震中位置（°） λ_E	震级 M_L	震级 M_S	震源深度（km）	震中地名	结果来源
1	2018.08.13	01：44：24	24.19	102.71	5.4	5.0	7	通海	
2	2018.08.13	01：48：17	24.19	102.71	3.9		6	通海	
3	2018.08.13	01：49：23	24.18	102.72	4.1		9	通海	
4	2018.08.13	01：55：19	24.18	102.72	3.1		17	通海	
5	2018.08.13	02：30：23	24.19	102.71	3.4		7	通海	
6	2018.08.13	10：40：13	24.20	102.72	3.5		7	通海	云南地震台网
7	2018.08.14	03：50：36	24.19	102.71	5.4	5.0	6	通海	
8	2018.08.14	03：51：14	24.20	102.68	3.0		8	通海	
9	2018.08.14	03：52：31	24.19	102.72	3.6		7	通海	
10	2018.08.14	13：02：57	24.18	102.73	3.0		9	通海	
11	2018.08.15	03：55：31	24.18	102.71	3.3		13	通海	

地震序列 M-T（图 9）显示，序列 3.0 级以上余震集中发生在 8 月 13~15 日，8 月 15 日 3 时 55 分最后一个 $M_L \geqslant 3.0$ 级余震后，后续序列以 1、2 级地震活动为主（最大地震震级

仅为 $M_L2.8$），可见该序列强度衰减迅速。9 月 10 日 22 时 39 分至 9 月 15 日 19 是 11 分无 1.0 级以上地震发生，该序列趋于结束。

由地震序列 24 小时 N-T 图（图 9）可知，余震主要集中发生在震后 5 天，期间共发生 1 级以上地震 305 次，开始 5 天的 24 小时频次衰减特征显著，8 月 18~26 日频度不衰减，该时段频度在均值（5 次）附近波动，8 月 27 日以来 24 小时频度 0~2 次左右，可见，序列 24 小时频度衰减特征呈阶段性变化。

蠕变曲线（图 9）显示，每次 5.0 级地震释放的能量 E_M 与整个序列释放的能量 $E_总$ 之比 $E_M/E_总$ 为 47.55%。

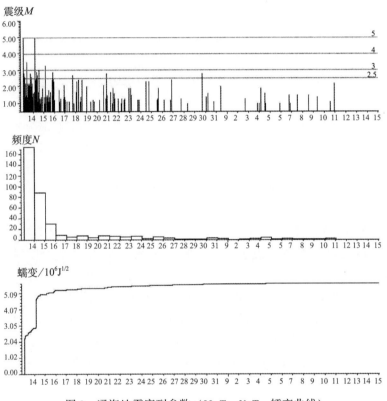

图 9　通海地震序列参数（M-T，N-T，蠕变曲线）

Fig. 9　Seismicity parameters of Tonghai earthquake sequence（M-T，N-T，$\Sigma E^{1/2}$-T plot）

（2018.08.13~09.15，$M_L \geqslant 1.0$）

最小完整性震级 M_C：根据 h 值计算要求，大震后第一个 24 小时内发生地震的最小完备震级的确定最为重要，对结果的可信程度有较大影响，因此取 8 月 13 日 01 时 44 分 5.0 级地震后 24 小时内的地震计算 M_C。计算方法采用基于 G-R 关系的震级-频度分布（FMD）方法，即以 0.1 级为震级间隔，统计不同震级档的地震频次 N，作 N-M 图。在 zmap 程序中，由于地震目录数目较少，采用不确定步长的最大似然拟合，得到的最小完整性震级 M_C 为 0.5（图 10）。由图 10 可见，0.5 级为频次最高的震级，而 0.5~1.2 级明显缺震，结合地震本身所处的滇南地区的监控能力，分析认为8月13日01时44分5.0级地震后24小时内M_C为1.2，并以该震级为后续计算各时段b值、h值和p值起始震级，以便于对比分析。

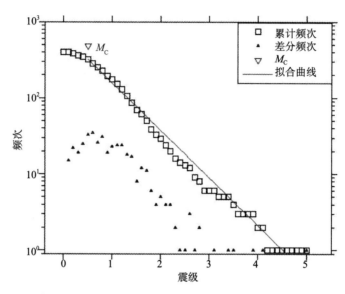

图10　8月13日通海5.0级地震后24小时内G-R关系

Fig. 10　G-R relationship after the August 13 Tonghai M_S 5.0 earthquake during 24 hours

序列参数计算：分别计算了8月13日第一次5.0级地震至8月14日第二次5.0级地震前b值、h值和p值，第二次5.0级地震后b值、h值和p值，以及整个序列的b值、h值和p值。

（1）第一次5.0级地震序列：以8月13日5.0级地震为起算时间，8月14日5.0级地震前为截止时间，按1小时统计，起始震级取M_L1.2，计算的序列参数为$b=0.59$，$h=1.49$，$p=0.61$（图11a）。b值小于该区域背景地震b值，h值正常，但于震后18时h值出现上翘，震后20时h值上翘明显（图11a），这与震后第21小时出现高频异常相符。p值小于1，表明序列衰减较慢，但与该区域历史地震序列p值类似，无明显异常。

（2）第二次5.0级地震序列：以8月14日5.0级地震为起算时间，按24小时统计，起始震级取M_L1.2计算的序列参数为$b=0.73$，$h=1.77$，$p=0.83$（图11b）。参数计算结果均比第一次序列高，b值与该区域背景地震b值相当，h值正常且无上翘，p值略有增大，表明序列衰减较第一次快。

（3）全序列：截至9月15日，按24小时统计，起始震级M_L1.2计算的序列参数为$b=0.72$，$h=1.57$，$p=1.30$（图11c）。b值与第二次5.0级地震后的计算结果相当，h值有所减小但在正常值范围内变化，p值增大显著。云南地区历史上也有p值较高的历史震例[7]，统计1965~1996年云南地区27个地震序列的p值，其中有4.3%的地震序列p值分布在1.207~1.367。分析认为，p值较高可能与该序列余震不发育，衰减较快有关。

类型判定：

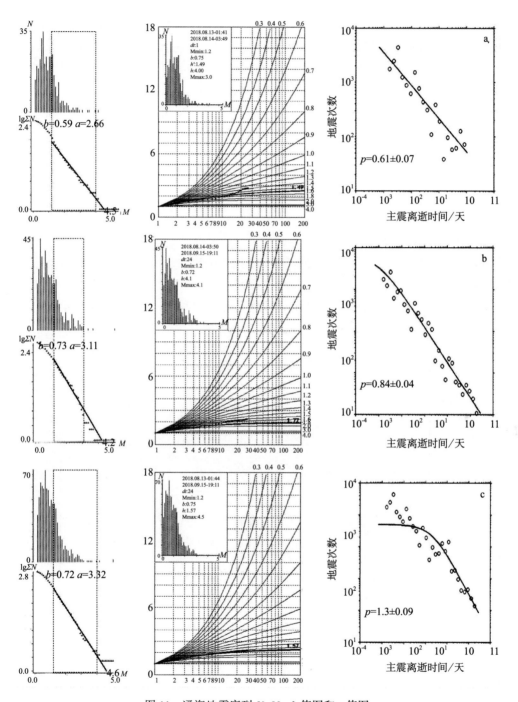

图 11 通海地震序列 N-M、h 值图和 p 值图

Fig. 11 N-M, h-value and p-value diagrams of the Tonghai earthquake sequence

全序列发生两次 5.0 级主震，最大地震与次大地震震级差为 0，$\Delta M \leqslant 0.6$ 级。一次 5.0 级地震释放的能量 E_M 与整个序列释放的能量 $E_总$ 之比 $E_M/E_总$ 为 47.55 %，$E_M/E_总 < 90\%$，按照吴开统等[8]和周惠兰等[9]的划分标准均表明此次通海地震序列为震群型。

8 月 13 日、14 日通海 $M_S5.0$ 地震序列无前震，该序列强度和频度衰减迅速，截至 2018 年 9 月 15 日序列已经趋于结束。而从地震序列活动特征、序列参数计算分析，并不能预测通海第二次 $M_S5.0$ 地震的发生。由此可见，利用序列参数进行序列类型早期判定，其结果具有不确定性。

四、地震前兆异常特征及综合分析

1. 地震前兆观测台网

震中 200km 范围内有 34 个前兆观测台站，包括水位、水温、水质、水（气）氡、地电场、地倾斜、应变、磁偏角 D、垂直分量 Z、地磁总强度 F 等 16 个定点观测项目，短水准和短基线 2 个流动形变观测项目，共计 94 个观测台项（图 12，表 3）。其中，0～100km 有 51 个观测台项：形变台项 12 个、电磁台项 4 个、流体台项 35 个；101～200km 有 43 个观测台项：形变台项 11 个、电磁台项 7 个、流体台项 25 个。

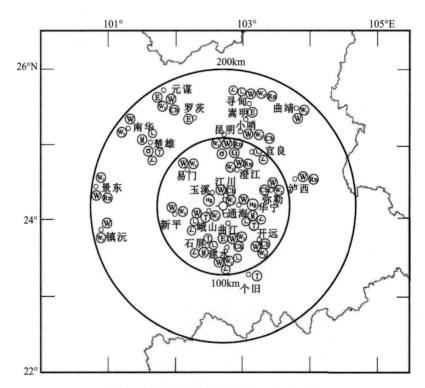

图 12　通海地震附近定点前兆台站分布图

Fig. 12　Distribution of precursory monitoring stations around Tonghai earthquakes

地震前前兆异常主要集中在震中周围 100km 范围内（图 13，表 7），异常测项有洞体应变、水平摆、跨断层短基线、跨断层短水准、水位 5 个异常项目，共 11 条前兆异常。

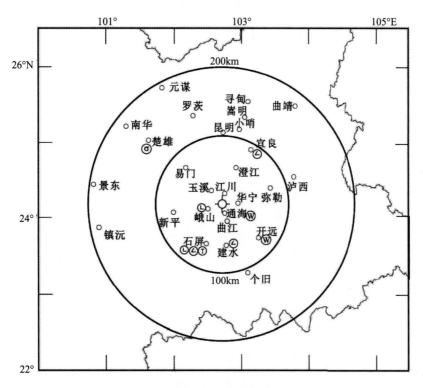

图 13 通海地震附近定点前兆异常分布图

Fig. 13 Distribution of precursory anomalies around Tonghai earthquakes

2. 地震前兆异常

此次震例总结，重点分析和梳理了 6 条测震学、6 条宏观异常以及 11 条微观前兆异常（表 7）。6 条测震学异常包括云南地区、小江断裂、滇西南—滇南 $M_S \geqslant 5.0$ 级地震平静异常以及云南省内 $M_L \geqslant 4.0$ 级地震平静异常；滇东南 $M_S \geqslant 4.0$ 级地震、云南地区 $M_S \geqslant 4.0$ 级地震 1 个月滑动 6 个月累计频次显著增强。6 条宏观异常中地下水异常占 67%，动物异常占 33%。11 条微观前兆异常中包括背景异常 3 条、中期异常 6 条、短期异常 2 条，中短期异常占 73%。这些异常的演化过程显示了两次通海 5.0 级地震孕育由背景到中短期过渡的阶段性特征。

1）云南地区 $M_S \geqslant 5.0$ 级地震平静异常

1950 年以来，云南地区出现过 7 次 $M_S \geqslant 5.0$ 级平静超过 500 天的情况（图 14），超过 500 天的现象较为少见。通海地震前，云南地区 $M_S \geqslant 5.0$ 级地震平静超 500 天，发生 $M_S \geqslant 5.0$ 级地震的紧迫性较强烈。通海地震打破了云南地区自 2017 年 3 月 27 日漾濞 5.1 级地震以来长达 504 天的 5 级地震平静。另外，2015 年 3 月 1 日沧源 $M_S 5.1$ 地震后，云南省内 $M_S \geqslant 5.0$ 级地震连续 4 次出现平静时间超过 200 天的显著异常现象。从 1930 年以来云南省内 $M_S \geqslant 5.0$ 级地震连续平静统计结果看（表 8），通海地震就发生在这种弱活动的背景下。

表 7　通海地震异常情况登记表

Table 7　Anomalies catalog of Tonghai earthquakes

序号	异常项目	台站（点）或观测区	分析方法	异常判据及观测误差	震前异常起止时间	震后变化	最大幅度	震中距 Δ/km	异常类别及可靠性	图号	异常特点及备注
1	地震平静	云南地区	M_S≥5.0级地震 dT-T作图法及对应地震分析	200天	2017.03.27~2018.08.13	5级地震连发	504天		M_1	14	震前提出
2		小江断裂	M_S≥5.0级地震 dT-T、M-T作图法及对应地震分析	6年	2001.07.15~2018.08.13		17.1年	震中区	L_2	15	震前提出
3		滇西南—滇南	M_S≥5.0级地震 dT-T作图法及对应地震分析	500天	2013.03.01~2018.08.13	5级地震连发	1261天	震中区	M_1	16	震前提出
4		云南省内	M_L≥4.0级地震 dT-T作图法及对应地震分析	60天或90天	2018.05.21~8.13	5级地震连发	82天		S_1	17	震前没有正式提为异常，但平静60天后在各类会商中加以跟踪分析
5	显著增强	滇东南	M_S≥4.0级地震 dT-T、M-T作图法及对应地震分析	18次	2015.03.09~2017.05.01	震后该区无4级地震发生	8组4级地震（群）	震中区	M_1	18	震前提出
6		云南地区	M_L≥4.0级地震 1个月滑动6个月累计频次及其历史震例统计		2017.10.01~未结束	持续下降但仍在+1倍方差线之上	25		M_1	19	震前提出
7	洞体应变	楚雄	日均值	加速拉张	2018.02.6~03.23	正常		127	S_3	20	震前提出。加速期间受架设高架桥影响

续表

序号	异常项目	台站（点）或观测测区	分析方法	异常判据及观测误差	震前异常起止时间	震后变化	最大幅度	震中距 Δ/km	异常类别及可靠性	图号	异常特点及备注
8	水平摆	石屏	整点值	加速东倾	2018.03~07	正常		63	S_3	21	震前提出。2017 年更换传感器造成格值变化，改正后数据仍可见于 2018 年 3 月开始出现快速的上升
9		宜良（I—II）	月值（每月测一次）	趋势压性异常	2017.06		−0.36mm	90	M_1	22	震前提出。目前维持在低位震荡变化需持续关注。
10		建水（I—II）	月值（每月测一次）	大幅拉张变化，目前持续有反向恢复趋势。	2017.07		1.13mm	62	M_1	23	震前提出。缅甸 7.2 级地震震前曾有类似异常
11	短基线	石屏（II—I）	月值（每月测一次）	持续拉张变化后转平	2005.05		2.05mm	54	L_1	24	震前提出。持续拉张变化，2012 年 1 与开始逐渐转平，变化趋势与通海场地极为相似，目前维持高位
12		石屏（II—III）	月值（每月测一次）	持续拉张变化，短期内出现快速压性变化，目前变化趋平。	2010.01		2.85mm	54	L_1	25	震前提出。类似异常在姚安 6.5、缅甸 7.2、景谷 6.6 级地震前出现过

续表

序号	异常项目	台站（点）或观测区	分析方法	异常判据及观测误差	震前异常起止时间	震后变化	最大幅度	震中距 Δ/km	异常类别及可靠性	图号	异常特点及备注
13	短水准	石屏（2—1）	月值（每月测一次）	出现明显张性变化	2012.05		2.22mm	54	L₁	26	震前提出。出现明显张性变化，2015年5～12月有短期压缩变化，目前维持高位
14		石屏（2—3）	月值（每月测一次）	大幅拉张变化，近几月出现反向压性活动	2017.07		0.49mm	54	M₁	27	震前提出
15		峨山（2—1）	月值（每月测一次）	逆断背景下的正断活动。	2017.06		17.73mm	24	M₁	28	震前提出
16	水位	开远	日均值	持续上升	2016.07	震后仍然持续上升		73	M₁	29	震前提出。持续上升，且年变幅增大为观测以来最显著
17		高大	日均值	持续上升	2015.03	震后仍然持续上升		22	M₁	30	震前提出。持续上升，出现自观测以来水位最高值

续表

序号	异常项目	台站（点）或观测测区	分析方法	异常判据及观测测误差	震前异常起止时间	震后变化	最大幅度	震中距 Δ/km	异常类别及可靠性	图号	异常特点及备注
18	宏观异常	峨山县小街街道石邑社区樱桃箐后山水坝	破坏正常动态	水变浑	2018.02.20~07.11	恢复正常		27	I₂		水发浑，震前识别
19		玉溪华宁县盘溪镇温泉水塘	破坏正常动态	水发浑	2018.05.16~06.20	恢复正常		58	I₂		水发浑，震前识别
20		易门县龙泉街道办江口社区双龙小组龙潭	破坏正常动态	水发浑	2018.07.15~26	恢复正常		84	I₃		水发浑，震前识别
21		通海县高大乡白家山水库	破坏正常动态	成群小鱼浮头	2018.07.19~26	恢复正常		25	I₃		动物异常，震前识别
22		通海县秀山街道过境公路李应宏家水井	破坏正常动态	井水发浑	2018.08.12~16	恢复正常		9	I₃		水发浑，震后识别
23		通海县河西镇甸心村委会一组杨纯宝宝家狗	破坏正常动态	狗不进家	2018.08.13~16	恢复正常		12	I₃		动物异常，震后识别

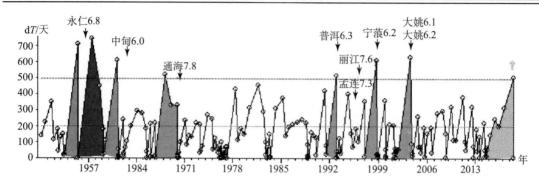

图 14　云南地区 $M_S \geqslant 5.0$ 级地震时间间隔图

Fig. 14　The time interval map $M_S \geqslant 5.0$ in Yunnan

表 8　1930 年以来云南省内 $M_S \geqslant 5.0$ 级地震连续 3 次平静超过 200 天震例统计

Table 8　Yunnan $M_S \geqslant 5.0$ earthquakes in 3 consecutive quiet more than 200 days of seismic cases since1930

序号	$M_S \geqslant 5.0$ 级平静打破地震及平静时间	时间间隔	后续 $M_S \geqslant 6.0$ 级地震情况
1	1943.03.31 大理 5.5~1943.12.15 昆明 5.0　259 天 1943.12.15 昆明 5.0~1944.08.12 华坪 5.3　241 天 1944.08.12 华坪 5.3~1945.08.22 个旧 5.0　374 天	5 个月 2 年 10 个月	1946.01.26 潞西 6.0 1948.05.25 理塘 7.3
2	1962.06.24 姚安 6.2~1963.04.23 云龙 6.0　303 天 1963.04.23 云龙 6.0~1964.02.13 宾川 5.4　296 天 1964.02.13 宾川 5.4~1964.11.20 南华 5.0　280 天	8 个月	1965.07.03 思茅 6.1
3	1966.10.11 永善 5.2~1968.03.16 南华 5.1　522 天 1968.03.16 南华 5.1~1969.02.09 景洪 5.1　330 天 1969.02.09 景洪 5.1~1970.01.05 通海 7.7　329 天	直接打破	1970.01.05 通海 7.7 1970.02.07 普洱 6.2
4	1986.03.13 鹤庆 5.4~1986.10.07 富民 5.1　207 天 1986.10.07 富民 5.1~1987.05.18 鹤庆 5.0　223 天 1987.05.18 鹤庆 5.0~1988.01.10 宁蒗 5.5　237 天 1988.01.10 宁蒗 5.5~1988.08.15 澜沧 5.0　218 天	2.8 月	1988.11.06 澜沧耿马 7.6、7.2
目前	2015.03.01 沧源 5.5~2015.10.30 昌宁 5.1　243 天 2015.10.30 昌宁 5.1~2016.05.18 云龙 5.0　200 天 2016.05.18 云龙 5.0~2017.03.27 漾濞 5.1　313 天 2017.03.27 漾濞 5.1~2018.08.13 通海 5.0　504 天	?	?

2）小江断裂带 $M_S \geqslant 5.0$ 级地震平静异常

历史上小江断裂带 $M_S \geqslant 5.0$ 级地震平静超过 6 年后，都会直接由 $M_S \geqslant 6.0$ 级地震打破或者由 $M_S \geqslant 5.0$ 级地震打破（图 15）。从 1966 年东川、1970 年通海地震前的平静看，平静时间越长，后续强震活动频次越高、震级越大。通海地震打破了自 2001 年 7 月 15 日江川 M_S5.1 地震后长达 17.1 年的平静，为 1900 年以来小江断裂带 $M_S \geqslant 5.0$ 级地震最长平静异常。

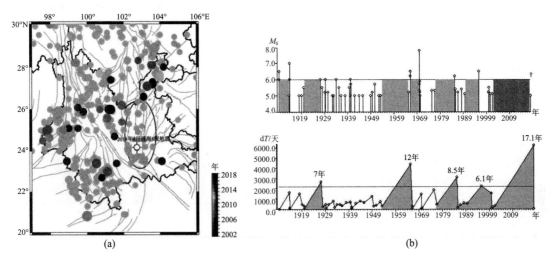

图 15　小江断裂带 $M_S \geqslant 5.0$ 级地震震中分布图（a）和 M-T、dT-T 图（b）

Fig. 15　The Xiaojiang fault zone $M_S \geqslant 5.0$ earthquake epicenter distribution, M-T and dT-T plot

3）滇西南—滇南 5 级地震平静超过 500 天

统计结果表明，1950 年以来滇西南—滇南地区 5 级地震平静超过 500 天后，平静直接出 $M_S \geqslant 6.0$ 级地震打破的概率为 28.6%，平静打破后发生 $M_S \geqslant 6.0$ 级地震危险性也较大，对应率 42.9%。自 2015 年 3 月 1 日沧源 M_S5.5 地震后该区域 5 级地震持续平静，通海地震打破了该区域长达 1261 天的 5 级地震平静（图 16）。

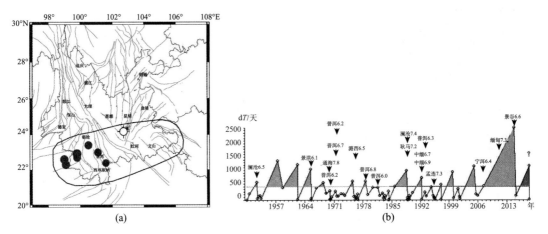

图 16　滇西南—滇南 $M_S \geqslant 5.0$ 级地震震中分布图（a）和 dT-T 图（b）

Fig. 16　The southwestern and southern area of Yunnan $M_S \geqslant 5.0$ earthquake epicenter distribution and dT-T plot

4）云南省内 $M_L \geqslant 4.0$ 级地震平静 82 天

历史震例研究表明，云南省内 M_L4.0 地震超过 60 天或 90 天的平静后，云南地区短期内存在发生 5 级以上地震的危险（60 天平静后的发震概率要低于 90 天平静后的发震概率）。2018 年 5 月 21 日景洪 M_L4.1 地震后，云南省内 4.0 级以上地震活动开始平静，平静 82 天后被 8 月 13 日通海 M_S5.0 地震打破（图 17）。

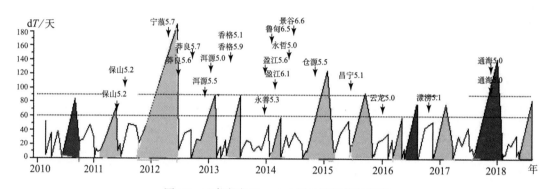

图 17　云南省内 $M_L \geqslant 4.0$ 级地震时间间隔图

Fig. 17　The time interval map $M_L \geqslant 4.0$ in Yunnan

5）滇东南 $M_S \geqslant 4.0$ 级平静后增强

小江断裂带中南段自 2008 年 12 月 26 日宜良 M_S4.3 地震后，4 级地震平静持续 6.4 年后被 2015 年 3 月 9 日嵩明 M_S4.5 地震打破，平静打破后，小江断裂带及其附近地区先后发生了 2015 年 4 月 13 日建水 M_S4.1，6 月 14 日双柏 M_S4.1 地震震群，2016 年 5 月 4 日个旧 M_S4.6、M_S4.7 以及 2017 年 7 月 2 日禄丰 M_S4.1（图 18），这一增强过程持续了 3.5 年，通海两次 M_S5.0 地震是该增强过程的延续。

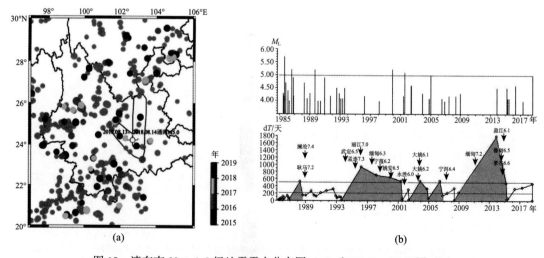

图 18　滇东南 $M_S \geqslant 4.0$ 级地震震中分布图（a）和 M-T、dT-T 图（b）

Fig. 18　The southeastern area of Yunnan $M_S \geqslant 4.0$ earthquake epicenter distribution，M-T and dT-T plot

6）云南地区 $M_L \geqslant 4.0$ 级地震显著增强

2018 年 1 月以来，云南地区 $M_L \geqslant 4.0$ 级地震显著增强，其中 1 月份发生 $M_L \geqslant 4.0$ 级地震 4 次，2 月份发生 8 次，这些地震集中发生在小滇西—滇西南地区。3、4 月份发生 4 次 $M_L \geqslant 4.0$ 级地震，且最大震级仅为 $M_L 4.2$，地震活动有所减弱。但 5 月份再次增强，共发生 7 次 $M_L \geqslant 4.0$ 级地震，分布在川滇交界东部和滇西南地区。云南地区 $M_L \geqslant 4.0$ 级地震 6 个月滑动频次超过 18 次为指标，通过统计分析与内符检验。从震例对应分析该异常对云南地区 5 级以上地震具有短期的预报意义（图 19）。

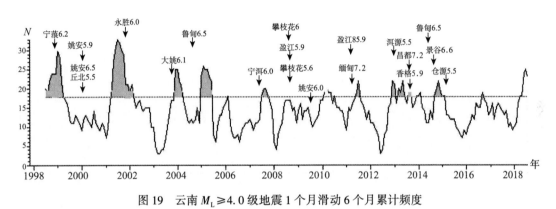

图 19　云南 $M_L \geqslant 4.0$ 级地震 1 个月滑动 6 个月累计频度

Fig. 19　One month step, six months cumulative frequency of $M_L \geqslant 4.0$ earthquakes in Yunnan

7）楚雄洞体北南分量

从 2018 年 2 月 6 日开始出现快速上升，该异常在 3 月 23 日结束，后恢复正常年变（图 20）。

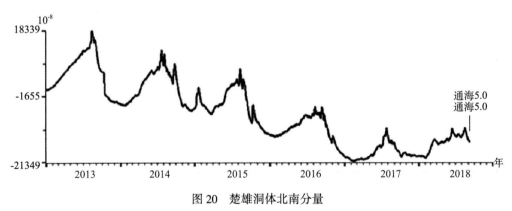

图 20　楚雄洞体北南分量

Fig. 20　The curve of NS component of borehole strain at Chuxiong station

8）石屏水平摆东西分量

自 2016 年开始趋势性转折，2017 年更换传感器后格值增大 2.55 倍，改正后数据从 2018 年 3 月开始出现加速东倾，7 月 29 日之后转折西倾。通海震后维持西倾变化（图 21）。

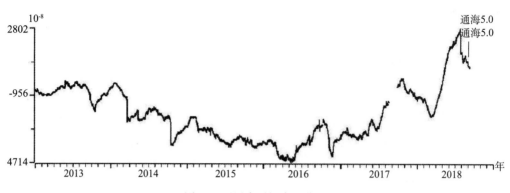

图 21　石屏水平摆东西分量

Fig. 21　The curve of EW component of borehole tiltmeter at Shiping station

9）宜良基线Ⅰ—Ⅱ

自 1997 年观测以来比较稳定，自 2012 年出现趋势压性异常变化，于 2016 年恢复，2017 年 6 月再次出现压性变化后维持在低位震荡，此过程中发生通海 M_S5.0 震群（图 22）。

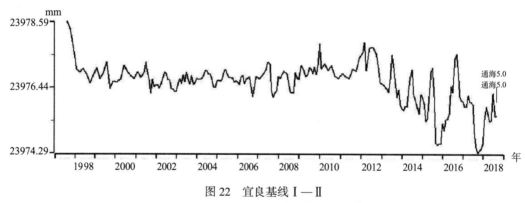

图 22　宜良基线Ⅰ—Ⅱ

Fig. 22　The curve of baseline Ⅰ-Ⅱ at Yiliang station

10）建水基线Ⅰ—Ⅱ

自 1982 年观测以来比较稳定，2009 年底到 2010 年初大幅拉张，恢复后于 2011 年 3 月 24 日发生缅甸 M_S7.2 地震。2017 年 7 月开始再次出现大幅拉张变化，后反向恢复，在此过程中发生了通海 M_S5.0 震群（图 23）。

11）石屏基线Ⅱ—Ⅰ

自 1982 年观测以来比较稳定，2005 年开始持续拉张变化，2012 年 1 月开始逐渐转平，目前仍然维持高位，此过程中发生了通海 M_S5.0 震群（图 24）。

12）石屏基线Ⅱ—Ⅲ

自 1982 年观测以来持续压性变化，2010 年开始转为持续拉张变化，2017 年短期内出现快速压性变化，目前变化趋于平稳，此过程中发生通海 M_S5.0 震群（图 25）。

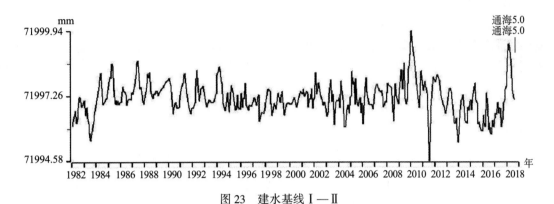

图 23　建水基线 I — II

Fig. 23　The curve of baseline I – II at Jianshui station

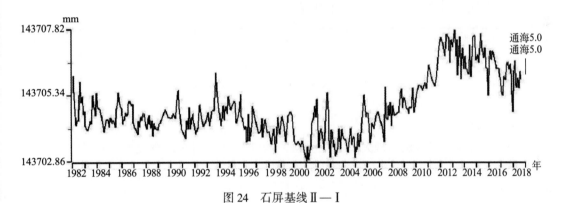

图 24　石屏基线 II — I

Fig. 24　The curve of baseline II – I at Shiping station

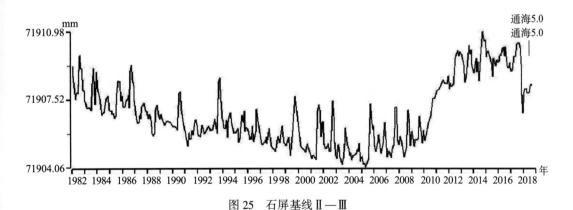

图 25　石屏基线 II — III

Fig. 25　The curve of baseline II – III at Shiping station

13）石屏水准 2—1

自 1982 年观测以来较为平稳，1999 年开始持续压性变化，后于 2012 年发生转折，出现明显张性变化，2015 年 5~12 月有短期压缩变化，目前维持高位，在高位状态下发生通海 M_S5.0 震群（图 26）。

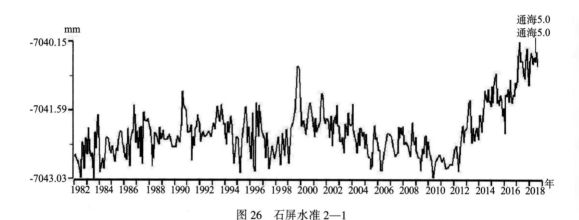

图 26　石屏水准 2—1

Fig. 26　The curve of water-level 2-1 at Shiping station

14）石屏水准 2—3

1982 年观测以来多次出现大幅张压活动，2017 年 7 月再次出现短期大幅拉张变化，并相对维持在高位，此过程中发生通海 M_S5.0 震群（图 27）。

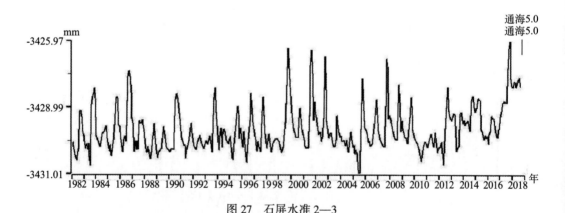

图 27　石屏水准 2—3

Fig. 27　The curve of water-level 2-3 at Shiping station

15）峨山水准 2—1

自 1982 年观测以来总体处于压性变化下，期间多次出现短期拉张变化后有地震发生，2016 年开始持续拉张，2017 年 6 月拉张加速，维持在高位过程中发生通海 M_S5.0 震群（图 28）。

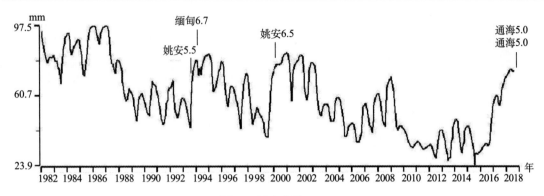

图 28　峨山水准 2—1

Fig. 28　The curve of water-level 2−1 at Eshan station

16）开远水位

年变清晰，雨季水位上升，旱季下降。由于云南干旱，2009 年 12 月至 2011 年水位持续下降 1.602m，为观测以来最低水位。2012 年旱情结束，随着降雨的恢复，该水位上升，年变恢复。2016 年开远水位出现持续上升，年变幅度加大，在此过程中发生通海 M_S5.0 震群（图 29）。

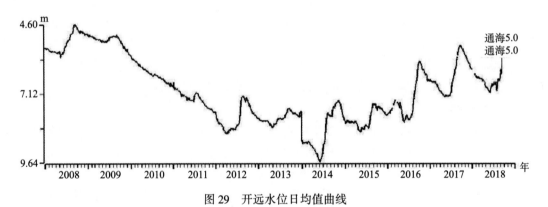

图 29　开远水位日均值曲线

Fig. 29　The curve of daily mean value of water level at Kaiyuan station

17）高大水位

年变清晰，雨季水位上升，旱季下降。2015 年 3 月以来趋势上升，出现自观测以来水位最高值。在此过程中发生通海 M_S5.0 震群（图 30）。

3. 前兆异常特征及综合分析

通海地震前出现测震学异常 6 条、宏观异常 6 条、微观前兆异常 11 条，测震学异常占总异常的 26%，宏观异常占总异常的 26%，微观前兆异常占总异常的 48%，异常以微观前兆异常为主。背景异常 4 条，占总异常的 17%；中期异常 10 条，占总异常的 44%；短期异常 9 条，占总异常的 39%。总体而言，震前异常以中短期异常为主。这些异常的演化过程显示了两次通海 M_S5.0 地震孕育由背景到中短期过渡的阶段性特征。

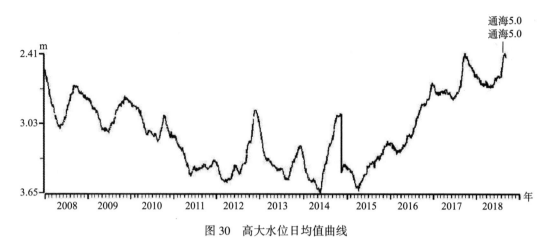

图 30　高大水位日均值曲线

Fig. 30　The curve of daily mean value of water level at Gaoda station

1）测震学异常

震前云南地区、小江断裂、滇西南—滇南 $M_S \geq 5.0$ 级地震平静异常以及云南省内 $M_L \geq$ 4.0 级地震平静异常十分突出，滇东南 $M_S \geq 4.0$ 级地震、云南地区 $M_L \geq 4.0$ 级地震 1 个月滑动 6 个月累计频次显著增强。特别是 2018 年 1 月以来，云南地区 $M_L \geq 4.0$ 级地震显著增强，其中 1 月份发生 $M_L \geq 4.0$ 级地震 4 次，2 月份发生 8 次，这些地震集中发生在小滇西—滇西南地区。3、4 月份发生 4 次 $M_L \geq 4.0$ 级地震，地震活动有所减弱。但 5 月份再次增强，共发生 7 次 $M_L \geq 4.0$ 级地震，分布在川滇交界东部和滇西南地区。地震活动由弱渐强的演变过程显示了通海 $M_S 5.0$ 震群孕育由背景到中短期过渡的阶段性特征。

2）微观异常

地震前出现 5 个异常项目，共 11 条微观前兆异常，包括洞体应变、水平摆、流动跨断层短基线短水准、水位等测项，其中形变异常 9 条，占 82%，形变异常较多，可能指示了相邻地区 5、6 级地震的丛集活动，如 9 月 8 日发生的墨江 $M_S 5.9$ 地震。

11 条微观前兆异常中包括 3 条背景异常、6 条中期异常、2 条短期异常，中短期异常占 73%。8 条中短期异常为：楚雄洞体应变、石屏水平摆、宜良基线（Ⅰ—Ⅱ）、建水基线（Ⅰ—Ⅱ）、石屏水准（2—3）、峨山水准（2—1）、开远水位和高大水位，除楚雄洞体应变异常外，均为分布在滇南地区的异常，占总微观前兆异常数的 64%，滇南地区中短期异常显著。

3）宏观异常

震前震中附近出现了 6 条宏观异常：峨山县小街街道石邑社区樱桃寨后山水坝发浑、玉溪华宁县盘溪镇温水塘发浑、易门县龙泉街道办江口社区双龙小组龙潭发浑、通海县高大乡白家山水库成群小鱼浮头、通海县秀山街道过境公路李应宏家水井发浑、通海县河西镇甸心村委会一组杨纯宝家狗不进家。其中，地下水异常占 67%，动物异常占 33%。一般而言，宏观异常集中地区的地下水体交换较为剧烈，能在一定程度上反映出区域介质的应力调整信息，对未来强震有地点指示意义。

五、震前预测、预防和震后响应

1. 震前预测、预防

2018 年 8 月 13、14 日通海两次 5.0 级地震发生在全国地震趋势会商会划定的 2018 年度地震重点危险区 "澜沧至弥勒重点危险区" 重点关注县境内 (附件四)。在年度会商会上，云南省地震局明确提出 (附件五)："云南澜沧至弥勒 (6.5 级左右)，其中华宁、通海、峨山、石屏、建水、宁洱、澜沧 7 个县为重点。"[8] 在年度预测的基础上，云南省地震局加强了对危险区的地震活动性和前兆资料变化的跟踪，推进了震情强化监视跟踪和强震发生紧迫性的动态研判工作，作出了一定程度的短期震情研判，但预测震级强度偏高。

1) 预测预报过程

云南省地震局先后在 2018 年 2 月 27 日川滇藏交界协作区震情会商第一次会议、3 月 27 日滇南至滇西南危险区震情会商第一次会议上对澜沧至弥勒危险区新的震情变化进行研判，于 2018 年 4 月 23 日向中国地震局、省人民政府上报《关于云南地区短期地震趋势分析意见的报告》[9] (密件)，指出 "云南地区短期 (3 个月内) 发生 6.5 级左右地震的可能性较大。主要危险区为：滇西北弥渡、大理、云龙、剑川、鹤庆、永胜、宁蒗、香格里拉、德钦一带；滇南至滇西南华宁、通海、峨山、石屏、建水、宁洱、澜沧一带。" 主要预测依据是：云南地区 6、7 级地震平静异常显著，5 级地震弱活动现象突出，近期地震活动性及宏微观前兆异常现象等。预测意见上报后，中国地震局拟定强化跟踪方案，由中国地震台网中心和云南省地震预报研究中心每周加密联合会商，云南省地震局根据震情召开每日加密会商，跟踪预测依据动态变化。

云南地区 2018 年 1、2、5 月 $M_L \geqslant 4.0$ 级地震活动显著增强，主要集中发生在小滇西—滇西南地区，同时滇南—滇西南地区的部分前兆测项出现了一些新异常变化，如滇南地区的开远和高大测点高水位异常、滇西南地区的普洱大寨和景东测点水化测项突变 (震中距超过 200km，本文未统计) 等。云南省地震局针对 2018 年上半年出现的这些显著地震事件和前兆异常变化，2018 年 8 月 3 日川滇藏交界协作区震情会商第二次会议上，指出 "云南地区短期发生 6.5 级左右地震的可能性大，紧迫性进一步增强，重点关注云南澜沧至弥勒危险区"，将澜沧至弥勒危险区的短期危险性排在首位。云南省地震局于 2018 年 8 月 7 日向省人民政府上报《关于 2018 年下半年云南地区地震趋势预测意见的报告》[10] (密件)，明确指出 "云南澜沧至弥勒 (6.5 级左右) 危险区发生预期震级地震的紧迫性增强。" 各级政府高度重视该预测意见，对下半年的防震减灾工作进行安排部署，深入做好防震应急准备。8 月 13 日通海 5.0 级地震发生后，云南省地震局在上报中国地震局和省委省政府的趋势判定意见中再次指出 "云南地区短期内发生 6 级左右地震的紧迫性增强，重点注意滇南至滇西南地区、滇西北地区"，之后相继发生了 8 月 14 日通海 5.0 级、9 月 8 日墨江 5.9 级地震。

2) 短期震情预报卡

在短临预测方面，共有 2 份单位 (个人) 预测卡对此次地震三要素做出了较好的预测。预报中心综合学科依据云南地区 5 级地震长时间平静、4.0~4.9 级地震月频次超过异常指标、滇南5、6级地震平静超历史极限等填报了预报卡，预测时间、地点与本次地震吻合，预测震级偏高（附件二）。形变测量中心依据新平场地 GNSS 资料短期异常，滇南地区重力资料、地磁三分量观测资料和跨断层资料异常等填报了短期预报卡，时间、地点、震级三要素均与本次地震吻合（附件三）。

2. 震后响应

地震发生后，云南省地震局立即启动地震应急Ⅲ级响应，第一时间派出 35 人的地震现场应急工作队赶赴灾区，开展了地震流动监测、震情趋势判定、烈度评定、灾害调查评估等现场应急工作。与此同时，强烈有感范围内的玉溪、通海、江川、华宁等市县区地震局迅速启动预案赶赴各自辖区开展工作。

在地震系统现场应急指挥部的领导和震区各级党委政府的大力支持下，现场工作队员深入灾区一线，历时 5 天，累计行程 6000 余千米，对灾区 3 县共 13 个乡镇 202 个调查点开展了实地调查，完成了本次地震灾害调查、烈度评定及灾害损失评估等工作。

3. 震后余震监测及趋势判定

2018 年 8 月 13 日通海 5.0 级后，云南省地震局地震现场工作队员，在震中 200km 范围内架设 6 个测震流动台，距离主震最近的流动台右所营台于 8 月 13 日 09 时 52 分正式运行。6 个测震流动台数据入网，实现数据交换与共享，积累了较为丰富的序列观测资料，为后续的震情跟踪和研究工作提供了重要依据。

8 月 13 日通海 5.0 级后，云南省地震局即刻召开紧急会商会。有地震记录以来震中 50km 范围内 5 级以上地震 26 次，统计结果显示，历史地震主要为走滑型地震，且以主—余型地震为主。此次 5.0 级地震的震源机制解结果为走滑型，据此判定此次地震最有可能为主—余型地震；考虑到此次 5.0 级地震打破了云南地区 504 天的 5 级地震平静，根据历史震例认为平静打破后云南地区存在 5、6 级地震丛集的可能。之后相继发生了 8 月 14 日通海 5.0 级、9 月 8 日墨江 5.9 级地震，表明对 8 月 14 日通海 5.0 级地震原地重复发生未作出正确预判，但对 5、6 级地震丛集的震情趋势判断是正确的。

8 月 14 日通海 5.0 级地震后，地震序列发展呈震群型特征，云南省地震局连续几天进行加密会商，动态跟踪和研判震区地震趋势，开展了历史震例、序列参数、震源机制和视应力、应力降等序列跟踪分析，较好把握了后期的震情形势。

六、结论与讨论

1. 结论

8 月 13、14 日两次通海 5.0 级地震，最大余震震级为 $M_L4.1$。每次 5.0 级地震释放的能量 E_M 与整个序列释放的能量 $E_总$ 之比 $E_M/E_总$ 为 47.55%，$E_M/E_总 < 90\%$。通海 5.0 级地震序列为震群型。震源机制解显示，两次 5.0 级地震的错动性质为走滑型。震源机制解所得到的节面Ⅰ走向为 24°~25°，与精定位的余震分布长轴走向以及小江断裂带中南段西支的明星—二街断裂东倾一致，结合烈度等震线分布，推测节面Ⅰ为地震主破裂面。分析认为，两次地震的发震断层为小江断裂带中南段西支的明星—二街断裂。

震前出现 23 条异常，包括测震学异常 6 条、宏观异常 6 条、微观前兆异常 11 条。其中，云南地区、小江断裂、滇西南—滇南 $M_S \geq 5.0$ 级地震平静异常，云南省内 $M_L \geq 4.0$ 级地震平静异常，滇东南 $M_S \geq 4.0$ 级地震、云南地区 $M_S \geq 4.0$ 级地震 1 个月滑动 6 个月累计频次显著增强 6 条测震学异常，占总异常的 26%；宏观异常 6 条，占总异常的 26%；洞体应变、水平摆、流动跨断层短基线短水准、水位等微观前兆异常 11 条，占总异常的 48%。中期异常 10 条，占总异常的 44%；短期异常 9 条，占总异常的 39%。总体而言，震前异常以中短期异常为主。

2. 讨论与认识

（1）前兆趋势异常向中期、短期异常过渡的认识有助于强震紧迫性分析判定。在云南地区 $M_S \geq 5.0$ 级、$M_L \geq 4.0$ 级地震平静异常的背景下，云南地区 $M_S \geq 4.0$ 级地震 1 个月滑动 6 个月累计频次显著增强，同时，出现滇西南地区 4 级地震密集活动（1~2 月、5 月）、滇南地区高水位井孔集中分布、滇西南地区水化测项突变等异常现象，呈现趋势异常向中期、短期过渡的特征，为强震发生时间判定提供了重要信息，对 9 月 8 日墨江 5.9 级地震的短期判定提供了有力支撑。

（2）深化震情会商改革，加强震情跟踪工作的责任性。预报中心实施震情跟踪责任制，明确规定每个分析预报人员的工作职责和任务，每天各学科分析人员登记资料跟踪情况，记录在案，助推了观测资料异常识别分析能力和震情监视跟踪研判工作的时效性。此外，要求危险区跟踪专家组，每周研判危险区目标地震发生的紧迫性，并针对危险区出现的突发震情和显著事件，及时开展后续震情趋势的研判工作。

（3）实施滚动会商制度，动态把握震情趋势。2017 年底的年度会商会上确定的 2018 年度地震重点危险区首位是川滇交界西部，其次才是澜沧至弥勒一带。但 2018 年 1 月以来，出现滇西南地区 4 级地震密集活动（1~2 月、5 月）、滇南地区高水位井孔集中分布、滇西南地区的水化测项突变等异常，云南省地震局认真研究这些新出现的异常后，在 2018 年 8 月 3 日川滇藏交界协作区震情会商第二次会议上，指出"云南地区短期发生 6.5 级左右地震的可能性大，紧迫性进一步增强，重点关注云南澜沧至弥勒危险区"，将澜沧至弥勒危险区的短期危险性排在首位，并于 2018 年 8 月 7 日向省人民政府上报《关于 2018 年下半年云南地区地震趋势预测意见的报告》[10]，明确指出"云南澜沧至弥勒（6.5 级左右）危险区发生预期震级地震的紧迫性增强。"

（4）云南省地震局党组高度重视震情工作。组织专家向党组汇报，全面了解云南的震情形势；及时部署震情跟踪研判工作，第一时间召开震情专题会商会，深入研讨强震发生的紧迫性，并及时通报当地政府；主动服务政府和社会，云南省地震局党组向政府汇报短期震情跟踪判定分析意见，并提出预防措施和决策建议，为政府灾前预防提供参考性建议。

（5）通海两次 5.0 级地震在中长期和短期预测方面都取得了较好的效果，说明在趋势判断上对该危险区的地震危险性已有较准确的认识，在短期预测上对部分地震活动现象和前兆异常的短期意义有了较准确的把握。与此同时，需要进一步分析研究预测中与实际不符的情况：预测震级偏高；通海第一次 5.0 级地震类型判断有误，震型判定的困难较大；年度预测依据和短期跟踪的异常仍在持续，这些异常与此次地震的关系以及后续的指示意义仍待进一步地跟踪和研究。

参 考 文 献

［1］ 云南省地质构造图，云南省地质矿产局区域地质调查队编制［M］，北京：地质出版社，1990

［2］ Mouslopoulou V, Nicol A, Little T A et al., Displacement transfer between intersecting regional strike-slip and extensional fault systems［J］，Struct Geol, 29：100－116, 2007

［3］ Tapponnier P, Peltzer G, Le Dain A Y et al., Propagating extrusion tectonics in Asia：New insights from simple experiments with plasticine［J］，Geology, 10：6-1-616, 1982

［4］ 张培震、邓起东、张国民等，中国大陆的强震活动与活动地块［J］，中国科学 D 辑：地球科学，33（增刊）：12~20, 2003

［5］ 皇甫岗、陈颙、秦嘉政等，云南地震活动性［M］，昆明：云南出版集团公司、云南科技出版社，23~26, 2010

［6］ 刘祖荫、皇甫岗、金志林等，一九七〇年通海地震［M］，北京：地震出版社，114~124, 1999

［7］ 李忠华、苏有锦、蔡明军等，云南地区地震序列 p 值和 b 至变化特征［J］，地震，20（4）：74~77, 2000

［8］ 吴开统等，地震序列的基本类型及其在地震预报中的应用［J］，地震战线，7（11）：45~51, 1971

［9］ 周惠兰、房桂荣、章爱娣等，地震震型判断方法探讨［J］，西北地震学报，2（2）：45~59, 1980

［10］ Waldhauser F, Ellsworth W L, A double-difference earthquake algorithm：method and application to northern Hayward fault, California［J］，Bulletin of the Seismological Society of America, 99（6）：1353－1368, 2000

［11］ 黄媛，结合波形互相关技术的双差算法在地震定位中的应用探讨［J］，国际地震动态，（4）：29~34, 2008

［12］ Michelini A, Lomax A, The effect of velocity structure errors on double-difference earthquake location［J］，Geophysical Research Letters, 31（9）：1－4, 2004

［13］ 王椿镛、Mooney W D、溪莉等，川滇地区地壳上地幔三维速度结构研究［J］，地震学报，24（1）：1~16, 2002

［14］ 何正勤、叶太兰、苏伟，云南地区地壳中上部横波速度结构研究［J］，地球物理学报，47（5）：839~845, 2004

［15］ 胡鸿翔、陆涵行、王椿镛等，滇西地区地壳结构的爆破地震研究［J］，地球物理学报，29（2）：133~144, 1986

［16］ 尹周勋、滕吉文、熊绍柏，渡口及其邻近地区地壳浅层结构的研究［J］，地球物理学报，30（1）：22~30, 1987

［17］ 熊绍柏、郑晔、尹周勋等，丽江—攀枝花—者海地带二维地壳结构及其构造意义［J］，地球物理学报，36（4）：434~443, 1993

［18］ 李永华、吴庆举、田小波等，用接收函数方法研究云南及其邻区地壳上地幔结构［J］，地球物理学报，52（1）：67~80, 2009

［19］ Zhao L S, Helmberger D V, Source estimation from broadband regional seismograms［J］，Bull Seismol Soc Amer, 84（1）：91－104, 1994

［20］ Zhu L P, Helmberger D V, Advancement in source estimation techniques using broadband regional seismograms［J］，Bulletin of the Seismological Society of America, 86（5）：1634－1641, 1996

参 考 资 料

1) 云南省地震局，通海两次 5.0 级地震灾害损失评估报告，2018

2) 中国地震台网中心，http：//www. csndmc. ac. cn/newweb/data. htm，2018

3) 云南省地震局，云南地震目录，2018

4) https：//earthquake. usgs. gov/earthquakes/eventpage/us1000g7al#executive

5) https：//earthquake. usgs. gov/earthquakes/eventpage/us1000g8bq#executive

6) http：//10. 5. 160. 18/console/index. action

7) 云南省地震局，2018 年 8 月 13 日、14 日云南通海两次 M_S5.0 地震序列及后续地震趋势分析报告，2018

8) 云南省地震局，2018 年度云南地震趋势研究报告，2017

9) 云南省地震局，关于云南地区短期地震趋势分析意见的报告（云震发〔2018〕50 号）

10) 云南省地震局，关于 2018 年下半年云南地区地震趋势预测意见的报告（云震发〔2018〕108 号）

The M_S 5. 0 Tonghai Earthquakes Swarm Occurred on August 13, 14, 2018 in Yunnan Province

Abstract

Two earthquakes with M_S5. 0 occurred in Tonghai county, Yuxi city of Yunnan province, on August 13 and 14, 2018. The microscopic epicenters measured by China Earthquake Networks Center are 24. 18°N, 102. 72°E and 24. 18°N, 102. 73°E. The macro-epicenter was located in the areafrom Sijie to Sizhai area in Sijie town of Tonghai county and the epicentral intensity was Ⅵ. The earthquakes affected an area of 650 square kilometers, mainly involves 13 towns of 3 counties (districts) in Tonghai county, Jiangchuan district and Huaning county. 387158 people were affected and 31 people were injured during the earthquakes. The total direct economic loss was 494. 4 million yuan.

The earthquake sequence was swarm, and the maximum aftershock was M_L4. 1. The aftershocks were mainly concentrated in the 1-5 days after the main earthquake, and the frequency presents a gradual attenuation. The spatial distribution of the aftershocks were arranged in NE-SW. The focal mechanism of the two M_S5. 0 earthquakes were strike slip, which show that the strike of nodal plane Ⅰ was 24°-25°. Combined with aftershocks and isoseismals of seismic intensity, we speculate that the nodal plane Ⅰ was the main rupture surface. Comprehensive analysis suggests that the seismogenic structure of the two M_S5. 0 earthquakes was Mingxing-Erjie fault in the west branch of the middle and southern segment of Xiaojiang fault zone.

There were 22 seismic stations and 34 geophysical observation stations within the distance of 200km from epicenter. The geophysical observation includes 16 fixed-point observation items such as water level, water temperature, water quality, water (gas) radon, geoelectric field, ground tilt, strain, magnetic declination (D), vertical component (Z), geomagnetic total intensity (F), and 2 mobile deformation observation items such as short-range leveling and short baseline, totaling 94 observation station items. Before the events there were 23 anomalies in 12 observation projects, such as seismic quiescence ($M_S \geqslant 5.0$) in Yunnan area, Xiaojiang fault and southwest-south Yunnan, seismic quiescence ($M_L \geqslant 4.0$) in Yunnan province, $M_S \geqslant 4.0$ earthquake cumulative frequency of 6 months slip for 1 month increased significantly in southeast Yunnan and Yunnan area, macroscopical, cave strain, horizontal pendulum, flow across-fault short baseline and short-range leveling, water level, etc. There were 6 seismological anomalies, accounting for 26% of the total anomalies; 6 macroscopic anomalies, accounting for 26%; and 11 microscopic precursory anomalies, accounting for 48%. There were 10 medium-term anomalies, accounting for 44%; and 9 short-term anomalies, accounting for 39%. Generally speaking, medium-short term anomalies were the main forms before the earthquakes.

The M_S5.0 Tonghai earthquakes swarm occurred in the annual critical earthquake risk region designated by China Earthquake Administration and Yunnan Earthquake Agency in 2018. Yunnan Earthquake Agency made a certain degree of short-term prediction before the earthquakes. After the events, Yunnan Earthquake Agency launched earthquake emergency response Ⅲ, sented out working teams for seismic flow monitoring, earthquake trend determination, intensity evaluation, disaster investigation and evaluation, and set up 6 mobile seismic stations. Yunnan Earthquake Agency organized experts to hold multiple post earthquake trend determination meetings, to make judgement on the type of the earthquake sequence.

On the basis of the relevant literature and data collected in this report, we strive to reorganize and analyze the materials objectively and comprehensively, restore the anomalies before earthquakes and restore the judgments based on these. Because some of the relevant research results have not been completed or published, the data collected in this paper will inevitably be omitted, and the conclusions will inevitably be partial and comprehensive.

报 告 附 件

附件一：震例总结用表

附表 1 固定前兆观测台（点）与观测项目汇总表

序号	台站（点）名称	经纬度（°）		测项	资料类别	震中距 Δ/km	备注
		φ_N	λ_E				
1	通海	24.07	102.75	测震△	I	14	
				垂直摆	II		
				地磁总强度	I		
				地磁垂直分量	I		
				磁偏角	I		
2	江川	24.33	102.75	水位	I	16	
				水温	I		
				气氡	II		
				汞	II		
3	通海	24.01	102.71	短基线	I	20	
				短水准	I		
4	通海高大	23.99	102.71	水位	I	22	
				水温	I		
				气氡	II		
				汞	II		
5	峨山	24.13	102.5	水位	II	22	
				水温	II		
6	峨山	24.13	102.48	短基线	I	24	
				短水准	I		
7	华宁	24.2	102.95	水位	I	24	
				汞	II		
8	玉溪	24.37	102.55	汞	II	26	
9	曲江水化站	23.96	102.79	水位	II	27	
				水温	II		
				气氡	II		
				汞	II		
				地电场	II		

续表

序号	台站（点）名称	经纬度（°）		测项	资料类别	震中距 Δ/km	备注
		φ_N	λ_E				
10	黄草坝	24.44	102.43	测震△	I	38	
11	石屏	23.77	102.45	短基线	I	54	
				短水准	I		
12	澄江	24.67	102.92	水位	II	57	
				水温	II		
				气氡	II		
13	建水	23.65	102.77	测震△	I	60	
				水位	I		
				水温	I		
14	建水	23.64	102.83	短基线	I	62	
				短水准	I		
15	石屏	23.67	102.47	测震△	I	63	
				水平摆	II		
16	开远	23.75	103.25	水位	I	73	
				水温	I		
				气氡	II		
				气氦	II		
17	新平	24.08	101.99	水位	I	74	
				水温	I		
18	易门	24.67	102.17	测震△	I	76	
				水位	I		
				水温	I		
19	弥勒	24.4	103.43	测震△	I	77	
				水位	II		
				水温	I		
				气氡	II		
				汞	II		
				气氦	II		
20	元江	23.85	102.00	测震△	I	81	

序号	台站（点）名称	经纬度（°）		测项	资料类别	震中距 Δ/km	备注
		φ_N	λ_E				
21	宜良	24.9	103.14	短基线	I	90	
				短水准	I		
22	红河	23.36	102.34	测震△	I	101	
23	个旧	23.35	103.15	测震△	I	104	
24	昆明	25.13	102.73	测震△	I	105	
				水管倾斜	I		
				洞体应变	I		
				重力	I		
				水温	I		
				水位	I		
				气氡	I		
25	个旧	23.29	103.09	测震△	I	107	
				垂直摆	II		
26	小哨	25.17	102.97	水位	II	112	
				水温	II		
				气氡	II		
				汞	II		
27	西北勒	23.49	103.47	测震△	I	112	
28	泸西	24.55	103.78	水位	I	116	
				气氡	II		
29	双柏	24.65	101.61	测震△	I	123	
30	嵩明	25.33	103.05	地电场	II	131	
31	罗茨	25.35	102.28	地电场	II	136	
32	楚雄	25.03	101.63	短基线	I	143	
				短水准	I		

续表

序号	台站（点）名称	经纬度（°）		测项	资料类别	震中距 Δ/km	备注
		φ_N	λ_E				
33	楚雄台	25.01	101.53	测震△	I	150	
				水管倾斜	I		
				洞体应变	I		
				垂直摆	II		
				地磁总强度	I		
				地磁垂直分量	I		
				磁偏角	I		
34	楚雄局	25.03	101.53	水位	I	151	
				水温	I		
				汞	II		
35	禄劝	25.54	102.45	测震△	I	152	
36	寻甸	25.54	103.1	短水准	I	155	
				短基线	I		
37	马龙	25.43	103.58	测震△	I	161	
38	金平	22.75	103.42	测震△	I	177	
39	罗平	24.88	104.30	测震△	I	178	
40	文山	23.41	104.25	测震△	I	180	
41	曲靖	25.48	103.8	水位	I	181	
				水温	I		
42	南华	25.2	101.3	水位	I	181	
				水温	I		
43	镇沅	23.88	100.9	测震△	I	187	
				水位	II		
				水温	II		

续表

序号	台站（点）名称	经纬度（°）		测项	资料类别	震中距 Δ/km	备注
		φ_N	λ_E				
44	元谋（水化站）	25.72	101.82	测震△	I	193	
				水位	II		
				水温	II		
				气氡	II		
				汞	II		
				地电场	II		
				电阻率	II		
45	景东	24.45	100.82	水位	II	194	
				水温	II		
				氡	II		
46	江城	22.62	101.85	测震△	I	196	

分类统计	$0<\Delta \leqslant 100km$	$100<\Delta \leqslant 200km$	总数
测项数 N	14	17	31
台项数 n	58	58	116
测震单项台数 a	2	10	12
形变单项台数 b	1	1	2
电磁单项台数 c	0	2	2
流体单项台数 d	1	0	1
综合台站数 e	17	12	29
综合台中有测震项目的台站数 f	5	5	10
测震台总数 $a+f$	7	15	22
台站总数 $a+b+c+d+e$	21	25	46
备注			

附表 2　测震以外固定前兆观测项目与异常统计表

序号	台站（点）名称	测项	资料类别	震中距 Δ/km	按震中距 Δ 范围进行异常统计									
					0<Δ≤100km					100<Δ≤200km				
					L	M	S	I	U	L	M	S	I	U
1	通海	垂直摆	II	14	—	—	—	—						
		地磁总强度	I		—	—	—	—						
		地磁垂直分量	I		—	—	—	—						
		磁偏角	I		—	—	—	—						
2	江川	水位	I	16										
		水温	I											
		气氡	II											
		汞	II											
3	通海	短基线	I	20										
		短水准	I											
4	通海高大	水位	I	22	—	√								
		水温	I											
		气氡	II											
		汞	II											
5	峨山	水位	II	22										
		水温	II											
6	峨山	短基线	I	24	—	—	—	—						
		短水准	I		—	√								
7	华宁	水位	I	24	—	—	—	—						
		汞	II		—	—	—	—						
8	玉溪	汞	II	26	—	—	—	—						
9	曲江水化站	水位	II	27	—	—	—	—						
		水温	II											
		气氡	II		—	—	—	—						
		汞	II											
		地电场	II											
10	石屏	短基线	I	54	√	—	—	—						
		短水准	I		√	—	—	—						

续表

序号	台站（点）名称	测项	资料类别	震中距 Δ/km	按震中距 Δ 范围进行异常统计									
					0<Δ≤100km					100<Δ≤200km				
					L	M	S	I	U	L	M	S	I	U
11	澄江	水位	II	57	—	—	—	—	—					
		水温	II		—	—	—	—	—					
		气氡	II		—	—	—	—	—					
12	建水	水位	I	60	—	—	—	—	—					
		水温	I		—	—	—	—	—					
13	建水	短基线	I	62	—	√	—	—	—					
		短水准	I		—	—	—	—	—					
14	石屏	水平摆	II	63	—	—	√	—	—					
15	开远	水位	I	73	—	√	—	—	—					
		水温	I		—	—	—	—	—					
		气氡	II		—	—	—	—	—					
		气氡	II		—	—	—	—	—					
16	新平	水位	I	74	—	—	—	—	—					
		水温	I		—	—	—	—	—					
17	易门	水位	I	76	—	—	—	—	—					
		水温	I		—	—	—	—	—					
18	弥勒	水位	II	77	—	—	—	—	—					
		水温	I		—	—	—	—	—					
		气氡	II		—	—	—	—	—					
		汞	II		—	—	—	—	—					
		气氡	II		—	—	—	—	—					
19	宜良	短基线	I	90	—	√	—	—	—					
		短水准	I		—	—	—	—	—					
20	昆明	水管倾斜	I	105						—	—	—	—	—
		洞体应变	I							—	—	—	—	—
		重力	I							—	—	—	—	—
		水温	I							—	—	—	—	—
		水位	I							—	—	—	—	—
		气氡	I							—	—	—	—	—

续表

序号	台站（点）名称	测项	资料类别	震中距 Δ/km	按震中距 Δ 范围进行异常统计									
---	---	---	---	---	0<Δ≤100km					100<Δ≤200km				
					L	M	S	I	U	L	M	S	I	U
21	个旧	垂直摆	Ⅱ	107						—	—	—	—	—
22	小哨	水位	Ⅱ	112						—	—	—	—	—
		水温	Ⅱ							—	—	—	—	—
		气氡	Ⅱ							—	—	—	—	—
		汞	Ⅱ							—	—	—	—	—
23	泸西	水位	Ⅰ	116						—	—	—	—	—
		气氡	Ⅱ							—	—	—	—	—
24	嵩明	地电场	Ⅱ	131						—	—	—	—	—
25	罗茨	地电场	Ⅱ	136						—	—	—	—	—
26	楚雄	短基线	Ⅰ	143						—	—	—	—	—
		短水准	Ⅰ							—	—	—	—	—
27	楚雄台	水管倾斜	Ⅰ	150						—	—	—	—	—
		洞体应变	Ⅰ							—	—	√	—	—
		垂直摆	Ⅱ							—	—	—	—	—
		地磁总强度	Ⅰ							—	—	—	—	—
		地磁垂直分量	Ⅰ							—	—	—	—	—
		磁偏角	Ⅰ							—	—	—	—	—
28	楚雄局	水位	Ⅰ	151						—	—	—	—	—
		水温	Ⅰ							—	—	—	—	—
		汞	Ⅱ							—	—	—	—	—
29	寻甸	短水准	Ⅰ	155						—	—	—	—	—
		短基线	Ⅰ							—	—	—	—	—
30	曲靖	水位	Ⅰ	181						—	—	—	—	—
		水温	Ⅰ							—	—	—	—	—
31	南华	水位	Ⅰ	181						—	—	—	—	—
		水温	Ⅰ							—	—	—	—	—
32	镇沅	水位	Ⅱ	187						—	—	—	—	—
		水温	Ⅱ							—	—	—	—	—

续表

序号	台站（点）名称	测项	资料类别	震中距 Δ/km	按震中距 Δ 范围进行异常统计									
					0<Δ≤100km					100<Δ≤200km				
					L	M	S	I	U	L	M	S	I	U
33	元谋（水化站）	水位	Ⅱ	193						—	—	—	—	—
		水温	Ⅱ							—	—	—	—	—
		气氡	Ⅱ							—	—	—	—	—
		汞	Ⅱ							—	—	—	—	—
		地电场	Ⅱ							—	—	—	—	—
		电阻率	Ⅱ							—	—	—	—	—
34	景东	水位	Ⅱ	194						—	—	—	—	—
		水温	Ⅱ							—	—	—	—	—
		氡	Ⅱ							—	—	—	—	—
分类统计	台项	异常台项数			2	6	1	0	0	0	0	1	0	0
		台项总数			51	51	51	51	51	43	43	43	43	43
		异常台项百分比/%			4	12	2	0	0	0	0	2	0	0
	观测台站（点）	异常台站数			1	5	1	0	0	0	0	1	0	0
		台站总数			19	19	19	19	19	15	15	15	15	15
		异常台站百分比/%			5	26	5	0	0	0	0	7	0	0
	测项总数（94）				51					43				
	观测台站总数（34）				19					15				
备注														

附件二：短期预报卡 1

D 2018   13

地震预报卡片

类别： __B__   编号： _____   填报人（或单位）：综合室

填报时间： __2018__ 年 __5__ 月 __23__ 日

签发人（或单位盖章）： __综合室__

※ ※※※※※※※※※※※※※※※※※※※※

预报内容：

1.时间： __2018__ 年 __5__ 月 __23__ 日至 __2018__ 年 __8__ 月 __23__ 日

2.震级（Ms）： __5.5__ 级至 __6.4__ 级

3.地域：

范围：①滇南的姚安、楚雄、玉溪、武定、禄劝、通海、双柏

②滇东北的昭通、鲁甸、巧家、大关、会泽、东川

①25.15°   ② 27.3°

参考点经纬度： __102.03°__ ， __103.7°__

以参考点为中心的封闭区域最大半径（距）： __125__ 公里

4. 地震类型 ① 地震（震群）名： _____

②地震类型： _____

填卡须知

1. 预报意见分为 A、B、C、D 四类，一张卡片只能填报其中一类，

   A 类：中期预报。时间 3 个月至 1 年。

   B 类：短期预报，时间 3 个月以内（含 3 个月）。

   C 类：地震趋势估计，类型判定，余震预报，震群判定。

   D 类：安全预报。

2. 三要素填报规定：

   ① 时间分为：

   中期：一年，半年及 3 个月至 1 年内的其他时段。

   短临：3 个月，2 个月，1 个月，20 天，15 天，10 天，一周

   ② 震级分为：5.0-5.9，5.5-6.4，6.0-6.9，6.5-7.5，≥5 五档。

   ③ 地域最大半径（距）：

	5.0-5.9	5.5-6.4	6.0-6.9	6.5-7.5	≥7
中期	≤100	≤125	≤125	≤150	≤150
短临	≤100	≤125	≤125	≤150	≤150

   预报地域可为任意形状的封闭形，参考点为其几何中心点。

3. 本卡片必须严格按规定填报，否则无效。

4. 本卡寄送云南省地震预报研究中心。

5. 原省局印发的各种预报卡一律作废。

6. 本卡可复印使用。

以下由接收部门填写：

收卡人： _____   收到卡片时间： _____

评审意见：

评审人（或单位盖章）

评审时间：   年   月   日

预报依据

1. 云南地区 5 级平静超过 400 天。

2. 云南地区 4.0-4.9 级月频度达 5 次，超过异常指标。

3. 滇南 5、6 地震平静时间超过历史极限，同时滇南 3 长时间平静被 5 月 21 日开远 3.4 级地震打破。

4. 5 月 5 日琪县 4.0 地震打破了滇东北长达 1 年的 4 级平静，之后出现 3、4 级活跃。此外，滇东北形变异常突出，4 项异常，其形态与 2012 年彝良 5.7、2014 年鲁甸 6.5 级地震前相似。

附件三：短期预报卡 2

D2018 14

地震预报卡片

类别： **B**　　编号：_____　　填报人（或单位）：测报中心

填报时间： 2018 年 5 月 25 日

签发人（或单位盖章）：_____

※※※※※※※※※※※※※※※※※※※※※※
预报内容：
1.时间： 2018 年 5 月 25 日至 2018 年 8 月 25 日
2.震级（Ms）：（1） 5.0 级至 5.9 级
　　　　　　　（2） 5.0 级至 5.9 级
3.地域及范围：
　（1）思茅、景谷、普洱、江城、勐腊、景洪、勐海、澜沧、墨江。

　（2）峨山、通海、石屏、建水、新平、江川、华宁、开远、个旧、蒙自、弥勒、元阳、红河、元江、金平、易门等区域。

参考点经纬度：（1） 22.9 N，100.8 E
　　　　　　　（2） 23.9 N，102.6 E

以参考点为中心的封闭区域最大半径（距）：_____ 100 _____公里

4.地震类型 ①地震（震群）名：_____
　　　　　　②地震类型：_____

填卡须知

1. 预报意见分为A、B、C、D四类，一张卡片只能填报其中一类，
　A类：中期预报，时间3个月至1年。
　B类：短临预报，时间3个月以内（含3个月）。
　C类：地震趋势估计，类型判定，余震预报，震群判定。
　D类：安全预报。
2. 要素填报规定：
　① 时间分为：
　　中期：一年、半年及3个月至1年内的其他时段。
　　短临：3个月，2个月，1个月，20天，15天，10天，一周。
　② 震级分为：5.0-5.9，5.5-6.4，6.0-6.9，6.5-7.5，≥5 五档。
　③ 地域最大半径（距）：

	5.0-5.9	5.5-6.4	6.0-6.9	6.5 7.5	≥7
中期：	≤100	≤125	≤125	≤150	≤150
短临：	≤100	≤125	≤125	≤150	≤150

预报地域可为任意形状的封闭形，参考点为其几何中心点。
3. 本卡片必须严格按规定填报，否则无效。
4. 本卡寄送云南省地震预报研究中心。
5. 原省局印发的各种预报卡一律作废。
6. 本卡可复印使用。

以下由接收部门填写：
收卡人： 罗睿沄 收到卡片时间：_____
评审意见：

评审人（或单位盖章）
评审时间：　　年　　月　　日

预报依据及附图
（可附页）

1、GNSS 资料显示，近期滇南地区新平场地存在短期异常，塔甸场地也有异常变化，而滇西南地区以及小江断裂东侧从长趋势看存在挤压应变积累。

2、重力资料显示，滇南地区存在一定重力异常。

3、2018 年地磁三分量观测资料显示，滇西北、滇南地区存在异常。

4、跨断层短水准短基线场地中，滇南地区异常尤为突出，包括石屏、峨山场地水准测项、建水场地基线大幅拉张变化。

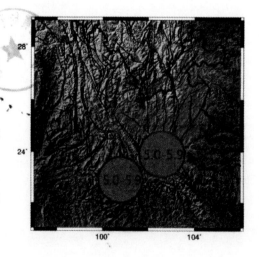

（云南省地震局科技监测处印发）

附件四：2018 年度中国地震局地震危险区预测图（云南部分）

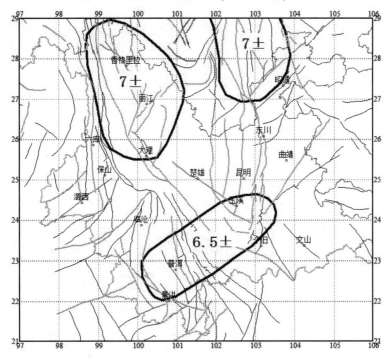

附件五：2018 年度云南省地震局地震危险区预测图

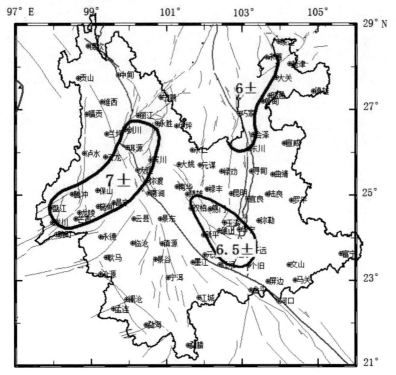

2018 年 9 月 4 日新疆维吾尔自治区伽师 5.5 级地震

新疆维吾尔自治区地震局

张琳琳　高　歌　聂晓红　高　荣　宋春燕　刘建明　刘　萍

摘　要

2018 年 9 月 4 日新疆维吾尔自治区伽师县发生 5.5 级地震。根据中国地震台网测定微观震中为 39.51°N、76.98°E，震源深度为 8km。宏观震中位于喀什市伽师县英买里乡，极震区烈度为Ⅶ度，等震线形状呈椭圆形，长轴 11km，沿 NE 走向分布。此次地震灾区，涉及 12 个乡镇，受灾面积约 2186km²，受灾人口 404570人，地震未造成人员伤亡，直接经济损失 38304 万元。

此次地震序列为前震—主震—余震型，最大余震为 $M_S4.6$，余震主要集中分布在震后 2 天内，其后余震处于起伏衰减状态，余震集中区整体呈近 NE 向分布，长轴约 50km、短轴约 25km。此次地震震源断错性质为走滑型，节面Ⅰ走向 228°、倾角 82°、滑动角 -5°，节面Ⅱ走向 319°、倾角 85°、滑动角 -172°。结合余震和等震线的分布情况，推测节面Ⅰ为主破裂面，结合 1998~2003 年伽师 6 级强震群震源机制和构造情况，认为此次地震的发震构造可能为一条呈 NE 向展布、具逆走滑运动性质的、尚未探明的隐伏断裂。

此次地震震中 200km 范围内有 11 个测震台、6 个定点地球物理观测台及流动GPS、重力、地磁观测网，其中定点地球物理包括地倾斜、体应变、磁场总强度、地磁 H 分量、地磁 Z 分量、磁偏角、水位、水温、水电流 9 个测项。此次地震前出现地震平静、小震群累积频度、振幅比、波速比、应力降和流动重力等 6 个异常项目，共 9 条异常，其中测震学异常 8 项次，占总异常项次的 89%，流动观测异常1 项次，占总项次的 11%，震前未出现定点地球物理观测异常，且无临震异常。

伽师 5.5 级地震发生在 2018 年度新疆地震局和中国地震局划定的危险区内，震后新疆地震局启动了Ⅳ级响应，并派出驻喀什地区巴楚县"访惠聚"工作组和伽师县深度贫困村扶贫第一书记第一时间赶赴震区，与新疆地震局、喀什地震台和喀什地震局派遣人员组成现场工作队，开展震情趋势判定、烈度评定、灾害调查评估等现场应急工作，新疆地震局对此次地震序列类型做出了准确的判断。

前　言

2018 年 9 月 4 日 5 时 52 分，新疆维吾尔自治区喀什地区伽师县发生 5.5 级地震。中国地震台网中心测定的微观震中为 39.51°N、76.98°E，震源深度 8km。根据现场科学考察结果，此次地震宏观震中为塔里木盆地内部喀什坳陷与巴楚隆起过渡地带的麦盖提斜坡上，极震区烈度Ⅶ度。等震线大致呈椭圆形，长轴方向为 NE 向分布。此次地震主要涉及 13 县（市），有感区域包括喀什市、阿图什市、巴楚县、伽师县、阿克苏市、泽普县、叶城县、英吉沙县、图木舒克县、疏勒县、岳普湖县、阿拉尔县及和田市，其中伽师县和疏勒县震感强烈。此次地震受灾人口约 404570 人，未造成人员伤亡，直接经济损失 38304 万元，属于较大地震灾害[1]。

伽师 5.5 级地震位于新疆维吾尔自治区地震局和中国地震局划定的 2018 年度"塔什库尔干—乌什地区 6.5 级左右地震危险区"内，与预测震级相比强度偏弱。地震发生后，新疆地震局启动了地震应急Ⅳ级响应，派遣了新疆地震局 20 人、喀什地震台 3 人和喀什地震局 3 人共 26 人，与前期赶赴震区的巴楚县"访惠聚"工作组和伽师县深度贫困村扶贫第一书记等人组成现场工作队，开展了震情趋势判定、烈度评定、灾害调查评估等科学考察工作。由于该震区周围台站分布较多，因此现场未架设临时台站。新疆地震局组织专家召开多次震后趋势判定会，并结合多家研究机构给出的震源机制解和重新定位结果，结合 1997～2003 年伽师中强地震序列特征，对此次地震序列类型做出了准确的判断。

2016 年 11 月至 2017 年 12 月新疆地区连续发生了 3 次 6 级和 4 次 5 级地震，中强以上地震活动异常显著；2018 年以来中强以上地震活动由"活跃"转为"平静"，区内出现了大面积，长时间的 4、5 级地震平静，南大山西段出现小区域的中小地震平静。研究认为，伽师 5.5 级地震进一步加剧了该区强震的危险性。

伽师 5.5 级地震发生在 1997～1998 年伽师强震群震区内，该区域活动属新疆地区南天山地震带西段，为极其活跃的地震带，地震频度高、强度大，是新疆 6 级以上地震活动最频繁的地区，1900 年以来发生 57 次 6 级以上地震，其中包括 1902 年阿图什 8¼级地震、1961 年巴楚 6 级震群、1997～1998 年伽师强震群。

一、测震台网及地震基本参数

图 1 给出 2018 年 9 月 4 日伽师 5.5 级地震附近的测震台站分布，其中震中 100km 范围内有岳普湖、西克尔、八盘水磨、喀什和喀什中继 5 个测震台；100～200km 范围有巴楚、麦盖提、阿图什、乌恰、马场和英吉沙 6 个测震台。该区地震监测能力可达到 $M_S \geqslant 1.0$ 级[1]，定位精度达Ⅰ类。震后该区未架设流动台站。

表 1 列出不同地震机构给出的伽师 5.5 级地震的基本参数，本文地震基本参数采用中国地震台网中心正式目录给出的结果。

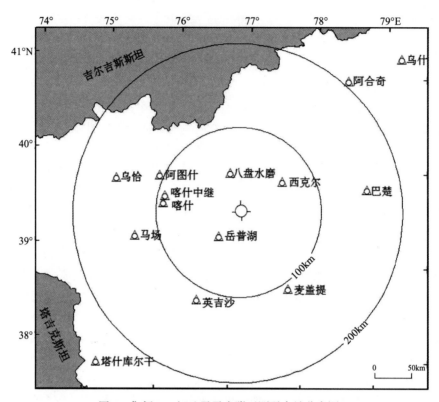

图1 伽师 5.5 级地震震中附近测震台站分布图

Fig. 1 Distribution of earthquake-monitoring stations around the epicenters of the M_S5.5 Jiashi earthquake

三角标加圆圈表示测震台站

表1 伽师 5.5 级地震基本参数

Table 1 Basic parameters of the M_S5.5 Jiashi earthquake

编号	发震日期	发震时刻	震中位置（°）		震级				震源深度（km）	震中地名	结果来源
	年.月.日	时：分：秒	φ_N	λ_E	M_S	M_L	M_b	M_W			
1	2018.09.04	05：52：56.0	39.51	76.98	5.5	5.7			8	伽师	CENC 目录[2)
2	2018.09.04	05：52：56.0	39.50	77.02	5.4				8	伽师	新疆地震台网[3)
3	2018.09.04	05：52：56.0	39.388	76.875	5.4		5.0	5.5	10		USGS[4)
4	2018.09.04	05：53：0.50	39.52	77.11	5.0			5.6	20.3		HRV[5)

二、地震地质背景

2018 年 9 月 4 日伽师 5.5 级地震发生在天山次级活动地块、塔里木次级活动地块和西昆仑次级活动地块的汇合部位，位于塔里木盆地的西北部，处于塔里木盆地内部喀什坳陷与巴楚隆起过渡地带的麦盖提斜坡上。该区处在印度板块和亚欧板块的喜马拉雅碰撞带西端，属帕米尔构造弧的东北侧[1]。喀什坳陷的新时代沉积物最厚达 6km，巴楚隆起新生代沉积仅数百米，两侧地壳运动存在巨大差异。深地震宽角反射/折射的人工地震测深研究成果表明，从西昆仑（塔什库尔干一带）经塔里木地块到天山地块，深部构造存在较大变化。西昆仑地区的地壳厚度最深超过 70km。进入塔里木后地壳厚度急剧变薄。在伽师一带莫霍面向上隆起最显著，地壳厚度仅 50km 左右。继续向东北，进入天山地块，地壳厚度增厚，莫霍面厚度为 60km 左右。除了地壳厚度的急剧变化、伽师一带莫霍面隆起外，从速度结构看，伽师震区下方存在下地壳内低速层[1]。塔里木盆地的西部受到上述作用的影响表现出新生代活动的特点。根据石油物探和中国地震局伽师课题的研究结果，震中所在位置处于地幔速度异常区、地壳厚度变化带上，在沉积基底内存在近 EW 向和 NNW 向的断裂构造。其中 NNW 向的剪切断层已经进入沉积盖层中[1]。伽师及邻近区域有明显的 NS 向挤压为主的应变积累，区域应变场以压应变为主，方向近 NNW。

伽师 5.5 级地震震区位于 1997~1998 年伽师强震群震区（图 2），在塔里木盆地内喀什坳陷东北边缘的伽师县，地表有 12~13km 厚的沉积层，震区地表没有断层出露，仅存在伽师隐伏断裂，在震源区外围，北部有阿图什断裂、托特拱拜孜断裂和柯坪断裂，西部有卡兹克阿尔特断裂，南部为塔里木盆地，东部有普昌断裂。伽师隐伏断裂为塔里木盆地内部断裂，为逆走滑性质，全长约 55km，为全新世活动断裂。

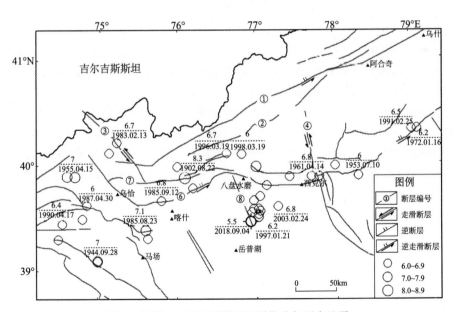

图 2　伽师 5.5 级地震附近地震构造与历史地震

Fig. 2　Major faults and historical earthquakes around the M_S5.5 Jiashi earthquake

断层名称：①迈丹断裂；②喀拉铁克断裂；③塔拉斯—费尔干纳断裂；④普昌断裂；
⑤柯坪断裂；⑥阿图什背斜北翼；⑦托特拱拜孜—阿尔帕雷克断裂；⑧伽师隐伏断裂

伽师地震所在区域受印度板块向欧亚板块挤压的影响，以 2mm/a 的速率环塔里木盆地西缘隆起[2]。伽师地区相对于吉尔吉斯斯坦比什凯克市的近 NS 向水平挤压速率达 19mm/a。区域地震活动属新疆地区南天山地震带西段，为极其活跃的地震带，地震频度高、强度大，是新疆 6 级以上地震活动最频繁的地区，1900~2018 年发生 57 次 6 级以上地震，其中包括 1902 年阿图什 8¼级地震、1961 年巴楚 6 级震群、1997~1998 年伽师强震群，与此次伽师地震空间距离最近的为 1997 年 4 月 6 日伽师 6.4 级地震（震中距 2.5km），时间最近的是 2003 年 2 月 24 日巴楚 6.8 级地震。强震基本上呈近 EW 向展布，沿塔里木盆地边缘的中强地震震中位置主要集中在柯坪县、巴楚县和伽师县内，伽师 5.5 级地震震中位于盆地边缘，属于盆地地震，历史中强地震序列类型以主震—余震型和震群型为主，此次地震属于前震—主震—余震型地震，与历史地震序列存在一定的差别。

三、地震影响场和震害

1. 地震影响场

此次地震震中位于新疆喀什地区伽师县英买里乡，宏观震中与微观震中一致。震中周边喀什市、阿图什市、巴楚县、伽师县、阿克苏市、泽普县、叶城县、英吉沙县、图木舒克县、疏勒县、岳普湖县、阿拉尔县及和田市 13 县（市）有感，其中伽师县和疏勒县震感强烈。通过对灾区 14 个乡（镇、场）175 个调查点展开实地调查，等震线形状呈椭圆形，长轴为 NE 走向分布，总面积 2186km²。极震区烈度为Ⅶ度。

Ⅶ度区面积 56km²，长轴 11km，短轴 6km，涉及英买里乡 1 个乡镇。

Ⅵ度区面积 2130km²，长轴 85km，短轴 32km，涉及江巴孜乡、卧里托格拉克镇、夏普吐勒镇、和夏阿瓦提乡、克孜勒苏乡、古勒鲁克乡、铁日木乡、巴仁镇和克孜勒博依乡等 11 个乡（镇）。Ⅵ度区以上总面积约 2186km² [1)]（图 3）。

新疆强震动台网共获取 35 个台强震动记录（图 4），其中震中 100km 范围内有 22 个台，100~200km 范围有 12 个台，200km 以外 1 个台[3)]。最近的伽师台震中距 20.7km，记录 NS 向水平峰值加速度为 102.4Gal，仪器烈度初判为Ⅶ度；最远台站震中距 228.9km；其中托乎拉格台获取到最大峰值加速度，震中距 32.4km，NS 向水平峰值加速度为 106.89Gal，仪器烈度初判为Ⅶ度[6)]，表 2 为此次地震强震动记录分析表。

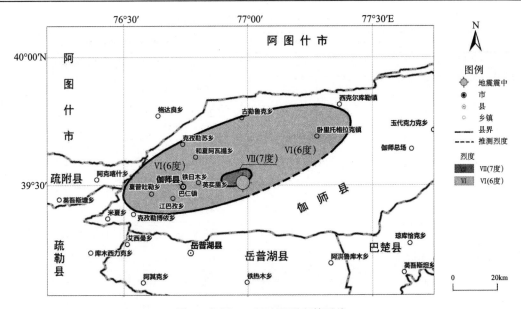

图 3　伽师 5.5 级地震烈度等震线

Fig. 3　Isoseimal map of the M_S5.5 Jiashi earthquake

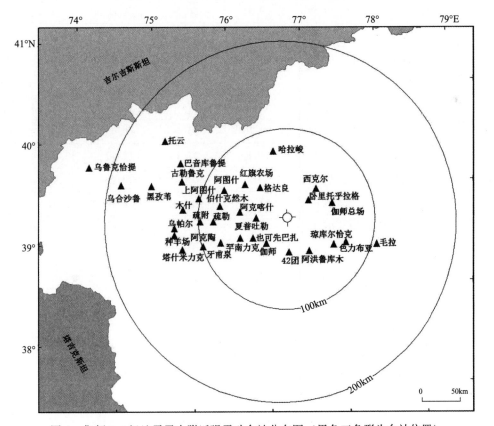

图 4　伽师 5.5 级地震震中附近强震动台站分布图（黑色三角形为台站位置）

Fig. 4　Distribution of strong seismic stations around the epicenters of the M_S5.5 Jiashi earthquake

表 2　伽师 5.5 级地震强震加速度记录

Table 2　Seismic acceleration records of the M_S5.5 Jiashi earthquake

序号	台站			震中距（km）	PGA 绝对值/Gal		
	名称	东经（°）	北纬（°）		EW	NS	UD
1	伽师	76.77	39.23	20.7	76.30	102.40	51.70
2	古勒鲁克	75.59	39.77	28.4	93.83	−92.58	36.21
3	夏普吐勒	76.61	39.47	31.9	−15.05	24.81	15.18
4	卧里托乎拉格	77.28	39.69	32.4	−98.87	−106.89	−31.09
5	西克尔	77.37	39.81	47.5	−37.19	35.31	−13.71
6	伽师总场	77.59	39.68	55.9	36.52	−28.07	−16.66
7	琼库尔恰克	77.65	39.27	63.6	−19.01	23.12	10.23
8	色力布亚	77.81	39.3	75	−15.93	15.09	8.92
9	毛拉	78.21	39.3	105	16.43	−18.23	7.79
10	格达良	76.63	39.78	42	−25.47	−26.85	18.28
11	阿克喀什	76.39	39.52	50.5	7.53	7.31	−7.95
12	阿克陶	75.94	39.15	97.8	2.80	2.72	2.20
13	阿洪鲁库木	77.33	39.19	46.2	25.85	19.50	12.16
14	巴音库鲁提	75.55	39.95	131.9	2.72	−3.06	1.86
15	伯什克然木	76.12	39.56	74	6.13	−7.92	−7.76
16	罕南力克	76.42	39.26	55.6	−9.92	14.40	5.05
17	红旗农场	76.43	39.8	57.4	12.40	13.30	−8.00
18	黑孜苇	75.19	39.7	155	−4.10	4.38	2.51
19	木什	75.63	39.49	115.5	−4.78	−5.71	3.23
20	上阿图什	75.83	39.62	99.7	4.08	3.03	2.57
21	托云	75.32	40.16	159	−5.14	−4.55	2.76
22	托帕	75.59	39.77	122.5	−2.10	−2.83	−1.62
23	乌帕尔	75.54	39.3	125.7	−3.95	−3.93	−2.36
24	乌鲁克恰提	74.34	39.82	228.9	3.06	2.61	−0.92
25	乌合沙鲁	74.79	39.68	188.7	−3.80	4.37	1.47
26	岳普湖	76.77	39.23	35.8	−35.71	−32.54	−21.57
27	牙甫泉	76.17	39.2	77.2	3.73	3.57	3.08
28	42 团	77.07	39.16	40	−16.45	13.44	13.22
29	疏附	75.87	39.39	98.2	−4.0	−1.3	−2.6

续表

序号	台站			震中距	PGA 绝对值/Gal		
	名称	东经（°）	北纬（°）	（km）	EW	NS	UD
30	疏勒	76.05	39.4	82.5	-5.0	-4.8	3.5
31	塔什米力克	75.67	39.1	123.1	3.4	-3.0	-1.4
32	也可先巴扎	76.59	39.27	43.3	-16.40	17.80	-10.20
33	种羊场	75.55	39.23	126.9	-3.10	-3.30	2.20
34	哈拉峻	76.77	40.15	72.9	-17.20	-18.40	-7.10
35	阿图什	76.16	39.72	73.7	3.30	3.50	2.00

2. 地震灾害

地震灾害调查和损失评估工作按照《地震现场工作　第三部分：调查规范》（GB/T 18208.3—2011）和《地震现场工作　第四部分：灾害直接损失评估》（GB/T 18208.4—2011）的要求进行。通过抽样、专项调查取得了比较翔实的基础资料，按照国家标准所规定的计算方法，计算得出此次地震灾害的直接经济损失结果。此次地震灾区面积 2186km²，灾区人口 101142 户，404570 人，其中Ⅶ度区共计 8423 户 33693 人，Ⅵ度区共计 92719 户，370877 人。灾区居民住房损坏 8061378 m²（67179 户、403069 间），其中毁坏 34114 m²（284 户、1706 间），严重破坏 73078 m²（609 户、3654 间），直接损失 19220 万元。经核算，以上破坏房屋中不具备修复价值的 282590 m²（2355 户、14130 间）。房屋毁坏和较大程度破坏造成失去住所人数共计 2355 户、9420 人。地震未造成人员伤亡，造成直接经济损失 38304 万元（约 3.8 亿元），属于较大破坏性地震。

通过现场大范围抽样调查，根据地震破坏程度和灾区居民分布以及灾区不同结构类型房屋总面积分区统计，将灾区划分为 3 个评估子区（图 5），其中"评估区一"与烈度Ⅶ度区一致，"评估区二"与烈度Ⅵ度区一致，"评估区三"为伽师县城。具体而言，"评估区一"主要为英买里乡，"评估区二"主要涉及英买里乡、铁日木乡、和夏阿瓦提乡、巴仁镇、江巴孜乡、夏普吐勒镇、克孜勒苏乡、古勒鲁克乡、克孜勒博依乡、西克尔库勒镇和卧里托格拉克镇等 11 个乡（镇）[1]。

此次地震灾害涉及房屋结构类型包括土木结构、砖木结构、砖混结构及框架结构和安居房，其中存量老旧土木居住房屋严重破坏和框架结构公用房屋大面积轻微破坏，Ⅶ度区土木结构房屋震害主要表现为墙体大面积开裂，中等以上破坏达 40%，约 1% 房屋倒塌。砖木结构房屋中等破坏比例 7%，无整体倒塌房屋。灾区 3.7% 砖混结构房屋出现不同程度裂缝。

震中区英买里乡居民临街房屋、院墙挑檐掉落较多，因砌筑不稳、缺乏有效拉结措施，抗震性能差，存在安全隐患。灾区部分房屋和建筑物受损较重，特别是医院、小学和幼儿园的部分建筑受损较重，影响群众就医和师生正常教学。农村安居房基本完好，受地震影响较小，发挥了很好的抗震作用[1]。

2010 年后建设的砖混结构房屋抗震能力较好，地震后出现一定数量墙体细微开裂。

2000 年前建设房屋多为空心板砖混房屋，设防烈度低，墙体裂缝较多，伽师县城该类居住房屋多达 1298 户，96855m²，存在一定安全隐患。灾区 3.7%砖混结构房屋出现不同程度裂缝。框架结构多为 2010 年后新建办公用房，抗震能力好，未产生结构性破坏。伽师县为软弱场地，框架结构房屋受场地地震波放大影响出现大面积填充墙开裂，修复量大[1]。

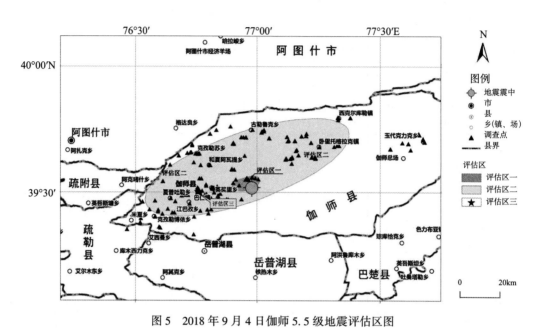

图 5　2018 年 9 月 4 日伽师 5.5 级地震评估区图

Fig. 5　Seismic assessment area map of the M_S5.5 Jiashi earthquake

3. 震害特征

此次地震的灾害主要有以下几个特征：①农村安居工程发挥作用显著。伽师县安居房覆盖率达到 85.3%。在此次地震中，安居房经受住了地震的考验，在很大程度保证了震区人民群众的生命财产安全，同时也缓解了抗震救灾压力。②减隔震新技术初步应用。2016 年以来，新疆地震局联合住建厅在全疆人员密集场所建筑推广减隔震技术。伽师县少数学校、医院在建设过程中使用了减隔震技术，经受住了此次地震的考验。③震区历史破坏性地震频发。伽师县 1997 年曾发生 6 级强震群，从 1997 年 1 月 21 日震群发生至 1998 年 8 月，共发生 6 级地震 9 次；2003 年再次发生的 6.8 级地震与此次震中距离仅 30km。④地震影响空间范围较大。此次地震震源深度 8km，属浅源地震，震中区灾害重，灾区又为软弱场地，地震灾害影响范围也相应增大。⑤震害损失较重。伽师县是全国贫困县，基础设施建设较薄弱，各行业设施建设相对较落后，抗震性能弱；伽师县是人口大县，农村安居房工程虽已覆盖 85.3%，但许多群众仍住在老旧土木房屋中，另有部分已建安居房家庭老旧土木房屋仍在使用，此部分房屋在本次地震中受损较重。⑥多次震害叠加加重损失。本次地震属前震—主震—余震型，5 小时之内连续发生 4.7 级前震、5.5 级主震和 4.6 级余震，36 小时之内还发生 10 余次 3 级余震，造成居民房屋和各行业设施破坏加重。

四、地震序列

1. 地震序列时间

根据新疆地震台网记录，截至 2018 年 9 月 30 日，共记录 $M_L \geq 1.0$ 级余震 551 次，其中 5.0~5.9 级 3 次；4.0~4.9 级 4 次；3.0~3.9 级 41 次；2.0~2.9 级 190 次；1.0~1.9 级 313 次，最大余震为 9 月 4 日 10 点 51 分 $M_L 5.0$。表 3 给出了 $M_L \geq 4.0$ 级地震序列目录。

表 3　伽师 5.5 级地震序列目录（$M_L \geq 4.0$）

Table 3　Catalogue of the $M_S 5.5$ Jiashi earthquake sequence（$M_L \geq 4.0$）

| 编号 | 发震日期 年.月.日 | 发震时刻 时∶分∶秒 | 震中位置（°） | | 震级 M_L | 深度（km） | 震中地名 | 结果来源 |
			φ_N	λ_E				
1	2018.09.04	05∶51∶44	39.43	77.05	5.1	8	伽师	
2	2018.09.04	05∶52∶56	39.50	77.02	5.7	26	伽师	
3	2018.09.04	08∶25∶24	39.47	77.05	4.3	9	伽师	
4	2018.09.04	10∶51∶24	39.47	76.93	5.0	18	伽师	新疆地震台网[3]
5	2018.09.04	21∶57∶57	39.50	76.98	4.0	19	伽师	
6	2018.09.05	02∶44∶08	39.48	77.02	4.1	17	伽师	
7	2018.09.05	11∶15∶21	39.53	77.05	4.3	16	伽师	

注：截止时间：2018 年 9 月 30 日

2018 年 9 月 4 日伽师 5.5 级地震发生当天，震前 1 分钟左右震中位置发生伽师 $M_S 4.7$（$M_L 5.1$）地震，此地震为伽师 5.5 级地震的前震。

由图 6 中 M-T 图可见，主震发生后，余震强度随时间衰减较快，震后 5 天序列强度以 $M_L \geq 3.0$ 级地震为主，9 月 9 日后序列强度以 $M_L 2.0$ 地震为主，后续地震时间间隔明显增大，地震活动强度衰减较为平缓。

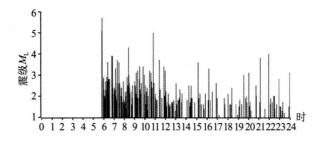

图 6　2018 年 9 月 4 日伽师 5.5 级地震序列 M-T 图

Fig. 6　M-T of the $M_S 5.5$ Jiashi earthquake sequence on September 4, 2018

　　由图 7 中 N-T 图可见，余震主要发生在主震后 2 天，其频度为 222 次和 108 次，占序列总数的 59%；其后 9 月 6~8 日，频次迅速衰减至 34、46、25 次，9 月 9 日后频度再次衰减至 14 次。序列频度总体处于阶段性衰减状态，衰减迅速。

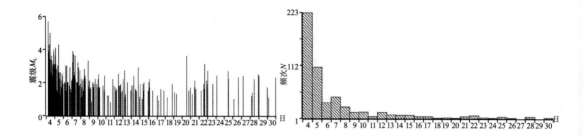

图 7　伽师 5.5 级地震序列 M-T 图和 N-T 图
Fig. 7　M-T and N-T plot of the M_S5.5 Jiashi earthquake sequence

　　伽师 5.5 级地震及其前震释放的能量 E_M 与整个序列释放的能量 $E_总$ 之比 $E_M/E_总$ 为 92.7869%。

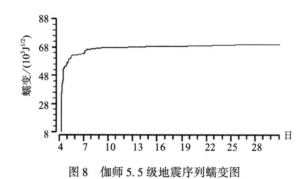

图 8　伽师 5.5 级地震序列蠕变图
Fig. 8　Sequential creep diagram of the M_S5.5 Jiashi earthquake sequence

1）地震序列参数及类型判定

　　伽师 5.5 级地震周围历史地震序列主要以主震—余震型和震群型为主，前震—主震—余震型地震相对较少。伽师 5.5 级地震序列震级分布不均匀，根据震级-频度关系确定的序列最小完整性震级为 M_L2.0，计算序列早期参数，得到 h 值为 2.0（图 9b）；衰减系数 p 值为 1.48（图 9c）。b 值为 0.74（图 9a），位于该区 0.68~0.80 的背景值范围内；最大截距震级为 M_L5.2，与序列最大强余震 M_L5.0 震级相当。

　　该序列最大余震为 M_L5.0（M_S4.6）地震，与主震震级差为 0.9，主震与次大地震的震级差 ΔM 满足主余型序列判定标准 $0.6<\Delta M\leq2.4$ 级，且伽师 5.5 级地震释放的能量 E_M 与整个序列释放的能量 $E_总$ 之比 $E_M/E_总$ 为 84.65%，满足 $80\%<E_M/E_总<99.9\%$。此次伽师 5.5 级地震前距主震约 8km 处震区发生了 M_S4.7 地震，其后约 1 分 12 秒主震发生。分析认为，2018 年 9 月 4 日伽师 5.5 级地震序列属于前震—主震—余震型。

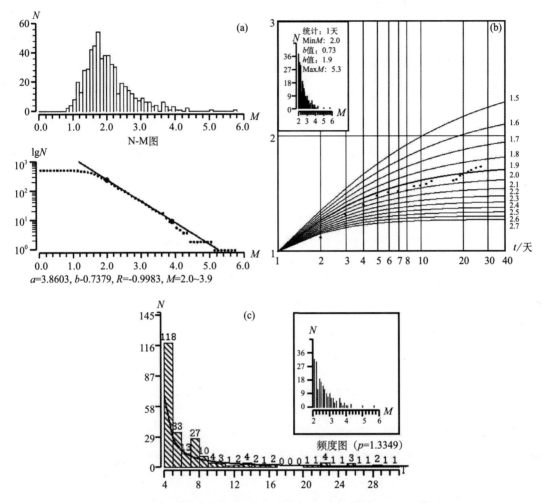

图 9　伽师 5.5 级地震序列频度–震级关系（a）与 h 值图（b）、p 值图（c）

Fig. 9　The frequency-magnitude relationship、h-value and p-value curve of the M_S5.5 Jiashi earthquake sequence

资料：2018.09.04~30，M_L≥2.0

2）P 波初动

地震波初动方向是指地震波到达地面时，地表质点的最初振动方向。使用岳普湖单台资料分析伽师 5.5 级地震序列初动（图 10），初动清晰共计 20 次，其中 19 次向下为-1，1 次向上为 1。序列初动一致性较好，据此判断序列后续可能有较大的余震发生。

3）应力降

采用多台联合反演方法计算了伽师 5.5 级地震序列 M_S≥3.0 级地震应力降值。由于震级对应力降的影响较大，计算时选用震级为 3.0≤M_S≤4.9 级的余震，截至 2018 年 9 月 30 日，符合计算条件的地震 17 个。结果显示，①4.7 级前震的应力降值为 60.9bar，较该区 M_S4.0~4.9 地震应力降值明显偏大，具有一定的前兆指示意义；②伽师 5.5 级地震序列逐渐衰减已趋近区域背景活动水平（图 11）。初步分析认为，后续发生更大地震的可能性不大。

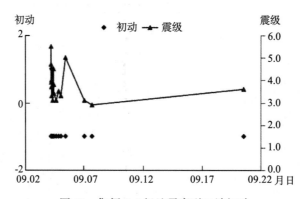

图 10　伽师 5.5 级地震序列 P 波初动

Fig. 10　P wave initial motion of the M_S5.5 Jiashi earthquake sequence

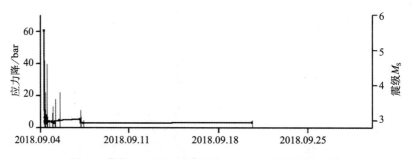

图 11　伽师 5.5 级地震序列中 $M_S \geqslant 3.0$ 级地震应力降

Fig. 11　Seismic stress drop of $M_S \geqslant 3.0$ for the M_S5.5 Jiashi earthquakes sequence

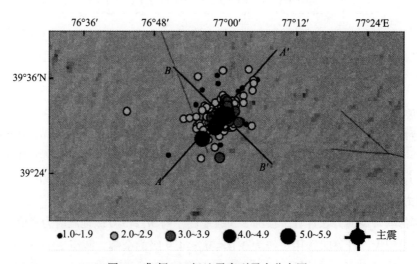

图 12　伽师 5.5 级地震序列震中分布图

Fig. 12　Epicenter distribution of the M_S5.5 Jiashi earthquake sequence

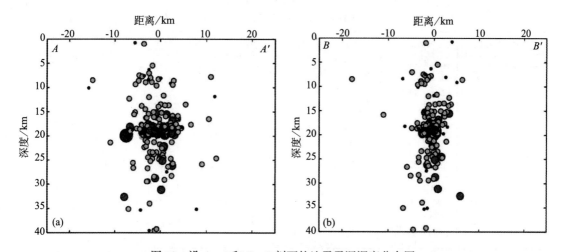

图 13　沿 A—A′和 B—B 剖面的地震震源深度分布图

Fig. 13　Distribution of focal depth along A—A′ and B—B′ profiles

2. 余震空间分布

根据双差定位结果，伽师 5.5 级地震余震区长轴近 NE 向，主震深度为 20km，沿走向的 A—A′和垂直走向的 B—B′建立余震分布剖面，结果显示，余震主要分布在 5~35km 的深度，M_L3.0 以上较大余震则集中分布在 15~35km 的深度。从沿走向的 A—A′剖面看，余震由南向北展布约 15km，深度无明显变化，垂直走向的深度 B—B′剖面表现出明显的直立特征。

3. 小结

此次地震的序列类型为前震—主震—余震型，序列衰减较快，余震区长轴呈 NE 方向展布，垂直于震中附近的伽师隐伏断裂的走向；震源深度剖面显示发震断层近似直立。相比该区历史地震，此次地震序列衰减基本正常。

五、震源参数和地震破裂面

1. 主震震源机制

表 4 和图 14 列出了不同机构基于不同方法给出的此次伽师 5.5 级地震震源机制解。结果显示，HRV 和 CENC 震源机制解各节面、应力轴参数基本一致，而新疆地震局和中国地震局地球物理研究所结果的节面走向和应力轴方位与之有较大差异。此外，由于震中附近新疆区域测震台网分布不理想，新疆地震局利用 P 波初动计算得到的震源机制解可靠性不高，根据以往震例编写惯例，本报告采用 gCMT 震源机制解结果。

根据 gCMT 矩张量反演结果，此次地震的断错性质为走滑型，地震断层节面Ⅰ走向 228°，倾角 82°，滑动角-5°；节面Ⅱ走向 319°，倾角 85°，滑动角-172°。P 轴方位角 183°，仰角 9°；T 轴方位角 93°，仰角 2°。

表 4　伽师 5.5 级地震震源机制解

Table 4　Focal mechanism solutions of the M_S5.5 Jiashi earthquake

编号	节面 I （°）			节面 II （°）			P 轴 （°）		T 轴 （°）		N 轴 （°）		矛盾比	结果来源
	走向	倾角	滑动角	走向	倾角	滑动角	方位	仰角	方位	仰角	方位	仰角		
1	228	82	−5	319	85	−172	184	9	93	2	350	81		gCMT[5]
2	197	80	162	290	73	10	245	5	153	20	349	69		新疆地震局（CAP）[7]
3	230	80	−15	323	75	−170	186	18	277	3	17	72		CENC[2]
4	166	73	−172	74	82	−17	29	18	121	6	230	71		中国地震局地球物理所[8]
5	140	87	−174	50	84	−3	5	7	275	2	168	83		USGS[4]

表 5　伽师 5.5 级地震矩张量解

Table 5　Moment tensor solutions of the M_S5.5 Jiashi earthquake

节面 I （°）			节面 II （°）			矩张量/（×10¹⁷ N·m）						地震矩 M_0（N·m）	矩震级 M_W	结果来源
走向	倾角	滑动角	走向	倾角	滑动角	M_{xx}	M_{yy}	M_{zz}	M_{xy}	M_{yz}	M_{zx}			
228	82	−5	319	85	−172	−0.184	−2.53	2.71	0.36	−0.128	0.316	$2.67×10^{17}$	5.6	gCMT[5]

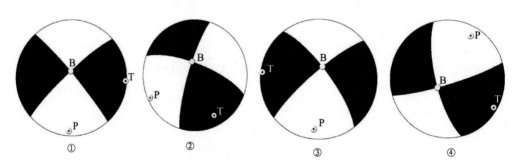

图 14　伽师 5.5 级地震震源机制解

Fig. 14　Focal mechanism solutions of the M_S5.5 Jiashi earthquake

①：gCMT；②：新疆地震局；③：CENC；④：中国地震局地球物理所

2. 前震和余震震源机制

此次伽师 5.5 级地震前，在 9 月 4 日 5 时 51 分 44 秒发生了伽师 M_S4.7 地震，利用 CAP 方法计算了此次前震的震源机制解，最佳矩心深度为 10km，矩震级为 M_W4.15，P 轴方位 169°，最佳双力偶机制解节面 I 走向 63°、倾角 72°、滑动角 68°；节面 II 走向 295°、倾角 28°、滑动角 139°，震源机制解为逆冲型，与该区历史地震震源机制有较大差别，与 5.5 级主震亦有较大差别，这可能与主震及其前震发生的位置、构造环境以及动力背景不同有关。能够计算出震源机制结果的 M_S3.5 以上余震 4 次[9]，利用 CAP 方法计算震源机制解结果如下（表6）。通过结果可以看出，余震均为走滑型，与前震差别较大，但与主震的震源机制解较为一致。

表 6　2018 年 9 月 4 日伽师 5.5 级地震前震和余震序列 $M_S \geqslant 3.5$ 级地震的震源机制解

Table 6　Focal mechanism solutions of the foreshock and aftershock sequence $M \geqslant 3.5$

of the $M_S 5.5$ Jiashi earthquake on September 4, 2018

序号	发震时刻 年 . 月 . 日 时：分：秒	震级 M_S	震级 M_W	深度 （km）	节面Ⅰ（°）			节面Ⅱ（°）			P 轴（°）		T 轴（°）		B 轴（°）	
					走向	倾角	滑动角	走向	倾角	滑动角	方位	倾角	方位	倾角	方位	倾角
1	2018.09.04 05：51：44	4.7	4.15	13	63	72	68	295	28	139	169	24	304	57	70	21
2	2018.09.04 08：25：24	3.8	3.45	13	60	82	7	329	83	171	14	1	284	11	108	79
3	2018.09.04 10：51：24	4.6	3.22	15	42	90	−28	132	62	180	353	19	90	19	222	62
4	2018.09.05 02：44：08	3.6	3.20	13	79	60	−1	169	89	−150	38	21	300	20	171	60
5	2018.09.05 11：15：21	3.7	3.33	14	54	83	−180	324	90	−7	278	5	9	5	144	83

综合以上资料分析认为，gCMT 结果为本次地震的最终结果，认为伽师 5.5 级地震主震的断错性质为走滑。震源机制解所得到节面Ⅰ走向为 228°，沿 NE—SW 向展布，与余震长轴方向一致，与烈度等震线长轴方向一致，但与震中附近伽师隐伏断裂走向垂直，结合 1998~2003 年伽师 6 级地震震源机制类型分析认为，沿 NE—SW 向展布的节面Ⅰ为此次地震的破裂面。由于伽师 5.5 级地震震级相对较小，其震中位置位于盆地边缘，周围台站分布不均匀，远场 P 波垂向波形记录较少，近场 P 波初动符号不满足约束条件，因此，文中未给出伽师 5.5 级地震的震源破裂过程。

结合震源机制、断层性质、余震分布和历史地震结果，综合分析认为，此次地震的发震断层可能为一条呈 NE—SW 向展布、具逆走滑运动性质的、尚未探明的隐伏断裂。

六、地球物理观测台网及前兆异常

1. 地球物理观测台网

震中附近定点地球物理观测台站及观测项目分布见图15。震中 200km 范围内有 6 个定点地球物理观测台站，包含地倾斜、体应变、磁场总强度、地磁 H 分量、地磁 Z 分量、磁偏角、水位、水温、水电流 9 个观测项目，共 14 个观测台项。其中震中 0~100km 范围有伽师台、哈拉峻台、阿图什台和喀什台 4 个定点地球物理观测台，包括 8 个观测项目共 11 个观测台项；100~200km 范围有马场台、乌恰台 2 个定点地球物理观测台，包括 2 个观测项目共 3 个观测台项。

除了上述定点地球物理观测，2016 年 4 月中国地震局地质研究所陈顺云博士在喀什—乌恰交会区附近架设了 5 套岩石地温观测（图 16）。这 5 套观测均位于伽师 5.5 级地震震中 200km 范围内。2015 年 11 月和 2016 年 6 月中国地震局地壳应力研究所郭泉博士在新疆分两批架设了 10 个观测点共 12 套次声波观测仪器。其中喀什观测点位于伽师 5.5 级地震震中 200km 范围内，阿合奇观测点距震中 201km，其余观测点距震中较远（图 16）。岩石地温与次声波观测均为科研性质的地震前兆观测，未正式纳入地球物理观测网络。

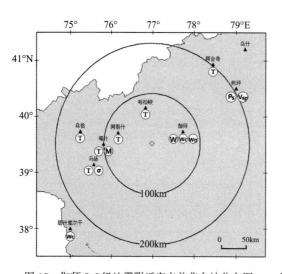
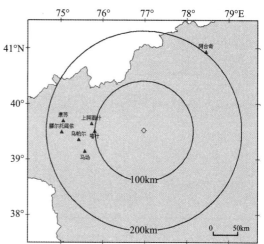

图 15　伽师 5.5 级地震附近定点前兆台站分布图

Fig. 15　Distribution of precursory-monitoring stations around the $M_S 5.5$ Jiashi earthquake

黑色三角表示台站

白色圆圈标志不同测项

图 16　伽师 5.5 级地震附近岩石地温与次声波台站分布图

Fig. 16　Distribution of rock geotemperature and infrasonic stations around the $M_S 5.5$ Jiashi earthquake

红色三角标志表示岩石地温观测点

蓝色三角标志表示次声波观测点

新疆流动前兆观测网由流动重力、GPS 和地磁 3 个子网组成，震中附近区域（λ_E：73° ~84°；φ_N：36°~42°）共有 84 个流动重力观测点，32 个流动 GPS 观测点以及 32 个流动地磁观测点（图 17）。

2. 地震前兆异常

本次震例总结，梳理出震前出现的测震学异常共 4 项 8 条，主要为地震平静、小震群累积月频度、振幅比和应力降等异常；定点地球物理观测未出现异常；流动观测仅 1 项，为流动重力异常。这些异常均为中短期异常，未出现短临异常。

由于伽师 5.5 级地震前前兆异常较少，因此，新疆地震局未向中国地震台网中心提交短期预报卡。

表 7　伽师 5.5 级地震异常情况登记表

Table 7　Anomalies catalog of the M_S5.5 Jiashi earthquake

序号	异常项目	台站（点）或观测区	分析方法	异常判据及观测误差	震前异常起止时间	震后变化	最大幅度	震中距 Δ/km	异常类别及可靠性	图号	异常特点及备注
1	地震平静	巴楚—乌恰地区	$M_S \geq 3.0$ 级地震时空分布	①取地震活动性增强的空间范围作 ΣE−T 曲线，将曲线加速后的减慢时段作为平静时期。②Δ−T 图。③Δ 应取尽可能大的值以确定平静期与平静区的界限。③利用小震频度的变化研究震前平静	2017.12.04~2018.03.14	正常		平静区内部	S_1	18、19	震前发现[10]
		南天山西段	$M_S \geq 4.0$ 级地震时空分布		2016.12.19~2018.03.31	正常		平静区内部	S_1	20、21	震前发现[11]
		柯坪块体 4 级	震时空分布		2016.08.13~2018.04.12	正常		平静区边缘	S_1	22	震前发现[12]
		乌恰—库车地区	$M_S \geq 5.0$ 级地震时空分布		2015.01.10~2018.09.04	平静打破		平静区内部	M_1	23、24	震前发现[13]
		新疆	4、5 级同期平静		2017.12.07~2018.09.04	平静打破			S_1	25	震前发现[14]
2	小震群	南天山西段	累积月频次	小震群累积月频度出现"加速—减弱"现象	2017.09~2018.04				S_1	26	震前发现[15]
3	振幅比	伽师地区	时序曲线	<2.62，低值回返	2016.09~2018.04	高值			S_1	27	震后总结
4	应力降	普昌断裂以西	5 点滑动曲线	高值	2017.06~2018.05	低值			S_1	28	震后总结
5	流动重力	λ$_E$：75°~83°　φ$_N$：37°~41°	重力变化空间分布	重力变化高梯度带	2017.09~2018.07		−70μGal		M_1	29	重力变化高梯度带，震前发现[16]

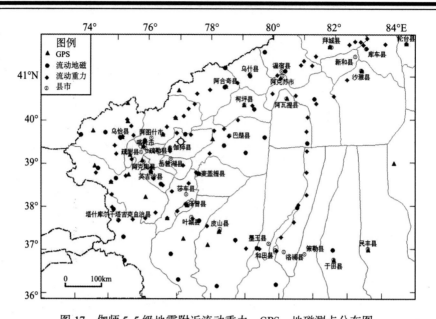

图 17　伽师 5.5 级地震附近流动重力、GPS、地磁测点分布图

Fig. 17　Distribution of roving observation sites around the M_S5.5 Jiashi earthquake

1）巴楚—乌恰地区 3 级以上地震平静

2017 年 12 月 4 日阿克陶 3.8 级地震后，新疆巴楚—乌恰地区 M_S≥3.0 级地震处于平静状态，2018 年 3 月 14 日阿克陶 3.0 级地震的发生打破了该区长达 101 天的平静。根据以往震例显示，该平静与后续平静区内 M_S≥5.5 级地震具有较好的相关性。2018 年 9 月 4 日伽师 5.5 级地震即发生在平静结束后 175 天[10]（图 18、图 19）。

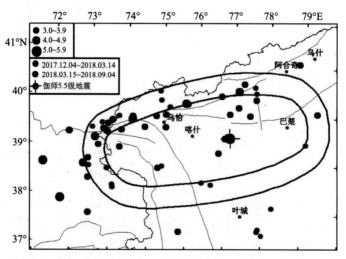

图 18　2017 年 12 月至 2018 年 9 月巴楚—乌恰及其附近区域 3 级以上地震分布图

Fig. 18　Epicenter distribution for earthquakes with M_S≥3.0 in Bachu-Wuqia

and its nearby areas from December, 2017 to September, 2018

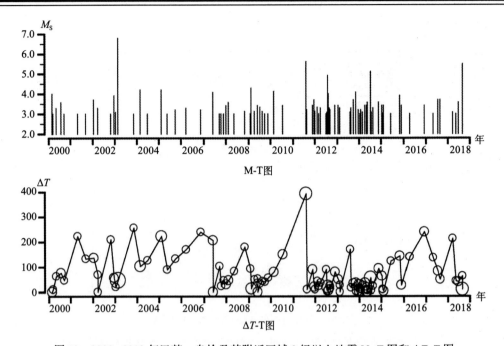

图 19　2000~2018 年巴楚—乌恰及其附近区域 3 级以上地震 M-T 图和 ΔT-T 图

Fig. 19　M–T and ΔT–T plot of earthquakes with $M_S \geqslant 3.0$ in Bachu-Wuqia and its nearby areas since 2000

2）南天山西段 4 级以上地震平静

2016 年 12 月 19 日阿克陶 4.0 级地震后，南天山地震带库车—乌恰地区 4 级以上地震处于平静状态，2017 年 9 月 9 日阿克陶 4.1 级地震打破了该区 264 天的平静状态（图 20、图 21）；但该地震发生在异常区域边缘地区，库车—喀什地区仍然持续平静。2018 年 3 月 31 日拜城 4.2 级地震后，平静区内发生了一系列的 4 级地震，打破了该区形成的长期平静状态。以往震例表明，该区平静与后续 $M_S \geqslant 5.5$ 级地震，特别是 $M_S \geqslant 6.0$ 级地震具有较好的相关性。此次伽师 5.5 级地震即发生在平静结束后的 150 天[11]。

3）柯坪块体 4 级地震平静

2016 年 8 月 13 日巴楚 4.7 级地震后，柯坪块体 4 级地震处于平静状态，2018 年 4 月 12 日阿图什 4.6 级地震打破了该区域持续 607 天的平静（图 22，表 8）。该平静时段是该区域自 1970 年以来出现的最长平静时段。该区 1970 年以来 4 级地震平静超过 9 个月，平静打破后 6 个月内平静区及周边发生 6 级左右地震的比例为 4/6。伽师 5.5 级地震发生在该平静结束后的第 143 天[12]。

4）乌恰—库车地区 5 级地震平静

2015 年 1 月 10 日至 2018 年 9 月 4 日新疆乌恰—库车地区 5 级以上地震平静持续了 1331 天（图 23、图 24）。1950 年以来研究区内 5 级地震平静时长超过 738 天（3 倍均方差），平静打破后 1 年内该区发生 6 级以上地震的比例为 4/5，其中直接打破平静的占 60%，发生 6.5 级以上地震比例为 3/5；优势发震区域为喀什—乌恰交汇区。伽师 5.5 级地震打破了该平静，可能预示着后续强震的发生[13]。

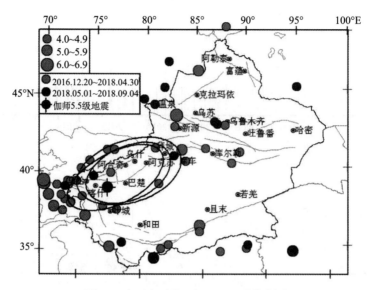

图 20　南天山西段 4 级以上地震分布图

Fig. 20　Epicenter distribution for earthquakes with $M_S \geqslant 4.0$ for western of south Tianshan

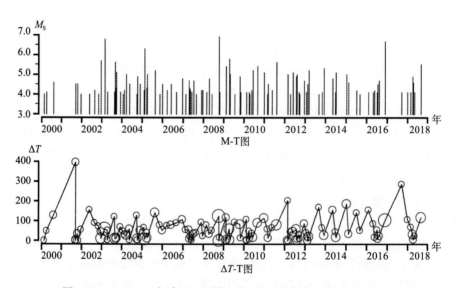

图 21　2000~2018 年南天山西段 4 级以上地震 M-T 图和 ΔT-T 图

Fig. 21　M-T and ΔT-T plot of earthquakes with $M_S \geqslant 4.0$ for western of south Tianshan since 2000

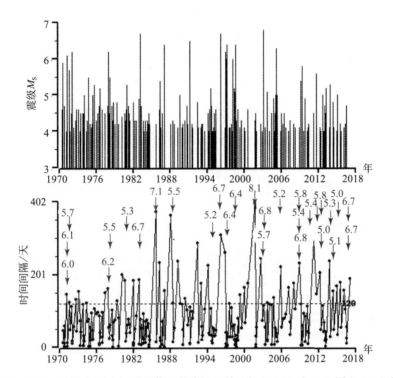

图 22　1970~2018 年以来柯坪块体及其附近区域 4 级以上地震 M-T 图和 ΔT-T 图

Fig. 22　M-T and ΔT-T plot of earthquakes with $M_S \geqslant 4.0$ in Keping block since 1970

表 8　柯坪块体 4 级地震平静与该区后续 5 级以上地震的关系

Table 8　The reflecting *M*5 earthquakes analysis table of *M*4 earthquakes quiescence in Keping block

序号	时间	平静时长	对应地震	间隔时长/天
1	1984.07.25~1985.08.03	373	1985.08.23 喀什 7.1	20
2	1987.01.24~1988.01.25	327	1988.08.13 乌恰 5.5	200
3	1991.08.23~1992.06.14	287		
4	1995.05.15~1996.03.19	310	1996.03.19 阿图什 6.7	0
5	2000.08.16~2001.09.21	401		
6	2010.05.23~2011.03.17	298	2011.08.11 阿图什 5.8	147
7	2016.08.13~2018.04.12	607	2018.09.04 伽师 5.5	143

5）新疆 4、5 级地震嵌套平静

新疆地区 4 级地震平静：2018 年 6 月 19 日皮山 4.1 级地震后，4 级地震平静 60 天，2018 年 8 月 18 日呼图壁 $M_S4.8$ 地震打破了该平静，达到 1970 年以来新疆 4 级地震平静 60 天的异常指标，平静打破后半年新疆发生 6 级以上地震的对应比例为 63%。

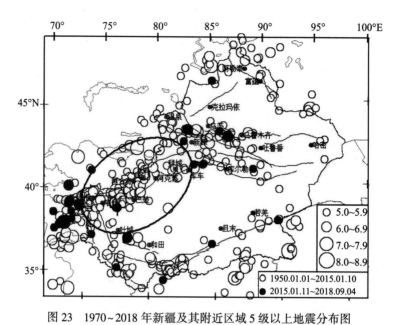

图 23　1970~2018 年新疆及其附近区域 5 级以上地震分布图

Fig. 23　Epicenter distribution for earthquakes with $M_S \geqslant 5.0$ in Xinjiang and its nearby areas from 1970

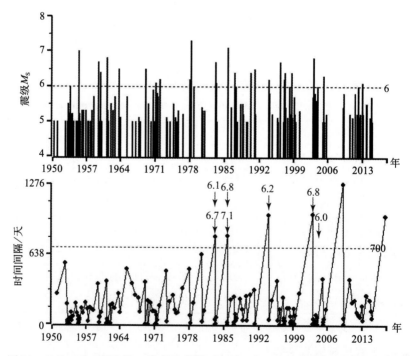

图 24　1950~2018 年乌恰—库车及其附近区域 5 级以上地震 M-T 图和 ΔT-T 图

Fig. 24　M-T and ΔT-T plot of earthquakes with $M_S \geqslant 5.0$ in Wuqia-Kuche and its nearby areas since 1950

新疆地区 5 级地震平静：2017 年 12 月 7 日叶城 5.2 级地震后，5 级以上地震呈现明显的平静特征，2018 年 9 月 4 日伽师 5.5 级地震前，平静时间已达 271 天。根据新疆历史地震统计分析，1950 年以来 5 级地震平静异常标准为 242 天，震前存在 5 级地震平静异常，且 5 级地震平静期间出现了 4 级地震平静。

历史资料显示，当新疆 4、5 级地震出现嵌套平静后，往往 4、5 级地震平静先后打破，其后发生 6 级以上地震的比例为 6/6（表 9，图 25）。伽师 5.5 级地震打破了新疆 5 级地震平静，亦表明 4、5 级地震嵌套平静进入强震对应期[14]。

表 9　新疆 5 级地震和 4 级地震同期平静与后续 6 级地震的关系

Table 9　The reflecting *M*6 earthquakes analysis table of *M*5 and *M*4 earthquakes quiescence in Xinjiang

序号	5 级平静时长（天）	4 级平静时长（天）	后续 6 级地震情况		
			发生时间　　地点　　震级	间隔时间/天	
				5 级平静	4 级平静
1	1976. 10. 01~1977. 07. 23 295	1977. 02. 27~05. 16 78	1977. 12. 19 西克尔 6.2 1978. 10. 08 乌恰 6.0	149 442	217 510
2	1986. 04. 26~1987. 01. 06 255	1986. 11. 06~1987. 01. 06 61	1987. 01. 24 乌什 6.4 1987. 04. 30 乌恰 6.0	18 114	18 114
3	1996. 03. 22~11. 19 242	1996. 03. 22~06. 04 74	1996. 11. 19 喀喇昆仑山口 7.1 1997. 01. 21 伽师震群	0 63	168 231
4	2000. 12. 10~2001. 11. 14 339	2001. 03. 24~06. 22 90	2001. 11. 14 昆仑山口西 8.1 2003. 02. 24 伽师 6.8	0 467	145 612
5	2003. 12. 01~2005. 02. 15 442	2004. 06. 07~09. 03 88	2005. 02. 15 乌什 6.3	0	165
6	2016. 02. 11~11. 25 268	2016. 08. 13~11. 03 82	2016. 11. 25 6.7 阿克陶 2016. 12. 08 6.2 呼图壁 2017. 08. 09 6.6 精河	0 13 257	22 35 279
7	2017. 12. 07~2018. 09. 04 271	2018. 06. 19~08. 18 60			

6) 南天山西段小震群累积月频度

新疆小震群活动与后续中强地震关系较为密切，特别是短时间发生小震群的频度相关性较好。2017 年 9 月开始南天山西段小震群累积月频度出现加速现象，以往震例表明，当小震群累积月频度出现"加速—减弱"现象后，南天山西段发生 M_S5.8 以上地震的比例为 5/7（图 26）。2018 年 4 月后，该区小震群活动基本停止。伽师 5.5 级地震发生在震群活动结束后 5 个月[15]。

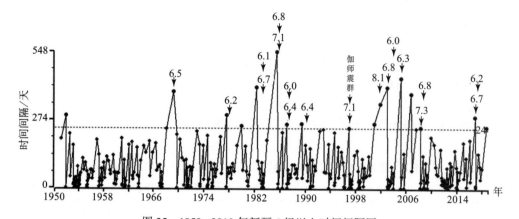

图 25　1950~2018 年新疆 5 级以上时间间隔图

Fig. 25　ΔT-T plot of earthquakes with $M_S \geqslant 5.0$ in Xinjiang since 1950

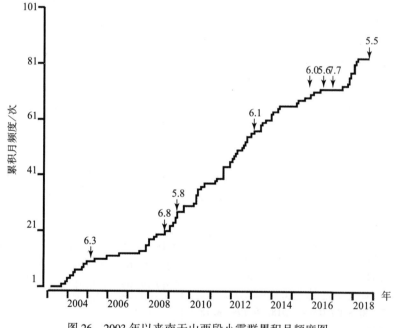

图 26　2003 年以来南天山西段小震群累积月频度图

Fig. 26　Cumulative monthly frequency map of small earthquake swarms for south Tianshan since 2003

7) 振幅比

选取巴楚地震台站震中距 80~230km、震级 $M_S \geqslant 2.0$ 级且清晰的地震波形作为研究资料，图 27 给出了该台伽师地区振幅比值时序曲线，结果显示 2011 年 8 月 11 日阿图什 5.8 级地震前振幅比出现过波动幅度减小的异常状态；此次伽师 5.5 级地震前，自 2016 年 9 月至 2018 年 4 月振幅比值出现了长达 20 个月的低值异常过程，2018 年 5 月振幅比低值回返，7 月 16 日振幅比大幅高值突跳。

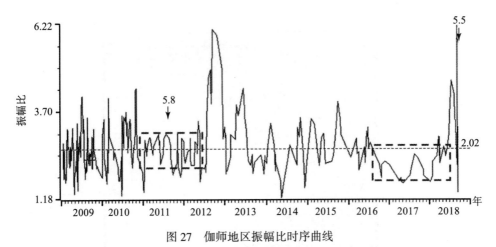

图 27　伽师地区振幅比时序曲线

Fig. 27　Amplitude ratio time series curve in Jiashi area

8）应力降

通过多台联合反演，计算了普昌断裂以西 $3.0 \leqslant M_S \leqslant 3.9$ 级地震应力降值（图 28）[5]。结果显示，2009 年以来，该区应力降 5 点滑动值出现过 1 次高值异常，异常过程中发生了 2011 年 8 月 11 日阿图什 5.8 级地震。2017 年 6 月应力降值再次呈现高值异常，2018 年 5 月异常恢复至该区平均值，其后 4 个月发生了伽师 5.5 级地震。

图 28　普昌断裂以西 3 级地震应力降 5 点值滑动时序曲线

Fig. 28　5 point sliding time series curve of stress drop of $M3$ earthquake in the west of Puchang fault

9）流动重力变化

2017 年 9 月至 2018 年 7 月南疆地区一年尺度重力场变化显示（图 29），阿合奇—巴楚以及喀什—英吉沙附近形成重力变化高梯度带，最大变化幅度达到-70 μGal。2018 年 9 月 4 日伽师 5.5 级地震发生在喀什—伽师高梯度带北侧[16]。

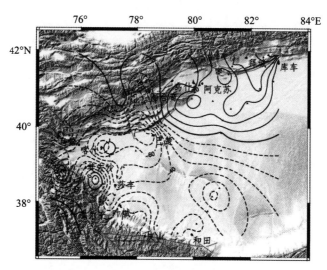

图 29　2017.09～2018.07 南疆流动重力变化等值线

Fig. 29　Isoline of roving gravity variation in southern Xinjiang from September, 2017 to July, 2018

七、地震前兆异常特征分析

伽师 5.5 级地震前，地震前兆异常呈现如下特征：

1. 震前平静显著

从测震学异常可以看出，伽师 5.5 级地震前 8 条异常中 5 条为地震平静异常，这些平静异常在时空上特征显著。①构成平静的震级下限逐步降低（5 级→4 级→3 级）。2015 年 1 月库车—乌恰地区出现 5 级地震平静，其后 2016 年 8 月后柯坪块体出现 4 级地震平静，2017 年 12 月巴楚—乌恰地震出现 3 级地震平静；②平静区域随时间逐步缩小。2015 年以来南天山西段先后出现了 5、4、3 级地震平静，且空间上呈现嵌套现象，并随着时间进程呈现出由大到小逐步收缩的过程；③2015～2017 年地震平静主要集中在南天山西段地区，2018 年以来平静区域扩展为新疆地区。

2. 无定点地球物理观测异常

此次地震震中周围 200km 范围内共计有 6 个定点地球物理观测台，9 个观测项，但伽师 5.5 级地震前，该区定点地球物理观测资料未出现长、中、短、临的异常现象，仅有 1 项流动重力异常。总体而言，该地震的前兆特征为异常数量少，异常幅度小。

分析造成该现象的原因，除了与地震监测能力偏弱、台站分布不合理有关外，可能还与该地震的震源机制类型有关。梅世蓉等[6]根据岩石破坏的两种机制将我国大陆地震分为错断型地震和走滑型地震。前者的岩体破坏遵循 Coulomb 准则，需克服岩石本身的破坏强度，因此地震孕育过程的后期和发震时的应力水平较高，地震前兆异常明显，且异常范围广。后者遵循 Byerlee 定律，即必须克服断面上的摩擦强度，所以发震时的应力水平较低，前兆异常表现不如前者明显，异常范围也较小。因而作为走滑型地震的伽师地震，其前兆异常不显著是合理的。

此次地震周围历史地震震级主要为 6 级以上，历史地震序列类型以主震—余震型和震群型为主，而此次地震序列属于前震—主震—余震型，因此，与其他震例的可比性不强。

八、震前预测、预防和震后响应

1. 震前预测、预防

2017 年 11 月，新疆地震局年度会商报告给出了 2018 年度南天山西段 "乌什—塔什库尔干地区存在发生 6.5 级左右地震危险" 的预测意见；中国地震局于 2018 年年度划定乌什—塔什库尔干地区为 6.5 级左右地震危险区。为了加强对该地区的震情跟踪研判，根据中国地震局《关于 2018 年全国震情监视跟踪工作安排的意见》（中震测发〔2017〕6 号）及《2018 年度新疆地震重点危险区震情监视跟踪管理实施细则（试行）》（新震测发〔2017〕14 号），新疆地震局预报中心安排专人负责，成立了危险区跟踪小组，对危险区附近及周边的地震活动及地球物理观测资料进行跟踪研判。

由于前期南天山西段测震学异常突出，而进入 8 月再次出现了新疆地区的 4、5 级地震嵌套平静，使得震情形势更为紧张；8 月 18 日呼图壁发生 4.8 级地震，打破了新疆 60 天的 4 级地震平静，分析认为后续中强地震的紧迫性正在逐步加强。鉴于上述情况，新疆地震局预报中心南天山西段危险区跟踪组于 8 月底决定，9 月 5~7 日赴南天山西段危险区开展震情跟踪工作，实际情况是 9 月 4 日发生了伽师 5.5 级地震，表明虽未填报短临预测卡，但震前对该地震有所察觉。

2. 震后研判

地震发生后，新疆地震局预报中心立即组织召开紧急会商会，对震后趋势进行了初步分析与判定，根据震中附近历史地震活动、地震类型特点及地球物理观测资料变化，初步判定本次地震为多震型的可能性较大，近几日内震区有发生 5.0 级左右地震的可能，详细内容请参看附件二。

3. 震后响应

地震发生后，新疆地震局第一时间启动地震应急Ⅳ级响应，驻喀什地区巴楚县 "访惠聚" 工作组和伽师县深度贫困村扶贫第一书记第一时间到达地震现场，并与其后到达的新疆地震局、喀什地震台和喀什地震局的工作人员共同组成现场工作队，在震区开展应急处置和现场灾害调查与评估工作。在地震系统现场应急指挥部的领导和震区各级党委政府的协助下，现场工作队员深入灾区一线，历时 5 天，累计行程约 5000km，对灾区 13 个乡（镇）1 个农场 175 个调查点开展了实地调查和损失评估等现场应急工作。通过抽样、专项调查取得了比较翔实的基础资料，按照国家标准所规定的计算方法，计算得出本次地震灾害的直接经济损失结果。

该地震发生在 1997~1998 年伽师震群老震区内，地震现场工作队未架设临时测震和地球物理观测台站。

地震发生后，新疆地震局预报中心立即召开了震后趋势会商会，综合分析发震构造、震区历史地震活动、震源机制、序列类型和余震活动等情况，判定该地震序列为前震—主震—余震型[17]。同时，召开加密会商会，密切跟踪和动态研判序列的发展变化，较为准确地把握了伽师5.5级地震震区的余震活动水平。

9月5~8日，新疆地震局派出年度危险区跟踪工作组赴喀什开展现场震情跟踪工作，针对地震活动和地球物理观测资料变化进行交流讨论，同时前往观测台站进行勘察核实；并对伽师5.5级地震震后趋势进行了相关讨论。

九、结论与讨论

1. 结论

伽师5.5级地震位于塔里木盆地西北缘喀什坳陷东北边缘的伽师县，震区位于1997~1998年伽师强震群活动区域内，其所处区域未有断裂出露地表，其附近地区存在伽师隐伏断裂，该断裂为逆走滑型断裂，断层走向NNW，断层倾角陡立。现场科考结果显示，烈度等震线为呈NE向展布的椭圆形。震源机制解结果显示，前震与主震序列断错性质有较大差别，断错性质分别为逆冲型和走滑型，主压应力P轴方位分别为NNW向和NE向。结合余震分布、烈度等震线分布，推测节面Ⅰ为主破裂面，但与附近的伽师隐伏断裂走向垂直，参考1997~1998年伽师震群地震活动和构造特征，判定一条呈NE—SW向展布、具逆走滑运动性质的、尚未探明的隐伏断裂可能为此次地震的发震构造。

此次地震序列为前震—主震—余震型，最大余震震级为9月4日M_S4.6；重新定位结果显示序列长轴呈NE方向展布，垂直于附近的伽师隐伏构造，沿NE走向的震源深度剖面展现出陡立的特征；序列随时间衰减较快，余震主要集中于震后2天，M_L≥3.0级地震结束于震后第6天。

震前测震学异常较为突出，但地球物理观测异常较少，仅1项流动重力异常，无定点地球物理观测异常。测震学异常包括地震平静、小震群累积频度、振幅比和应力降，其中地震平静异常最为突出。异常主要为中短期异常，无临震异常。此次地震虽然有感范围广，部分房屋损害较大，但未造成人员伤亡，直接经济损失38304万元。出现损害的房屋主要为老旧土木和自振周期较长框架结构公用房屋，而安居房绝大多数未出现破损。2016年以来，新疆地震局联合住建厅在全疆推广减隔震技术，伽师县少数学校、医院在建设过程中使用了该技术，经受住了本次地震的考验。

2. 讨论

（1）2018年9月4日伽师5.5级地震前主要存在不同区域、不同震级的地震平静异常，流动观测1项异常，而定点地球物理观测无异常出现，测震的平静异常多数为中短期异常，其对应地震的优势发震时间无集中统一性，数字地震学的两项异常因历史震例映震效果不好，一直作为关注项进行跟踪分析。而流动重力异常为中期异常，地震前无短期预测指标异常出现。上述异常所呈现的特征使得我们无法提出明确的短临预测意见，因此震前未填报短期预报卡。

（2）伽师5.5级地震前的8条次测震学异常中，振幅比、应力降和小震群累积月频度异常与此次地震具有较好的相关性，但 5 条次平静异常中除巴楚—乌恰 3 级地震平静可以明确对应此次地震外，新疆 4、5 级地震嵌套平静、库车—乌恰 5 级地震平静被伽师 5.5 级地震打破，分析认为，其后发生 6 级强震的可能性较大。因此，本报告中的部分测震学异常可能对应多次中强地震，强震危险性仍然存在。

参 考 文 献

[1] 尹光华等，新疆数字测震台网的监测能力及其构造意义，内陆地震，24（2）：97~106，2010

[2] 彭树森，大地形变测量所反映的天山最新构造运动，内陆地震，7（2）：136~141，1993

[3] Waldhauser F, Ellsworth W L, A double-difference earthquake location algorithm: Method and application to the northern Hayward fault, Bull. Seismol, Soc. Am., 90: 1353 - 1368, 2000

[4] 刘杰、郑斯华、康英等，利用 P 波和 S 波的初动和振幅比计算中小地震的震源机制解，地震，24（1）：19~26，2004

[5] Keilis-Borok V I, On estimation of the displacement in an earthquake source and of source dimensions, Ann. Geofis., 12（2）：205 - 214, 1959

[6] 梅世蓉，地震前兆场物理模式与前兆时空分布机制研究（三）：强震孕育时地震活动与地壳形变场异常及机制，地震学报，18（2）：170~178，1996

参 考 资 料

1）新疆维吾尔自治区地震局，新疆伽师 5.5 级地震灾害调查与损失评估报告，2018

2）中国地震局，全国地震目录（中国地震台网中心），2018

3）新疆维吾尔自治区地震局，新疆地震目录（区域台网），2018

4）美国地质调查局，https://earthquake. usgs. gov/earthquakes/eventpage/us2000h7ci#executive，2018

5）哈佛大学，http://www. globalcmt. org/CMTsearch. html，2018

6）国家地震科学数据共享中心，http://www. smsd-iem. net. cn/selnewxjx1. asp? id=769，2018

7）新疆维吾尔自治区地震局，新疆地震局预报中心测震组，2018

8）中国地震局地球物理研究所，http://www. cea-igp. ac. cn/，2018

9）新疆维吾尔自治区地震局，2018 年 9 月 4 日新疆伽师 M5.5 地震序列及后续地震趋势分析报告，2018

10）新疆维吾尔自治区地震局，新疆巴楚—乌恰 M3 地震平静异常分析报告，2018

11）新疆维吾尔自治区地震局，新疆南天山西段 M4 地震平静异常分析报告，2017

12）新疆维吾尔自治区地震局，新疆柯坪块体 M4 地震平静异常分析报告，2017

13）新疆维吾尔自治区地震局，新疆乌恰—库车地区 M5 地震平静异常分析报告，2017

14）新疆维吾尔自治区地震局，新疆境内 5 级地震和 4 级地震平静异常分析报告，2018

15）新疆维吾尔自治区地震局，2017 年 6~12 月新疆南天山西段震群累积月频次分析报告，2018

16）新疆维吾尔自治区地震局，新疆维吾尔自治区 2018 年中地震趋势研究报告，2018

17）新疆地震局预报中心，（2018）第 74 期，（总字）第 1529 期震情监视报告，2018

The M_S 5. 5 Jiashi Earthquake on September 4, 2018 in Xinjiang Uygur Autonomous Region

Abstract

An earthquake of M_S5. 5 occurred in the Jiashi county, Xinjiang Uygur Autonomous Region on September 4, 2018. Its microcosmic epicenter is 39. 51 °N, 76. 98 °E, and the focal depth is 8 km according to the China Seismic Network. Its macroscopic epicenter (39. 51 °N, 76. 98 °E) was located Yingmaili village, Jiashi county, Kashi city. The intensity in the meizoseismal area was Ⅶ. The isoseismic line was elliptical, with a long axis of 11km, which distributed along the north-east direction. The earthquake affected 12 villages and towns, with an area of 2186km^2 and a population of 404570. There were no reports of casualties, and it was estimated that the direct economic loss caused by the earthquake was 38. 304 million Yuan.

The earthquake sequence was the Pre-mainshock-aftershock type. The largest aftershock is M_S4. 6, aftershock is mainly distributed within 2 days after the earthquake. Then the aftershock is in the state of fluctuation and attenuation. The aftershock concentration area is distributed in the direction of near NE, the long axis is about 50km, and the short axis is about 25km. The source fault of this earthquake is strike-slip type, nodal plane Ⅰ with the strike of 228°, dip 82°, sliding angle -5°, and the nodal plane Ⅱ with strike of 319°, dip 85°, sliding angle -172°. Combined with the distribution of aftershocks and isoseismals, it is inferred that node plane Ⅰ is the main fracture surface. Combined with the focal mechanism and structure of Jiashi $M6$ strong earthquake swarm from 1998 to 2003, it is considered that the seismogenic structure of this earthquake may be a hidden fault with NE−trending distribution, anti-slip movement and unproven.

There were 11 earthquake-monitoring stations, 6 precursor stationary observation, and GPS, roving gravity, roving geomagnetism observation network within the 200km range of the epicenter of the earthquake. The fixed-point precursors include 9 items (ground tilt, volume strain, total magnetic field intensity, geomagnetic H and Z component, magnetic angle, water level, temperature and current). Before the earthquake, six precursory observation items appear before the earthquake witch including the seismic calm, small earthquake swarm cumulative frequency, amplitude ratio, wave velocity ratio, stress drop and roving gravity, with a total of 9 anomalies. Among which, 8 items are seismometry abnormity, which is 89% of the total anomaly. 1 mobile observation, accounting for 11 % of the total. There was no fixed point precursor anomaly earthquake anomaly before the earthquake.

The M_S5. 5 Jiashi earthquake occurred in the dangerous area designated by Earthquake Agency of Xinjiang Uygur Autonomous Region and the China Earthquake Administration in 2018. After the earthquake, Earthquake Agency of Xingjiang Uygur Autonomous Region launched a class Ⅳ response. An on-site task force composed of the "Fang-Hui-Ju" working group in Bachu county, Kashi prefecture and the first secretary of the in-depth poverty alleviation village in Jiashi county was dispatched to the earthquake area to carry out on-site emergency response work such as earthquake trend determination, intensity assessment, and disaster investigation and assessment. The type of earthquake sequence was accurately judged.

报 告 附 件

附件一：震例总结用表

附表 1　固定前兆观测台（点）与观测项目汇总表

序号	台站（点）名称	经纬度（°）		测项	资料类别	震中距 Δ/km	备注
		φ_N	λ_E				
1	岳普湖	39.21	76.74	测震	Ⅰ类	40	
2	八盘水磨	39.88	76.84	测震	Ⅰ类	42	
3	西克尔	39.83	77.58	测震	Ⅰ类	62	
4	伽师 55 井	39.74	77.73	浅层水温	Ⅲ类	69	
				深层水温	Ⅲ类		
				水位	Ⅲ类		
				水电流	Ⅲ类		
5	阿图什（形变）	39.72	76.17	地倾斜（摆式）	Ⅲ类	73	仪器型号 CBT
6	哈拉峻	40.16	76.82	地倾斜（摆式）	Ⅲ类	74	仪器型号 CZB-Ⅱ
7	喀什	39.51	75.81	测震	Ⅰ类	91	
				地倾斜（摆式）	Ⅲ类		仪器型号 CZB-Ⅱ
				地磁总强度	Ⅰ类		
				地磁 H 分量	Ⅰ类		
				地磁 Z 分量	Ⅰ类		
				地磁磁偏角	Ⅰ类		
8	喀什中继	39.59	75.94	测震	Ⅰ类	93	
9	阿图什（测震）	39.80	75.84	测震	Ⅰ类	103	
10	麦盖提	38.70	77.75	测震	Ⅰ类	107	
11	英吉沙	38.52	76.49	测震	Ⅰ类	119	
12	马场	39.15	75.57	测震	Ⅰ类	128	
				地倾斜（摆式）	Ⅱ类		仪器型号 CZB-Ⅱ
				体积应变	Ⅲ类		仪器型号 TJ-Ⅱ
13	乌恰	39.74	75.24	测震	Ⅰ类	151	
				地倾斜（摆式）	Ⅲ类		仪器型号 CZB-Ⅱ
14	巴楚	39.79	78.78	测震	Ⅰ类	157	

续表

分类统计	$0<\Delta\leq100km$	$100<\Delta\leq200km$	总数
测项数 N	9	3	12
台项数 n	16	9	25
测震单项台数 a	4	4	8
形变单项台数 b	2	0	2
电磁单项台数 c	0	0	0
流体单项台数 d	1	0	1
综合台站数 e	1	2	3
综合台中有测震项目的台站数 f	1	2	3
测震台总数 $a+f$	5	6	11
台站总数 $a+b+c+d+e$	8	6	14

附表2　测震以外固定前兆观测项目与异常统计表

序号	台站（点）名称	测项	资料类别	震中距 Δ/km	按震中距 Δ 范围进行异常统计									
					0<Δ≤100km					100<Δ≤200km				
					L	M	S	I	U	L	M	S	I	U
1	伽师	浅层水温	Ⅲ类	69	—	—	—	—	—					
		深层水温	Ⅲ类		—	—	—	—	—					
		水位	Ⅲ类		—	—	—	—	—					
		水电流	Ⅲ类		—	—	—	—	—					
2	阿图什	地倾斜（摆式）	Ⅲ类	73	—	—	—	—	—					
3	哈拉峻	地倾斜（摆式）	Ⅲ类	74	—	—	—	—	—					
4	喀什	地倾斜（摆式）	Ⅲ类	91	—	—	—	—	—					
		地磁总强度	Ⅰ类		—	—	—	—	—					
		地磁 H 分量	Ⅰ类		—	—	—	—	—					
		地磁 Z 分量	Ⅰ类		—	—	—	—	—					
		地磁磁偏角	Ⅰ类		—	—	—	—	—					
5	马场	地倾斜（摆式）	Ⅱ类	128						—	—	—	—	—
		体积应变	Ⅲ类	128						—	—	—	—	—
6	乌恰	地倾斜（摆式）	Ⅲ类	151						—	—	—	—	—
分类统计	台项	异常台项数			0	0	0	0	0	0	0	0	0	0
		台项总数			11	11	11	11	11	3	3	3	3	3
		异常台项百分比/%			0	0	0	0	0	0	0	0	0	0
	观测台站（点）	异常台站数			0	0	0	0	0	0	0	0	0	0
		台站总数			4	4	4	4	4	2	2	2	2	2
		异常台站百分比/%			0	0	0	0	0	0	0	0	0	0
	测项总数				8					2				
	观测台站总数				4					2				
备注														

附件二：

震情监视报告

单 位	新疆地震局预报中心	会商会类型	震后应急震情会商
期 数	（2018）第 74 期	会商会地点	局十四楼会商室
	（总字）第 1529 期	会商会时间	2018 年 9 月 4 日 07 时 30 分
主持人	吴传勇	发送时间	2018 年 9 月 4 日 09 时 00 分
签发人	郑黎明	收到时间	月 日 时
Apnet 网络编码	AP65	发送人	魏芸芸

一、 分析意见内容

据中国地震台网测定，2018 年 9 月 4 日 5 时 51 分、52 分在新疆喀什地区伽师县发生 4.7 和 5.5 级地震。新疆地震局预报中心立即组织召开紧急会商会，主要针对震区的地震趋势进行了初步的分析和讨论，初步意见如下：

1、伽师 5.5 级地震位于伽师县境内，距离伽师县城 21km，距离岳普湖县 38km。1900 年以来震中 100km 范围内发生 97 次 5 级以上地震，其中 6 级地震 24 次，7 级地震 1 次，8 级地震 1 次。最大地震为 1902 年阿图什 8.2 级地震，距离此次地震 88km；距离最近的是 2000 年 3 月 27 日 5.3 地震，距离此次地震 3km；时间最近的是 2015 年 1 月 10 日 Ms5.0 地震，距离此次地震 73km。

2、1970 年以来，本次 5.5 级地震周围 100km 范围内 5 级以上地震序列类型以主余型和多震型为主，震中 50km 范围以震群型为主。

3、历史地震震源断错类型以走滑为主，主压应力 P 轴以 NNE 和 NNW 为主。

4、截止到 9 月 4 日 07 时 00 分，新疆台网共记录余震 13 次，其中 ML 2.0-2.9 地震 10 次；ML 3.0-3.9 地震 3 次；最大余震为 Ms3.4。

5、新疆境内 5 级地震平静 271 天后被本次 5.5 级地震打破，1950 年以来，新疆境内 5 级地震平静超过 242 天的 16 组，其中 13 组平静后 1 年内新疆有 6 级以上地震发生，对应率为 81.25%（13/16），其中半年内 6 级地震的对应率为 62.5%（10/16），优势区域是南天山西段。库车-乌恰地区 2015 年 1 月 10 日阿图什 5.0 级地震后 5 级平静了 1331 天后被本次 5.5 级地震打破，1980 年以来，南天山西段 4 级地震平静超过 700 天的 5 组，其中 4 级平静后 3 个月内新疆有 6 级以上地震发生，对应率为 80%（4/5），其中 6 级地震直接打破有 3 组，对应率为 60%（3/5）。

6、伽师 5.5 级地震震中 100km 范围内有阿图什、哈拉峻和喀什 3 个定点前兆台，共 3 套形变观测和 1 套电磁观测；100~200km 范围内有马场和乌恰 2 个定点前兆台，共 3 台项观测。震前震中 200km 范围内无定点前兆异常。200km 以外存在乌什洞体应变 1 项背景异常和柯坪地电阻率 1 项中期异常。2 项异常均不对应该本次 5.5 级地震。

二、 综合分析结论

根据震中附近历史地震活动、地震类型特点及前兆资料变化，初步判定本次地震为多震型的可能性较大，近几日内震区有发生 5.0 级左右地震的可能。后续密切跟踪序列的发展变化，再对震情作出进一步的判定。

2018 年 9 月 8 日云南省墨江 5.9 级地震

云南省地震局

钱晓东　张天宇　赵小艳　姚休义　胡小静　李永莉　罗睿洁　贺素歌

摘　要

2018 年 9 月 8 日，云南省普洱市墨江县发生 5.9 级地震，宏观震中为墨江县通关镇丙蚌、牛库、毕库一带，极震区地震烈度为Ⅷ度，等震线呈大致椭圆形，长轴方向为 NW 走向分布，微观震中位于Ⅷ度区内，地震造成 28 人受伤，直接经济损失共 12.92 亿元。

地震序列为主震—余震型，最大余震为 4.7 级。余震呈 NE 向优势分布，与极震区烈度 NW 向分布不一致。震源机制结果显示，节面Ⅰ走向 129°、倾角 81°、滑动角-155°，节面Ⅱ走向 35°、倾角 65°、滑动角-10°，地震序列的精定位分布的优势方向为 NE，与节面Ⅱ吻合，墨江 5.9 级地震的发震构造可能是 NE 走向的隐伏断层。

震中周围 200km 范围内共有固定地震台站 25 个，其中测震台 14 个，定点前兆观测台站 22 个。震前共出现 12 个项目 24 条异常，其中测震学和微观前兆分别出现了 6、17 条异常，以中短期异常为主，宏观异常 1 起。前兆异常台站百分比为32%，异常台项比为 14%。

墨江 5.9 级地震位于中国地震局划定的 2018 年度澜沧至弥勒重点危险区内，有较好的年度预测；云南省地震局对此次地震作出了震前的短期预测，预测的时间、地点正确，强度存在偏差。

前　言

据中国地震台网测定，2018 年 9 月 8 日 10 时 31 分，云南省普洱市墨江县发生 5.9 级地震。墨江地震微观震中位置为 23.28°N、101.53°E，震源深度 11km。宏观震中位于墨江县通关镇丙蚌、牛库、毕库一带，极震区烈度Ⅷ度，等震线呈 NW 向的椭圆分布。地震造成 28 人受伤，直接经济总损失 12.92 亿元。

墨江 5.9 级地震的震中位于唐古拉—昌都—兰坪—思茅褶皱系之下的兰坪—思茅坳

陷[1]，该构造单元整体 NW 走向，从滇西的兰坪至滇西南的思茅、勐腊一带，全长约 700km，此次地震震中附近的主要断裂有阿墨江断裂和把边断裂。震中附近最大地震为 1979 年 3 月 15 日普洱 6.8 级地震，距此次地震震中约 45km。震前震中 200km 范围共有固定测震台站 20 个，地球物理定点观测台站 25 个，震前共出现 20 条异常，其中地震活动性异常 6 条，前兆观测异常 14 条。此外，还出现 1 起宏观异常。

墨江 5.9 级地震发生在云南省地震局 2018 年度确定的地震危险区内部。8 月 13、14 日澜沧至弥勒重点危险区发生通海两次 5.0 级地震后，云南省省地震局及时进行震情研判，结合当前地震活动、宏微观前兆异常变化及地球物理场观测资料结果，综合研判作出"云南地区短期发生 6.5 级左右地震的紧迫性进一步增强，重点关注云南澜沧至弥勒重点危险区"的判断结论。9 月 8 日澜沧至弥勒重点危险区发生墨江 5.9 级地震，震后中国地震局启动地震应急 IV 级响应，派工作组开展了地震流动监测、震情趋势判定、烈度评定、灾害调查评估等现场应急工作。

本报告是在有关文献和资料的基础上[1~9];1~9，经过重新整理和充分分析之后完成的，报告严格按《震例总结规范》要求编写，力求全面和客观。本报告重点讨论地震预测预报这一科学问题，尊重事实、实事求是还原地震前我们得到的各类异常，以及依据这些科学依据我们能够做出的判断。

一、地质构造和地震烈度

1. 地质构造

2018 年墨江 5.9 级地震发生在滇南地块，位于唐古拉—昌都—兰坪—思茅褶皱系之下的兰坪—思茅坳陷[1]，该构造单元整体 NW 走向，从滇西的兰坪至滇西南的思茅、勐腊一带，全长约 700km，处于红河断裂与澜沧江深大断裂之间，震区附近受川滇菱形块体挤压影响，区内断裂构造呈 NW 向帚状排列，主要分布有一系列 NW 走向的阿墨江、哀牢山断裂和把边断裂等。在现代近 NS 向主压应力作用下，上述断裂以右旋走滑活动为主。此次地震震中附近的主要断裂有阿墨江断裂和把边断裂，见图 1。

阿墨江断裂沿 NW—SE 向延伸，形状为略向 SW 突出的弧形，延伸长度大于 320km。该断裂带主要由大致平行的两条断裂所组成，向北延伸到南华县兔街附近，与九甲安定断裂带汇合而消失；向南基本沿李仙江延伸。断裂带上挤压破碎十分明显，断面产状稳定，倾向 NE，倾角 40°~80°。阿墨江断裂为唐古拉—昌都—兰坪—思茅褶皱系中二级构造（墨江—绿春褶皱带和兰坪—思茅褶皱带）的分界断裂，控制该褶皱系东缘三叠系的分布，沿断裂分布有基性、超基性岩脉和古近纪火山，断裂带具有叠瓦状逆冲构造的特点，破碎带挤压强烈，断层面上发育有较宽的断层泥。该断裂带最新活动发生在早更新世，为早—中更新世断裂[2]。

把边断裂北起于南涧附近，向南大致沿把边江展布，总体走向 NNW，局部 NW，倾向 NE，倾角约 60°~70°，断裂大部分发育于中生界内，对两侧地层发育没有明显的控制作用。新生代期间断裂活动是以两盘垂直升降为主，西盘相对东盘抬升，局部段落断陷活动显著，形成有景东上新世—第四纪盆地，但盆地内上新统断褶发育，而第四系构造形变微弱。

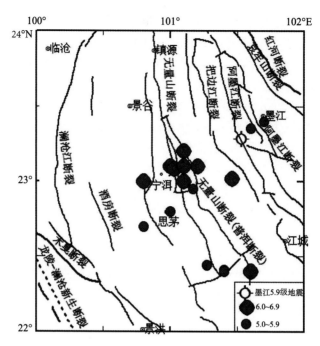

图1　墨江5.9级地震周边主要断裂及历史地震分布图

Fig. 1　Main faults around the M_S5.9 Mojiang earthquake

　　利用云南及川滇交界区域2009~2013年陆态网络GPS数据进行速度场地计算，得到云南地区相对于稳定欧亚板块的GPS水平速度场，结果表明[3,4]：云南各活动块体由东至西运动方向逐渐由SSE—SN—SSW向变化，表现出以菱形块体为主顺时针旋转的特征，且菱形块体外各个块体运动速度明显衰减。从应变率参数结果看，滇西南的印支地块主要受NS—NNW向应力场控制。此次地震附近阿墨江断裂一带，断裂总体走向NW向，以2.5mm/a的速率向SE方向运动。

　　云南区域布格重力场总趋势为南高北低，由SE向NW逐渐降低，且变化不均匀，红河断裂是一条显著的重力场的分界面，断裂正好位于重力高、低转换带上。此次墨江5.9级地震附近的景东—墨江地区位于红河断裂南侧，重力起伏变化较大，异常呈NW向相间分布，具有向南撒开，向北收拢的特征，布格重力异常等值线呈平行密集排列，总体分为三个带[5,6]：一是此次墨江5.9级地震东侧的景东东山—绿春重力低异常带，沿哀牢山山脉NW向展布，强度为-5×10⁻⁵m/s²，等值线呈NW向展布；二是此次地震西侧的把边江、阿墨江重力低异常带位于思茅盆地中，南抵李仙江，向北西可延伸至景东，幅值-3×10⁻⁵~-5×10⁻⁵ m/s²；三是此次地震附近的李仙江重力高异常带，位于思茅盆地东缘，南段沿李仙江NW向分布，强度为+15×10⁻⁵m/s²，向北西转为NS向，延至墨江以北。沿阿墨江断裂出现明显的重力高带，表明该断裂挤压破碎强烈，可能是一条岩石圈断裂，受强烈挤压而显示逆冲作用为主[7]。

　　对横穿红河—哀牢山断裂带的元江—墨江地质剖面上的哀牢山岩群各类变质岩的纵波速

度实验测量结果表明[8]，不同岩类的纵波速度随温度压力变化的趋势不同，在相当于哀牢山岩群变质岩峰期变质温度和压力条件下，测得大部分岩石的纵波速度为 5.0～5.8km/s，这一纵波速度值与区域地球物理测深揭示的中地壳低速层的纵波速度相当。

　　此次墨江 5.9 级地震震中 100km 范围内历史上是强震活动相对较强的地区，1800 年以来共发生 5 级以上地震 19 次，其中，5.0～5.9 级地震 9 次、6.0～6.9 级地震 10 次。从图 1 可以看到，6 级地震主要发生于此次地震西南方向的宁洱—思茅地区，此次地震 30km 范围的墨江地震仅发生 2 次 5 级地震。距离最近的地震为 2006 年 1 月 12 日墨江 5.0 级地震，距离 11km。

2. 地震烈度

1）地震影响场和震害

（1）地震烈度。

　　地震灾害调查、烈度评定和损失评估工作按照《中国地震烈度表》（GB/T 17742—2008）《地震现场工作　第 3 部分：调查规范》（GB/T 18208.3—2011）和《地震现场工作　第 4 部分：灾害直接损失评估》（GB/T 18208.4—2011）的要求进行。

　　墨江 5.9 级地震发生后，灾评组调查了灾区 207 个居民点、41 个生命线工程及行业设施、25 个教育卫生院所的震害，结合强震记录确定了此次地震烈度分布[1)]，见图 2。

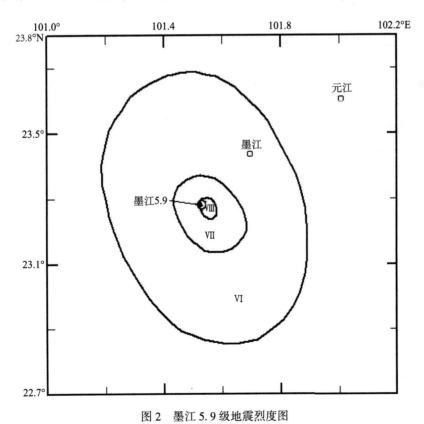

图 2　墨江 5.9 级地震烈度图

Fig. 2　Isoseimal map of the M_S5.9 Mojiang earthquake

此次地震灾区最高烈度为Ⅷ度，宏观震中位于墨江县通关镇的丙蚌、牛库、毕库一带，等震线呈椭圆形，长轴方向呈 NW 向。Ⅵ度区及以上总面积约 5180km²，其中，Ⅷ度区总面积 32km²，Ⅶ度区总面积 438km²，Ⅵ度区总面积 4710km²。

（2）涉灾人口：地震灾区（Ⅵ度及以上区域）涉及普洱市、玉溪市共计 4 个县 24 个乡（镇）158 个行政村（社区）；灾区人口 351643 人，100915 户。据卫计部门统计，此次地震造成 28 人受伤，其中重伤 3 人，轻伤 25 人。

（3）灾区房屋类别与破坏等级。

①房屋分类。

灾区房屋建筑按结构类型可分为土木结构、砖木结构、砖混结构、框架结构四类。土木结构与砖木结构房屋归为简易房屋，框架结构和砖混结构房屋为非简易房屋。

②房屋破坏等级。

房屋破坏等级划分的具体标准可划分为 5 个破坏等级：基本完好（含完好）、轻微破坏、中等破坏、严重破坏、毁坏。

③房屋震害。

Ⅷ度区：砖混结构房屋少数墙体开裂明显。

Ⅶ度区：砖混结构房屋少数承重墙体开裂。

Ⅵ度区：砖混结构房屋少数墙体产生细微裂缝，个别承重墙开裂。

④工程结构震害。

工程结构震害主要从电力系统、交通系统、通信系统、供排水系统及其他市政设施、水利工程结构和农业 6 个方面考查。

（4）震害经济损失。

墨江 5.9 级地震灾害直接经济总损失 129200 万元。其中，普洱市墨江县 120750 万元，宁洱县 4340 万元，江城县 1640 万元，镇沅县 670 万元，景谷县 580 万元，思茅区 500 万元，玉溪市元江县 720 万元。

2）强震动观测

墨江 5.9 级地震发生后，云南省地震监测中心迅速派出强震应急观测人员，携带 5 台泰德公司 TAG-33M 数字化强震仪于 12 时 30 分奔赴灾区。9 月 8 日 16 时 30 分，强震组在墨江县地震局架设了第一套流动强震仪，随后分别在通关镇、丙蚌村、忠爱乡新联村及和平村架设仪器，截至 9 月 9 日 17 时，共完成震区 5 套流动强震仪的架设（表 1，图 3）。云南省数字强震动台网共有 39 个固定台获得墨江 5.9 主震记录（表 2，图 3），地震记录峰值加速度最大值由震中距 48.86km 磨黑固定台站获取，分别为东西向 27.6Gal、北南向 -39.2Gal、垂直向 -9.9Gal。共有 3 个固定台获得 10 时 35 分 58 秒 4.7 级余震的记录[2]。距主震最近的勐先台和墨黑台的反应谱图，见图 4。

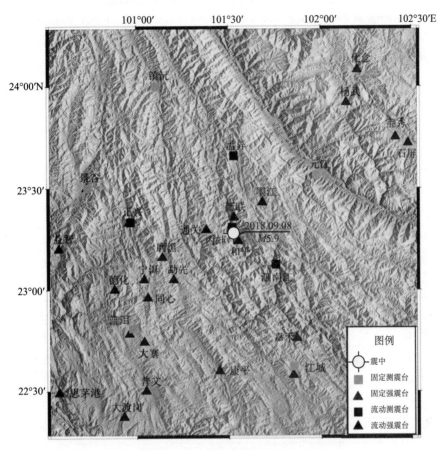

图 3 墨江 5.9 级地震强震台分布图

Fig. 3 Distribution of strong motion observation stations of the M_S5.9 Mojiang earthquake

表 1 墨江 5.9 级地震流动强震动台架设情况

Table 1 Recordings of mobile strong motion observation stations of the M_S5.9 Mojiang earthquake

序号	台站位置	仪器及编号	东经 （°）	北纬 （°）	高程 （m）	架设时间
1	墨江县地震局	Etna2	101.68531	23.43031	1315	09.08 16：30
2	通关镇镇政府	泰德 TAG-33M	101.38010	23.29517	1531	09.08 18：30
3	丙蚌村委会	泰德 TAG-33M	101.51673	23.30093	1091	09.08 22：00
4	新联村委会	泰德 TAG-33M	101.53162	23.35728	1851	09.09 11：00
5	和平村中铁四局项目部	泰德 TAG-33M	101.55308	23.24114	1788	09.09 16：00

表 2　墨江 5.9 级地震固定强震动台记录结果

Table 2　Recordings of fixed strong motion observation stations of the M_S5.9 Mojiang earthquake

台站名称	台站代码	场地类型	震中距（km）	最大加速度/（cm/s²）		
				东西	北南	垂直
思茅港	53SSM	土层	136.51	-4.5	-4.1	-1.2
云南师大商学院	53SXY	土层	226.25	-2.4	-2.2	0.7
高大	53TGD	土层	138.54	-3.0	3.2	-1.6
杨武	53XYW	土层	89.96	-7.5	-6.2	4.2
北城	53YBC	土层	162.04	2.4	1.8	-0.9
大营	53YDY	土层	148.63	5.4	-4.1	2.3
红塔集团	53YHT	土层	151.57	2.3	2.0	0.7
磨黑	53NRM	土层	48.86	27.6	-39.2	-9.9
同心	53NRT	土层	65.69	16.9	11.6	-3.8
宁洱	53NRX	土层	62.7	24.1	25.9	-10.0
德化	53PDH	土层	79.93	10.9	8.6	4.2
勐先	53PMX	土层	48.23	36.8	-35.4	15.2
大寨	53PRD	土层	83.01	-5.6	11.4	-4.1
普洱	53PRX	土层	85.91	-9.1	7.1	5.3
坝心	53SBN	土层	112.83	5.3	6.5	3.8
宝秀	53SBU	土层	97.73	6.4	-7.2	4.9
康平	53SML	土层	77.16	-7.8	10.2	7.5
石屏	53SPX	土层	102.21	-5.2	-6.5	3.3
嘉禾	53JKP	土层	64.08	5.3	8.1	-4.3
昆阳	53JKY	土层	181.99	3.0	-5.0	1.8
勐罕	53JMH	土层	172.85	4.3	3.9	-1.8
普文	53JPW	土层	103.42	8.4	6.9	-4.1
曲江	53JQJ	土层	140.28	4.6	3.6	3.0
益智	53JYZ	土层	104.59	-3.3	-3.4	-2.1
正兴	53JZX	土层	65.59	-20.8	18.2	-9.6
勐遮	53MMZ	土层	199.52	-4.3	3.5	2.2
昆明船舶工业公司	53CBG	土层	225.24	17.6	12.9	13.3
云南财贸学院	53CMX	土层	230.14	1.4	1.2	-0.5
风仪	53DFY	土层	287.16	-1.9	-2.1	0.8

续表

台站名称	台站代码	场地类型	震中距 (km)	最大加速度/(cm/s²)		
				东西	北南	垂直
化念	53EHN	土层	107.92	8.0	-9.0	2.9
鸡街	53GJJ	土层	166.28	-4.9	-4.9	-1.7
华宁	53HNX	土层	169.01	5.2	4.8	-1.9
普茶寨	53HPC	土层	170.79	-1.7	2.1	-1.2
大渡岗	53JDD	土层	122.29	-5.5	6.1	2.0
国庆	53JGQ	土层	77.72	-3.3	4.2	-2.5
景谷	53JGX	土层	92.1	-2.0	2.5	-1.5
江城县城	53JJH	土层	81.94	14.5	-8.0	4.0

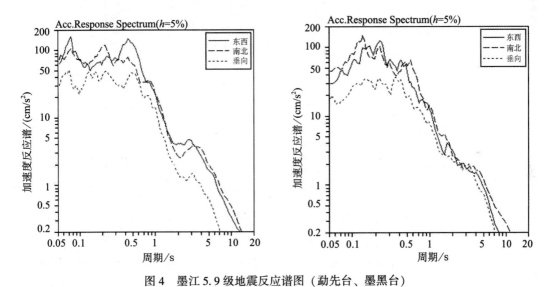

图 4　墨江 5.9 级地震反应谱图（勐先台、墨黑台）

Fig. 4　Acceleration response spectra of the M_S 5.9 Mojiang earthquake

（Mengxian station and Mohei station）

二、地震基本参数

墨江 5.9 级地震震区地震监测能力相对较弱，震中 50km 范围内没有测震台，距离最近的为元江台（震中距约 55km）。震中 100km 范围内有元江、思茅、江城、红河、景谷、镇沅 6 个测震台站，见图 5；100~200km 范围有石屏、建水、双柏、临沧、通海、黄草坝、景洪、个旧、易门、金平、澜沧、云县、楚雄、西北勒 14 个测震台站。根据台站仪器参数及环境背景噪声水平，理论计算得到该区地震监测能力为 $M_L \geqslant 1.8$ 级，定位精度 0~10km[1]。

9月8日墨江5.9级地震后架设了丙蚌村、孟弄镇、正兴3个台，加上8月13日通海5.0级地震后架设的梅子铺、右所营和大海洽3个台，震中200km范围内流动台有6个，架设后震区地震监测能力可达到$M_L \geq 1.3$级。

根据中国地震台网中心、云南地震台网测定结果，墨江5.9级地震基本参数见表3。本研究报告主要采用中国地震台网中心测定的参数。

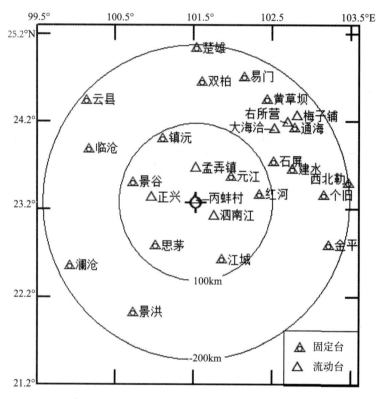

图 5　墨江5.9级地震震中附近测震台站分布图

Fig. 5　Distribution of earthquake-monitoring stations around the epicenters of the M_S5.9 Mojiang earthquake

表 3　墨江5.9级地震参数

Table 3　Parameters of the M_S5.9 Mojiang earthquake

编号	发震日期	发震时刻	震中位置（°）		震级				震源深度	震中地名	结果来源
	年.月.日	时：分：秒	φ_N	λ_E	M_S	M_L	M_b	M_W	（km）		
1	2018.09.08	10：31：29.0	23.28	101.53	5.9	6.2			11	云南墨江县	中国地震台网中心[3]
2	2018.09.08	10：31：29.0	23.28	101.53	5.9				11	云南墨江县	云南局[4]
3	2018.09.08	02：31：31.0（UTC）	23.33	101.55			5.6		10		美国（USGS[5]）
4	2018.09.08	02：31：33.0（UTC）	23.24	101.63				5.7	12		哈佛大学（HRVD）

　　采用双差定位方法对此次墨江地震序列进行精确定位分析，定位所使用的观测报告来源于全国地震编目系统的速报观测报告，最终获得了 164 个地震的重定位结果，如图 6 所示，图中 AA* 和 BB* 为沿余震走向和垂直余震走向的测线。此次地震序列的大部分地震都发生在 9 月 8 日，余震优势分布方向为 NE 向，后期存在 NNW 向扩展的趋势，序列分布长约 9km，宽约 6km。

　　重定位结果的震源深度分布在 0~17km，5.9 级主震和较大余震均发生在较深的位置（14~17km），后续余震主要发生在 5~10km 的深度范围，表明余震随时间逐渐向浅部扩展。深度剖面显示，BB* 深度剖面相比于 AA* 深度剖面在分布上更加集中。墨江 5.9 级地震发生在 NNW 向的阿墨江断裂附近，但是重定位结果和震源机制解反演结果均与阿墨江断裂的性质不同，因此我们推测此次墨江地震的发震断裂可能为一条 NE 向隐伏断裂。

　　不同机构计算的主震震源机制解结果略有差异（表 4，图 7），但墨江 5.9 级地震的震源错动性质均一致，显示为走滑型。

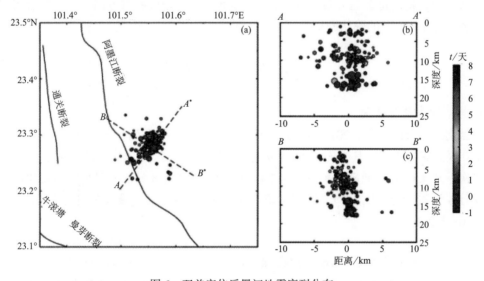

图 6　双差定位后墨江地震序列分布

Fig. 6　Distribution of DD-relocated Mojiang earthquake sequences

（a）震中分布图；（b）AA* 深度剖面；（c）BB* 深度剖面

表 4　墨江 5.9 级地震震源机制解

Table 4　Focal mechanism solution of the M_S5.9 Mojiang earthquake

编号	节面 I（°）			节面 II（°）			P 轴（°）		T 轴（°）		N 轴（°）		结果来源
	走向	倾角	滑动角	走向	倾角	滑动角	方位	仰角	方位	仰角	方位	仰角	
1	129	81	-155	35	65	-10	355	24	260	11	148	63	中国地震台网中心
2	306	75	170	38	81	15	171	4	262	17	38	81	云南省地震预报中心
3	126	79	179	216	89	11							gCMT
4	125	87	173	215	83	3							美国（USGS）

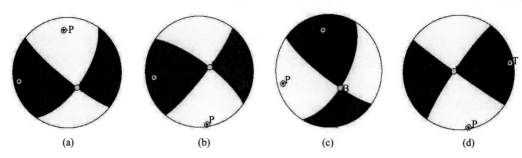

图 7　墨江 5.9 级地震震源机制解结果

Fig. 7　Focal mechanism solution of the M_S5.9 Mojiang earthquake

（a）中国局台网中心；（b）云南局预报中心；（c）哈佛大学（HRVD）；（d）美国（USGS）

从图 7 和表 4 可知，主震为走滑型，节面Ⅰ走向为 NW 向，节面Ⅱ走向为 NE 向，烈度分布为 NW 向，精定位余震分布为 NE 向，节面Ⅱ走向与余震展布方向一致，综合考虑地震发震构造可能是 NE 向的隐伏断层。

三、地 震 序 列

1. 地震序列基本情况

据云南地震台网测定，2018 年 9 月 8 日墨江 5.9 级地震序列，截至 9 月 17 日共记录到 M_L≥1.0 级地震 233 次，其中 M_L1.0~1.9 地震 180 次，M_L2.0~2.9 地震 45 次，M_L3.0~3.9 地震 4 次，M_L4.0~4.9 地震 2 次，M_L≥5.0 地震 2 次。9 月 8 日 5.9 级地震后发生的最大余震为 9 月 8 日 4.7 级（M_L5.1），距离主震不到 3 分钟，见表 5。最大余震与主震之间还有 2 次 M_L4.0~4.9 地震。

表 5　墨江 5.9 级地震序列目录（M_L≥3.0，2018.09.08~2018.09.17）

Table 5　Catalogue of the M_S5.9 Mojiang earthquake sequence（M_L≥3.0，2018.09.08~2018.09.17）

编号	发震日期 年．月．日	发震时刻 时：分：秒	震中位置（°）		震级		震源深度（km）	震中地名	结果来源
			φ_N	λ_E	M_L	M_S			
1	2018.09.08	10：31：29.0	23.28	101.53	6.2	5.9	11	墨江	云南省台网
2	2018.09.08	10：32：08.0	23.28	101.545	4.2	3.7	11	墨江	
3	2018.09.08	10：34：25.9	23.27	101.57	4.6	4.1	11	墨江	
4	2018.09.08	10：35：58.4	23.28	101.6	5.1	4.7	15	墨江	
5	2018.09.08	10：55：01.5	23.264	101.555	3.2	2.6	17	墨江	
6	2018.09.08	11：01：54.9	23.267	101.547	3.0	2.4	18	墨江	
7	2018.09.08	15：31：35.7	23.27	101.58	3.5	2.9	15	墨江	
8	2018.09.11	00：08：38.4	23.26	101.58	3.4	2.8	15	墨江	

2. 地震序列时空分布

序列余震最大日频次出现在主震当日达 219 次，次日频度仅有 49 次，其后余震频次迅速衰减，见图 10。9 月 13 日 10 时 30 分至 14 日 10 时 29 分期间频度最低，仅有 7 次，震级也最低。9 月 15 日前后余震震级、频度都有小幅回升，其后又逐渐衰减（图 8）。墨江余震序列衰减正常。

由震中分布图（图 6）可以看出，余震的优势分布方向为 NE 向。地震序列中最大地震为 5.9 级，与次大地震 4.7 级之间震级差 ΔM 为 1.2（0.7<ΔM≤2.4 级）；最大地震 5.9 级地震占整个序列能量的 97.31%，90%≤R_E<99.99%，此次墨江地震序列为主余型。

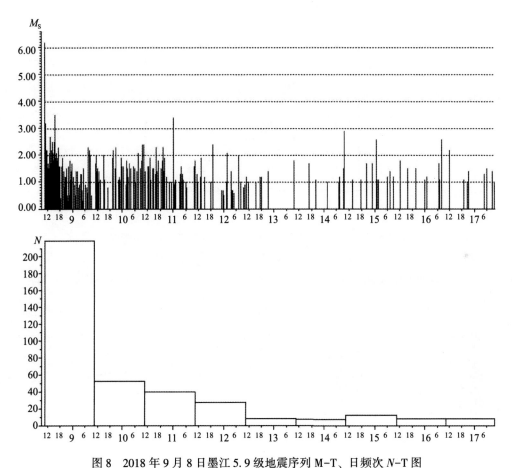

图 8　2018 年 9 月 8 日墨江 5.9 级地震序列 M–T、日频次 N–T 图

Fig. 8　M–T and N-T diagram of the M_S5.9 Mojiang earthquake sequence

资料：2018.09.08～2018.09.17，M_L≥0.0 级

3. 地震序列参数

取 5.9 级地震后 24 小时内的地震计算最小完整性震级 M_C。计算方法采用基于 G-R 关系的震级–频度分布（FMD）方法，在 Zmap 程序中，由于地震目录数目较少，采用不确定

步长的最大似然拟合，得到的最小完整性震级 M_C 为 1.0，误差 0.34（图 9）。从图 9 可见，分震级最高的频次为 M_L1.3，而 M_L0.6～1.2 明显缺震。根据区域地震台网监测能力和此次序列震级-频度关系 5.9 级地震后 24 小时内 M_C 为 1.3，取序列最小完整性震级 M_L1.3 为起算震级、时间步长 24 小时，计算此次墨江地震序列参数 b 值、h 值和 p 值（图 10）。计算结果为：p 值 1.00，h 值 1.72，b 值为 0.58（低于该区域背景 b 值）；墨江序列参数 h 值、p 值计算结果显示该序列为主余型序列[9]，历史地震序列类型也没有 5 级地震为前震的震例，原震区后续发生更大地震的可能性较小。初步分析认为，墨江地震序列后续发生更大地震的可能性不大，参数计算结果显示序列衰减较快，后续应注意 4 级左右余震的危险。

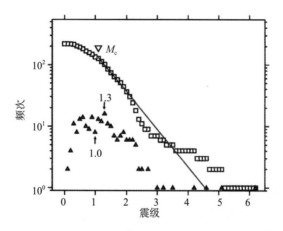

□ 累计频次　▲ 分震级频次　╲ 累计频度-震级最大似然法拟合曲线

图 9　墨江 5.9 级地震后 24 小时内 G-R 关系

Fig. 9　G-R relationship after the M_S5.9 Mojiang earthquake during 24 hours

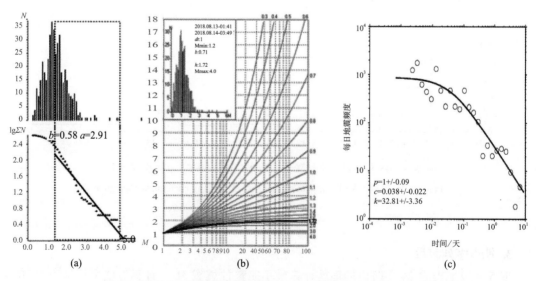

图 10　墨江 5.9 级地震序列 b 值（a）、h 值（b）与 p 值（c）图

Fig. 10　b-value、h-value and p-value diagram of the M_S5.9 Mojiang earthquake sequence

墨江地震序列视应力：利用云南地震台网观测波形资料，测定了 2009 年 1 月 1 日以来 131 次 M_L3.0~5.0 地震（图 11a 黑线范围内，红色十字表示参与计算的地震事件）的视应力；图 11b 为视应力与震级的线性回归关系图，图中红点为 2018 年墨江地震序列的 4 次 3 级以上地震的结果。经过最小二乘法拟合得到，视应力与震级的拟合关系式为：$\lg\sigma_{app} = 0.567M_L - 3.846$，相关系数 $R = 0.71$。表 6 为该地震序列 5 次 $M_L \geqslant 3.0$ 级的地震视应力值，结果显示，墨江地震序列最大余震 M_L5.1（4.7）视应力值处于均值附近，但是其余 3 次 M_L3.0 地震视应力较高，可能表明 3 级地震能量释放不完全。

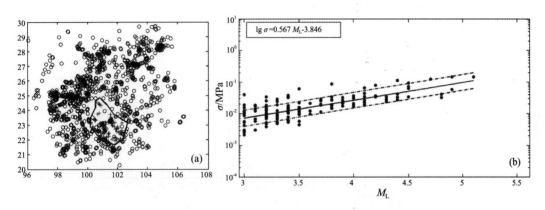

图 11　选取地震示意图、视应力与震级的定标关系

Fig. 11　Sketch plot of earthquakes selection，the relationship of earthquake magnitude and apparent stress

表 6　墨江 5.9 级地震序列 $M_L \geqslant 3.0$ 级视应力统计表

Table 6　Statistical table of $M_L \geqslant 3.0$ earthquakes and their apparent stress

序号	时间 （年.月.日）	北纬 （°）	东经 （°）	震级 M_L	视应力 （MPa）
1	2018.09.08	23.28	101.53	6.2	2.164225
2	2018.09.08	23.28	101.60	5.1	0.146000
3	2018.09.08	23.25	101.55	3.2	0.025677
4	2018.09.08	23.27	101.55	3.0	0.040044
5	2018.09.08	23.27	101.58	3.5	0.060675

图 12 视应力、规准化视应力时间进程图显示，墨江 5.9 级地震前视应力高值幅度比 2014 年景谷 6.6 级地震前大，可能反应区域应力水平较高。据视应力分析结果认为序列应力释放较为彻底，墨江 5.9 级地震为主余型地震的可能性较大。

结合序列最大地震与次大地震的震级差、最大地震占序列总体释放能量的比例以及序列参数 h 值、p 值计算结果，显示 2018 年 9 月 8 日墨江地震序列为主余型地震。

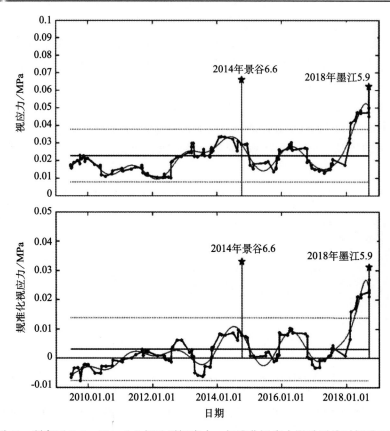

图 12　研究区 $3.0 \leqslant M_L \leqslant 5.0$ 级地震视应力、规准化视应力滑动平均时间进程图

Fig. 12　The change of apparent stress with $3.0 \leqslant M_L \leqslant 5.0$ earthquakes in the study area

四、地震前兆异常特征及综合分析

2018 年 9 月 8 日墨江 5.9 级地震序列发生在中国地震局、云南省地震局 2018 年度所圈定的滇南到滇西南 6.5 级地震危险区内，系统清理了震前出现的测震学和前兆异常，简述如下：

1. 地震前兆观测台网

震中 200km 范围内 25 个前兆观测台站，包括地倾斜、应变、短基线、短水准、大地电场、地磁、水位、水温、水化学等共计 18 个测项，109 个观测台项，具体前兆观测台站及观测项目分布见图 13。震中 0～100km 范围，共有 4 个前兆观测台站，共计 18 个测项，均为流体测项，无形变和电磁观测，其中宁洱、元江、镇沅 3 个台站观测项较少，普洱大寨测项丰富，包括了水位、水温、气氡、气汞以及多项水化学离子测项。100～200km 范围，共有 18 个综合前兆观测台和 3 个测震单项台，共计 91 个测项，该范围内滇南地区观测台站和测项极为密集，布设有峨山、石屏、建水、通海、楚雄等 5 个短水准、短基线观测场地，通海、楚雄 2 地磁台，曲江地电场以及多个流体观测台。

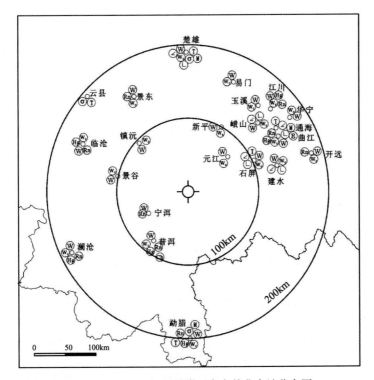

图 13　墨江 5.9 级地震附近定点前兆台站分布图

Fig. 13　Distribution of precursory-monitoring stations around the M_S5.9 Mojiang earthquake

流动前兆观测台网由流动重力、流动地磁和 GNSS 三个子网组成。震中 200km 范围内共有流动重力观测点 61 个，流动地磁观测点 18 个以及 GNSS 连续观测点 23 个（图 14）。其中流动地磁和 GNSS 测点分布较为均匀，流动重力测点则主要集中在震中东北方向的滇南地区，在滇西南地区未布设测点。

2. 地震学异常

滇西南—滇南 5 级地震平静超过 500 天被打破：滇西南—滇南地区自 2015 年 3 月 1 日沧源 5.5 级地震后 5 级地震持续平静，至 2018 年 8 月 13 日通海 5.0 级地震长达 1261 天的 5 级地震平静，统计结果表明，1950 年以来该区域 5 级地震平静超过 500 天后，平静直接由≥6.0 级地震打破的概率为 28.6%，5 级地震平静打破后发生 6 级地震的对应率为 42.9%。该区长期平静打破后对应地震都分布在滇西南地区（图 15），2018 年通海 5 级地震打破了该区 5 级平静，滇西南—滇南地区未来半年发生≥6.0 级地震的紧迫性增强。

云南 5 级地震长时间平静被打破：2018 年 8 月 13 日通海 5.0 级地震打破了云南地区自 2017 年 3 月 27 日漾濞 5.1 级地震以来长达 504 天的 5 级地震平静，历史统计 1950 年以来云南出现过 7 次≥5.0 级平静超过 500 天的情况（图 16），从图中可见，7 次超长时间平静打破后有 6 次后续半年内在云南发生≥6.0 级地震。另外，2015 年 3 月 1 日沧源 5.1 地震后，云南省内≥5.0 级地震弱活动状态显著，连续 4 次出现平静时间超过 200 天的显著异常现象；

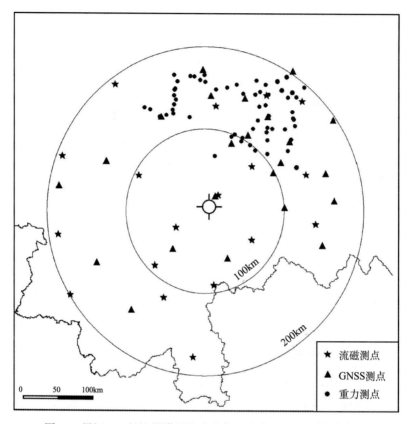

图 14　墨江 5.9 级地震附近流动重力、地磁、GNSS 测点分布图

Fig. 14　Distribution of roving observation sites around the M_S5.9 Mojiang earthquake

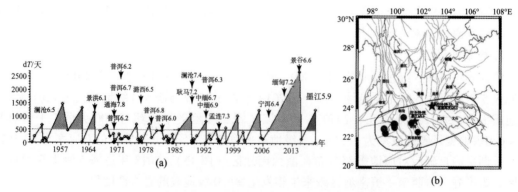

(a)

(b)

图 15a　滇西南—滇南地区 ≥5.0 级地震时间间隔图

图 15b　对应地震及最近两组 5 级地震震中分布图

Fig. 15a　dT–T plot of ≥5.0 in southern and southwest Yunnan

Fig. 15b　Distribution of corresponding earthquake

统计 1930 年以来云南省内≥5.0 级地震连续平静结果看（表7），云南地震活跃期内≥5.0级地震连续重复达异常指标的平静打破后，云南地区存在发生≥6.0 级左右地震的危险。通海 5.0 级地震打破平静后 26 天，于 2018 年 9 月 8 日发生墨江 5.9 级地震。

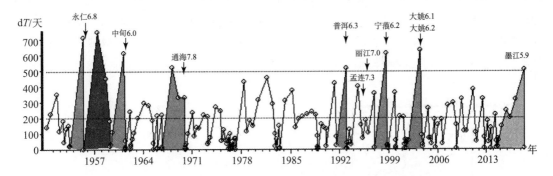

图 16　云南地区≥5.0 级地震时间间隔图（1950 年以来）

Fig. 16　dT–T plot of ≥5.0 earthquakes in Yunnan from 1950

表 7　1930 年以来云南省内≥5.0 级地震连续 3 次平静超过 200 天震例统计表

Table 7　Summary table of ≥5.0 earthquakes which dT more than 200 days from 1930

序号	≥5.0 级平静打破地震及平静时间		时间间隔	后续≥6.0 级地震情况
1	1943.03.31 大理 5.5—1943.12.15 昆明 5.0	259 天	5 个月	1946.01.26 潞西 6.0
	1943.12.15 昆明 5.0—1944.08.12 华坪 5.3	241 天	2 年 10 个月	1948.05.25 理塘 7.3
	1944.08.12 华坪 5.3—1945.08.22 个旧 5.0	374 天		
2	1962.06.24 姚安 6.2—1963.04.23 云龙 6.0	303 天		
	1963.04.23 云龙 6.0—1964.02.13 宾川 5.4	296 天	8 个月	1965.07.03 思茅 6.1
	1964.02.13 宾川 5.4—1964.11.20 南华 5.0	280 天		
3	1966.10.11 永善 5.2—1968.03.16 南华 5.1	522 天		1970.01.05 通海 7.7
	1968.03.16 南华 5.1—1969.02.09 景洪 5.1	330 天	直接打破	1970.02.07 普洱 6.2
	1969.02.09 景洪 5.1—1970.01.05 通海 7.7	329 天		
4	1986.03.13 鹤庆 5.4—1986.10.07 富民 5.1	207 天		
	1986.10.07 富民 5.1—1987.05.18 鹤庆 5.0	223 天	2.8 月	1988.11.06 澜沧耿马 7.6、7.2
	1987.05.18 鹤庆 5.0—1988.01.10 宁蒗 5.5	237 天		
	1988.01.10 宁蒗 5.5—1988.08.15 澜沧 5.0	218 天		
5	2015.03.01 沧源 5.5—2015.10.30 昌宁 5.1	243 天		
	2015.10.30 昌宁 5.1—2016.05.18 云龙 5.0	200 天	26 天	2018.09.08 墨江 5.9
	2016.05.18 云龙 5.0—2017.03.27 漾濞 5.1	313 天		
	2017.03.27 漾濞 5.1—2018.08.13 通海 5.0	504 天		

滇西南 1~5 月 M_L≥4.0 级地震高频活动：2017 年 10 月以来，滇西南地区连续发生多次 M_L≥4.0 级地震，该区中等地震活动显著增强（图 17a）。分析 2000 年以来滇西南地区的 M_L4.0~5.9 地震的半年累计频度曲线，可见滇西南地区发生≥6.0 级地震前有 4 级频度增强的现象；2017 年 10 月 23 日以来滇西南地区曾出现过累计频度高值的现象，尤其 2018 年 1、2 月滇西南地区的半年累计频度高达 8 次，显示 4 级地震出现显著的增强（图 17b），增强活动后震前出现平静现象，即 2018 年 5 月 21 日景洪 M_L4.1 地震后，该区 4 级地震出现 110 天平静，之后发生墨江 5.9 级地震。

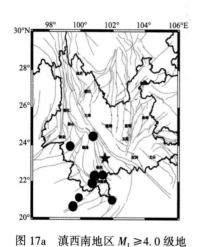

图 17a　滇西南地区 M_L≥4.0 级地
震震中分布图

Fig. 17a　Distribution of M_L≥4.0
earthquakes in southwest Yunnan
2017.10.23~2018.09.08

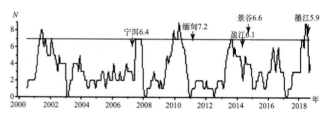

图 17b　滇西南地区 M_L4.0~5.9 地震
6 个月滑动频度图及地震对应情况

Fig. 17b　Relationship between frequentness of
M_L4.0~5.9 earthquakes in southwest Yunnan
and corresponding earthquakes

云南地区 M_L≥4.0 级地震显著增强：2018 年 1 月以来，云南地区 M_L≥4.0 级地震显著增强，其中 1 月份发生 M_L≥4.0 级地震 4 次，2 月份发生 8 次，这些地震集中发生在小滇西—滇西南地区。5 月 4 级地震再次增强，共发生 7 次 M_L≥4.0 级地震，分布在滇东北川滇交界和滇西南地区。计算云南地区 M_L≥4.0 级地震 2018 年 1~6 月的 6 个月滑动频次达 25 次，超过 18 次的异常指标线，未来 3 个月云南地区发生≥6.0 级地震的对应率为 69%；墨江 5.9 级地震发生于预报期内（图 18）。

云南省内 M_L≥4.0 级地震平静：2018 年 5 月 21 日景洪 M_L4.1 后，云南省内 M_L≥4.0 级地震出现 82 天平静，被 8 月 13 日通海 M5.0 地震直接打破（图 19，表 8），历史震例研究表明，M_L≥4.0 级地震超过 90（60）天的平静打破后，云南地区未来 3 个月存在发生≥5.0 级地震的危险，M_L≥4.0 级地震达 60 天的平静其后发生≥5.0 级地震的概率低于 90 天的平静。其中 1990 年以来云南省内由 5 级地震直接打破 M_L≥4.0 级地震平静共有 3 次，平静打破后两个月后云南省内均有≥5.5 级地震发生，且后续 3 个月内存在发生≥5.5 级地震的可能，显示对后续 6 级左右地震和 5 级地震连发有一定指示意义。据此分析，通海 5.0 级地震后短期内云南发生≥5.5 级地震的危险性较大。墨江 5.9 级地震发生于通海 5.0 级地震后 26 天。

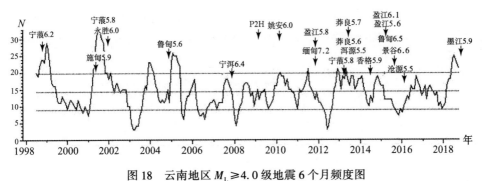

图 18　云南地区 $M_L \geq 4.0$ 级地震 6 个月频度图

Fig. 18　Frequentness of $M_L \geq 4.0$ earthquakes during 6 months in Yunnan area

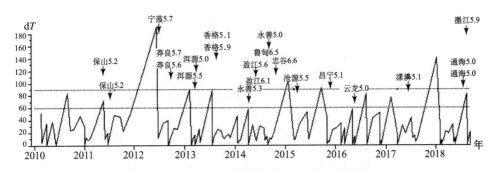

图 19　云南省内 $M_L \geq 4.0$ 级地震时间间隔图

Fig. 19　dT–T plot of $M_L \geq 4.0$ earthquakes in Yunnan

表 8　1990 年以来云南省内 $\geq$ 4.0 级地震直接由 5 级地震打破情况统计

Table 8　Summary table of $\geq$5.0 earthquakes which break long quiet of $M_L \geq 4.0$ in Yunnan

编号	平静开始地震	平静结束地震	平静天数	对应地震及时间间隔	后续地震
1	1999.07.17 4.2	1999.11.25 5.2	130	姚安 6.5/1.7 个月	2000.01.27 丘北 5.5
2	2000.12.11 4.6	2001.03.12 5.0	91	施甸 5.9/1 个月	2001.05.24 宁蒗 5.8
3	2008.05.14 4.1	2008.08.20 5.0	97	盈江 5.9/2 天	2008.08.30 攀枝花 6.1
4	2018.05.21 4.1	2018.08.13 5.0	82	墨江 5.9/26 天	?

　　云南省内 $M_L \geq 3.0$ 级地震日频度显著增强：9 月 7 日 1 天内云南地区发生了 7 次 $M_L \geq$ 3.0 级地震（非震群）（图 20 红色实心圆），其中滇西南有 5 次，出现 3 级地震显著增强。1997 年云南地区 $M_L \geq 3.0$ 级地震多年的月均值为 16 次，也就是约 3 天 1.6 次，1 天内发生 3 次（非震群）以上 $M_L \geq 3.0$ 级地震活动为显著增强现象。

　　利用云南快报目录 k-k 法去除震群后统计得到 2000 年以来云南省内 3 级地震日频度（表 9），统计了 2000 年去除震群影响的日频度 $\geq$3 次的情况，结果显示统计时段内共出现过 88 次，其中有 17 次 1 个月内发生 $\geq$5.0 级地震对应率为 19%，R 值评分为 0.0377，置信水平为 97.5% 的 R_0 为 0.0735，未通过检验。分析认为 3 级地震日频度 ≥3 次未通过检验，作为临震异常的依据不充分，进一步分析认为，3 级日频度异常出现在通海 5.0 级地震之后，是墨江 5.9 级地震的临震异常，具有短临预测意义。

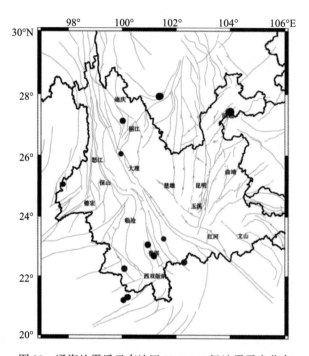

图 20　通海地震后云南地区 M_L ≥3.0 级地震震中分布

Fig. 20　Distribution of M_L ≥3.0 earthquakes after Tonghai earthquake

表 9　云南省内 2000 年以来 M_L ≥3.0 级地震日频度 ≥3 次后 1 个月内有 5 级地震对应的情况表

Table 9　Summary table of M ≥5.0 which happened during the frequentness of M_L ≥3.0 more than 3 in Yunnan

编号	日期	频次	1 个月内 5 级地震	时间间隔（天）	是否出现在 5 级地震后	3 级频度是否高值
1	2003.11.06	4	2003.11.15 鲁甸 5.1 2003.11.26 鲁甸 5.0	9	是	是
2	2004.12.30	3	2005.01.26 思茅 5.0	27	是/印尼	是
3	2006.07.08	3	2006.07.22 盐津 5.1	14	否	是
4	2006.08.01	3	2006.08.25 盐津 5.1	24	是	否
5	2006.08.13	3	2006.08.25 盐津 5.1	12	是	否
6	2007.05.30	4	2007.06.03 宁洱 6.4	4	是	是
7	2008.07.27	3	2008.08.20 盈江 5.0	24	否	是

续表

编号	日期	频次	1 个月内 5 级地震	时间间隔（天）	是否出现在 5 级地震后	3 级频度是否高值
8	2008.08.12	3	2008.08.20 盈江 5.0 2008.08.30 攀枝花 6.1 2008.08.31 攀枝花 5.6	8	否	是
9	2009.07.01	3	2009.07.09 姚安 6.0	8	否	是
10	2014.04.03	3	2014.04.05 永善 5.3	2	否	是
11	2014.07.20	3	2014.08.03 鲁甸 6.5	14	是	是
12	2014.09.16	6	2014.10.07 景谷 6.6	21	是	是
13	2016.05.04	3	2016.05.18 云龙 5.0	14	否	是
14	2017.03.11	3	2017.03.27 漾濞 5.1	16	否	是
15	2018.07.23	3	2018.08.13 通海 5.0 2018.08.14 通海 5.0	21	否	否
16	2018.08.11	3	2018.08.13 通海 5.0 2018.08.14 通海 5.0	2	否	是
17	2018.09.07	7	2018.08.13 通海 5.0 2018.08.14 通海 5.0 2018.09.08 墨江 5.9	1	是	是

3. 前兆异常

此次地震发生前，震中 200km 范围内共出现 15 条前兆异常，震后开展震例总结，梳理了该区域内所有前兆测项，未发现新的异常（图 21，表 10）。震前提出的 15 条异常中，包括滇西南地区普洱大寨的 4 条水化学离子短期异常，滇南地区石屏、建水、通海、峨山 4 个跨断层场地的 6 条背景异常，滇南地区开远、通海的 2 条水位背景异常，楚雄、石屏的 2 条形变异常和宁洱的 1 条宏观异常。

震后分析认为滇西南普洱大寨出现的 4 条水化学离子异常、宁洱出现的 1 条宏观异常以及石屏水平摆加速东倾异常共计 6 条异常与此次地震关系密切，而滇南地区较为显著的背景异常在此次地震前后并未出现明显的转折、恢复或者速率减缓的现象，可能并不能完全用此次墨江 5.9 级地震来解释，200km 处楚雄洞体应变的短时间破年变压缩过程于震前半年已恢复正常，分析认为可能与 8 月 13、15 日通海两次 5.0 级地震关系更为密切。

普洱大寨钙离子：历史观测值由于受更换标准溶液的影响，会出现较大幅度的突升和突降变化，但观测值波动幅度小。2018 年 3 月 10 日至 6 月 5 日测值持续下降 1.24mg/L，同时波动幅度增大，之后上下大幅波动变化，幅度较之前更突出，最大幅度 2.56mg/L，见图 22。

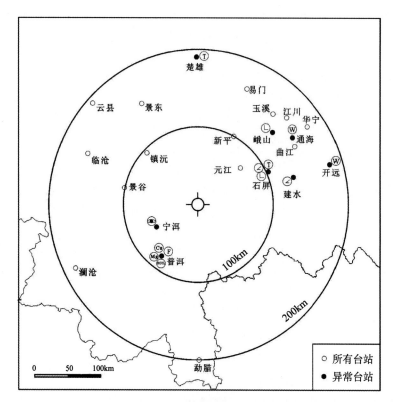

图 21　墨江 5.9 级地震前兆异常台项分布图

Fig. 21　Distribution of precursory observation abnormal stations and ite around the 5. 9 Mojiang earthquake

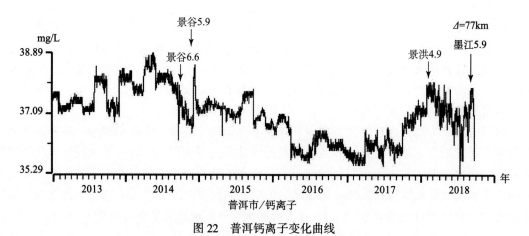

图 22　普洱钙离子变化曲线

Fig. 22　Change curve of Ca^{2+} at Puer

表 10　前兆异常情况登记表

Table 10　Summary table of precursory anomalies

序号	异常项目	台站或观测区	分析方法	异常判据及观测误差	震前异常起止时间	震后变化	最大幅度	震中距 (km)	异常类别	图号	震前/后	异常特点及备注
1	Ca^{2+}	普洱大寨	日均值	大幅波动	2018.07.13	恢复	2.56mg/L	77	S_1	22	震前提出	持续下降过程中大幅波动
2	Mg^{2+}	普洱大寨	日均值	持续下降	2018.03.01	恢复	2.12mg/L	77	S_1	23	震前提出	持续下降
3	HCO_3^-	普洱大寨	日均值	大幅波动	2017.10.01	恢复	24.4mg/L	77	M_1	24	震前提出	快速下降、大幅波动
4	F^-	普洱大寨	日均值	高值波动	2017.06.30	恢复	0.474 mg/L	77	M_1	25	震前提出	持续上升、大幅波动
5	水位	高大	日均值	持续上升	2016.07	异常持续		145	L_1	26	震前提出	持续上升且年变幅增大为观测以来最显著
6		开远	日均值	持续上升	2015.03	异常持续		183	L_1	27	震前提出	持续上升，出现自观测以来水位最高值
7	水平摆	石屏	整点值	加速东倾	2018.03~07	恢复		107	S_2	29	震前提出	2017年更换传感器造成格值变化，改正后数据仍可见于2018年3月开始出现快速的上升
8	洞体应变	楚雄	日均值	加速拉张	2018.02.06~03.23	恢复		193	S_3	28	震前提出	加速期间受架设高架桥影响
9	短水准	峨山（Ⅱ—Ⅰ）	月值	逆断背景下的正断活动	2017.06	异常持续	17.73mm	137	M_1	30a	震前提出	
10		石屏（Ⅱ—Ⅰ）	月值	持续拉张变化后转平	2005.5	异常持续	2.05mm	107	L_1	30b	震前提出	持续拉张变化，2012年1与开始逐渐转平，变化趋势与通海场地极为相似，目前维持高位
11		石屏（Ⅱ—Ⅲ）	月值	持续拉张	2010.01	异常持续	2.85 mm	107	L_1	30c	震前提出	类似异常在姚安 M6.5、缅甸 M7.2、景谷 M6.6 地震前出现过

续表

序号	异常项目	台站或观测区	分析方法	异常判据及观测误差	震前异常起止时间	震后变化	最大幅度	震中距(km)	异常类别	图号	震前/后	异常特点及备注
15	短基线	建水（Ⅰ—Ⅱ）	月值	大幅拉张	2017.07	异常持续	1.13mm	134	M_1	30d	震前提出	缅甸 M7.2 地震前曾有类似异常
16	短基线	石屏（Ⅱ—Ⅰ）	月值	持续拉张	2005.05	异常持续	2.05mm	107	L_1	30e	震前提出	持续拉张变化，2012年1号开始逐渐转平，变化趋势与通海场地极为相似，目前维持高位
17		石屏（Ⅱ—Ⅲ）	月值	持续拉张	2010.01	异常持续	2.85mm	107	L_1	30f	震前提出	类似异常在姚安 M6.5、缅甸 M6.6 地震前出现过
18	宏观异常	宁洱镇大自然温泉	破坏正常动态	水量剧增	2018.08.26	恢复		50	S_1	15	震前提出	出水量剧增，将净化池底部瓷砖上拱破裂，裂缝有泉水涌出，同时有翻花冒泡
19	地震平静	滇南—滇西南	M≥5级时间间隔分布	平静超过500天	2015.03.01～2018.8.13		1261天	震中区	M_2	15	震前提出	
20	地震平静	云南地区 21°～29°N 97°～106°E	M≥5级地震 dT-T图	平静超过200天	2017.03.27～2018.08.13		504天		M_2	16 表7	震前提出	2015年3月1日沧源 M5.1 地震后，连续4次出现平静时间超过200天，存在6级地震的可能
21	显著增强	滇西南地区	M_L≥4.0级地震6个月滑动频度	超过5次	2018.01～05		8次		M_2	17	震前提出	

续表

序号	异常项目	台站或观测区	分析方法	异常判据及观测误差	震前异常起止时间	震后变化	最大幅度	震中距（km）	异常类别	图号	震前/后	异常特点及备注
22	显著增强	云南地区	M_L≥4.0级地震6个月滑动频度	超过18次	2018.01~06		25 次		S_2	18	震前提出	
23	地震平静	云南省内	M_L≥4级地震dT-T图	平静超过90天（60天）	2018.05.22~08.13		82 天		S_2	19 表8	震前提出	云南省内4级平静达60天为注意时间，90天为指标
24	显著增强	云南省内	M_L≥3级地震日频度	N≥3次	2017.01	恢复正常	7		S_3	20 表9	震前提出	2000年后中强地震连发中常出现

普洱大寨镁离子：长期观测值波动小。2018 年 3 月 1 日开始测值持续下降变化，同时波动幅度增大，异常比较显著，最大幅度达到 2.12 mg/L，见图 23。

普洱大寨碳酸根离子：长期观测值波动小。2017 年 10 月 1 日测值突升，之后持续上升。2018 年 1 月 26 日至 2 月 10 日转折持续下降 20.6mg/L，之后测值多次出现大幅度波动变化，最大幅度达 24.4mg/L，9 月 8 日发生墨江 5.9 级地震，见图 24。

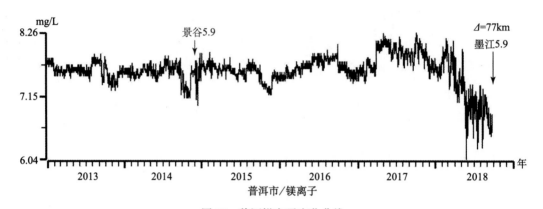

图 23　普洱镁离子变化曲线

Fig. 23　Change curve of Mg^{2+} at Puer

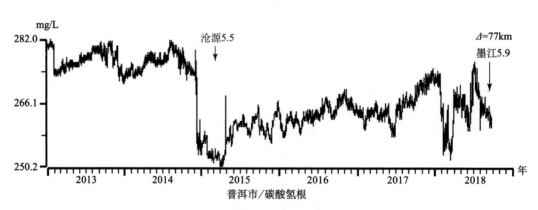

图 24　普洱碳酸氢根离子变化曲线

Fig. 24　Change curve of HCO_3^- at Puer

普洱大寨氟离子：长期观测值波动小。2017 年 6 月 30 日开始测值快速上升，波动幅度增大，最大幅度为 0.198mg/L，8 月 10 日恢复。2017 年 10 月 1 日测值持续上升，同时波动幅度增大，最大异常幅度达 0.474mg/L。2018 年 8 月 25 日转折下降，测值恢复正常，波动幅度减小，9 月 8 日发生墨江 5.9 级地震，见图 25。

开远水位：2015 年以来，水位出现持续性上升，经降雨影响定量分析后认为该持续上升过程不完全是由降雨补给引起，而是与该区域近几年以来压性活动增强的构造活动关系密切。在此持续性上升过程中分别发生了滇南通海 5.0 级震群和滇西南墨江 5.9 级地震。见图 26。

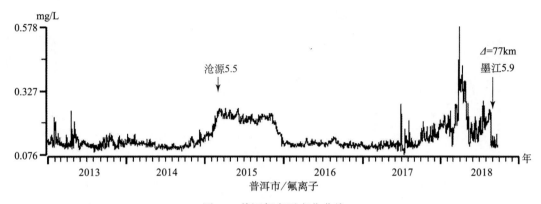

图 25　普洱氟离子变化曲线

Fig. 25　Change curve of F⁻ at Puer

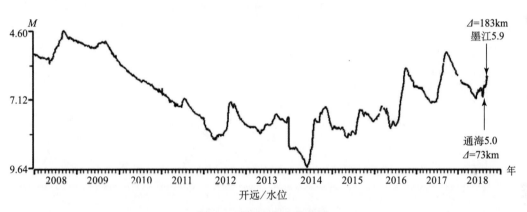

图 26　开远水位变化曲线

Fig. 26　Change curve of water level at Kaiyuan

高大水位：2016 年以来，水位出现持续性上升，经降雨影响定量分析后认为该持续上升过程不完全是由降雨补给引起，而是与该区域近几年以来压性活动增强的构造活动关系密切。在此过程中分别发生了滇南通海 5.0 级震群和滇西南墨江 5.9 级地震，见图 27。

楚雄洞体北南分量：从 2018 年 2 月 6 日开始出现快速上升，该异常在 3 月 23 日结束，后恢复正常年变，见图 28。

石屏水平摆东西分量：自 2016 年开始趋势性转折，2017 年更换传感器后格值增大 2.55 倍，改正后从 2018 年 3 月开始出现加速东倾，7 月 29 日之后转折西倾。通海震后维持西倾变化，见图 29。

跨断层异常：

峨山水准 2—1：总体处于压性变化，期间多次出现短期拉张变化后有地震发生，2016 年开始持续拉张，2017 年 6 月拉张加速，维持在高位过程中先后发生了通海 5.0 级震群和墨江 5.9 级地震，见图 30a。

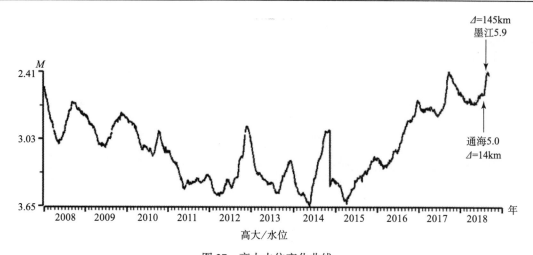

图 27　高大水位变化曲线

Fig. 27　Change curve of water level at Gaoda

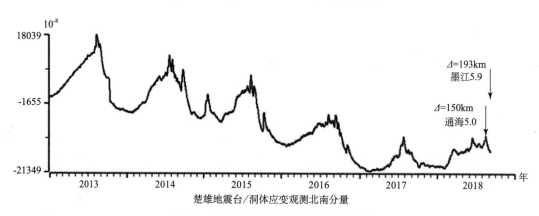

图 28　楚雄洞体应变北南分量变化曲线

Fig. 28　Change curve of NS component of tunnel extension meters at Chuxiong

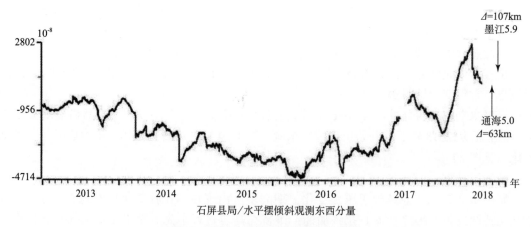

图 29　石屏水平摆东西分量变化曲线

Fig. 29　Change curve of EW component of horizontal pendulum tiltometer at Shiping

　　石屏水准 2—1：自 1999 年开始持续压性变化，后于 2012 年发生转折，出现明显张性变化，2015 年 5~12 月有短期压缩，目前维持高位，在高位状态下先后发生了通海 5.0 级震群和墨江 5.9 级地震，见图 30b。

　　石屏水准 2—3：自观测以来多次出现大幅张压活动，2017 年 7 月出现短期大幅拉张变化，并相对维持在高位，此过程中先后发生了通海 5.0 级震群和墨江 5.9 级地震，见图 30c。

　　建水基线 Ⅰ—Ⅱ：自观测以来测值比较稳定，2009 年底到 2010 年初出现大幅拉张，恢复后于 2011 年 3 月 24 日发生缅甸 7.2 级地震。2017 年 7 月又出现大幅拉张变化，后在反向恢复过程中先后发生通海 5.0 级震群和墨江 5.9 级地震，见图 30d。

　　石屏基线 Ⅱ—Ⅲ：观测以来持续压性变化，2010 年开始转为持续拉张变化，2017 年短期内出现快速压性变化，目前变化趋于平稳，此过程中先后发生了通海 5.0 级震群和墨江 5.9 级地震，见图 30e。

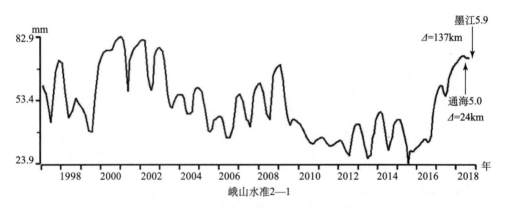

图 30a　峨山水准 2—1 变化曲线

Fig. 30a　Change curve of leveling 2-1 at Eshan

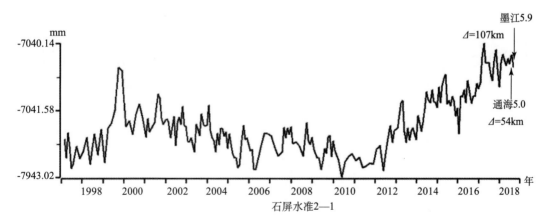

图 30b　石屏水准 2—1 变化曲线

Fig. 30b　Change curve of leveling 2-1 at Shiping

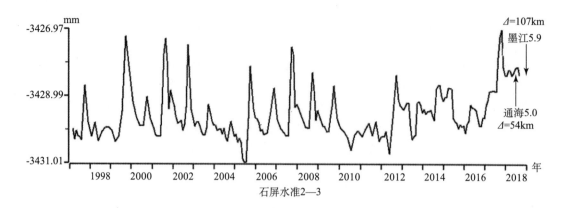

图 30c　石屏水准 2—3 变化曲线

Fig. 30c　Change curve of leveling 2-3 at Shiping

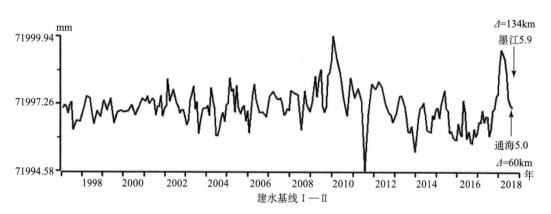

图 30d　建水基线 Ⅰ—Ⅱ 变化曲线

Fig. 30d　Change curve of leveling Ⅰ-Ⅱ at Jianshui

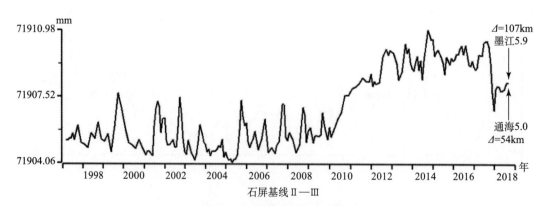

图 30e　石屏基线 Ⅱ—Ⅲ 变化曲线

Fig. 30e　Change curve of leveling Ⅱ-Ⅲ at Shiping

石屏基线Ⅱ—Ⅰ：自 1982 年观测以来比较稳定，2005 年开始持续拉张变化，2012 年 1 月开始逐渐转平，目前仍然维持高位，此过程中先后发生了通海 5.0 级震群和墨江 5.9 级地震，见图 30f。

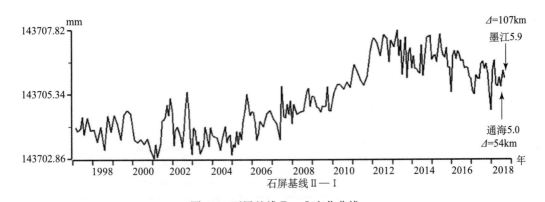

图 30f　石屏基线Ⅱ—Ⅰ变化曲线

Fig. 30f　Change curve of leveling Ⅱ–Ⅰ at Shiping

4. 异常特征及综合分析

1) 地震学异常

整体来说，2018 年 9 月 8 日云南墨江 5.9 级地震前地震学异常呈现如下特征：

5 级地震平静显著：自 2015 年 3 月 1 日沧源 5.5 级地震后，云南地区经历了 4 次长达 200 天以上的 5 级平静。2017 年 3 月 27 日漾濞 5.1 级地震后，5 级地震平静时间长达 504 天，其后于 8 月 13 日发生了通海两次 5.0 级地震。滇西南—滇南地区自 2015 年 3 月 1 日沧源 5.5 级地震后 5 级地震持续平静长达 1261 天，后被通海 5.0 级地震打破。虽然长时间平静被打破，但通海地震强度较低，并未缓解云南地区的强震背景。

$M_L \geq 4.0$ 级地震高频活动后持续平静：2018 年 1 月至 5 月，云南地区 $M_L \geq 4.0$ 级地震显著增强，尤其是滇西南地区，连续发生多次 $M_L \geq 4.0$ 级地震，该区中等地震活动显著增强，6 个月累计频度高达 8 次超过异常指标。2018 年 5 月 21 日景洪 $M_L 4.1$ 后，云南省内 4 级地震平静 82 天，滇西南地区平静 110 天，随后发生墨江 5.9 级地震。

3 级地震日频度显著增强：1997 年以来云南地区 3 级以上地震多年的平均活动水平约 3 天 1.6 次，2018 年 8 月 13、14 日通海两次 5.0 级地震后，云南地区 3 级地震以滇西北东条带和滇西南地区为主体活动地区，地震频度略高于均值活动水平。而墨江 5.9 级地震前一天，即 9 月 7 日 1 天内，云南地区发生了 7 次 3 级地震（非震群），其中滇西南有 5 次，出现 3 级地震显著增强现象。

2) 前兆异常特征分析

震后分析认为滇西南普洱大寨出现的 4 项水化学离子异常、宁洱出现的 1 项宏观异常以及石屏水平摆加速东倾异常共计 6 项异常与此次地震关系密切，而滇南地区较为显著的背景异常在此次地震前后并未出现明显的转折、恢复或者速率减缓的过程，可能并不能完全用此次墨江 5.9 级地震来解释，200km 处楚雄洞体应变的短时间破年变压缩过程于震前半年已恢复正常，认为可能与 8 月 13、15 日通海两次 5.0 级地震关系更为密切。

从时间演化过程来看，滇南地区的背景异常均持续了好几年，对此次地震的预测意义不明显。滇西南普洱的水化学离子、石屏水平摆以及宁洱宏观异常中，最早出现于震前 15 个月，为普洱氟离子，以时间先后依次为，普洱碳酸氢根离子、镁离子，石屏水平摆，普洱钙离子，震前最近的异常为宁洱的地下水大量涌出的宏观异常，距离发震位置也最近，见图 31。

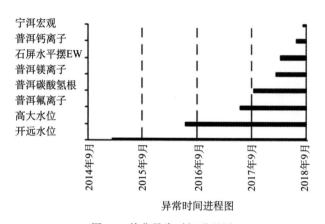

图 31　前兆异常时间进程图

Fig. 31　Time map of precursory anomaly

五、震前预测回顾总结

从年度预测角度，2018 年全国地震趋势会商会、云南省年度地震趋势会商会划定澜沧至弥勒地区为 2018 年度重点危险区。2018 年 9 月 8 日墨江 5.9 级地震发生在该危险区内[6]。

在年度预测的基础上，云南省地震局加强了对危险区的地震活动性和前兆资料变化的跟踪。2018 年 1 月以来，滇西南地区出现 4 级地震密集活动（1~2 月）、滇南地区高水位井孔集中分布、红河和个旧测点二氧化碳异常幅度增大、普洱大寨及景东测点水化突变等异常现象。云南省地震局先后在 2018 年 2 月 27 日在川滇藏交界协作区震情会商第一次会议、3 月 27 日滇南至滇西南危险区震情会商第一次会议上对澜沧至弥勒危险区新的震情变化进行研判，于 2018 年 4 月 23 日向省人民政府上报《云南省地震局关于云南地区短期地震趋势分析意见的报告》[7]，指出"云南地区短期（3 个月内）发生 6.5 级左右地震的可能性较大。主要危险区为：滇西北弥渡、大理、云龙、剑川、鹤庆、永胜、宁蒗、香格里拉、德钦一带；滇南至滇西南华宁、通海、峨山、石屏、建水、宁洱、澜沧一带。"主要预测依据是：云南地区 6、7 级地震平静异常显著，5 级地震弱活动现象突出，近期地震活动性及宏微观前兆异常现象等。预测意见上报后，中国地震局拟定强化跟踪方案，由中国地震台网中心和云南省地震预报研究中心每周加密联合会商，云南省地震局根据震情召开每日加密会商，跟踪预测依据变化动态。

针对 2018 年上半年显著地震事件和震情变化，云南省地震局推进了震情强化监视跟踪和强震发生紧迫性的动态研判工作，做出了一定程度的动态研判。2018 年 8 月 3 日川滇藏交界协作区震情会商第二次会议上，指出"云南地区短期发生 6.5 级左右地震的可能性大，紧迫性进一步增强，重点关注云南澜沧至弥勒危险区"，将澜沧至弥勒危险区的短期危险性排在首位。云南省地震局于 2018 年 8 月 7 日向省人民政府上报《云南省地震局关于 2018 年下半年云南地区地震趋势预测意见的报告》[8]，明确指出"云南澜沧至弥勒（6.5 级左右）危险区发生预期震级地震的紧迫性增强。" 8 月 13 日、8 月 14 日澜沧至弥勒重点危险区发生通海两次 5.0 级地震，省地震局及时进行震情研判，组织召开了滇西南地震预报协作区震情会商会，实行加密会商制度，滚动研判震情。在云南强震危险背景突出、6 级以上地震依然平静的背景下，结合当前地震活动、宏微观前兆异常变化及地球物理场观测资料结果，省地震局对当前地震形势进行综合研判，9 月 5 日向中国地震局、省委省政府上报了《云南省地震局关于云南地区地震趋势研判意见及对策措施的报告》[9]，再次指出"云南地区短期发生 6.5 级左右地震的紧迫性进一步增强，重点关注云南澜沧至弥勒重点危险区的华宁、峨山、石屏、建水、宁洱、澜沧一带；云南大理至川滇藏交界重点危险区的弥渡、大理、云龙、剑川、鹤庆、永胜、宁蒗、香格里拉、德钦一带短期内存在发生 6 级左右地震的可能"。9 月 8 日澜沧至弥勒重点危险区发生墨江 5.9 级地震。

在短临预测方面，共有 3 份单位（个人）预测卡对此次地震三要素做出了较好的预测。滇西地震预报试验场赵家本依据云南地区 6 级平静异常、5 级弱活动、通海 5.0 级地震的影响和综合预测指标等填报了短期预报卡，时间、地点、震级三要素均与此次地震吻合。另外 2 份预报卡地点、震级与此次地震吻合，时间上有一定提前，误差均在预测时段最大区间的 20% 以内。3 份预报卡中对地震活动性和前兆异常有一些共同的认识，积累了较为可靠的依据和指标。

墨江 5.9 级地震在中长期和短期预测方面都取得了较好的效果，说明在趋势判断上对该危险区的地震危险性已有较准确的认识，在短期预测上对部分地震活动现象和前兆异常的短期意义有了较准确的把握。与此同时，我们也需要进一步分析研究预测中与实际不符的情况：通海两次 5.0 级地震和本次墨江 5.9 级地震，均未达到预测震级（6.5 级左右），即震级预测水平偏高。年度预测所依据的异常现象仍在持续，这些异常与此次地震的关系以及后续的指示意义仍待进一步的跟踪和研究，滇南—滇西南地区的强震危险性还不能缓解。

六、结论与讨论

1. 结论

2018 年 9 月 8 日，云南普洱市墨江县发生 5.9 级地震，宏观震中为墨江县通关镇丙蚌、牛库、毕库一带，极震区地震烈度为Ⅷ度，等震线呈大致椭圆形，长轴方向为 NW 走向分布，微观震中位于Ⅷ度区内，地震造成 28 人受伤，直接经济损失共 12.92 亿元。地震序列为主震—余震型，最大余震为 4.7 级。余震呈 NE 向优势分布，与极震区烈度 NW 向分布不一致。震源机制结果显示，节面Ⅰ走向 129°、倾角 81°、滑动角 -155°，节面Ⅱ走向 35°、倾角 65°、滑动角 -10°，地震序列的精定位分布的优势方向为 NE，与节面Ⅱ吻合，墨江 5.9

级地震的发震构造可能是 NE 走向的隐伏断层。震中周围 200km 范围内共有固定地震台站 25 个，其中测震台 14 个，定点前兆观测台站 22 个。震前共出现 12 个项目 24 条异常，其中测震学和微观前兆分别出现了 6、17 条异常，以中短期异常为主，宏观异常 1 条。前兆异常台站百分比为 32%，异常台项比为 14%。墨江 5.9 级地震位于中国地震局划定的 2018 年度澜沧至弥勒重点危险区内，有较好的年度预测；云南省地震局对这次地震作出了震前的短期预测，预测的时间、地点正确，强度存在偏差。

2. 讨论

（1）短期预测。2018 年 1~2 月、5 月滇西—滇西南及境外缅甸、老挝地区 M_L3、M_L4 地震活跃，形成 NWW 向和 NE 向条带状分布并交会于滇西南地区。参考以往 M_L4 地震条带震例，对滇西、滇西南及附近区域发生 ≥6 级地震有 3~6 个月时间尺度的指示意义。前兆方面，滇南开远、高大高水位异常突出，石屏、建水、通海等跨断层形变异常显著，2018 年 8 月 13 日及 14 日通海 5.0 级地震后，普洱氟离子、钙离子、镁离子、碳酸氢根离子异常依然持续，因此，9 月 5 日向中国地震局、省委省政府上报了《云南省地震局关于云南地区地震趋势研判意见及对策措施的报告》，再次指出"云南地区短期发生 6.5 级左右地震的紧迫性进一步增强，重点关注云南澜沧至弥勒重点危险区的华宁、峨山、石屏、建水、宁洱、澜沧一带；云南大理至川滇藏交界重点危险区的弥渡、大理、云龙、剑川、鹤庆、永胜、宁蒗、香格里拉、德钦一带短期内存在发生 6 级左右地震的可能"。同时还提出，长时间 5 级平静被通海地震打破后，应注意连发的可能。随后便发生了墨江 5.9 级地震。

（2）异常跟踪。虽然墨江震前，预报中心作出"云南地区短期发生 6.5 级左右地震的紧迫性进一步增强，重点关注云南澜沧至弥勒重点危险区"的研判，通海两次 5.0 级地震和此次墨江 5.9 级地震，均未达到预测震级（6.5 级）。此外，滇西南普洱大寨出现的 4 项水化学离子异常、宁洱出现的 1 项宏观异常以及石屏水平摆加速东倾异常共计 6 项异常与此次地震关系密切，而滇南地区较为显著的背景异常（如开远、高大高水位异常）在本次地震前后并未出现明显的转折、恢复或者速率减缓的变化，可能并不能完全用此次墨江 5.9 级地震来解释。因此，认为年度预测所依据的异常现象仍在持续，这些异常与此次地震的关系以及后续的指示意义仍待进一步的跟踪和研究，滇南—滇西南地区的强震危险性暂未得到缓解。

（3）震情会商。2018 年 4 月 23 日向省人民政府上报《云南省地震局关于云南地区短期地震趋势分析意见的报告》，指出"云南地区短期（3 个月内）发生 6.5 级左右地震的可能性大，主要危险区为：滇南至滇西南华宁、通海、峨山、石屏、建水、宁洱、澜沧一带。"主要预测依据是：云南地区 6、7 级地震平静异常显著，5 级地震弱活动现象突出，近期地震活动性及宏微观前兆异常现象等。预测意见上报后，中国地震局拟定强化跟踪方案，由中国地震台网中心和云南省地震预报研究中心每周加密联合会商，云南省地震局根据震情召开每日加密会商，跟踪预测依据动态变化。此外，要求危险区跟踪专家组，每月研判危险区目标地震发生的紧迫性，并针对危险区出现的突发震情和显著事件，及时开展后续震情趋势的研判工作。

（4）3 级地震高频。9 月 7 日 1 天内云南地区发生了 7 次 3 级地震（非震群），其中滇西南有 5 次，出现 3 级地震显著增强。2000 年以来的统计结果显示，虽然 3 级地震日频度≥3次未通过检验，作为临震异常的依据不充分，但云南地区 5 级地震活动短期显著增强前出现 3 级高频和空间集中活动现象不容轻视，尤其是本次墨江地震前，3 级地震日频次达到 7 次之多，对后续墨江地震的发生有一定的短临指示意义。

（5）通海 5.0 级地震对前兆异常的影响。2018 年 8 月 13 日通海 5.0 级地震前，滇南至滇西南危险区存在石屏水平摆、普洱水化离子、开远及高大水位等前兆异常。通海地震后，墨江地震前，部分异常仍然处于持续发展状态，可能无法用单个地震来解释。因此，认为通海地震后该危险区有 5 级以上地震连发的可能，随后发生了墨江 5.9 级地震。同样，墨江地震发生后，该区域两项高水位异常仍在持续，类比之前的情况，我们认为后续也应注意强震连发的危险。

参 考 文 献

[1] 云南省地质构造图，1990，云南省地质矿产局区域地质调查队编制，地质出版社

[2] 安晓文、常祖峰主编，2018，云南第四纪活动断裂暨《云南第四纪活动断裂分布图》，地震出版社，北京：265~266

[3] 王伶俐、邵德盛、施发奇，2015，基于 GPS 的云南地区活动地块现今运动及应变特征分析，地震地磁观测与研究，36（1）：28~36

[4] 王伶俐、王青华、张勇等，2016，基于 GPS 的云南地区主要断裂带现今运动特征分析，防灾科技学院学报，18（1）：1~8

[5] 卢映祥、薛顺荣、尹光候等，2008，哀牢山地区金、多金属化探找矿技术研究与应用及成矿带预测［R］，昆明：云南省地质调查院

[6] 王宇，1994，红河断裂南段活动性分析，地质灾害与环境保护，5（2）：28~35

[7] 毛玉平、韩新发主编，2003，云南地区强震（$M \geqslant 6.0$）研究，昆明：云南科技出版社，37~44

[8] 周文戈、谢鸿森、赵志丹等，1998，哀牢山变质带元江—墨江剖面岩石的纵波波速特征及其地质意义，地球物理学报，41（Suppl）：48~53

[9] 刘正荣、钱兆霞、王维清，1979，前震的一个标志——地震频度的衰减，地震研究，2（4）

参 考 资 料

1）云南省地震局，云南地震目录，2018

2）统一快报目录，地震编目系统

3）https://earthquake.usgs.gov/earthquakes/eventpage/us2000hat7#executive

4）云南省地震局，2018，2018 年 9 月 8 日云南墨江 5.9 级地震灾害直接经济损失评估报告

5）云南省地震局，2018，2018 年 9 月 8 日墨江 5.9 级地震现场强震动应急观测工作报告

6）云南省 2018 年度地震趋势研究报告，云南省地震预报研究中心，2017 年 11 月

7）云南省地震局关于云南地区短期地震趋势分析意见的报告（云震发〔2018〕50 号）

8）云南省地震局关于 2018 年下半年云南地区地震趋势预测意见的报告（云震发〔2018〕108 号）

9）云南省地震局关于云南地区地震趋势研判意见及对策措施的报告（云震发〔2018〕127 号）

The M_S 5. 9 Mojiang Earthquake on September 8， 2018 in Yunnan Province

Abstract

On September8, 2018, the earthquake of M_S5. 9 occurred in Mojiang county, Pu'er city, Yunnan province. The macroscopic epicenter was located in the area of Bingbeng, Niuku and Biku, Tongguan Town in Mojiang country. The seismic intensity in the meizoseismal area was Ⅷ. The shape of the isoseismic line was roughly elliptic with major long axis in NW direction. The micro epicenter was within Ⅷ degree. 28 person were injured during the earthquakes. The direct economic loss was 1. 292 billion Yuan.

The earthquake sequence was of main shock aftershock type, and the biggest aftershock was M4. 7. The spatial distribution of aftershocks was northeastward, which was inconsistent with the NW distribution of intensity in the meizoseismal area. The focal mechanism solution shows that the strike of nodal plane Ⅰ is 129°, dip angle is 81°, slip angle is −155°, and the strike of nodal plane Ⅱ is 35°, dip angle is 65°, slip angle is −10°, the dominant direction of precise positioning distribution of seismic sequence is NE, which was consistent with nodal plane Ⅱ. The seismogenic structure of M_S5. 9 Mojiang earthquake may be an NE trending concealed fault.

There were 25 fixed seismic stations within the distance of 200km from epicenter: 14 of them were seismometric stations and 22 of them were precursory observation stations. Before this event there were 24 anomalies in 12 observation items including 6 seismometric anomalies and 17 precursor anomalies. Most of them were medium and short−term anomalies. There was only 1 macroscopic anomalies. The percentage of precursory abnormal stations is 32%, and the ratio of abnormal stations to items is 14%.

The M_S5. 9 Mojiang earthquake was located in the 2018 Lancang Maitreya key risk area designated by China Earthquake Administration, which is better annual forecast. Yunnan Earthquake Agency made a short−term prediction of the earthquake. The predicted time and place were correct, but there was a deviation in strength.

报 告 附 件

附件一：震例所用附件

附表 1　固定前兆观测台（点）与观测项目汇总表

序号	台站（点）名称	经纬度（°）		测项	资料类别	震中距 Δ/km	备注
		φ_N	λ_E				
1	宁洱	23.07	101.02	水位	I	55	
				水氡	I		
2	元江	23.85	102.00	测震	I	61	
				水位	II		2018 年新上仪器
				水温	II		2018 年新上仪器
3	普洱大寨	22.79	100.98	测震	I	77	
				水位	I		
				水温	I		
				气汞	II		
				气氡	II		
				水氡	I		
				pH 值	I		
				碳酸氢根	I		
				氟离子	I		
				钙离子	I		
				镁离子	I		
4	镇沅	23.88	100.90	水位	II	92	2018 年新上仪器
				水温	II		模拟仪器老化
5	新平	24.08	101.99	水位	I	102	
				水温	I		
6	石屏	23.71	102.48	水平摆	I	107	
				水位	I		
				水温	I		
				短水准	I		
				短基线	I		

序号	台站（点）名称	经纬度（°）		测项	资料类别	震中距 Δ/km	备注
		φ_N	λ_E				
7	景谷	23.46	100.45	测震	I	110	模拟仪器老化
				水位	II		
				水温	II		模拟仪器老化
8	建水	23.65	102.77	测震	I	134	
				水位	I		
				水温	I		
				短水准	I		
				短基线	I		
9	峨山	24.13	102.5	水位	I	137	
				水温	I		
				短水准	I		
				短基线	I		
10	通海	24.07	102.75	测震	I	145	
				摆式倾斜仪	II		
				地磁总强度	I		
				地磁垂直分量	I		
				磁偏角	I		
				水位	I		
				水温	I		
				气氡	II		
				气汞	II		
				短水准	I		
				短基线	I		
11	景东	24.45	100.82	水位	I	147	
				水温	I		
				水氡	I		

续表

序号	台站（点）名称	经纬度（°）		测项	资料类别	震中距 Δ/km	备注
		φ_N	λ_E				
12	曲江水化站	23.96	102.79	水位	I	150	
				水温	I		
				气氡	II		
				气汞	II		
				地电场	II		
13	玉溪	24.37	102.55	水位	II	160	2018 年新上仪器
				水温	II		2018 年新上仪器
14	临沧	23.86	100.08	测震	I	160	
				水位	II		周边抽水干扰
				水温	II		周边抽水干扰
				气氡	II		
				气汞	II		
15	景洪	22.01	100.74	测震	I	163	
16	个旧	23.35	103.14	测震	I	165	
17	易门	24.67	102.17	测震	I	168	
				水位	I		
				水温	I		
18	江川	24.33	102.75	水位	I	172	
				水温	I		
				气氡	II		
				气汞	II		
19	华宁	24.2	102.95	水位	II	178	2018 年新上仪器
				水温	II		2018 年新上仪器
20	金平	22.77	103.22	测震	I	182	
21	开远	23.75	103.25	水位	I	183	
				水温	I		
				气氡	II		

序号	台站（点）名称	经纬度（°）		测项	资料类别	震中距 Δ/km	备注
		φ_N	λ_E				
22	澜沧	22.55	99.92	测震	I	183	
				水位	I		
				水温	I		
				气氡	II		
				气汞	II		
23	云县	24.43	100.13	测震	I	191	
				水管倾斜	I		
				摆式倾斜	I		
				洞体应变	I		
24	楚雄	25.00	101.53	测震	I	193	
				水位	I		
				水温	I		
				水管倾斜	I		
				摆式倾斜	I		
				洞体应变	I		
				地磁总强度	I		
				地磁垂直分量	I		
				磁偏角	I		
				短水准	I		
				短基线	I		
25	勐腊	21.50	101.55	测震	I	199	
				水温	II		
				水位	II		
				气氡	II		
				气汞	II		
				水管倾斜	I		
				摆式倾斜	II		
				洞体应变	I		
				地磁总强度	II		缺数严重
				地磁垂直分量	II		缺数严重
				磁偏角	II		缺数严重

续表

分类统计	0<Δ≤100km	100<Δ≤200km	总数
测项数 N	10	14	24
台项数 n	18	91	109
测震单项台数 a	0	3	3
形变单项台数 b	0	0	0
电磁单项台数 c	0	0	0
流体单项台数 d	0	0	0
综合台站数 e	4	18	22
综合台中有测震项目的台站数 f	2	9	11
测震台总数 $a+f$	2	12	14
台站总数 $a+b+c+d+e$	4	21	25
备注			

附表 2　测震以外固定前兆观测项目与异常统计表

序号	台站（点）名称	测项	资料类别	震中距 Δ/km	按震中距 Δ 范围进行异常统计									
					0<Δ≤100km					100<Δ≤200km				
					L	M	S	I	U	L	M	S	I	U
1	宁洱	水位	I	55	—	—	—	—	—					
		水氡	I		—	—	—	—	—					
2	元江	水位	II	61	—	—	—	—	—					
		水温	II		—	—	—	—	—					
3	普洱大寨	水位	I	77	—	—	—	—	—					
		水温	I		—	—	—	—	—					
		气汞	II		—	—	—	—	—					
		气氡	II		—	—	—	—	—					
		水氡	I		—	—	—	—	—					
		pH 值	I		—	—	—	—	—					
		碳酸氢根	I		—	√								
		氟离子	I		—	√								
		钙离子	I		—	—	√	—	—					
		镁离子	I		—	—	√							

续表

序号	台站（点）名称	测项	资料类别	震中距 Δ/km	按震中距 Δ 范围进行异常统计									
					0<Δ≤100km					100<Δ≤200km				
					L	M	S	I	U	L	M	S	I	U
4	镇沅	水位	II	92	—	—	—	—	—					
		水温	II		—	—	—	—	—					
5	新平	水位	I	102						—	—	—	—	—
		水温	I							—	—	—	—	—
6	石屏	水平摆	I	107						—	—	√	—	—
		水位	I							—	—	—	—	—
		水温	I							—	—	—	—	—
		短水准	I							√	—	—	—	—
		短基线	I							√	—	—	—	—
7	景谷	水位	II	110						—	—	—	—	—
		水温	II							—	—	—	—	—
8	建水	水位	I	134						—	—	—	—	—
		水温	I							—	—	—	—	—
		短水准	I							—	—	—	—	—
		短基线	I							—	√	—	—	—
9	峨山	水位	I	137						—	—	—	—	—
		水温	I							—	—	—	—	—
		短水准	I							—	√	—	—	—
		短基线	I							—	—	—	—	—
10	通海	摆式倾斜仪	II	145						—	—	—	—	—
		地磁总强度	I							—	—	—	—	—
		地磁垂直分量	I							—	—	—	—	—
		磁偏角	I							—	—	—	—	—
		水位	I							—	√	—	—	—
		水温	I							—	—	—	—	—
		气氡	II							—	—	—	—	—
		气汞	II							—	—	—	—	—
		短水准	I							—	—	—	—	—
		短基线	I							—	—	—	—	—

续表

序号	台站（点）名称	测项	资料类别	震中距 Δ/km	按震中距 Δ 范围进行异常统计									
					0<Δ≤100km					100<Δ≤200km				
					L	M	S	I	U	L	M	S	I	U
11	景东	水位	I	147						—	—	—	—	—
		水温	I							—	—	—	—	—
		水氡	I							—	—	—	—	—
12	曲江水化站	水位	I	150						—	—	—	—	—
		水温	I							—	—	—	—	—
		气氡	II							—	—	—	—	—
		气汞	II							—	—	—	—	—
		地电场	II							—	—	—	—	—
13	玉溪	水位	II	160						—	—	—	—	—
		水温	II							—	—	—	—	—
14	临沧	水位	II	160						—	—	—	—	—
		水温	II							—	—	—	—	—
		气氡	II							—	—	—	—	—
		气汞	II							—	—	—	—	—
15	易门	水位	I	168						—	—	—	—	—
		水温	I							—	—	—	—	—
16	江川	水位	I	172						—	—	—	—	—
		水温	I							—	—	—	—	—
		气氡	II							—	—	—	—	—
		气汞	II							—	—	—	—	—
17	华宁	水位	II	178						—	—	—	—	—
		水温	II							—	—	—	—	—
18	开远	水位	I	183						—	√	—	—	—
		水温	I							—	—	—	—	—
		气氡	II							—	—	—	—	—
19	澜沧	水位	I	183						—	—	—	—	—
		水温	I							—	—	—	—	—
		气氡	II							—	—	—	—	—
		气汞	II							—	—	—	—	—

续表

序号	台站（点）名称	测项	资料类别	震中距Δ/km	按震中距Δ范围进行异常统计									
					0<Δ≤100km					100<Δ≤200km				
					L	M	S	I	U	L	M	S	I	U
20	云县	水管倾斜	Ⅰ	191						—	—	—	—	—
		摆式倾斜	Ⅰ							—	—	—	—	—
		洞体应变	Ⅰ							—	—	—	—	—
21	楚雄	水位	Ⅰ	193						—	—	—	—	—
		水温	Ⅰ							—	—	—	—	—
		水管倾斜	Ⅰ							—	—	—	—	—
		摆式倾斜	Ⅰ							—	—	—	—	—
		洞体应变	Ⅱ							—	√	—	—	—
		地磁总强度	Ⅰ							—	—	—	—	—
		地磁垂直分量	Ⅰ							—	—	—	—	—
		磁偏角	Ⅰ							—	—	—	—	—
		短水准	Ⅰ							—	—	—	—	—
		短基线	Ⅰ							—	—	—	—	—
22	勐腊	水温	Ⅱ	199						—	—	—	—	—
		水位	Ⅱ							—	—	—	—	—
		气氡	Ⅱ							—	—	—	—	—
		气汞	Ⅱ							—	—	—	—	—
		水管倾斜	Ⅰ											
		摆式倾斜	Ⅱ											
		洞体应变	Ⅰ							—	—	—	—	—
		地磁总强度	Ⅱ							—	—	—	—	—
		地磁垂直分量	Ⅱ											
		磁偏角	Ⅱ							—	—	—	—	—

续表

分类统计			L	M	S	I	总	L	M	S	I	总
分类统计	台项	异常台项数	0	2	2	0	4	2	7	1	0	10
		台项总数	16	16	16	16	16	82	82	82	82	82
		异常台项百分比/%	0	13	13	0	25	2	9	1	0	12
	观测台站（点）	异常台站数	0	1	1	0	1	1	6	1	0	6
		台站总数	4	4	4	4	4	18	18	18	18	18
		异常台站百分比/%	0	25	25	0	25	6	33	6	0	33
	测项总数（23）		10					13				
	观测台站总数（22）		4					18				
备注												

附件二：短期预报卡1

D2018 19

类别：B　编号：____　填报个人或填报单位（部门）：志愿者

填报时间：2018 年 8 月 22 日

签发人（或单位盖章）：

通讯地址：大理市源江路125号中国地震局滇西地震预报实验场23

邮政编码：671000　联系电话：18577240867

预测内容：

1. 中期、短期、临震预测：

① 时间：2018 年 8 月 23 日至 2018 年 11 月 22 日

② 震级（Ms）：5.5 级至 6.4 级

③ 地域：地海、弥渡、巍山、南涧、洱源、祥云、弥牢、永平、巍山、双柏等地

含楚雄、剑川、洱源、洱海、嵩明、永胜、祥云、漾濞等区

参考点经纬度 23.5 °N，101.5 °E

或 26.0 °N，100.5 °E

以参考点为中心的封闭区域最大半径：125 公里

2. 地震趋势估计：

① 地震（震群）名：_____

② 地震类型：_____

3. 安全预测（Ms<5.0）：

① 时间：____ 年 ____ 月 ____ 日至 ____ 年 ____ 月 ____ 日

② 地域：_____

填卡须知

1. 预测意见分为 A、B、C、D 四类，一张卡片只能填报其中一类。

A 类：中期预测（3 个月至 1 年）；B 类：短期预报（3 个月内，含 3 个月）；

— 10 —

C 类：地震趋势估计（中强地震发生后 30 天内的类型判定、余震预测）；

D 类：安全预测。

2. 三要素填报规定：

① 时间分为三类：

中期：一年，半年及 3 个月至 1 年内的其他时段。

短期：3 个月，2 个月，1 个月，20 天，15 天。

临震：10 天，7 天，5 天。

② 震级分为五档：5.0-5.9、5.5-6.4、6.0-6.9、6.5-7.5、≥7。

③ 地域最大半径（距）（可为任意形状的封闭形，参考点为其几何中心点）：

震级档	5.0-5.9	5.5-6.4	6.0-6.9	6.5-7.5	≥7
最大半径（中期、短期和临震）	≤100	≤125	≤150	≤175	≤200

3. 本卡片向所在地或预测地州（市）、县级地震部门，或云南省地震局（昆明市北辰大道中段 842 号云南省地震预报研究中心，邮编：650224）报告。

4. 本卡片必须严格按规定填报，否则视为无效。

5. 本卡片可以复制使用。

6. 本卡片解释权归云南省地震局监测预报处，原由云南省地震局监测预报处印制的预测卡一律作废。

以下由接收部门填写：

收卡人：　　　　　收卡时间：2018.8.29

评审意见：

评审人（或单位盖章）：

评审时间：　　年　月　日

主要依据：

1、云南地区（N20°-29°，E97°-107°）≥6.0级地震截止8月23日已平静1416天，是1913年以来第三长平静。

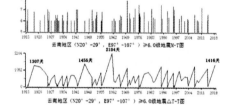

云南地区（N20°-29°，E97°-107°）≥6.0级地震M-T图

云南地区（N20°-29°，E97°-107°）≥6.0级地震△T-T图

2、云南地区≥5.0级地震连续

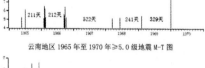

云南地区 1965 年至 1970 年≥5.0级地震 M-T 图

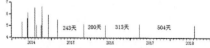

云南地区 2014 年至 2018 年≥5.0级地震 M-T 图

3、通海地区（N24.2°，E102.7°）50公里范围内≥5.0级地震长期平静后（600天以上），云南地区≥5.0级地震的活动有增强趋势。1900年以来该区共发生≥5.0级地震16组次（双震以1组统计），前15

组次出现长期平静后 40 天至 216 天, 在本区域直接发生 ≥5.5 级地震 5 组次, 滇西北发生 ≥5.5 级地震 6 组次, 滇西南发生 ≥5.5 级地震 3 组次, 滇东北发生 ≥5.5 级地震 1 组次, 8 月 13 日通海发生 5.0 级与上次 ≥5.0 级地震间隔时间达 6237 天, 是 1900 年以来的第三长平静。

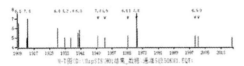

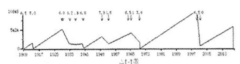

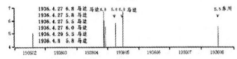

通海 1936 年 2 月 18 日 5.0 级地震后云南地区 ≥5 级地震情况

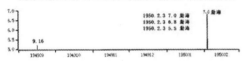

通海 1949 年 9 月 16 日 5.2 级地震后云南地区 ≥5 级地震情况

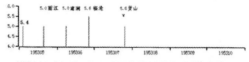

通海 1953 年 5 月 4 日 5.0 级地震后云南地区 ≥5 级地震情况

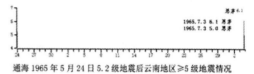

通海 1965 年 5 月 24 日 5.2 级地震后云南地区 ≥5 级地震情况

(19991125--20000127)

通海 1999 年 11 月 25 日 5.2 级地震后云南地区 ≥5 级地震情况

4、云南地区 ≥6.0 级地震综合预测指标 16 年以来连续出现预测指标值, 目前仍在预测时段内。

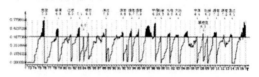

5、云南地区 ≥5.0 级地震短临综合预测指标, 2018 年 8 月 20 日又出现预测指标值。

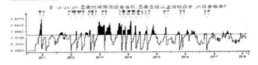

附件三：短期预报卡 2

D2018 14

量12.5.9　震发，地主已确
震级3.0　三要素已确

地震预报卡片

类别：　B　　编号：＿＿＿　　填报人（或单位）：滇痕中心

填报时间：　2018　年　5　月　25　日

签发人（或单位盖章）：＿＿＿＿＿＿＿

※※※※※※※※※※※※※※※※※※※※※※※※※

预报内容：

1. 时间：　2018　年　5　月　25　日至　2018　年　8　月　25　日
2. 震级（Ms）：(1)　5.0　级至　5.9　级
　　　　　　　　(2)　5.0　级至　5.9　级
3. 地域及范围：
　(1) 思茅、景谷、普洱、江城、勐腊、景洪、勐海、澜沧、墨江。

　(2) 峨山、通海、石屏、建水、新平、江川、华宁、开远、个旧、
　　　蒙自、弥勒、元阳、红河、元江、金平、易门等区域。

参考点经纬度：(1)　22.9　N，　100.8　E
　　　　　　　　(2)　23.9　N，　102.6　E

以参考点为中心的封闭区域最大半径（距）：　100　公里

4. 地震类型　①地震（震群）名：＿＿＿＿＿＿＿＿
　　　　　　　②地震类型：＿＿＿＿＿＿＿＿＿

填卡须知

1. 预报意见分为 A、B、C、D 四类，一张卡片只能填报其中一类。
　A 类：中期预报。时间 3 个月至 1 年。
　B 类：短期预报，时间 3 个月以内（含 3 个月）。
　C 类：地震趋势估计，类型判定，余震预报，震群判定。
　D 类：安全预报。
2. 三要素填报规定：
　① 时间分为：
　　中期：一年，半年及 3 个月至 1 年内的其他时段。
　　短临：3 个月，2 个月，1 个月，20 天，15 天，10 天，一周
　② 震级分为：5.0-5.9，5.5-6.4，6.0-6.9，6.5-7.5，≥5 五档。
　③ 地域最大半径（距）

	5.0-5.9	5.5-6.4	6.0-6.9	6.5-7.5	≥7
中期	≤100	≤125	≤125	≤150	≤150
短临	≤100	≤125	≤150	≤150	≤150

　预报地域可为任意形状的封闭区，参考点为其几何中心点。

3. 本卡片必须严格按照规定填报，否则无效。
4. 本卡寄送云南省地震预报研究中心。
5. 原省局印发的各种预报卡一律作废。
6. 本卡可复印使用。

以下由接收部门填写：

收卡人：罗睿涛　收到卡片时间：2018·4.25

评审意见：

评审人（或单位盖章）

评审时间：　　　年　　月　　日

预报依据及附图
（可附页）

1、GNSS 资料显示，近期滇南地区新平场地存在短期异
常，塔甸场地也有异常变化，而滇西南地区以及小江断
裂东侧从长趋势看存在挤压应变积累。

2、重力资料显示，滇南地区存在一定重力异常。

3、2018 年地磁三分量观测资料显示，滇西北、滇南地
区存在异常。

4、跨断层短水准短基线场地中，滇南地区异常尤为突出，
包括石屏、峨山场地水准测项、建水场地基线大幅拉张
变化。

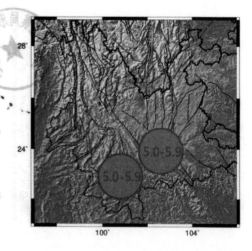

（云南省地震局科技监测处印发）

附件四：短期预报卡 3

D 2018　12　　　　　　　　　　　　号 2 5.9　庞奶,地生区雨

地震预报卡片

类别：_B_　编号：_____　填报人（或单位）：_钱晓东_

填报时间：_2018_ 年 _5_ 月 _22_ 日

签发人（或单位盖章）：_钱晓东_

※ ※※※※※※※※※※※※※※※※※※※※※※※※
预报内容：
1.时间：_2018_ 年 _5_ 月 _23_ 日至 _2018_ 年 _8_ 月 _23_ 日

2.震级（Ms）：_5.5_ 级至 _6.4_ 级

3.地域：

　　① 滇西南的思茅、景洪、勐腊、澜沧、墨江、景谷、临沧
范围：② 小滇西的盈江、腾冲、保山、永平、龙陵、陇川、昌宁

　　　　①22.70°　②25.0°
参考点经纬度：_100.70°_ , _98.80°_

以参考点为中心的封闭区域最大半径（距）：_125_ 公里

4. 地震类型 ① 地震（震群）名：_____

　　　　　②地震类型：_____

填卡须知

1. 预报意见分为 A、B、C、D 四类，一张卡片只能填报其中一类。
　A 类：中期预报，时间 3 个月至 1 年。
　B 类：短期预报，时间 3 个月以内（含 3 个月）。
　C 类：地震趋势估计，类型判定，余震预报，震群判定。
　D 类：安全预报。
2. 三要素填报规定：
　① 时间分为：
　　中期：一年，半年及 3 个月至 1 年内的其他时段。
　　短临：3 个月，2 个月，1 个月，20 天，15 天，10 天，一周
　② 震级分为：5.0-5.9、5.5-6.4、6.0-6.9、6.5-7.5、≥5 五档。
　③ 地域最大半径（距）：

	5.0-5.9	5.5-6.4	6.0-6.9	6.5-7.5	≥7
中期	≤100	≤125	≤125	≤150	≤150
短临	≤100	≤125	≤125	≤150	≤150

　预报地域可为任意形状的封闭形，参考点为其几何中心点。
3. 本卡片必须严格按规定填报，否则无效。
4. 本卡寄送云南省地震预报研究中心。
5. 原省局印发的各种预报卡一律作废。
6. 本卡可复印使用。

以下由接收部门填写：
收卡人：_____　收到卡片时间：_____
评审意见：

　　　　评审人（或单位盖章）
　　　　评审时间：　　年　　月　　日

预报依据

1. 云南地区 5 级平静超过 400 天。
2. 云南地区 4.0-4.9 级月频度达 5 次，超过异常指标。
3. 滇西南近期 3、4 级地震活跃，空间带状有序分布，频度达指标。
4. 小滇西地区近期 3、4 级地震活跃，4 级频度超过指标。龙爨水氡异常到了最优发震时段。

2018 年 10 月 16 日新疆维吾尔自治区精河 5.4 级地震

新疆维吾尔自治区地震局

刘　萍　韩桂红　聂晓红

摘　　要

2018 年 10 月 16 日 10 时 10 分新疆维吾尔自治区精河县发生 5.4 级地震。中国地震台网中心测定的微观震中为 44.19°N、82.53°E，震源深度为 10km。据科考结果，由于震区房屋抗震设防水平高，地震灾害较轻，未开展地震烈度评定和灾害损失及评估工作，故无法判定宏观震中的位置。此次地震有感范围较大，但烈度较小，最大仪器记录烈度小于Ⅳ度。地震未造成人员伤亡和财产损失。

此次地震序列类型为主震—余震型，最大余震为 10 月 23 日 5 点 37 分 $M_S4.5$ 地震。余震序列无明显展布方向；余震频次衰减较为迅速，但强度衰减起伏较大。该地震震源断错类型为逆冲型，节面Ⅰ走向100°、倾角49°、滑动角99°，节面Ⅱ走向266°、倾角42°、滑动角80°。结合震源机制解、断裂走向以及余震分布，综合分析认为，节面Ⅱ可能为此次地震的破裂面，判定科古琴断裂为此次地震的发震构造。

此次地震震中 200km 范围内有 8 个测震台站，19 个地球物理观测台站，包括地倾斜、应变、大地电场、地磁、水位、水温、二氧化碳等多种观测项目，共 44 个观测台项。震前共出现异常增强区、地震增强、库米什窗、地倾斜、应变、地磁、泥火山等 9 项次共 16 条异常。其中测震学异常共有 3 条，占总异常的 19%；地球物理异常出现了 13 条异常，占总异常的 81%，无临震异常。

精河 5.4 级地震位于全国地震趋势会商会划定的 2018 年度地震重点危险区边缘。震前新疆地震局天山中段危险区跟踪组于 9 月 7~9 日赴天山中段危险区进行震情跟踪研判，会上要求密切关注危险区资料。震后新疆地震局启动了Ⅳ级响应并联合地方地震局组成现场工作组开展灾害调查、科学考察工作，余震区附近架设了 2 个流动测震台和 2 台强震记录仪。新疆地震局震后对此次地震序列类型做出了准确的判断。

前　言

　　2018 年 10 月 16 日 10 时 10 分,新疆维吾尔自治区精河县发生 5.4 级地震。中国地震台网中心正式测定的微观震中为 44.19°N、82.53°E,震源深度为 10km。地震未造成人员伤亡和财产损失,地震灾害较轻,未开展地震烈度评定和灾害损失及评估工作,无法提供宏观震中、极震区烈度等相关内容,仪器记录烈度小于Ⅳ度。此次地震有感范围较广,涉及博乐市、精河县、伊犁州大部分县及克拉玛依市等地。由于震区房屋抗震设防水平高,绝大多数房屋基本完好,安居工程房屋完好无损,极个别房屋出现裂缝和墙皮脱落现象。

　　精河 5.4 级地震发生在全国地震趋势会商会划定的 2018 年度库车—乌苏地区 6.5 级左右地震重点危险区边缘处。震前新疆地震局天山中段危险区跟踪组于 9 月 7~9 日赴天山中段危险区进行震情跟踪研判,会上要求密切关注危险区资料。地震发生后,自治区地震局迅速启动地震应急Ⅳ级响应,先后派出博尔塔拉蒙古自治州地震局、精河县地震局、伊犁哈萨克自治州地震局、尼勒克县地震局、新源地震台以及局机关 28 人组成现场工作队前往震区开展震害调查等现场应急工作。新疆地震局组织专家召开多次震后趋势判定会,对此次地震序列类型做出了准确的判断。

　　2011 年以来,新疆地区中强以上地震形成了“时间上成组、空间上集中”的活动特征,2014 年于田 7.3 级地震后,地震活动呈现“弱活动—增强—平静”的状态,2017 年 12 月叶城 5.2 级地震后,中强以上地震出现显著平静,并伴随大面积的 4 级地震平静和小区域的 $M_S \geqslant 3.0$ 级地震增强活动,2018 年 9 月伽师 5.5 级地震打破了上述的平静状态,精河 5.4 级地震则发生在 3 级地震增强区内,震后 3 级以上地震活动仍未恢复背景状态。

　　本报告在相关文献、资料整理的基础上,梳理了此次地震前出现的各类异常,分析了异常特征。此次地震前异常持续时间相对较长,震后多数异常仍然持续,且部分异常的幅度有明显加剧的现象,因此对震前异常的认定和震后中强以上地震可能的活动状态是值得讨论的问题。

一、测震台网及地震基本参数

　　图 1 给出精河 5.4 级地震附近的测震台站分布情况。震中 100km 范围内仅有精河台和新源台 2 个测震台站;100~200km 范围有阿拉山口台、察布查尔台、乌苏台、裕民台、独山子台和温泉台 6 个测震台站。根据台站仪器参数及环境背景噪声水平,理论计算得到该区地震监测能力为 $M_L \geqslant 2.2$ 级,定位精度 0~5km。震后震中 100km 范围内架设了 2 个流动测震台(L6505 和 L6506),震源区附近地震监测能力可达到 $M_L \geqslant 1.8$ 级。

　　表 1 列出了不同机构给出的精河 5.4 级地震的基本参数。本次地震基本参数采用中国地震台网中心给出的结果。

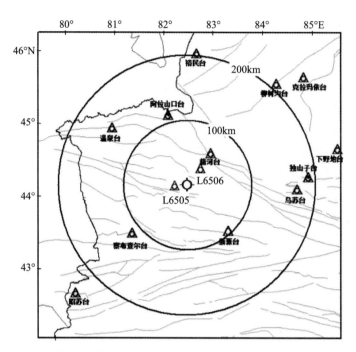

图 1　精河 5.4 级地震震中附近测震台站分布图

Fig. 1　Distribution of earthquake-monitoring stations around the epicenters of the M_S5.4 Jinghe earthquake

表 1　精河 5.4 级地震基本参数

Table 1　Basic parameters of the M_S5.4 Jinghe earthquake

编号	发震日期 年.月.日	发震时刻 时：分：秒	震中位置（°）		震级		震源深度 （km）	震中 地名	结果 来源
			φ_N	λ_E	M_S	M_W			
1	2018.10.16	10：10：12	44.19	82.53	5.4		10	精河	CENC[1]
2	2018.10.16	10：10：11	44.16	82.52	5.4		12	精河	新疆局[2]
3	2018.10.16	10：10：13	44.216	82.581	5.4	5.17	25.5	新疆北部	USGS[3]

二、地震地质背景[4]

　　2018 年 10 月 16 日精河 5.4 级地震位于科古琴山和博罗科努山南北山前冲洪积倾斜平原，在博罗科努山西部的中低山区。在此地貌单元内，山体整体走向近 EW，局部受构造作用走向呈 NW 向，震中南侧山体沟壑纵横，沟谷两岸边坡陡峭，地形坡度大于 30°；震中北侧山体相对低矮，发育有近 EW 走向的山间谷地，地表覆盖薄层冲、洪积相砾石层，局部第三系砂岩、泥岩裸露地表。此次地震位于新疆维吾尔自治区内北天山西段地区，北天山地震构造带受哈萨克斯坦—准噶尔板块与西伯利亚板块、塔里木维吾尔自治区—华北板块碰撞影响，主要地质构造走向为 NWW 向及 NEE 向。天山及邻近地区最大剪切应变率显示[1]，北天山伊塞克湖与伊犁盆地地区剪应变率最为突出，最大为（24±2）×10^{-8}/a。斜贯博阿断裂的 GPS 速度场结果显示[2]，位于断裂南盘的博乐、精河两地 GPS 东向速率为 2.0 ~ 2.5 mm/a。

北天山西段主要发育近 EW 向的逆断裂—褶皱带，规模较大的有伊犁盆地北缘（喀什河）断裂，以及其北侧的 EW 向蒙马拉尔断裂和博尔博松断裂、准噶尔盆地南缘断裂、西湖背斜带、库松木契克山前断裂带（图 2）。另外，区域还发育一条 NW 向的博罗科努—阿其克库都克断裂（简称博阿断裂）。这些构造带均发育在本次地震的周缘，共同构成该区域的地震构造格架。这些断裂带控制了历史中强以上破坏性地震的发生。

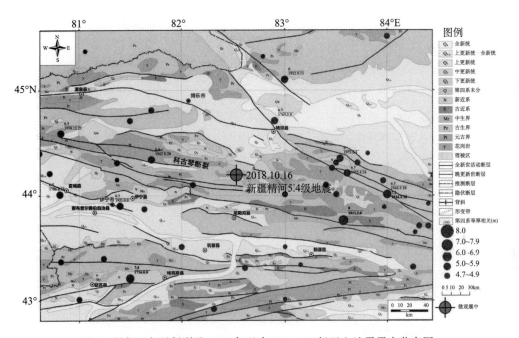

图 2　研究区主要断裂及 1900 年以来 M_S≥4.7 级以上地震震中分布图

Fig. 2　Main faults of studied area and M_S≥4.7 earthquakes epicenter distribution map since 1900

1600 年以来，我国境内的北天山地震带共发生 8 级地震 1 次，7.0 ~ 7.9 级地震 3 次，6.0 ~ 6.9 级地震 16 次，最大地震为 1812 年 3 月 8 日尼勒克 8¼级地震。尼勒克 8¼级地震发生在伊犁盆地北缘（喀什河）断裂，该地震产生的地震断层超过百处，航片新发现和验证的地表破裂 27 处，累积长度超过 70km[3]。地震断层与近 EW 向的喀什河断裂走向一致，沿断裂两侧密集成带展布，与其他地表破坏现象一起伴生，构成一个断续延伸的地震断层带。北天山地震带的强震活动是以近 EW 向逆断裂为主，与逆冲—褶皱活动构造带密切相关。地震活动在时间上集中在两个世纪交替的时段内，如 1716、1812、1906 年都发生了 7.5 级以上地震，出现大释放的情况，其大震活动的间隔时间显示近百年的周期性[4]。

此次地震震中位于多条断裂交会部位，断裂走向以 NWW 向为主，震中以北为库松木契克山前断裂，以西为科古琴断裂，以南为蒙马拉尔断裂、博尔博松断裂和伊犁盆地北缘

（喀什河）断裂。此次地震即发生在科古琴断裂向东的延伸区域，该断裂是划分赛里木湖地块与博罗科努褶皱带的分界断裂，断裂控制了元古界与古生界地层的分布，断裂走向290°，断层面N倾，倾角60°~70°，断裂性质为逆冲，在航片上地貌表现为清晰的线性影像。该断裂中更新世以来的垂直活动速率至少应为0.4mm/a，晚更新世以来的垂直速率至少应为0.17mm/a。根据断层影像及实地调查，显示该断裂自西向东，由断层形成的陡坎及地貌面高差存在逐步减小的趋势，说明该断层中段活动程度由西向东逐渐减弱。

三、地震影响场和震害[4]

1. 地震影响场

此次地震震中位于博罗科努中低山无人区。现场对39个点进行调查，其中精河县25个，尼勒克县14个（图3），震区周围调查点未出现明显破坏现象，因此无法确定震区烈度。

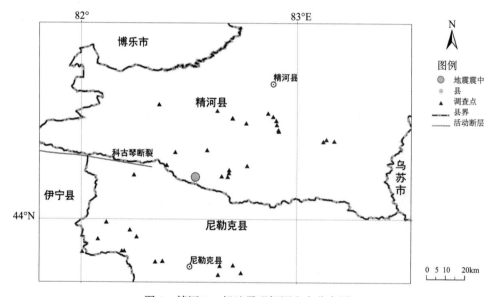

图3　精河5.4级地震现场调查点分布图

Fig. 3　Isoseimal map of the M_S5.4 Jinghe earthquake

新疆强震台网共有14个强震台站触发，这些台站均位于震区东部，获得记录的强震台站震中距分布在146~309km范围，其中距震中小于200km有4个强震台站，200~300km有9个强震台站，大于300km有1个强震台，由于强震台距离震中较远，因此获取峰值加速度较小。14个强震台中，距震中190km的奎屯强震台峰值加速度最大，加速度峰值为-10.9Gal（EW向），按《中国地震烈度表》（GB/T 17742—2008），仪器烈度为Ⅳ度以下。初步分析认为，此次地震的仪器烈度小于Ⅳ度。此次地震周围强震台站加速度记录分析结果见表2。

表 2 精河 5.4 级地震加速度记录分析结果

Table 2 Seismic acceleration records of the M_S5.4 Jinghe earthquake

台站名称	台站代码	东经（°）	北纬（°）	高程（m）	场地类型	震中距（km）	最大峰值加速度/Gal			记录长度
							东西	北南	垂直	
安集海	65AJH	85.35	44.36	455	土层	225.1	3.10	3.70	−1.80	41″
拜城	65BAC	81.85	41.79	1193	土层	272.5	2.100	2.200	0.800	42″
独山子	65DSZ	84.86	44.33	672	土层	185.3	4.800	3.400	−1.700	43″
奎屯	65KTU	84.89	44.43	440	土层	189.5	−10.900	4.500	−6.700	55″
库车	65KUC	82.95	41.72	1009	土层	276.7	1.800	2.100	−1.200	41″
沙湾县	65SAW	85.62	44.34	444	土层	246.3	2.300	0.600	−2.000	41″
老沙湾乡	65SWX	85.78	44.64	296	土层	262.7	−2.700	−3.000	−0.700	47″
塔尔拉克	65TEK	81.18	41.91	994	土层	286.2	−2.400	−2.700	−1.000	43″
乌苏煤矿	65WMK	84.36	44.17	1401	基岩	145.8	−3.900	−4.400	−2.400	43″
乌苏市	65WUS	84.68	44.42	446	土层	173	3.400	−2.700	−1.800	42″
148 团	65YBT	86.31	44.86	290	土层	308.6	−1.100	2.100	−0.500	42″
尤鲁都斯	65YDS	82.43	41.54	959	土层	294.8	−2.500	−2.700	1.600	41″
134 团	65YST	85.46	44.66	306	土层	237.5	−4.600	−7.800	−2.100	43″
阳霞	65YXA	84.58	41.95	965	土层	299.2	3.500	−4.200	1.100	47″

2. 地震灾害

此次地震震中 30km 范围内无乡（镇）驻地分布，50km 范围内乡镇有托里镇、大河沿子镇、精河镇、茫丁乡、城关乡、五台镇。此次地震距离 2017 年精河 6.6 级地震仅 33km，位于精河 6.6 级地震的Ⅷ度烈度区内，精河 6.6 级地震对该地区造成了较大的破坏和损失，震后政府部门全力高效推进灾后恢复重建工作，2018 年精河 5.4 级地震前震区多数房屋重建为安居工程房屋，因此，此次地震虽然震感强烈，但房屋、基础设施等基本完好，仅个别庭院围墙、房屋等出现裂缝、墙皮脱落等现象，出现个别山体崩塌滚石等现象。

3. 地震影响场与震害特征

此次地震的影响场与灾害特征主要有以下几点：

（1）地震未造成经济损失和人员伤亡。

（2）震区房屋抗震设防水平高，绝大多数房屋基本完好，安居工程房屋完好无损。

（3）此次地震有感范围广，但影响不大。震后震区社会稳定，群众生产生活井然有序。

四、地 震 序 列

1. 地震序列时间分析[5]

根据新疆区域地震台网综合定位结果，截至 2018 年 11 月 13 日，共记录余震 66 次，其中 $M_L1.0\sim1.9$ 地震 52 次，$M_L2.0\sim2.9$ 级地震 11 次，$M_L3.0\sim3.9$ 地震 1 次，$M_L4.0\sim4.9$ 地震 2 次；最大余震为 10 月 23 日 5 点 37 分 $M_L4.9$（$M_S4.5$）。表 3 给出了新疆地震台网定位的 $M_L\geqslant3.0$ 级地震序列目录。

表 3 精河 5.4 级地震序列目录（$M_L\geqslant3.0$）

Table 3 Catalogue of the $M_S5.4$ Jinghe earthquake sequence（$M_L\geqslant3.0$）

编号	发震日期 年.月.日	发震时刻 时：分：秒	震中位置（°）		震级 M_L	深度（km）	震中地名	结果来源
			φ_N	λ_E				
1	2018.10.16	10：10：11	44.20	82.50	5.6	16	精河	
2	2018.10.16	10：17：06	44.17	82.52	3.6	7	精河	新疆地震台网[3]
3	2018.10.23	05：37：25	44.20	82.55	4.9	7	精河	
4	2018.11.08	01：27：49	44.15	82.51	4.2	15	尼勒克	

由图 4 可知，该余震序列频次衰减较为迅速，震后 1 天其频度为 22 次，震后 2～4 天地震频次分别为 6 次、12 次、4 次，其后余震日频度保持在 2 次以下。地震活动强度起伏较大，震后 7 天地震强度以 1～2 级地震为主，第 8 日发生了此序列最大余震（$M_L4.9$ 地震），其后地震强度为 1 级左右，11 月 8 日再次发生 $M_L4.2$ 地震，其后强度再次衰减。与距离此次地震 17km 的 2011 年 10 月 16 日精河 5.1 级地震序列相比，此次地震序列频度衰减正常，但强度衰减明显较慢。

精河 5.4 级地震释放的能量 E_M 与整个序列释放的能量 $E_总$ 之比 $E_M/E_总$ 为 93.8498%。

1）地震序列参数及类型判定

根据震级-频度关系确定的序列最小完整性震级为 $M_L1.3$，但该区监测能力为 $M_L1.8$，若按 $M_L\geqslant1.8$ 级起算震级计算序列早期参数，则由于余震序列数量较少（图 6），且分布不均匀，故无法计算 h 值、b 值和衰减系数 p 值。

该序列最大余震为 $M_L4.9$（$M_S4.5$）地震，与主震震级差为 0.9，主震与次大地震的震级差 ΔM 满足主—余型序列类型判定标准 $0.6<\Delta M\leqslant2.4$ 级，且精河 5.4 级地震释放的能量 E_M 与整个序列释放的能量 $E_总$ 之比 $E_M/E_总$ 为 93.8%，满足 $80\%<E_M/E_总<99.9\%$。分析认为，2018 年 10 月 16 日精河 5.4 级地震序列属于主震—余震型。

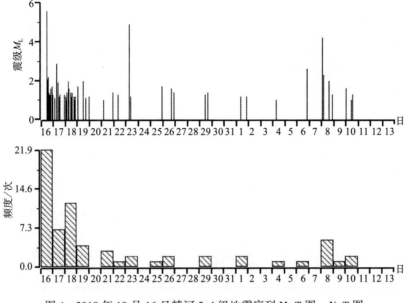

图 4　2018 年 10 月 16 日精河 5.4 级地震序列 M–T 图，N–T 图

Fig. 4　M–T and N–T plot of the M_S5.4 Jinghe earthquake sequence

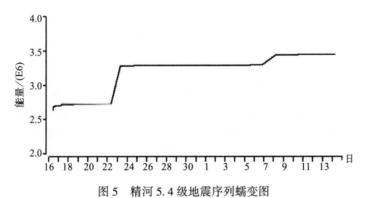

图 5　精河 5.4 级地震序列蠕变图

图 5　Creep curve of the M_S5.4 Jinghe earthquake sequence

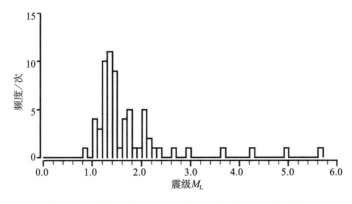

图 6　2018 年 10 月 16 日精河 5.4 级地震序列 N–M 图

Fig. 6　N–M and N–T plot of the M_S5.4 Jinghe earthquake sequence

2）P波初动

此次地震强度不大，波形信噪比较差，截至 2018 年 11 月 13 日，共读取到精河台记录到的清晰 P 波初动 9 次，其初动方向均向下，具有较好的一致性（图 7）。9 次地震中 6 次发生在最大强余震前，较好印证了地震序列发展前期 P 波初动符号一致性较好对后续发生较强余震具有一定预测意义的理论。

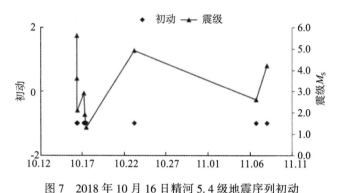

图 7　2018 年 10 月 16 日精河 5.4 级地震序列初动

Fig. 7　P wave initial motion of Jinghe M_S5.4 earthquake sequence

2. 余震空间分布[5]

采用 HypoDD 方法对精河 5.4 级地震序列中 M_L≥1.0 级地震的震源位置进行重新定位。最终获得了精河序列 17 个 M_L≥1.0 级地震的重新定位结果。定位结果显示（图 8、图 9），精河地震序列位于科古琴断裂附近，余震序列无明显展布方向，主震震源深度为 20km，与 CAP 方法得到的震源深度基本一致，地震序列震源深度主要分布在 10～20km 范围。沿走向 AA′ 和垂直于走向 BB′ 建立余震分布剖面，可以看出，地震序列震源深度主要分布在 10～20km 范围；从沿走向的剖面看，余震由南向北沿发震断层展布约 10km。

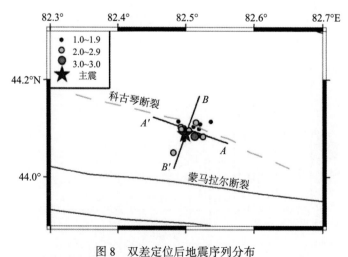

图 8　双差定位后地震序列分布

Fig. 8　Distribution of *DD*-relocated earthquake sequences

3. 小结

此次地震序列类型为主震—余震型，序列频度衰减较快，强度衰减较慢。余震无明显展布方向，余震分布在主震四周，与科古琴断裂东段走向一致。相比该区历史地震，序列频度衰减基本正常，强度衰减偏弱。

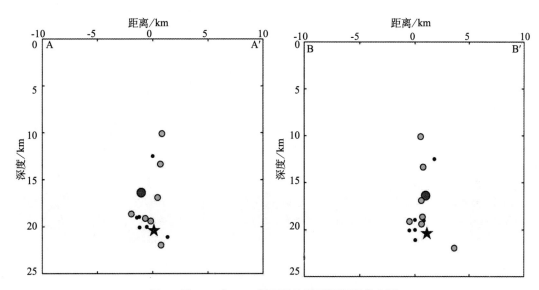

图 9　沿 *A-A′* 和 *B-B′* 剖面的地震震源深度分布图

Fig. 9　Distribution of focal depth along *A-A′* and *B-B′* profiles

五、震源参数和地震破裂面

1. 主震震源机制解

基于新疆及周边地区清晰的 48 个台站的 P 波初动资料，使用 P 波初动方法，计算了此次地震震源机制解，其矛盾比为 0.167，其中节面Ⅰ走向 112°、倾角 71°、滑动角 110°；节面Ⅱ走向 245°、倾角 46°、滑动角 27°；主压应力 P 轴方位为 187°、仰角 23°；主张应力 T 轴方位 50°、仰角 59°。

采用 CAP 方法解算 5.4 级主震的震源机制解，得到的最佳矩心深度为 19km，矩震级为 5.1，P 轴方位 183°，最佳双力偶机制解节面Ⅰ走向 100°、倾角 49°、滑动角 99°；节面Ⅱ走向 266°、倾角 42°、滑动角 80°（表 4，图 10）。本报告收集了国内外不同研究机构给出的精河 5.4 级地震的震源机制解（表 4，图 10）。新疆地震局采用 CAP 方法，结果与中国地震台网中心、USGS 的震源机制解较为接近。

表4　精河5.4级地震震源机制解

Table 4　Focal mechanism solutions of the M_S5.4 Jinghe earthquake

编号	节面 I （°）			节面 II （°）			P轴 （°）		T轴 （°）		N轴 （°）		矛盾比	结果来源
	走向	倾角	滑动角	走向	倾角	滑动角	方位	仰角	方位	仰角	方位	仰角		
1	100	49	99	266	42	80	183	4	65	82	274	7		新疆地震局（CAP）
2	112	71	110	245	46	27	187	23	50	59	286	18	0.167	新疆地震局（P波初动）
3	93	50	86	280	40	95	185	5	334	84	96	3		中国地震台网中心
4	121	58	139	235	56	40	178	1	87	50	269	40		中国地震局预测所
5	77	55	83	270	36	100	172	10	321	79	81	6		USGS

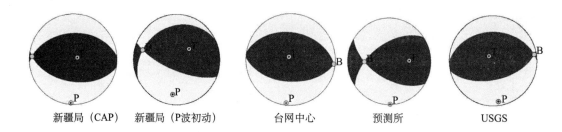

新疆局（CAP）　　新疆局（P波初动）　　台网中心　　预测所　　USGS

图10　精河5.4级地震震源机制解

Fig. 10　Focal mechanism solutions of the M_S5.4 Jinghe earthquake

2. 余震的震源机制

利用P波初动方法计算了最大余震 M_S4.5 及次大余震 M_S3.7 的震源机制解（表5），得到的结果显示均为逆冲型，与主震的震源机制解类型一致；P轴方位均为 NS 向，与历史中强震主压应力P轴方位较为一致。精河5.4级余震序列的展布方向与科古琴断裂的走向一致；震源机制解结果显示，精河5.4级地震断错类型为逆冲型。

表5　精河5.4级地震余震序列 M_S≥3.6级地震的震源机制解

Table 5　The focal mechanism of aftershock sequence M_S≥3.5 of the M_S5.4 Jinghe earthquake

序号	发震时刻 年.月.日 时：分：秒	震级 M_S	矛盾比	定位深度 （km）	节面 I （°）			节面 II （°）			P轴 （°）		T轴 （°）		B轴 （°）	
					走向	倾角	滑动角	走向	倾角	滑动角	方位	仰角	方位	仰角	方位	仰角
1	2018.10.23 05：37：26	4.5	0.100	6	217	24	7	120	87	114	189	38	53	43	299	24
2	2018.11.08 01：27：49	3.7	0.233	15	307	33	70	150	60	103	231	14	91	72	324	11

综合以上资料，最终采用新疆地震局 CAP 算法得到的结果为此次地震的最终结果，认为精河 5.4 级主震的断错性质为逆冲型。节面Ⅱ与科古琴断裂走向基本一致，分析认为，节面Ⅱ可能为本次地震的破裂面；结合震源机制解、断裂走向以及余震分布，综合分析认为，此次地震的发震断层为科古琴断裂。

六、地球物理观测台网及地震前兆异常

1. 地球物理观测台网

震中附近定点地球物理观测台站及观测项目见图 11。200km 范围内有 18 个定点地球物理观测台站，包括地倾斜、应变、自然电位、地电阻率、地磁、水位、水温、二氧化碳等多种观测项目，共 41 个观测台项。震中 0~100km 范围有 8 个定点地球物理观测台站，包括 9 个形变观测台项和 9 个流体观测台项。100~200km 范围有 10 个定点地球物理观测台站，包括 7 个形变观测台项，11 个流体观测台项（包括两个泥火山观测点），5 个电磁观测台项（具体见附表 2）。精河 5.4 级地震发生在中国地震局划定的 2018 年度地震重点危险区附近，在危险区的跟踪过程中共对 35 个地球物理观测台站，70 个测项的观测资料进行跟踪，精河 5.4 级地震前中短期异常共有 8 条。

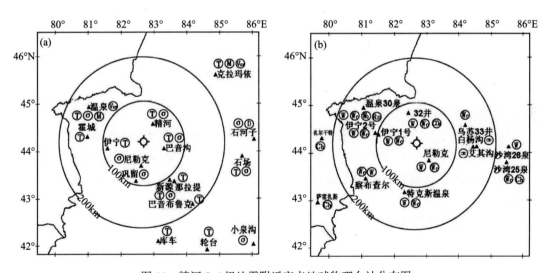

图 11　精河 5.4 级地震附近定点地球物理台站分布图

Fig. 11　Distribution of precursory-monitoring stations around the M_S5.4 Jinghe earthquake

（a）定点形变、电磁；（b）地下流体测点

新疆流动前兆观测网由流动重力、GPS 和地磁 3 个子网组成（图 12）。震中附近区域（东经 80°~88°；北纬 41°~46°）共有流动重力观测点 88 个，流动 GPS 观测点 20 个以及流动地磁观测点 37 个。

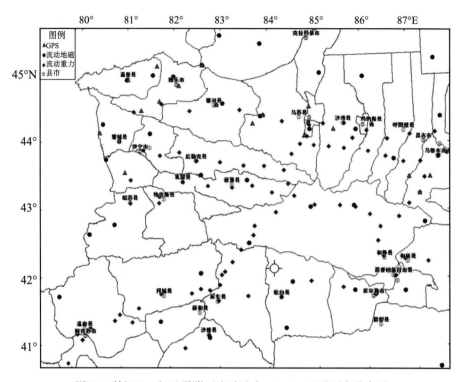

图 12　精河 5.4 级地震附近流动重力、GPS、地磁测点分布图

Fig. 12　Distribution of roving observation sites around the M_S 5.4 Jinghe earthquake

2. 地震前兆异常

此次震例总结，重点分析和梳理了 3 条测震学、13 条地球物理观测异常（表 6）。测震学异常包括地震增强（3、4 级地震显著增强区、天山中段 3 级地震 3 月累积频度增强）、库米什地震窗。地球物理异常包括地倾斜、应力应变、水位、泥火山、地磁、流动重力、流动 GPS。

1）3、4 级地震显著增强[6]

根据王筱荣等[5]研究结果，北天山地震带在 2°×2° 范围内，3 个月内发生 4 次以上 3 级地震，且必须包含 1 次以上 4 级地震即构成增强异常。2016 年 12 月 8 日呼图壁 6.2 级、2017 年 8 月 9 日精河 6.6 级和 9 月 16 日库车 5.7 级地震前，震区均出现了异常增强现象。2018 年 1~4 月，温泉—新源地区 $M_S \geqslant 3.0$ 级地震形成异常增强区（图 13）。分析认为，异常增强及周围存在发生中强地震的可能（见附件二），精河 5.4 级地震发生在增强区内。

表 6　精河 5.4 级地震异常情况登记表

Table 6　Anomalies catalog of the M_S5.4 Jinghe earthquake

序号	异常项目	台站（点）或观测测区	分析方法	异常判据及观测误差	震前异常起止时间	震后变化	最大幅度	震中距 Δ/km	异常类别及可靠性	图号	异常特点及备注
1	地震增强	温泉—新源	M_S≥3.0 级地震频度	2°×2°，3 个月内发生≥4 次 M_S≥3.0 级地震，必须包含 1 次以上 4 级地震	2018.01~03	正常	4 次 3 级，1 次 4 级		M_1	13	震前发现
		天山中段	M_S≥3.0 级地震频度和空间分布	1 月步长，3 月窗长，N≥12，持续时间≥2 个月	2018.03~10	正常	N=24 次		M_1	14	震前发现
2	库米什窗	库米什台周围 80km	月频度	N≥54 次	2018.10	正常	N=54 次		S_1	15	震前发现
3	地倾斜	精河	日均值	破年变	2018.02~08	恢复	正常年变的 2 倍	59	M_1	16	震前发现
		石场	日均值	破年变	2018.04~09	恢复	正常年变的 1/2	253	S_1	17	震后发现
		巴音布鲁克	分钟值	速率突变	2018.10.05~	持续		194	I_2	18	震后发现
4	应力应变	巩留	整点值	速率突变	2018.04~05	恢复		87	S_1	19	震前发现
		新源	整点值	速率突变	2017.08~	持续		105	S_1	20	震前发现
		巴伦台	整点值	速率突变	2018.06~09	恢复		364	S_1	21	震前发现
		小泉沟	整点值	日变畸变	2017.11~2018.08	恢复		371	M_1	22	震前发现

续表

序号	异常项目	台站（点）或观测测区	分析方法	异常判据及观测误差	震前异常起止时间	震后变化	最大幅度	震中距 Δ/km	异常类别及可靠性	图号	异常特点及备注
5	水位	博乐32井	整点值	年变畸变	2018.09~11	恢复		99		23	震前发现
6	泥火山	艾其沟	月均值	高值异常	2018.01~11	恢复		127	S_1	24	震前发现
7	地磁	逐日比		超阈值	2018.08.28	恢复			I_2	25	震前发现
8	流动重力	新源—伊宁区域	重力等值线	重力变化高梯度区或者零线附近	2016.05~2017.06	异常区迁移		异常区边缘	M_1	26	震前发现
9	GPS	速度场	利用 defnode 原理进行反演	Phi 为 1，即完全闭锁；Phi 为 0 则为闭锁	2009~2013	—		闭锁区边缘	L_1	27	震前发现
9	GPS	应变场	利用 GPS 数据解算	$1.0 \times 10^{-8}/a$	2016~2017	—		形变量小的区域	M_1	28	震前发现

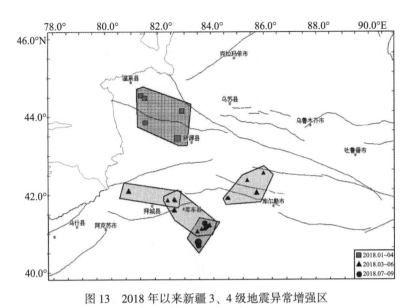

图 13　2018 年以来新疆 3、4 级地震异常增强区

Fig. 13　Abnormal enhancement area of M_S3 and M_S4 earthquake in XinJiang since 2018

2)　天山中段 3 级以上地震增强活动[7]

历史震例显示，2006 年以来天山中段 $M_S \geqslant 3.0$ 级地震 1 月步长，3 月窗长的累计月频度 $\geqslant 12$ 次，且持续 2 个月以上，则增强区域内发生 $M_S \geqslant 5.0$ 级地震的比例为 8/12，且成组活动的比例为 6/8（图 14）。2016 年轮台 5.2 级和新源 5.0 级、2017 年精河 6.6 级和库车 5.7 级地震前，天山中段均出现了 3 级地震显著增强现象。2018 年 3 月以来，天山中段 3 级地震出现显著的增强现象，异常于 8 月略有回返，分析认为，天山中段存在发生中强以上地震的可能（见附件二）。2018 年 10 月 16 日精河 5.4 级地震即发生在异常出现回返现象后 2 个月。震后该异常持续，且异常幅度再次增大。

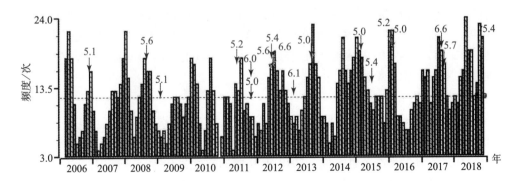

图 14　2006 年以来天山中段 $M_S \geqslant 3.0$ 级地震 3 月累积频度图

Fig. 14　The seismic cumulative frequency of $M_S \geqslant 3.0$ in the middle Tianshan

3）库米什地震窗[8)]

根据震例显示，2008 年以来，以库米什台为中心，S-P≤10s 范围内的 M_L≥1.0 级地震月频度≥54，其后 6 个月新疆维吾尔自治区内发生 5.4 级以上地震的比例为 6/8（75.0%），其中 6.0 级以上地震 4 组（4/8，50.0%），优势发震区域为北天山西段。R 值评分为 0.45（R_0 值为 0.40），通过了 Molchan 模型的预测效能评价。2017 年精河 6.6 级和库车 5.7 级地震前，该地震窗均出现了异常。2018 年 9 月库米什地震窗小震月频次达到 54 次，形成异常指标（图 15）。精河 5.4 级地震即发生在异常形成后半个月内。

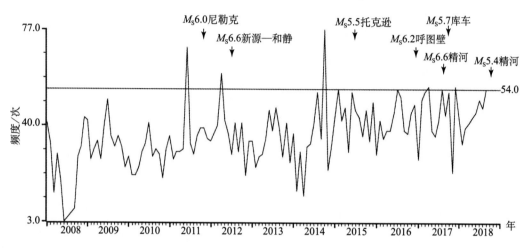

图 15　库米什地震窗小震月频度与天山中段 M_S≥5.4 级地震

Fig. 15　Time course of small earthquake window and M_S≥5.5 earthquakes in the middle Tianshan

4）精河水平摆

精河水平摆 EW 分量年变较为规律，每年 2～3 月转向 W 倾，9～10 月转向 E 倾。自 2016 年 9 月转向 E 倾，2017 年 2～3 月未出现 W 倾转向现象，至 2017 年 6 月出现 E 倾速率减缓，2017 年将此破年变变化认定为异常，同年 8 月 9 日发生精河 6.6 级地震，震后异常恢复。2018 年 2～3 月仍持续 E 倾，4 月 15 日转向 W 倾，有恢复迹象，但转向后速率慢，仍然存在异常，8 月 30 日恢复正常。分析认为，2018 年与 2017 年相比年变畸变形态类似，但幅度稍小（图 16），异常结束后测点周围存在发生中强以上地震的可能（见附件二）。精河 5.4 级地震发生在异常结束后 1.5 个月。

5）石场水平摆

石场水平摆 NS 分量年变规律呈现单峰单谷形态，谷值出现在 3 月底至 4 月，峰值出现在 9 月底至 10 月。统计 2012～2018 年 N 倾阶段年变幅，其均值为 0.48″。2018 年 4 月 24 日发生 N 倾，9 月 4 日发生季节性 S 倾，2018 年 N 倾的幅度为 0.24″，与 2012～2018 年的均值相比，幅度为均值的一半（图 17）。2013、2014 年 N 倾年变幅亦出现低于均值的情况，其后分别发生乌鲁木齐 5.1 级和沙湾 5.0 级地震。精河 5.4 级地震发生在异常结束后。此项异常在季节性 S 倾过程中可能出现波动变化，因此在 10 月中下旬确定其转向后开展异常核实工作，为震后提出异常。

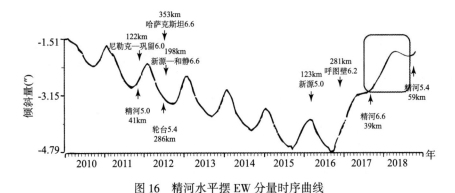

图 16　精河水平摆 EW 分量时序曲线

Fig. 16　The EW component temporal curve of borehole tiltmeter at Jinghe station

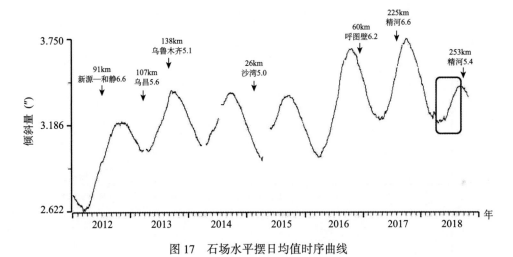

图 17　石场水平摆日均值时序曲线

Fig. 17　The component temporal curve of horizontal pendulum tiltmeter at Shichang station

6）巴音布鲁克钻孔倾斜

巴音布鲁克钻孔倾斜从 2014 年 6 月开始观测，前期资料连续性差，仪器不稳定，2017 年资料连续性提高，仪器稳定。由于资料时间短，推测 NS 分量年变形态可能是单峰单谷式，统计转向时间受限。2017 年 5~6 月出现速率快速变化，其后发生精河 6.6 级和库车 5.7 级地震，此变化存在一定的干扰，但不排除前兆异常的成分。2018 年 10 月 5 日发生快速 N 倾变化10 月 16 日发生精河 5.4 级地震（Δ=194km），异常震后仍然持续，该异常于 10 月中旬开展异常核实工作（图 18），属于震后提出异常。

7）巩留分量式钻孔应变

巩留分量式钻孔应变 NS 和 EW 分量 2018 年 3 月同步出现快速压缩变化，5 月中旬恢复正常。2017 年该测项出现过快速拉张的异常变化，持续时间稍长，其后距离该测点 103km 处发生了精河 6.6 级地震（图 19）。2018 年精河 5.4 级地震发生在异常结束后 5 个月。

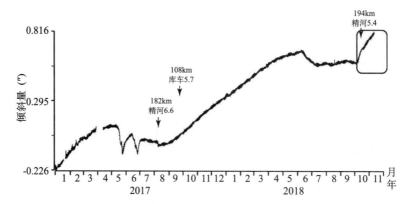

图 18　巴音布鲁克钻孔倾斜整点值时序曲线图

Fig. 18　The temporal curve of borehole inclinometer at Baybuluk station

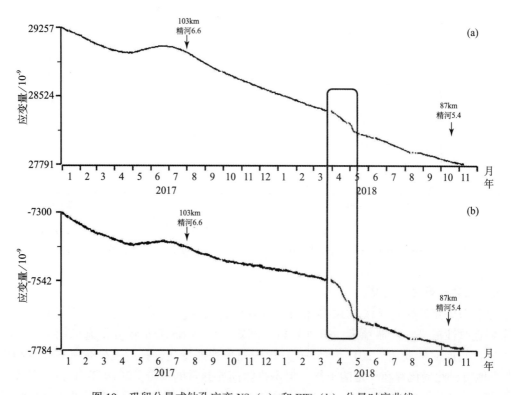

图 19　巩留分量式钻孔应变 NS（a）和 EW（b）分量时序曲线

Fig. 19　The NS and EW component temporal curve of borehole tiltmeter at Gongliu station

8）新源分量钻孔应变

新源分量钻孔应变仪 NS 和 EW 分量于 2017 年 8 月 27 日出现短时间加速变化，这种变化共出现 9 次，每次持续时间 10 天左右，幅度量级介于 $10^{-7} \sim 10^{-8}$，NS 分量表现为加速压缩，EW 分量表现为加速拉张。2017 年库车 5.7 级地震（$\Delta = 145\mathrm{km}$）发生在异常持续过程中，该地震后异常持续，2018 年 10 月 16 日精河 5.4 级地震（$\Delta = 105\mathrm{km}$）亦发生在异常持续过程中（图 20）。

9）巴伦台分量钻孔应变

巴伦台分量钻孔应变四分量自 2018 年 6 月 15 日出现速率变化异常，其中 NS、NW 分量呈快速压缩现象，EW 分量拉张速率变缓，NE 分量快速拉张。9 月 9 日异常恢复，各分量异常变化幅度中，NS 分量幅度最大，EW 分量幅度最小（图 21）。2016 年呼图壁 6.2 级、2017 年精河 6.6 级地震和库车 5.7 级地震前出现过类似四分量速率同时变化的现象。分析认为，异常结束后天山中段地区存在发生中强以上地震的可能（见附件二）。精河 5.4 级地震发生在异常结束后 1 个月。

10）小泉沟分量钻孔应变

小泉沟分量钻孔应变 2017 年 11 月以来 NW 和 EW 分量出现台阶式畸变现象，初期间隔约为 12~15 天左右，2017 年 12 月 25 日至 2018 年 1 月 8 日出现频率增加现象，各分量在出现时间上具有同步性，2018 年 2 月 8 日开始，该台阶式畸变再次频繁出现，5 月出现频率逐渐减弱，8 月 12 日基本消失（图 22）。分析认为，异常结束后天山中段地区存在发生中强以上地震的可能（见附件二）。2018 年 10 月 16 日精河 5.4 级地震即发生在异常结束后 2 个月。但值得讨论的是，该异常距离精河地震 371km，位于异常统计区域范围外，且与 2017 年 8 月 9 日精河 6.6 级地震前出现的类似台阶式畸变异常相比，此次异常出现的频度和强度明显偏弱，因此该异常能否作为此次地震的前兆异常，仍需后续跟踪。

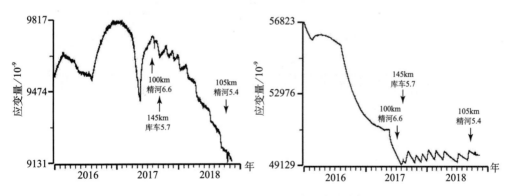

图 20　新源分量钻孔应变整点值时序曲线图

Fig. 20　The temporal curve of borehole tiltmeter at Xinyuan station

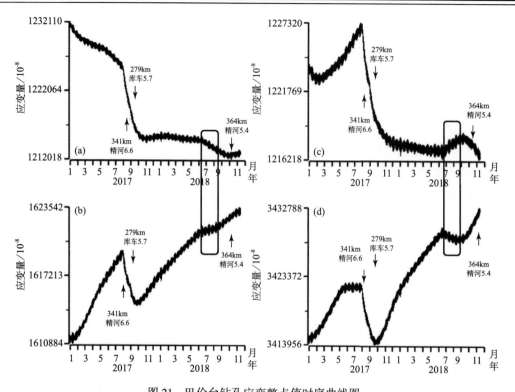

图 21 巴伦台钻孔应变整点值时序曲线图

Fig. 21 The temporal curve of borehole tiltmeter at Baluntai station

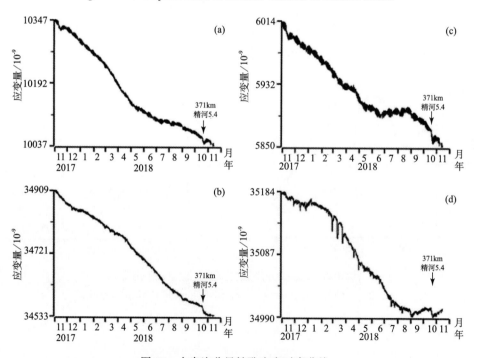

图 22 小泉沟分量钻孔应变时序曲线

Fig. 22 The temporal curve of borehole tiltmeter at Xiaoquangou station

11) 博乐新 32 井水位

新 32 井水位自观测以来夏高冬低的年变规律较为稳定，4~5 月春季转向，水位下降，10~11 月冬季转向，水位上升。2017 年 6 月 12 日水位未发生年变转向，反而加速上升，出现年变畸变现象，7 月 31 日达到峰值后转折下降，恢复正常年变形态，8 月 9 日精河发生了 6.6 级地震。2017 年 12 月该测项正常冬季转向后，一直未出现春季转向，9 月 3 日水位呈加速上升变化，再次出现年变畸变，截至 10 月 15 日，仍未完成正常年变转向（图 23）。分析认为，该异常后存在发生中强地震的可能（见附件二）。精河 5.4 级地震发生在异常持续过程中，震后异常恢复。

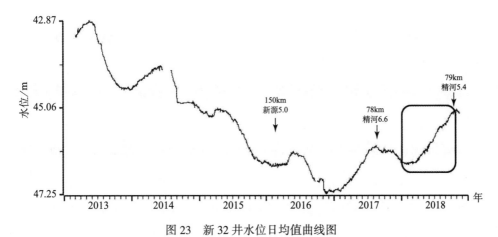

图 23　新 32 井水位日均值曲线图

Fig. 23　Daily mean value curve of Xin 32 well water level

12) 艾其沟泥火山

乌苏艾其沟泥火山在 2015 年沙湾 5.0 级和 2016 年轮台 5.3 级地震前，均出现较明显的喷涌现象，震后恢复正常活动状态。2018 年 4 月以来，该泥火山喷涌现象明显，喷涌量持续增大，分析认为，天山中段地区存在发生中强地震的可能（附件二）。精河 5.4 级地震发生在喷涌过程中，震后喷涌现象仍持续（图 24）。

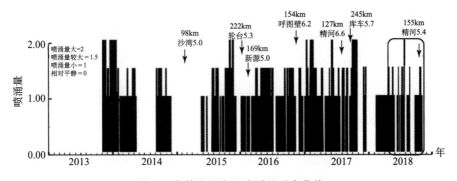

图 24　艾其沟泥火山喷涌量时序曲线

Fig. 24　The temporal curve of the volcanic eruption of the argy mud volcano

13）Z 分量日变幅逐日比

天山地区 2018 年 8 月 28 日乌鲁木齐、克拉玛依、温泉、乌什和喀什台准同步出现高值异常（图 25）。异常结束后南天山西段发生 2018 年 9 月 4 日伽师 5.5 级地震和天山中段 2018 年 10 月 16 日精河 5.4 级地震，统计结果表明，新疆地区 5 个台出现准同步逐日比高值异常，其后 6 个月内有发生 6.5 级以上地震的可能。分析认为，此异常具有一定的中短期预测意义，存在发生中强以上地震的可能（见附件二）。精河 5.4 级地震发生在异常结束后，但对比以往震例情况，该异常可能为多个地震前的叠加异常，后续新疆中强以上地震危险性仍然存在。

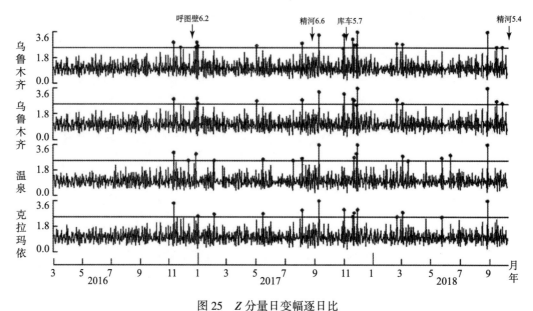

图 25　Z 分量日变幅逐日比

Fig. 25　Daily ratio of Z component to day by day

14）流动重力

以往震例结果表明，中强以上地震多发生在重力正负值变化交替的零线附近或者高梯度带，重力正负异常变化梯度带附近是物质增减差异剧烈的地区，能量易于积累[6,7]。2017 年 6 月测区重力变化比较剧烈，变化范围为 −60～+60 μGal，分别在库车以北、新源、巩乃斯、石河子以南等地区出现重力变化高值，重力高梯度带累积正负变化量达 80 μGal。精河 5.4 级地震发生在重力正负变化高梯度带和零值线以北的 60km 处（图 26）。

15）GPS

（1）速度场。

利用 defnode 原理[8]，基于区域地质资料对 2009～2013 年新疆地区 GPS 速度场进行反演计算，得到天山地区山前断裂闭锁率 Phi 值，判定依据为 Phi 等于 1，即完全闭锁；Phi 等于 0，则为闭锁。计算结果表明，天山块体变形主要集中在天山块体内部及盆山交界断裂带上，这些断裂主要表现为挤压缩短变形，几乎无走滑分量；其中北天山地区博格达北缘断裂应变积累水平较高，2016 年 12 月 8 日呼图壁 6.2 级地震、2017 年 8 月 9 日精河 6.6 级地震和 2018 年 10 月 16 日精河 5.4 级地震均发生在闭锁程度较高的区域（图 27）。

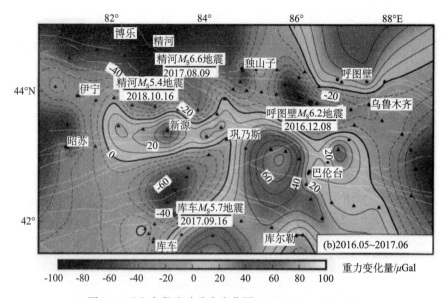

图 26　天山中段流动重力变化图（2016.05~2017.06）

Fig. 26　Contour map of roving gravity variation from May, 2016 to June, 2017
in the middle of the Tianshan mountain

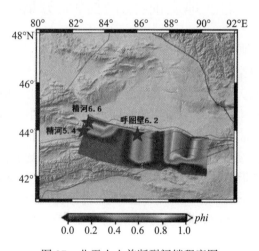

图 27　北天山山前断裂闭锁程度图

Fig. 27　Degree map of fracture atresia in the north Tianshan mountain

（2）应变场。

GPS 应变场研究结果表明，变形量变化较小的区域，处于应变积累状态，可能是未来发生强震的危险区域。2017 年在克拉玛依—温泉、独山子—新源—库尔勒和巴楚—喀什地区垂直变形量较小，精河 5.4 级地震发生在克拉玛依—温泉区域，2016 年 11 月 25 日阿克陶 6.7 级、12 月 8 日呼图壁 6.2 级、2017 年 8 月 9 日精河 6.6 级地震也发生在上述区域（图 28）。

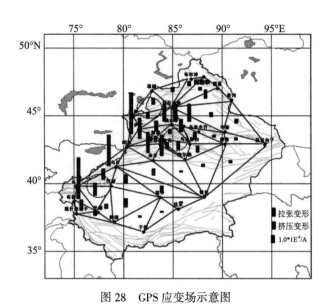

图 28　GPS 应变场示意图

Fig. 28　GPS strain field schematic diagram

七、地震前兆异常特征分析

精河 5.4 级地震前，地震前兆异常呈现如下特征：

1. 震前地震活动性时空分布特征明显

2018 年度报告中涉及天山中段的异常较多，但没有涉及北天山西段的异常。2018 年以来，该区先后出现 3 项异常，分别为 3、4 级地震增强，天山中段 3 级地震增强和库米什地震窗，从类别上来看，异常类别单一，3 项异常均与地震频度的增强相关；从时间来看，首先是震区出现了 3、4 级地震增强异常，其次是天山中段 3 级地震频度增强，最后是库米什地震窗，按照测震学预测指标结果，异常分别为趋势异常→中期异常→短期异常；从空间上来看，首先出现的异常位于震区，其后异常范围逐步扩大，临近发震时间的库米什窗则距离本次地震最远，存在越临近地震异常越远离震区的特征。

2. 定点地球物理观测异常

此次地震前出现 5 个异常项目，共 10 条前兆异常，其中定点地球物理观测异常比例 63%。

1）异常类型

精河 5.4 级地震前出现定点地球物理观测异常 5 个异常项目，共 10 条前兆异常，均以中短期异常为主。类型以年变畸变和突变异常为主。其中年变畸变主要是精河台水平摆、32 井水位和石场水平摆；突变异常有巩留、新源、巴伦台和小泉沟分量式钻孔应变、巴音布鲁克钻孔倾斜（图 29）。首先出现的异常是新源、小泉沟钻孔应变，均属突变类，具有间歇性出现的特征；其次是 32 井水位、精河水平摆、石场水平摆，属年变畸变异常；最后巴音布鲁克出现速率的快速变化, 属于突变类。

2) 异常出现时间分段集中

定点前兆中短期异常时间进程演化特征表现为: 2018 年 1 月前后 32 井水位、新源、小泉沟分量式钻孔应变较为同步出现异常, 以突变异常为主; 2018 年 4 月艾其沟泥火山、石场和精河水平摆开始出现异常, 以年变畸变异常为主; 2018 年 9 月前后巴伦台分量式钻孔应变、地磁等依次出现突变类异常 (图 30)。

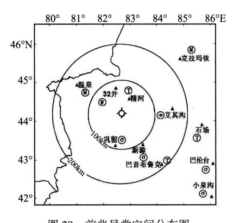

图 29　前兆异常空间分布图

Fig. 29　Anomalous spatial distribution

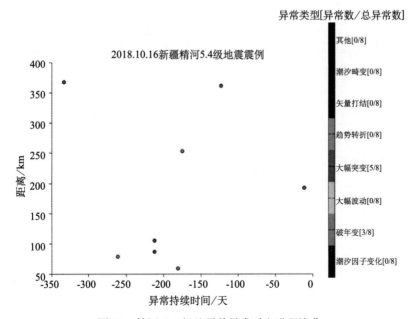

图 30　精河 5.4 级地震前异常时空进程演化

Fig. 30　Evolution of anomalous spatiotemporal process before the M_S5.4 Jinghe earthquake

3）异常数量变化演化特征

精河 5.4 级地震前，中短期异常数量变化显示，精河 5.4 地震前 6 个月异常数量逐渐增加，震前 2 个月，异常数量又迅速减少（图 31）。在新疆定点形变指标体系中，总结了新疆 6 级以上地震异常数量随时间变化特征，分成地震前异常数量持续增多类型和地震前异常数量先增多后迅速减少类型等两类。精河 5.4 级地震属于第二种类型。异常数量先增多后减少型有 1996 年 3 月 13 日阿勒泰 6.1 级，1996 年 3 月 19 日阿图什 6.9 级，2011 年尼勒克、巩留交界 6.0 级，2012 年 3 月 9 日洛浦 6.0 级，2018 年 8 月 9 日精河 6.6 级地震。

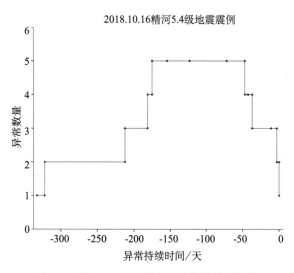

图 31　精河 5.4 级地震前异常数量进程演化

Fig. 31　Evolution of abnormal quantity process before the M_S5.4 Jinghe earthquake

八、震前预测、预防和震后响应

1. 震前预测、预防

精河 5.4 级地震位于全国地震趋势会商会划定的 2018 年度地震重点危险区边缘。为了加强对该地区的震情跟踪研判，根据中国地震局《关于 2018 年全国震情监视跟踪工作安排的意见》（中震测发〔2017〕6 号）及《2018 年度新疆地震重点危险区震情监视跟踪管理实施细则（试行）》（新震测发〔2017〕14 号），新疆地震局预报中心安排专人负责，成立了危险区跟踪小组，对危险区附近及周边的地震活动及地球物理观测资料进行实时跟踪。

2018 年 1~4 月震区附近出现 3、4 级地震异常增强区，该异常对中强地震地点预测具有较好的效能，2018 年 5 月以来自治区内中、小地震活跃，特别是天山中段 3 级以上地震频度增强显著，8 月异常出现逐步回返状态，与此同时部分前兆资料变化突出，会商结果认为，天山中段中强地震紧迫性正在逐步增加。为进一步落实震情跟踪工作，新疆地震局预报中心天山中段危险区跟踪组于 9 月 7~9 日赴天山中段危险区，并召开震情跟踪研判会。但由于以往震例和预测指标结果，上述异常与后续中强地震的间隔时间较长，难以判定具体发震时间，因此震前未提出明确的短期预测意见。

2. 震后响应

地震发生后，新疆地震局迅速启动地震应急Ⅳ级响应，先后派出博尔塔拉蒙古自治州地震局、精河县地震局、伊犁哈萨克自治州地震局、尼勒克县地震局、新源地震台以及局机关 28 人组成现场工作队前往震区开展震害调查等现场应急工作。应急管理部副部长、中国地震局局长郑国光第一时间询问了解震情灾情，并指示做好震情研判等应急处置工作；自治区副主席吉尔拉·衣沙木丁对灾情核查等应急工作提出了要求。震区各级党委、政府立即行动，采用视频调度平台迅速了解灾情。

现场工作队到达震区后，就震情和灾情与震区各级政府充分沟通交流。在震区政府及相关部门的支持下，现场工作队深入震区一线，先后对精河县、尼勒克县 10 个乡（镇、团场）39 个调查点开展实地调查，架设了 2 个流动测震台和 2 台强震记录仪，顺利完成了现场调查工作。

精河 5.4 级地震后，新疆地震局预报中心立即召开了多次震后趋势会商会，综合分析发震构造、震区历史地震活动、震源机制、序列类型和余震活动等情况，判定该地震序列可能为主震—余震型。同时，召开加密会商会，密切跟踪和动态研判序列的发展变化，较为准确地把握了精河 5.4 级地震震区的余震活动水平。

九、结论与讨论

1. 结论

（1）此次地震余震序列无明显展布，位于科古琴断裂向东的延伸区域。震源机制结果显示为逆断性质，主压应力 P 轴方位为近 NS 向，结合余震分布和断裂性质等认为，节面Ⅱ为此次地震的破裂面，科古琴断裂为此次地震的发震构造。

（2）余震序列频度衰减迅速，地震强度衰减起伏较大。主震能量释放较为充分，占总序列能量的 94%。最大余震为 $M_S 4.5$，与主震的震级差 ΔM 为 0.7。综合分析认为，精河 5.4 级地震序列为主震—余震型。

（3）震中周围监测能力为新疆较强地区，200km 范围内有 8 个测震台、19 个定点前兆台，14 个观测项目及流动 GPS、重力、地磁观测网。震前异常较多，共计 9 项 16 条异常，定点前兆异常较突出。测震学异常较少，仅 3 条，均为增强活动；地球物理场异常较多，有 13 条，其中定点前兆异常有 10 条，主要为破年变和突变类异常，与历史 5 级地震震例相比前兆异常比例明显偏高。

（4）此次地震虽然有感范围较大，但房屋损害很小，未造成人员伤亡和经济损失。2017 年精河 6.6 级地震后，自治区政府联合地方政府在震区对老旧房屋进行安居工程改造，经受住了此次地震的考验。

2. 讨论

（1）1970 年以来，精河 5.4 级地震震区及相邻构造区发生 2 次 5 级地震（不包括 6 级以上地震），分别为2000年12月10日伊宁5.0级地震和2011年10月16日精河5.0级地震，两次地震的最大余震分别为$M_L2.8$、$M_L3.6$，余震发生时间多在当天内，其后衰减较快。精河5.4级地震序列中最大余震为$M_L4.9$，次大余震为$M_L4.2$，与历史强度相当的地震序列序列相比，余震强度明显偏大。由于无历史震例可对比，因此无法解释造成这种现象的原因，推测可能与后续强震有关。

（2）精河5.4级地震前出现了2项测震学异常，5项定点前兆异常。震后测震学异常中，天山中段3级以上地震频度增强异常在震后异常幅度较震前有所增强；地震前的5项定点前兆异常中2项异常震后仍然持续。对比以往震例，在2011年精河5.1级和尼勒克、巩留6.0级，2012年轮台5.4级和新源、和静6.6级地震，2017年精河6.6级和库车5.7级地震前出现的异常均为2次地震的叠加。因此认为，本报告中的部分未结束的前兆异常可能与多次中强地震相关。表明精河5.4级地震后，强震危险性可能仍然持续。

（3）此次地震与精河6.6级地震震中相近，震前异常测项也有相同之处，精河水平摆、艾其沟泥火山、小泉沟钻孔应变、巴伦台钻孔应变在两次地震前均出现异常，且异常形态相似，不同之处在于异常幅度不同，精河5.4级地震异常幅度明显小于精河6.6级地震。这种异常的类似现象为以后地震强度和地点的判定提供了重要的依据。

参 考 文 献

[1] 王晓强等，利用GPS形变资料研究天山及邻近地区地壳水平位移与应变特征，地震学报，29（1）：31~37，2007

[2] 李杰、王晓强，北天山现今活动构造的运动特征，大地测量与地球动力学，30（6）：1~5，2010

[3] 尹光华、蒋靖祥、裴宏达，1812年尼勒克地震断层及最大位移，内陆地震，20（4）：296~304，2006

[4] 朱令人、庄茂良、陈祥玉等，新疆通志（第11卷），乌鲁木齐：新疆人民出版社：257~260，2002

[5] 王筱荣，新疆强震前地震活动增强研究，华南地震，25（1）：17~23，2005

[6] 祝意青、胡斌，新疆地区重力变化与伽师6.8级地震［J］，大地测量与地球动力学，23（3）：66~69，2003

[7] 艾力夏提·玉山、刘代芹，南天山—帕米尔地区近期重力场动态变化特征，地震研究，41（1）：82~89，2018

[8] 董曼、魏文薪，新疆北天山地区盆山交界主要构造带运动特性研究，国际地震动态，29（1）：31~37，2015

参 考 资 料

1）中国地震局，全国地震目录（中国地震台网中心），2018

2）新疆维吾尔自治区地震局，新疆地震目录（区域台网），2018

3）USGS，https：//earthquake. usgs. gov/earthquakes/eventpage/us1000hcmu/moment-tensor，2018

4）新疆维吾尔自治区地震局，新疆精河5.4级地震灾害损失评估报告，2018

5）新疆维吾尔自治区地震局，2018年10月16日精河M_S5.4地震序列及后续地震趋势分析，2018

6）新疆维吾尔自治区地震局，新疆拜城-库车地区、乌恰西南地区3、4级地震异常增强分析报告，2017

7）新疆维吾尔自治区地震局，2018年3月以来天山中段3级以上地震活动显著增强分析报告，2018

8）新疆维吾尔自治区地震局，2017年12月新疆库米什地震窗活动异常分析报告，2018

The M_S 5. 4 Jinghe Earthquake on October 16, 2018 in Xinjiang Uygur Autonomous Region

Abstract

M_S5. 4 earthquake happened in Jinghe county of Xinjiang Uygur Autonomous Region, on October 16, 2018. The microscopic epicenter measured by China Earthquake Networks Center is 44. 19°N, 82. 53°E, focal depth is 10km. According to the results of the scientific investigation, because the earthquake-proof buildings in the epicentral area have high earthquake-resistance levels and the earthquake disasters are relatively light, seismic intensity assessment, disaster loss, and evaluation work have not been carried out, so the position of the epicenter of macro can not be determined. The earthquake did not cause any casualties. The maximum instrument record intensity of this earthquake is under Ⅵ degrees, with a wide range of sensations.

The seismic sequence of this earthquake is main-aftershock, the magnitude of maximum aftershock is M_L4. 9 on October 23. There is no obvious direction of aftershock sequence; Aftershock frequency attenuation is more rapid, but intensity attenuation is fluctuating. The earthquake source mechanism of this earthquake is thrusting type, nodal plane Ⅰ is 100°, basically consistent with the strike of the Koguqin fault. It is concluded that nodal plane Ⅰ may be the rupture surface of the earthquake, and that the Koguqin fault is the seismogenic structure of the earthquake.

There were 8 earthquake-monitoring stations, 19 precursor stationary observation, and GPS, roving gravity, roving geomagnetism observation network within the 200km range of the epicenter of the earthquake. The fixed-point precursors include 44 items (ground tilt, strain, geoelectric field, geomagnetism, water level, water temperature, carbon dioxide). Before the earthquake, 9 precursory observation items appear before the earthquake witch including the anomalous enhancement, seismic enhancement, Cuomis windows, ground tilt, strain, geomagnetism and mud volcanoes. There were 3 seismological abnormalities, accounting for 19% of the total anomalies, 10 fixed-point precursors, 63% of the total, and 2 mobile observation, accounting for 13% of the total. There was no imminent earthquake anomaly.

The M_S5. 4 Jinghe earthquake occurred in the medium and long term earthquake defense area. The annual seismic hazard area designated by China Earthquake Administration should be noted. Before the earthquake, Earthquake Agency of Xinjiang Uygur Autonomous Region Tianshan middle section dangerous area tracking group went to the dangerous area of the middle Tianshan mountains from September 7 to 9 to conduct a seismic situation tracking and judgment meeting. Before the earthquake, Earthquake Agency of Xinjiang Uygur Autonomous Region made an accurate short-term prediction. After the earthquake, China Earthquake Administration working group carry out seismic flow monitoring, earthquake, intensity evaluation, disaster investigation and assessment, scientific investigation work, and set up 2 mobile seismic station. Earthquake Agency of Xinjiang Uygur Autonomous Region made an accurate judgement on the type of the earthquake sequence after the earthquake.

In this earthquake case report, there were no macroscopic epicenters, epicentral intensity, extreme seismic intensity, economic loss, etc. mainly because the team did not carry out seismic intensity assessment and disaster loss and assessment work. Since this report was completed in January after the M_S5. 4 Jinghe earthquake, it was relatively close in time and space, and some of the relevant research results were not completed or publicly published. Therefore, the collected data is inevitably missing, at the same time, some anomalies may be identified. There may be deviations. The conclusions are inevitably partial.

报 告 附 件

附件一：震例总结用表

附表 1   固定前兆观测台（点）与观测项目汇总表

序号	台站（点）名称	经纬度（°）		测项	资料类别	震中距 Δ/km	备注
		φ_N	λ_E				
1	尼勒克	43.90	83.02	水位	II类	51	
				水温	II类		
		43.73	82.61	应力应变	II类	52	RZB 型分量钻孔应变
2	精河台	44.63	82.97	测震	I类	59	
				地倾斜（连通管）	II类		BSQ 型水管倾斜
				地倾斜（摆式）	II类		SQ-70 型石英水平摆
				应力应变	II类		SSY 型洞体应变
3	巴音沟	44.10	83.30	地倾斜（摆式）	II类	62	CZB 型钻孔倾斜
				应力应变	II类		RZB 型分量钻孔应变
4	伊宁	44.09	81.57	地倾斜（摆式）	III类	78	CZB 型钻孔倾斜
5	巩留	43.41	82.43	应力应变	II类	87	RZB 型分量钻孔应变
				地倾斜（摆式）	III类		CZB 型钻孔倾斜
6	伊宁 1 号	44.43	81.48	水位	II类	88	
				水温	II类		
7	伊宁 2 号	44.46	81.38	水位	II类	96	
				水温	II类		
8	博乐	44.89	82.38	水位	II类	99	
				水温	II类		
				二氧化碳	II类		
9	新源台	43.41	83.27	测震	I类	105	
				地倾斜（摆式）	II类		CZB 型钻孔倾斜
				应力应变	III类		RZB 型分量钻孔应变
10	那拉提	43.40	83.30	地倾斜（摆式）	III类	107	CZB 型钻孔倾斜
11	特克斯	43.24	82.28	水位	II类	108	
				水温	II类		
12	阿拉山口台	45.15	82.11	测震	I类	112	

序号	台站（点）名称	经纬度（°）		测项	资料类别	震中距 Δ/km	备注
		φ_N	λ_E				
13	察布查尔台	43.52	81.43	测震	Ⅰ类	116	
				水位	Ⅱ类		
				水温	Ⅱ类		
14	霍尔果斯	44.34	80.96	地倾斜（摆式）	Ⅱ类	126	CZB型钻孔倾斜
15	白杨沟	44.18	84.38	泥火山	Ⅱ类	148	
16	艾其沟	44.18	84.48	泥火山	Ⅱ类	155	
17	温泉台	44.95	81.00	测震	Ⅰ类	147	SQ-70型石英水平摆 体积式应变
				地倾斜（摆式）	Ⅰ类		
				应力应变	Ⅱ类		
				地电阻率	Ⅱ类		
				自然电位	Ⅱ类		
				地磁H分量	Ⅱ类		
				地磁D分量	Ⅱ类		
				磁偏角	Ⅱ类		
				水位	Ⅱ类		
				水温	Ⅱ类		
				流量	Ⅱ类		
				氡（水）	Ⅱ类		
18	乌苏台	44.12	84.64	测震	Ⅰ类	169	
				水温	Ⅱ类		
19	独山子台	44.29	84.86	测震	Ⅰ类	186	
20	巴音布鲁克	42.92	84.16	地倾斜（摆式）	Ⅱ类	194	CZB型钻孔倾斜
21	裕民台	46.0	82.68	测震	Ⅰ类	200	

续表

分类统计	0<Δ≤100km	100<Δ≤200km	总数
测项数 N	8	14	22
台项数 n	20	30	50
测震单项台数 a	0	3	3
形变单项台数 b	1	4	5
电磁单项台数 c	0	0	0
流体单项台数 d	0	2	2
综合台站数 e	7	3	10
综合台中有测震项目的台站数 f	1	4	5
测震台总数 $a+f$	1	7	8
台站总数 $a+b+c+d+e$	8	12	20
备注			

附表 2 测震以外固定前兆观测项目与异常统计表

序号	台站（点）名称	测项	资料类别	震中距 Δ/km	按震中距 Δ 范围进行异常统计									
					0<Δ≤100km					100<Δ≤200km				
					L	M	S	I	U	L	M	S	I	U
1	尼勒克	水位	Ⅱ类	51	—	—	—	—	—					
		水温	Ⅱ类		—	—	—	—	—					
		应力应变	Ⅱ类	52	—	—	—	—	—					
2	精河台	地倾斜（连通管）		59	—	—	—	—	—					
		地倾斜（摆式）	Ⅱ类		—	V	—	—	—					
		应力应变	Ⅱ类		—	—	—	—	—					
3	巴音沟	地倾斜（摆式）	Ⅱ类	62	—	—	—	—	—					
		应力应变	Ⅱ类		—	—	—	—	—					
4	伊宁	地倾斜（摆式）	Ⅱ类	78										
5	巩留	应力应变	Ⅱ类	87	—	—	V	—	—					
6	伊宁 1 号	地倾斜（摆式）	Ⅲ类	88	—	—	—	—	—					
		水位	Ⅱ类		—	—	—	—	—					
		水温	Ⅱ类		—	—	—	—	—					
7	伊宁 2 号	水位	Ⅱ类	96	—	—	—	—	—					
		水位	Ⅱ类		—	—	—	—	—					

续表

序号	台站（点）名称	测项	资料类别	震中距 Δ/km	0<Δ≤100km					100<Δ≤200km				
					L	M	S	I	U	L	M	S	I	U
8	博乐	水位	II类	99	—	—	∨	—						
		水温	II类		—	—	—	—	—					
		二氧化碳	II类		—	—	—	—	—					
9	新源台	地倾斜（摆式）	II类	105						—	—	—	—	—
		应力应变	III类							—	∨	—	—	—
10	那拉提	地倾斜（摆式）	III类	107						—	—	—	—	—
11	特克斯	水位	II类	108						—	—	—	—	—
		水温	II类							—	—	—	—	—
12	察布查尔台	水位	II类	116						—	—	—	—	—
		水温	II类							—	—	—	—	—
13	霍尔果斯	地倾斜（摆式）	II类	126						—	—	—	—	—
14	白杨沟	泥火山	II类	148										
15	艾其沟	泥火山	II类	155						—	—	—	∨	—
16	温泉台	地倾斜（摆式）	I类	147						—	—	—	—	—
		应力应变	II类							—	—	—	—	—
		地电阻率	II类							—	—	—	—	—
		自然电位	II类							—	—	—	—	—
		地磁 H 分量	II类							—	—	—	—	—
		地磁 D 分量	II类							—	—	—	—	—
		磁偏角	II类							—	—	—	—	—
		水位	II类							—	—	—	—	—
		水温	II类							—	—	—	—	—
		流量	II类							—	—	—	—	—
		氡（水）	II类							—	—	—	—	—
17	乌苏台	水温	II类	169										
18	巴音布鲁克	地倾斜（摆式）	II类	194						—	—	—	∨	—

续表

分类统计	台项	异常台项数	0	1	2	0	0	0	1	0	2	0
		台项总数	17	17	17	17	17	24	24	24	24	24
		异常台项百分比/%	0	5.9	11.8	0	0	0	4.2	0	8.3	0
	观测台站（点）	异常台站数	0	1	2	0	0	0	1	0	2	0
		台站总数	7	7	7	7	7	11	11	11	11	11
		异常台站百分比/%	0	14.3	28.6	0	0	0	9.1	0	18.2	0
测项总数（94）			17					24				
观测台站总数（39）			7					11				
备注												

附件二：月震情跟踪监视例会报告

震情监视报告

单　位	新疆地震局预报中心	会商会类型	月会商
期　数	（2018）第 93 期	会商会地点	局十四楼多功能会议室
	（总字）第 1548 期	会商会时间	2018 年 10 月 22 日 15 时 30 分
主持人	杨　欣	发送时间	2018 年 10 月 23 日 13 时 02 分
签发人	郑黎明	收到时间	月　　日　　时
Apnet 网络编码	AP65	发 送 人	温少妍

2018年10月22日，新疆地震局围绕近期新疆地震活动和前兆观测资料异常变化，召开月震情跟踪监视例会，分析意见如下：

一、地震活动实况

2018年9月17日-10月19日，全疆共定位Ms≥1.0地震443次（含余震）。震级分档统计如下：Ms1.0-1.9地震375次；Ms2.0-2.9地震48次；Ms3.0-3.9地震15次，Ms4.0-4.9地震4次，Ms5.0-5.9地震1次。边境地区共定位Ms≥1.0地震63次。分区统计情况如下：

富蕴地区20次（Msmax=3.0）；西准噶尔地区7次（Msmax=2.0）；乌鲁木齐地区29次（Msmax=4.2）；北天山西段42次（Msmax=5.4）；中天山15次（Msmax=3.3）；南天山东段75次（Msmax=3.2）；柯坪块体73次（Msmax=3.3）；乌恰地区57次（Msmax=4.3）；西昆仑地区36次（Msmax=3.7）；阿尔金地区15次（Msmax=3.7）；其它地区71次（Msmax=4.1）。

本月新疆境内地震活动水平与上月相当，高于历史平均活动水平，最大地震为10月16日精河5.4级地震（上月为9月4日伽师5.5级地震）。分区统计显示，与上月相比，富蕴地区、乌鲁木齐、北天山西段、乌恰地区和阿尔金地区地震活动水平高于上月；西准噶尔山地和柯坪块体地震活动水平低于上月，中天山、南天山东段地区、西昆仑和其它地区地震活动水平与上月持平。

1. 上月预测意见评述

（1）乌鲁木齐地区未来一个月发生5级以上地震的可能性不大。

（2）未来一个月新疆地区有发生6级左右地震的可能，危险区域为南天山西段至西昆仑地区和天山中段；关注阿勒泰地区震情发展变化。

本月新疆境内最大地震为10月16日精河5.4级地震，预测较为准确。天山中段的判定依据是3级以上地震活动短期增强，且中短期前兆异常主要分布在天山中段。伽师5.5级地震后新疆境内5级和4级地震平静均被打破，震例统计表明未来强震背景进一步增强。

2. 本月震情分析

显著事件跟踪

2018年10月16日精河5.4级地震

据新疆地震台网观测，截止10月22日，精河单台共记录到余震36次，其中ML0.0-0.9地震5次，ML1.0-1.9地震27次，ML2.0-2.9地震4次，最大地震为16日10时17分Ms3.0。1970年以来，本次5.4级地震100km范围内5级以上地震序列显示，地震序列持续时间短，衰减较快。分析认为，本次地震序列类型为接近孤立型的主余型，余震活动水平为4级左右，与震区历史地震序列类型一致。P波初动计算本次地震震源机制类型为逆冲型，与周围历史地震震源断错类型基本一致，主压应力P轴以NS向为主。1970年以来，本次5.4级地震100km范围内共有8次5级以上地震，其中5次地震后新疆境内有5级以上地震发生，优势发震时间为1个月。

2018年9月4日伽师5.5级地震

据新疆台网定位结果，截止到10月21日，共记录余震588次，其中ML0.0-0.9地震7次，ML1.0-1.9地震

测震学异常跟踪分析

本月取消异常：南天山西段4级地震平静，对应2018年9月4日伽师5.5级地震。

近期存在异常项有：

①新疆境内5级地震平静271天状态被2018年9月4日伽师5.5级地震打破。1950年以来，新疆境内5级地震平静超过242天的有16组，其中13组平静后1年内新疆有6级以上地震发生，对应率为81.25%（13/16），其中3个月内6级地震的对应率为56.25%（10/16），优势区域为柯坪块体；②新疆境内4级地震平静60天，1970年以来，新疆境内4级地震平静超过60天的29组，其中23组平静后1年内新疆有6级以上地震发生，对应率为79.3%（23/29），其中3个月内6级地震的对应率为44.8%（13/29），优势区域是南天山西段；③天山中段Ms≥3.0地震1月步长，3月窗长累积频度时间扫描结果显示，2018年3月以来累积频度超过12次阈值限，已达到异常指标。统计显示，天山中段Ms≥5.0地震前累积频度超过12次的异常现象共12组，其中8组对应5级以上地震，对应率为67%，目前处在等待对应阶段；④2016年8月13日阿合奇4.7级地震后，柯坪块体4级地震平静已达到21个月。统计结果显示，1970年以来，柯坪块体4级地震平静时长超过10个月的共6次，其后5个月内南天山西段有中强地震发生的共3次（50%），其中有1次直接打破；2018年9月4日伽师5.5级地震发生在平静区内。⑤2017年5-8月，乌恰西南地区3、4级地震形成异常增强区，2017年12月26日以来，帕米尔弧发生的24次3级以上地震（包括2次5级地震）位于该增强区西侧，对中强地震地点具有预测意义；⑥自2017年6月开始南天山西段小震群累积月频度呈现加速趋势，震例统计结果表明，出现"加速-减弱"现象后，该区发生5.8级以上地震的比例为5/7，目前该异常仍在处于加速过程中。近期在天山中段出现多个震群集中活动，地震累积频次再次出现加速现象。

关注项：

①2018年5月以来，3、4级地震在库车-乌鲁木齐-青河地区形成一个地震条带，6月12日在条带两侧附近分别发生和静和和硕3.0级地震，目前条带已经瓦解。②2016年阿克陶6.7级地震和呼图壁6.2级地震之前，境内4级以上地震的震源机制解P轴仰角有增大趋势，持续了8个月，随后南、北疆分别发生了2016年阿克陶6.7级地震和呼图壁6.2级地震。目前，从2017年12月开始P轴仰角有增大趋势，2018年3月恢复正常，5月开始P轴仰角又持续增大，随后4级地震平静了60天，8月18日呼图壁4.8级地震后P轴仰角有所增大。③2017年以来新疆3、4级地震异常增强区集中在喀什-乌恰交汇区，2018年以来主要集中于天山中段地区。④近6个月来，北天山地区逆冲型地震比例增加，震源机制一致性增强。

二、前兆学科

1.本省前兆异常变化及核实情况

1.1 本月取消异常

（1）形变

无

（2）流体

无

（3）电磁

无

1.2 既有异常跟踪

（1）形变

①小泉沟分量钻孔应变2017年11月17日之后频繁出现台阶畸变现象，近期台阶畸变频率较少；②新源台分量钻孔应变自2017年11月28日NS、EW两个分量同步多次出现速率加快变化，9月5日再次出现类似异常变化，异常持续8天后恢复；③精河水平摆EW分量W倾转向时间较往年同期滞后3个月，目前已完成转向，但变化速率慢；④榆树沟水管仪NE分量4月5之后出现反向E倾变化，7月13日异常结束，异常核实

表明，该异常与洞温变化相关，异常信度较低；⑤巴仑台分量钻孔应变四分量自2018年6月15日同时出现速率变化，其中NS、NW分量呈快速压缩变化，EW分量拉张速率变缓，NE分量快速拉张，9月9日异常结束。

关注项：

10月巴音布鲁克钻孔倾斜NS分量N倾0.128″。

（2）流体

地下流体学科近期主要异常变化是：①自2017年8月以来白杨沟1号泥火山溢出气氡测值持续高值变化，2018年9月28日以来测值持续高值；②阿克苏断层氢2018年8月至今测值一直处于高值波动变化，最大达到3.726ppm。9月4日伽师5.5级地震后，测值有所下降，但其整体仍保持高于阈值变化。

关注项：

马场21.9m岩石地温于9月27日、30日出现两次快速下降变化，降幅分别为0.00873℃、0.00678℃，继续跟踪资料变化。

（3）电磁

①柯坪地电阻率NS测道2017-2018年年变下降幅度明显增大，偏离背景趋势；②乌鲁木齐、克拉玛依、温泉、乌什和喀什台2018年8月28日同步出现地磁逐日比高值异常，目前异常结束。9月8日地磁低点位移线穿过新疆天山中段，其有效预测地震时段分别为10月5日和10月19日前后。现低值线附近发生10月7日乌鲁木齐4.2级地震、10月16日精河5.4级地震。

（4）宏观

乌苏艾其沟 2 号泥火山 2018 年 4 月 13 日出现喷涌现象，6 月 4 日起干涸，8 月 14 日再次出现喷涌活动。近期溢出量有所增大。

（5）地球物理场

GNSS 基准站时间序列异常变化：乌恰、布伦口基准站自 2017 年开始东西向持续加速变化；伊宁基准站北南向和垂直向自 2016 年年变不正常变化。

块体应变时间序列异常变化：①和田-巴楚-叶城块体最大剪应变自2017年4月以来快速增加，目前处于高值状态；②巴楚-乌什-乌恰块体东西向应变自2015年年底持续减小，目前处于低值变化状态。

基线时间序列异常变化：①乌恰-巴楚基线自2016年年底持续缩短，目前处于低值变化状态；②塔什库尔干-布伦口基线自2016年年底呈明显拉张趋势变化，以往呈压缩状态，目前变化平稳；③昭苏-乌什2018年拉张速率明显不同于2017年，值得关注。

1.3 本月新增异常

（1）形变

榆树沟洞体应变NS分量6月5日至8月23日年变幅小，破年变异常。

（2）流体

博乐新 32 井水位 2018 年 9 月 3 日以来持续波动上升变化，年变畸变异常， 10 月 13 日开始转折下降，累计上升幅度 0.233m。10 月 16 日精河 5.4 级地震后仍未恢复正常。

（3）电磁

①乌鲁木齐、克拉玛依空间相关法低值异常；②2018 年 9 月底出现地磁日变化空间相关异常，边界线穿过西昆仑地震带。

2.片区前兆异常变化及核实情况

（1）形变

2018 年 10 月 12 日，新疆地震局预报中心对榆树沟洞体应变 NS 分量年变畸变异常进行现场异常核实；10 月 20 日新源地震台对巴音布鲁克 NS 分量 N 倾 0.128″ 进行现场异常核实，异常核实报告撰写中。

（2）流体

2018 年 10 月 10 日-14 日，温泉地震台对博乐 32 井水位年变畸变异常进行现场异常核实。

（3）电磁

无

3.宏观异常变化及核实情况

无

三、危险区

3.1 天山中段库车-乌苏 6.5±危险区

①本月（2018 年 9 月 17 日-2018 年 10 月 19 日）危险区发生 7 次 2 级以上地震，其中 1 次 3 级地震，最大地震为 2018 年 9 月 19 日巩留 3.3 级地震，地震活动水平低于上月及历史平均活动水平。危险区外围 65kn 处发生 2018 年 10 月 16 日精河 5.4 级地震。

②本月危险区新增 2 项短期异常即榆树沟洞体应变和博乐 32 井水位年变畸变异常。危险区目前存在新源钻孔应变、巴伦台钻孔应变、精河水平摆、榆树沟水管仪、乌苏艾其沟火山喷涌、白杨沟溢出气氡等前兆中短期异常，测震学目前仅有天山中段 3 级以上地震增强 1 项测震学短期异常。

跟踪分析认为，下个月危险区内发生目标地震的可能性小。

3.2 南天山西段塔什库尔干-乌什 6.5±危险区

①本月（2018 年 9 月 17 日-2018 年 10 月 19 日）危险区及其周边发生 18 次 2 级以上地震，最大地震为 2018 年 10 月 19 日吉尔吉斯斯坦 5.1 级地震，地震活动水平高于历史平均活动水平。

②危险区伽师 5.5 级地震打破新疆境内 4 级和 5 级地震平静及库车-乌恰段 5 级地震平静，强震背景进一步突显。目前该危险区存在柯坪地电阻率 1 项前兆中短期异常，测震中短期异常有柯坪块体 4 级平静、乌恰西南 3,4 级地震异常增强区、阿克苏—巴楚区地震学参数、巴楚—阿图什地震学参数。

跟踪分析认为，下个月发生目标地震的可能性不大。

此外，新疆地震局划定的阿勒泰-青河 6±危险区近期地震活动水平偏低，本月仅发生 1 次青河 3.0 级，4 级以上地震持续平静。

四、震情形势综合分析及结论

（1）本月新疆地区地震活动水平相对活跃，发生了 5 次 4 级以上地震，其中 1 次 5 级以上地震，即 10 月 16 日精河 5.4 级地震。9 月以来新疆境内中小地震异常活跃，地震分布范围广，10 月 7 日-21 日，新疆境内共发生 18 次 3 级以上地震，地震频度显著增高，尤其是 19 日-21 日发生 7 次 3 级以上地震，其中 2 次 4 级地震，表明新疆区域应力场可能处于持续增强状态。震例统计显示，3 级以上地震月频度超过 18 次的共 10 组，其后 8 组有 5 级以上地震发生，地震对应率为 80%。

（2）新疆境内 5 级地震平静 271 天和 60 天的 4 级地震平静被 2018 年 9 月 4 日伽师 5.5 级地震打破，统计显示，这种嵌套平静打破后半年内南天山西段发生 6 级地震的比例为 5/6（83.3%）。1980 年以来，库车-乌恰地区 4 级地震平静超过 700 天的有 5 组，其中 4 组平静后 3 个月内新疆有 6 级以上地震发生，对应率为 80%（4/5），其中 6 级地震直接打破有 3 组，对应率为 60%（3/5），优势区域为喀什-乌恰地区。目前境内虽已发生 2 次 5 级地震，但地震强度偏低。

（3）在上述境内地震平静被打破的背景下，2018 年 10 月 7 日-9 日，新疆境内 4 级地震再次异常活跃，在 4 级地震活跃状态下发生 10 月 16 日精河 5.4 级地震，5.4 级地震位于天山中段 3、4 级地震增强区内。测震、前兆测项和流体异常仍集中在天山中段。历史地震活动显示，该区 3 级以上地震异常增多之后，天山中段 5 级地震成组活动的可能性大。

（4）目前南天山西段地震活动出现增强-异常平静-平静打破的变化过程，平静打破后的地震统计显示，南天山西段至西昆仑地区发生强震的可能性较大，但目前该区仅存在柯坪地电阻率和阿克苏断层氢气 2 项中短期异常，其他观测手段无显著的短临异常显示。

5

2018 年 10 月 31 日四川省西昌 5.1 级地震[*]

四川省地震局

宫　悦　何　畅　龙　锋　梁明剑　杜　方

摘　要

2018 年 10 月 31 日 16 时 29 分 55 秒，四川省凉山彝族自治州西昌市（102.08°E，27.7°N）发生 M_S5.1 地震，震源深度 19km。此次地震宏观震中位于四川省凉山彝族自治州西昌市磨盘乡一带（102.08°E，27.72°N），震区最高烈度为Ⅵ度，等震线呈近 NS 向椭圆，长轴 34km，短轴 20km。地震造成凉山彝族自治州西昌和盐源两个县（市）受灾，Ⅵ度区面积 645km^2。根据当地政府有关部门统计，截至 2018 年 11 月 2 日，此次地震共造成 4 人轻伤，直接经济损失评估总额为 2461 万元[1)]。

序列特征显示，此次地震为主震—余震型，主震发生后，余震频次衰减正常，最大余震为 2018 年 11 月 20 日 M_S3.3（M_L3.9）地震，空间上较大余震集中分布在主震震中附近，总体略呈现近 NS 向分布；震源机制解结果显示震源错断性质为左旋走滑型，节面Ⅰ走向 274°、倾角 87°、滑动角-153°，节面Ⅱ走向 182°、倾角 63°、滑动角-4°，推测与等烈度线 NS 向长轴走向一致的节面Ⅱ为此次地震的发震断层面，磨盘山—昔格达断裂带东侧的岩体里派生规模不大的 SN 向次级断层为此次地震的发震断层。

震中距 $\Delta \leq 200$km 范围内共有地震台站 49 个，其中测震台 19 个，西昌 5.1 级地震后增设流动台 2 个；定点地球物理场观测台 30 个，测项 223 项；跨断层监测场地 13 个，测项 18 项。此次地震共清理 24 项异常，其中测震学异常 7 项，定点地球物理场观测异常 6 项，跨断层流动观测异常 10 项，流动重力异常 1 项，异常数量少，仅占总观测台测项数的 4.98%。以中长期异常为主，其中跨断层存在 2 项短期异常。

此次 5.1 级地震发生在《2018 年度四川地震趋势研究报告》[2)]圈定的四川省 2018 年度危险区内，但低于预测震级水平，并不是年度预测的目标地震。此次地震发生前无短临预测预报意见，地震发生后震后趋势判定准确，序列早期显示孤立型特征，随序列发展显示为主震—余震型。

---

[*] 参加工作还有：易桂喜、张致伟、乔慧珍。

前　言

2018 年 10 月 31 日 16 时 29 分 55 秒，四川省凉山彝族自治州西昌市 （102.08°E，27.70°N） 发生 5.1 级地震，震源深度 19km。宏观震中位于西昌市磨盘乡一带 （102.08°E，27.72°N），地震的最高烈度为Ⅵ度，等震线长轴近 NS 走向，地震共造成凉山彝族自治州西昌市和盐源两县 （市） 受灾。

此次地震造成的总直接经济损失为 2461 万元，包括Ⅵ度灾区 13 个乡镇房屋不同程度受损，另外，此次地震中生命线系统工程结构遭受破坏程度很轻。当地政府有关部门统计，截至 2018 年 11 月 2 日，此次地震共造成 4 人轻伤。

此次地震发生在《2018 年度四川地震趋势研究报告》[2] 圈定的 2018 年度危险区内，但低于预测震级水平，不是年度预测的目标地震。地震发生后对震后趋势判定准确，地震发生当日即快速判定此次地震为孤立型或主—余型，这与震后实际震情趋势相吻合。

此次地震震中位于一级新构造分区——西部强烈隆升区内，跨川西面状强隆区和大凉山中等隆升区两个二级新构造单元，震中附近区域 6 级以上强震主要发生在安宁河—则木河断裂、盐源弧形断裂上。有记录以来，此次西昌 5.1 级地震 50km 范围内共有 $M_S \geqslant 5.0$ 级以上地震 8 次，最大地震为 1536 年 3 月 19 日西昌北 7⅓ 级地震，时间和空间上距离此次西昌 5.1 级地震最近的地震为 1962 年 2 月 27 日米易—德昌一带 5.5 级地震。由于区域构造复杂，地震类型较多，此次地震震型、发震构造以及与区域构造的关联性值得研究。

本报告通过序列分析，认为西昌 5.1 级地震为主—余型；通过地震精定位及震源机制解计算，结合灾害调查结果，对地震发震断层进行分析，发现震中附近已有断层与震源机制解给出的发震断层面结果不符，故此次地震的发震构造还有待进一步调查研究；另外，地震视应力计算结果显示区域应力水平相对偏高。通过对资料的梳理和分析，确定此次地震前共有 7 项测震学异常，200km 范围内共有 17 项地球物理场观测异常，其中短临异常 2 项。

此次地震发生后，四川省地震局紧急启动Ⅲ级应急响应，立即派出地震现场工作组赶赴地震灾区开展地震现场考察工作，在实地灾害调查的基础上，给出此次地震烈度评定结果。四川省地震预报研究中心立即召开紧急会商会，组织对震后趋势进行分析研判。

一、测震台网及地震基本参数

2018 年 10 月 31 日 16 时 29 分 55 秒，凉山彝族自治州西昌市 （102.08°E，27.70°N） 发生 5.1 级地震，震源深度 19km。震中距 $\Delta \leqslant 200$km 范围共有 19 个测震监测台，其中：$\Delta \leqslant 100$km 范围有园艺场、木里、玄生坝等 6 个测震监测台；$100 < \Delta \leqslant 200$km 范围有雷波、美姑、九龙等 10 个四川省地震台网测震监测台，丽江、华坪和永胜 3 个云南省地震台网测震监测台。距离此次地震最近的测震台站为园艺场台 （YYC），震中距约 24km，区域地震监测能力为 $M_L \geqslant 1.2$ 级。地震发生后，四川省地震局当日即在震区增设了 2 个流动台 （L5122、L5123），分别距离震中 2.75、12km，并于 11 月 1 日 2 时开始运行，增加流动台站后，可确保序列 $M_L \geqslant 0.6$ 级余震记录，提高了余震的监测能力。收集此次四川西昌 5.1 级

地震基本参数见表1。经过对比分析，认为中国地震台网中心给出的震中位置较为准确，因此本报告地震基本参数取表1编号（1）的结果。

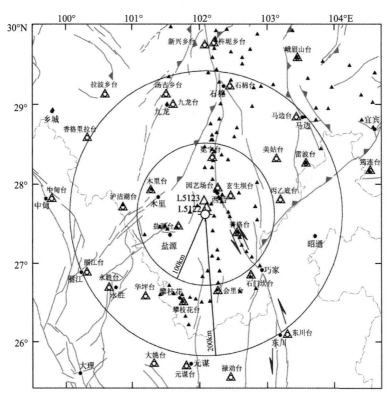

图1 西昌5.1级地震震中附近测震监测台站分布图

Fig. 1 Distribution of seismic stations around the M_S5.1 Xichang earthquake

表1 西昌5.1级地震震源参数

Table 1 Basic parameters of the M_S5.1 Xichang earthquake on Oct 31, 2018

发震时刻 时:分:秒	震中位置		震源深度 （km）	震级	来源
	东经	北纬			
16:29:55	102.08	27.70	19	M_S5.1	①
16:29:55.68	102.092	27.697	19	M_L5.4	②
16:29:55.68	102.08	27.71	15.624	M_S5.1	③
16:29:56	102.09	27.62	20	M_S5.1	④
16:29:59	102.274	27.851	25.4	m_b5.1	⑤

注：①中国地震台网中心——CENC（使用51个台）[3)]（中国地震台网中心，《国家台网大震速报目录》（来自中国地震台网中心））。

②四川省地震台网——正式目录（使用79个台）[4)]（四川省地震局监测研究中心，四川省地震台网地震目录）。

③四川省地震预报研究中心采用 HYPOINVERSE 程序对主震进行了绝对定位结果（使用79个台）。

④四川省地震台网——速报目录。

⑤美国地质调查局——USGS。

二、地震地质背景

西昌 5.1 级地震震中区域位于中国大陆一级新构造分区——西部强烈隆升区内，位于川西面状强隆区与大凉山中等隆升区两个二级新构造单元复合部位。川西面状强隆区东以鲜水河—安宁河—则木河断裂带为界，属于川滇菱形块体的一部分，平均海拔在 4000 m 以上，垂直差异性活动强烈，第四纪以来抬升幅度在 3500 m 以上[1]；大凉山中等隆升区属于西部高原向东部盆地过渡的地区，主要表现为整体性的大面积抬升，抬升幅度在 2000 m 左右[1]。震区位于川滇 NS 向构造带的中段。晋宁运动后，该地区褶皱隆起，古生代以来随着隆起范围的不断扩大，导致上地壳厚度不断减薄，从而古隆起中部在引张应力作用下，形成 NS 向张性断裂系；喜马拉雅运动以来，伴随着青藏高原的强烈隆升，垂直差异性运动剧烈，沿着断裂带形成一系列第四纪断陷盆地，断裂新活动明显[2]。震中附近区域断裂纵横交错。震中位于 NW 向、近 SN 向和 NE 向断裂交会处附近区域（图 2），主要断裂包括：近 SN 走向的安宁河断裂和大凉山断裂、NW 走向的则木河断裂、NE 走向的丽江—小金河断裂以及盐源弧形断裂等，这些断裂均具有明显的晚第四纪新活动性。

此次地震震中附近区域历史 6.0 级以上强震主要集中分布在安宁河—则木河断裂和盐源弧形断裂上。其中，在安宁河断裂上曾发生 624 年 8 月 18 日西昌一带 6 级、814 年 4 月 6 日西昌一带 7 级、1536 年 3 月 29 日西昌北 7½ 级、1913 年 8 月冕宁 6 级和 1952 年 9 月 30 日冕宁—石龙一带 6¾ 级地震；在则木河断裂上曾发生 1489 年 1 月 15 日西昌 6¾ 级、1732 年 1 月 29 日西昌东南 6¾ 级和 1850 年 9 月 12 日西昌—普格间 7½ 级地震（图 2）；在盐源弧形断裂上发生的 6 级地震较多，主要有：1467 年 1 月 28 日盐源一带 6½ 级、1478 年 8 月 26 日盐源一带 6 级和 1976 年 11 月 7 日盐源 6.7 级震群等。震区西侧的丽江—小金河断裂和东侧的大凉山断裂带历史地震活动水平相对较弱，均无 6 级以上地震的文字记载和现代地震记录[3~7];3)，但大凉山断裂的古地震研究显示，该断裂具有 7 级以上地震的发震能力[8~10]。

西昌 5.1 级地震发生在西昌市西南的安宁河河谷西侧，历史地震资料和记录显示，在此次地震 50km 范围内，共有记载和记录 5.0 以上地震 10 次，最大地震为 1536 年 3 月 19 日西昌北 7½ 级和 1850 年 9 月 12 日西昌—普格间 7½ 级两次地震，空间距离最近的地震为此次地震南偏西 24km 的 1962 年 2 月 27 日米易—德昌一带 5.5 级地震。此次地震震中西侧发育有近 NS 向的磨盘山—昔格达断裂带[2]，断裂带的北段由磨盘山断裂（东支）、得力铺断裂（西支）组成，往南合并为一支，称为昔格达断裂（图 3）。该断裂带始于晋宁期，经历多期活动，海西—印支期的活动更是伴随着玄武岩喷发和大量的岩浆侵入。第四纪以来，磨盘山—昔格达断裂带控制着下更新统昔格达组（Q_{1x}）的沉积和分布，并导致该地层强烈变形。得力铺断裂和磨盘山断裂均为压扭性（反扭），其中磨盘山断裂南段米易丙谷、笕高槽、河口等地见昔格达组地层中发育有冲断层和张性断层[2]。从图 3 可见，精定位后的微观震中（重新定位后：102.08°E，27.71°N，震源深度 15.6km）位于磨盘山—昔格达断裂带东侧，1∶20 万地质图未显示具体断裂，但在磨盘山—昔格达断裂带东侧的海西—印支期岩浆岩明显受到磨盘山—昔格达断裂带的控制，受其活动和区域应力场的影响，可能在磨盘山—昔格达断裂带东侧的岩体里派生规模不大的 NS 向次级断层，从而导致了此次西昌 5.1 级地震的

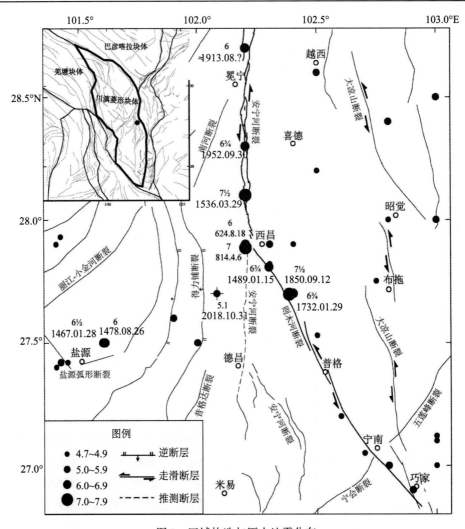

图2　区域构造与历史地震分布

Fig. 2　Seismogeological tectonic and distribution of historical earthquakes

发生。

　　地球重力异常是地下物质及其密度分布不均匀引起重力的变化。布格重力异常是重力仪的观测结果，经过纬度改正、高度改正、中间层改正和地形改正以后，再减去正常重力值后所得到的重力差，它往往与地质构造有关。重力梯级带反映了莫霍面深度的陡变程度，可提供相应地壳构造变化的信息。

　　西昌5.1级地震所处区域有一条比较明显的丽江至西昌的重力梯级带（图4），其西北侧甘孜—巴塘—乡城区域是变化低缓的重力场区，而东侧攀枝花区域变化不大的重力场区。区域布格重力异常值总貌为自NW向SE升高，形态表现为从乡城至西昌宽近230km、从康定至丽江长约400km的重力梯级带，走向NNE，与区域内小金河断裂带迹线方向一致。区域地壳厚度自SE向NW急剧变厚，西昌区域地壳厚度约为50km左右，自西昌向NW地壳逐渐增厚，至巴塘—甘孜—九龙区域地壳厚度增厚至近70km，是中强地震发生的重要场所。

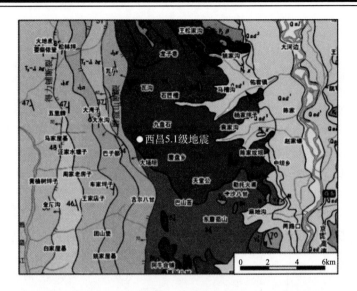

图3　西昌5.1级地震震区地质图（据1∶20万地质图）

Fig. 3　Geological map around the M_S5.0 Xichang earthquake （According to 1∶20 million geological map）

T：三叠系；J：侏罗系；N：新近系；Q：第四系；P₂β：峨眉山玄武岩；γ：花岗岩；δ：闪长岩

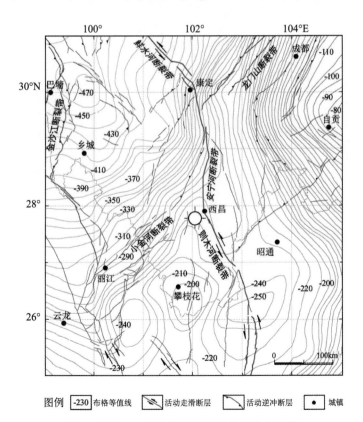

图例 -230 布格等值线　　活动走滑断层　　活动逆冲断层　● 城镇

图4　西昌5.1级地震区及邻区布格重力异常

Fig. 4　Bouguer gravity anomaly in area of the M_S5.1 Xichang earthquake and its adjacent areas

三、烈度分布及震害

西昌5.1级地震发生之后，四川省地震局依照《地震现场工作：调查规范》（GB/T 18208.3—2011）、《中国地震烈度表》（GB/T 17742—2008），当日立即组织开展震后科学考察，在灾区范围共进行了63个烈度点调查，通过对灾区震害调查、强震动观测记录分析等工作，确定了烈度分布（图5）。强震台网分布见图1（▲），现场考察结果显示：此次地震的最高烈度为Ⅵ度，等震线长轴呈近NS走向，长轴34km，短轴20km，Ⅵ度区面积为645km²。

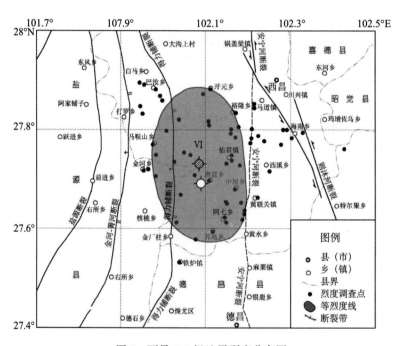

图5　西昌5.1级地震烈度分布图

Fig. 5　Isoseismal map of the M_S5.1 Xichang earthquake

此次地震造成西昌市的12个乡镇和盐源县的一个乡受灾。涉及西昌市的磨盘、阿七、中坝、莽地、马鞍山、黄联关镇、佑君镇、开元、经久、裕隆回族、高草回族和巴汝乡；盐源县金河乡。灾区范围内房屋结构类型主要包括土木结构、砖木结构、砖混结构和框架结构。其中：土木结构房屋多是老旧房屋，其抗震性能较差；砖木结构房屋大多数为水泥空心砖墙体，其抗震性能较差；半数以上砖混结构房屋具有抗震设防措施，抗震性能较好。

此次地震震害特征主要表现为部分房屋建筑和工程结构的轻微破坏，其中，生命线系统工程结构遭受破坏程度很轻；另外，13个乡镇房屋不同程度受损。此次地震轻微破坏以上房屋面积为129625m²。

Ⅵ度烈度区：除极个别老旧无人居住的房屋破坏严重以外，其他房屋受灾较轻。土木和砖木结构房屋个别墙体开裂，旧裂缝加宽，极个别老旧房屋墙体局部垮塌，少数房屋梭瓦掉瓦；砖混结构房屋个别墙体出现裂纹，大多数基本完好；框架结构房屋个别填充墙体出现细微裂纹，绝大多数基本完好。在此次地震现场灾害调查过程中发现，由经过正规设计，规范施工建造的具有防震措施的彝家新寨及轻钢房屋在本次地震中表现良好，未造成破坏。

根据当地政府有关部门统计，截至 2018 年 11 月 2 日，此次地震共造成 4 人轻伤，其中西昌市内 3 人，盐源县内 1 人；转移安置人数共计 960 人，其中房屋受损转移 762 人，避险转移 198 人。

按相关国家标准的要求，考虑到灾区的实际受灾情况及等烈度线形态等，此次地震灾区确定地震烈度Ⅵ度为评估区，面积为 645km²，评估区不同结构房屋基本完好比例占到 89% 以上，其中：西昌市占 605km²，盐源县占 40km²。此次地震造成的直接经济损失主要包括房屋、工程结构损失等，直接经济损失总额为 2461 万元[1)]。

另外，由于此次地震震级较小，现场考察队未提供地震动等参数结果，故本文未给出地震动参数。

四、地震序列及本次地震特征分析

1. 序列特征及精定位结果

截至 2019 年 1 月 31 日，西昌 5.1 级地震序列共记录到 $M_L \geq 0.0$ 级地震 435 次，其中，$M_L 0.0 \sim 0.9$ 地震 310 次，$M_L 1.0 \sim 1.9$ 地震 118 次，$M_L 2.0 \sim 2.9$ 地震 4 次，$M_L 3.0 \sim 3.9$ 地震 1 次，$M_L 5.0 \sim 5.9$ 地震 1 次，即 10 月 31 日 $M_S 5.1$（$M_L 5.4$）。最大余震为 2018 年 11 月 20 日 $M_S 3.3$（$M_L 3.9$），余震空间分布见图 6，余震 M–T、N–T、N–M、蠕变和震级-频度关系见图 7。

西昌地震余震空间分布较集中。余震以 $M_L \leq 2.0$ 级小震居多，余震总体略显近 NS 向分布，较大 $M_L 2.0$ 以上余震均分布在主震附近（表 2）。

西昌地震余震频次和强度均出现起伏。主震发生后的早期余震震级偏小，早期误判为孤立型地震，主震附近于 2018 年 11 月 20 日发生最大余震 $M_S 3.3$（$M_L 3.9$），表现出强度的起伏；余震活动在 2018 年 12 月 23 ~ 25 日出现频次起伏，但震级均小于 $M_L 2.0$，截至 2019 年 1 月 31 日仍有 $M_L \leq 2.0$ 级余震活动。选取 3 个以上台站记录的地震做震级-频度关系图，由此确定序列最小完震性震级为 $M_L 0.6$（图 7），根据前 60 天序列资料计算 h 值为 1.01（图 8）；90 天序列资料计算 p 值为 0.53（图 9）。

序列特征显示西昌 5.1 级地震序列为主—余型（图 6 至图 9）：①余震分布优势方向略显近 NS 向分布，主震和较大余震也呈现 NS 排列。较大余震分布集中在主震位置附近。②序列频次衰减基本正常。N–T 图显示 $M_L 0$ 以上余震最高日频次出现在主震当日，11 月 1 日余震频次迅速衰减，之后于 2018 年 12 月 23 ~ 25 日出现一次起伏，之后处于一个较低的频次水平。③序列主次地震的震级差符合主余型序列判定标准。序列主震 $M_0 = 5.1$ 级，最大余震震级为 $M_1 = 3.3$ 级，序列中主与次地震的震级差：$\Delta M = M_0 - M_1 = 5.1 - 3.3 = 1.8$ 级，$0.6 < \Delta M \leq 2.4$ 级显示为主余型[11]。④序列能量释放以主震占主。由于余震震级不高，序列中最

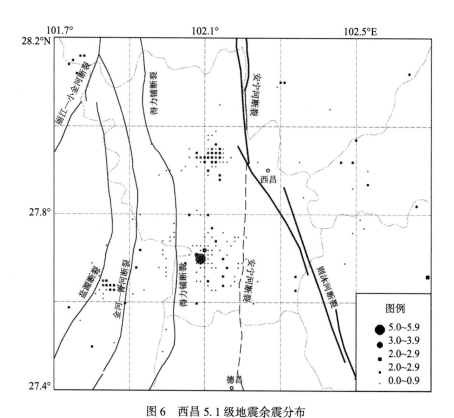

图 6　西昌 5.1 级地震余震分布

Fig. 6　Aftershock distribution of the M_S5. 1 Xichang earthquake

资料：2018. 10. 31 ~ 2019. 01. 31，$M_L \geqslant 0.0$

表 2　西昌 5.1 级地震序列地震目录（四川省地震台网 $M_L \geqslant 2.0$ 级地震，截至 2019. 01. 31）

Table 2　The catalogue of the M_S5. 1 Xichang earthquake sequence

编号	发震日期 年 . 月 . 日	发震时刻 时：分：秒	震中位置（°）		震级		深度 （km）
			φ_N	λ_E	M_L	M_S	
1	2018. 10. 31	16：29：55	27. 70	102. 09	5. 4	5. 1	19
2	2018. 10. 31	17：08：35	27. 71	102. 08	2. 7		18
3	2018. 11. 04	11：55：21	27. 70	102. 09	2. 1		16
4	2018. 11. 06	00：18：55	27. 70	102. 09	2. 2		16
5	2018. 11. 12	08：48：08	27. 72	102. 09	2. 2		18
6	2018. 11. 20	06：01：11	27. 70	102. 09	3. 9	3. 3	18

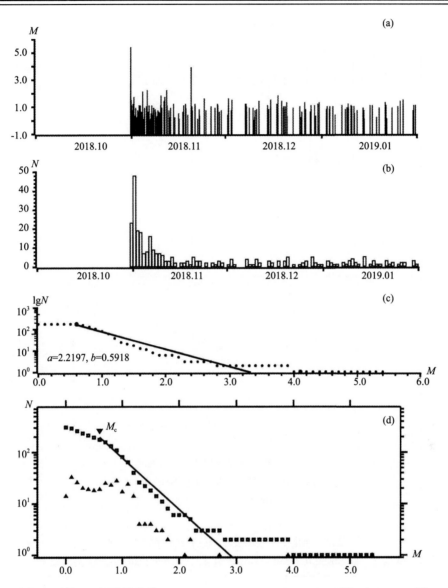

图 7　西昌 5.1 级地震序列　(a) M-T，(b) N-T，(c) lgN-M 图，(d) N-M 图

Fig. 7　M-T, N-T, Creep and lgN-M diagram of the M_S5.1 Xichang earthquake sequence

资料时段：2018.10.31~2019.01.31，四川省地震台网 $M_L \geqslant 0.0$

大地震释放能量 E_{max} 与全序列地震释放总能量 E_{total} 的比 $R_E = E_{max}/E_{total} \approx 99.71\%$（$90\% \leqslant R_E < 99.9\%$ 为主余型）[11]，显示该序列类型为主余型地震。

由于主震震中及附近区域小震活动较稀疏，不适合用相对定位法进行定位。为此，收集了震中距 150km 范围内的直达波到时资料，利用四川西部模型[12]，采用 HYPOINVERSE 程序对主震进行了绝对定位，主震重新定位结果为：102.08°E，27.71°N，震源深度 15.6km。误差为 E—W 向 0.65km，N—S 向 0.70km，U—D 向 1.20km。大部分余震震级偏小，记录台站很少，无法进行地震精定位，仅对较大的余震进行精定位，结果见表 3。

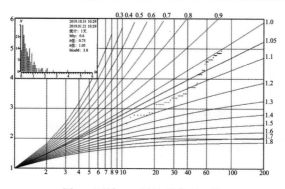

图 8　西昌 5.1 级地震序列 h 值

Fig. 8　h-value of the M_S5.1 Xichang earthquake sequence

2018.10.31～2018.12.31

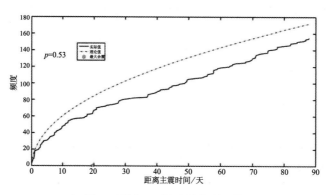

图 9　西昌 5.1 级地震序列 p 值

Fig. 9　p-value of the M_S5.1 Xichang earthquake sequence

2018.10.31～2019.01.31

表 3　西昌 5.1 级地震序列重新绝对精定位结果

Table 3　Re-absolute location of the M_S5.1 Xichang earthquake sequence

序号	年 . 月 . 日	时：分：秒	北纬（°）	东经（°）	深度 H/km	震级 M_L
1	2018.10.31	16：29：55.68	27.71	102.08	15.6	5.4（M_S5.1）
2	2018.10.31	17：08：35.78	27.70	102.08	15.2	2.7
3	2018.11.20	06：01：11.35	27.71	102.08	16.9	3.9

2. 地震视应力

利用四川区域地震台网震中距 200km 范围内台站的地震记录波形资料，计算了此次西昌 5.1 级地震的视应力，同时，为了分析震源区所处应力水平，计算了自 2013 年 4 月 20 日芦山 M_S7.0 地震以来西昌及附近区域 M_L≥3.0 级地震的视应力，选取的地震震中分布见图 10。

　　震级-视应力分布图（图 11）显示，西昌及附近区域地震视应力随震级的拟合关系良好，拟合相关系数 R 约 0.87。西昌 5.1 级地震视应力计算值为 20.1bar，从图 11 可见，该地震视应力水平明显偏高，反应区域应力水平偏高，但考虑到视应力计算过程中所使用的布鲁圆盘模型不适用于震级水平较高的地震，故该结果仅供参考[5]。

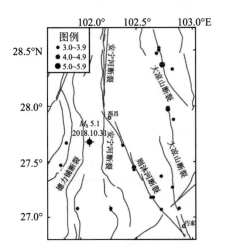

图 10　西昌 5.1 级地震及 2013 年以来附近区域 $M_L \geq 3.0$ 级地震震中分布

Fig. 10　Distribution of the M_S5.1 Xichang earthquake and $M_L \geq 3.0$ earthquakes around the region since 2013

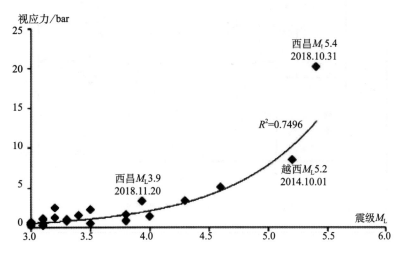

图 11　西昌 5.1 级地震及 2013 年以来附近区域 $M_L \geq 3.0$ 级地震视应力与震级拟合关系图

Fig. 11　Apparent stress distribution of the M_S5.1 Xichang earthquake and $M_L \geq 3.0$ earthquakes

around the region since 2013

五、震源机制解

选用 Zhao & Helmberger[13] 提出、并经 Zhu & Helmberger[14] 发展的 CAP（Cut and Paste）波形反演方法，采用四川区域地震台网记录的地震波形，利用震中距 200km 以内的四川和云南两省的宽频带地震记录，反演此次西昌 5.1 级地震的震源机制解和最佳矩中心深度（计算所用台站见图 12），图 13 是西昌 M_S5.1 地震和 M_L3.9 地震（最大余震）采用 lmse 模型[15]CAP 反演部分台站波形拟合结果。反演结果显示：最佳拟合震源深度为 12km，当震源位于该深度上时，震源机制解参数分别为：节面 I 走向 274°、倾角 87°、滑动角 -153°，节面 II 走向 182°、倾角 63°、滑动角 -4°。震源机制类型为走滑型（图 14，表 4）。表 5 是西昌 5.1 级地震矩张量解。可见，不同机构计算的震源机制解参数极为一致。

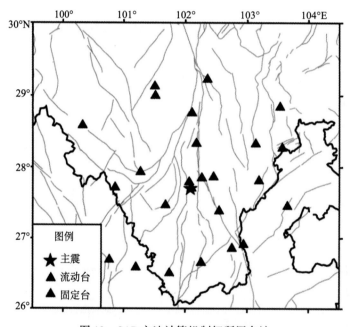

图 12　CAP 方法计算机制解所用台站

Fig. 12　Stations used for focal mechanism solution of CAP method

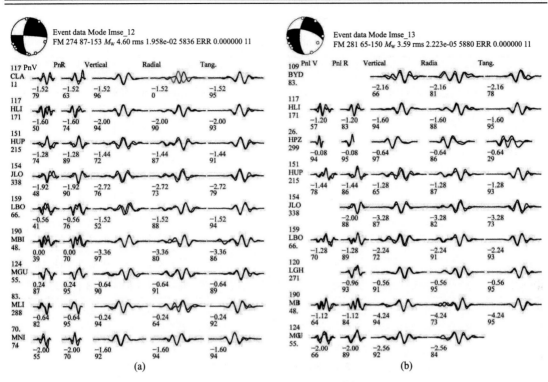

图 13　西昌 M_S5. 1 地震和 M_L3. 9 地震（最大余震）采用 lmse 模型 CAP 反演部分台站波形拟合结果

Fig. 13　Comparison of the observed and theoretical waves of the M_S5. 1 Xichang earthquake

and M_L3. 9 aftershock by the CAP inversion method

（a）西昌 M_S5. 1；（b）最大余震 M_L3. 9

红色：理论地震图，黑色：观测地震图

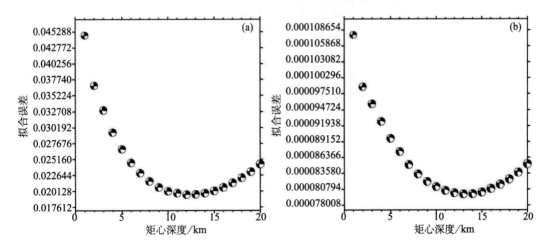

图 14　西昌 M_S5. 1 地震和 M_L3. 9 地震采用 lmse 速度模型 CAP 反演残差随深度的变化

Fig. 14　Fitting chart of the depth and error of the M_S5. 1 Xichang earthquake

and M_L3. 9 aftershock by the CAP inversion method

（a）西昌 M_S5. 1；（b）最大余震 M_L3. 9

表4　西昌5.1级地震震源机制解

Table 4　Focal mechanism solution of the M_S5.1 Xichang earthquake on Oct. 31 2018

速度模型	深度(km)	节面Ⅰ(°) 走向	倾角	滑动角	节面Ⅱ(°) 走向	倾角	滑动角	P轴(°) 方位角	仰角	T轴(°) 方位角	仰角	B轴(°) 方位角	仰角	震级 M_W	台站数	资料来源
lmse[15]	12	274	87	-153	182	63	-4	142	21	45	16	280	63	4.60	12	①
	12	272	85	-155	180	65	-5	139	21	43	14	282	65	4.73		②
	17	270	90	-162	180	72	-0	136	13	44	13	270	72	5.0		③
Xichang[12]		95	90	161	185	71	0	142	31	48	13	275	71	4.77	10	④
		90	84	176	180	86	6	315	1	45	7	214	83			⑤
SCAA[12]	9	92	85	158	184	68	5	140	12	46	19	261	67	4.76	11	⑥
Crust2.0[18]	14	92	86	152	184	68	4	141	17	44	22	265	62	4.72	11	
PERM[17]	13	93	85	156	185	66	5	141	13	46	20	263	65	4.73	12	

注：资料来源：①四川省地震预报研究中心CAP；②中国地震台网中心；③中国地震局地震预测研究所；④中国地震局地球物理研究；⑤中国地震局地球物理研究所P波初动；⑥四川省地震预报研究中心CAP。

表5　西昌5.1级地震矩张量解

Table 5　Moment tensor solution of the M_S5.1 Xichang earthquake

编号	节面Ⅰ(°) 走向	倾角	滑动角	节面Ⅱ(°) 走向	倾角	滑动角	矩张量/(N·m) M_{rr}	M_{tt}	M_{ff}	M_{rt}	M_{rf}	M_{tf}	地震矩 M_0 (10^{23}N·m)	矩震级 M_W	结果来源
1	272	88	-156	182	66	-2	1.59 (10^{22})	2.1 (10^{22})	3.41 (10^{22})	3.82 (10^{22})	-2.7 (10^{21})	-8.72 (10^{22})	1.23	4.66	①
2	272	85	-155	180	65	-5	-2.47 (10^{16})	1.05 (10^{22})	-1.05 (10^{22})	1.41 (10^{23})	1.05 (10^{22})	-8.78 (10^{21})	1.57	4.73	②

注：①四川省地震预报研究中心；②中国地震台网中心。

　　2018年11月20日发生的 M_S3.3（M_L3.9）最大余震震源机制解：节面Ⅰ走向281°、倾角65°、滑动角-150°，节面Ⅱ走向177°、倾角63°、滑动角-28°；P轴方位角140°，俯仰角38°；T轴方位角49°，俯仰角2°；B轴方位角317°，俯仰角52°；深度13km。最大余震的机制解参数和主震一致。

　　根据此次5.1级地震等震线分布（图5），推测与NS向等震线长轴走向（图5）及余震优势分布方向（图6）一致的节面Ⅱ为此次地震的发震断层面，断面倾向W，倾角63°。震中附近已知的近NS向断裂均分布在5.1级地震西侧（图2、图3），倾向E，与节面Ⅱ倾向不符；而其东侧的NS向安宁河断裂南段距震中较远（图2），因此，此次地震的发震构造还有待进一步调查研究。初步推测，受其活动和区域应力场的影响，可能在磨盘山—昔格达断裂带东侧的岩体里派生规模不大的NS向次级断层，导致了此次西昌5.1级地震的发生[19]。

六、前兆观测台网及前兆异常

1. 前兆观测台网分布

此次西昌 5.1 级地震震中附近定点地球物理场观测台站及观测项目分布如图 15 所示。震中 $\Delta \leqslant 200$km 范围有 30 个地球物理场定点台站,其中四川 17 个,云南 13 个,包括形变、流体、电磁共 55 个观测项目,共 223 个观测台项。震中 $\Delta \leqslant 100$km 范围有 6 个地球物理场定点观测台站,包括水温、水氡、倾斜、重力等 43 个观测项目,61 个观测台项;$100 < \Delta \leqslant 200$km 范围有 24 个地球物理场定点观测台站,包括 55 个观测项目,共 162 个观测台项(表 6,图 15)。

表 6 西昌 5.1 级地震定点前兆观测项目表

Table 6 Summary table of precursory monitoring items on the fixed observation points before the M_S5.1 Xichang earthquake

编号	观测台站	观测项目
1	金河	应变
2	西昌川 32 井	水温、水位、流量、水氡、气氡、气汞、水质、气体
3	小庙	连续重力、应变、倾斜、地电场、地电阻率、自然电位
4	西昌	地磁
5	盐源	水位、水温、水氡、气氡、地电场
6	昭觉	水氡、气氡、气汞
7	冕宁	地电阻率、自然电位
8	泸沽湖	水位、水温、地电场
9	马兰山	倾斜
10	地龙井	倾斜
11	乌龟井	水氡
12	红格	地电阻率、自然电位、地电场
13	南山	地磁、倾斜、应变
14	仁和	应变
15	川 05 井	水位、水温、水氡、气氡、气汞
16	马边	地磁
17	平地	地磁
18	巧家	气体、水质、气氡、水氡、气汞、倾斜
19	巧家毛椿林	水温、水位、水质

续表

编号	观测台站	观测项目
20	渔洞	水温、水位、倾斜、应变
21	昭通	水温、水位、气氡、气汞、应变、倾斜
22	昭阳乐居	水位、水温
23	鲁甸	水质、气体、水氡、水位、应变
24	昭阳区一中	水位、水温
25	永善	气体、水氡、倾斜
26	永胜	应变、地磁、倾斜、水温、水位
27	会泽	水位、气氡、水温
28	大关	水温、水位、水氡、水质、气体、应变
29	永仁	水温
30	彝良	气汞、气体、应变、倾斜

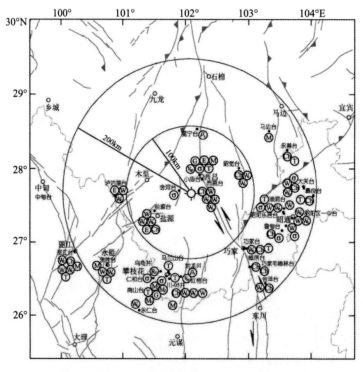

图 15　西昌 5.1 级地震附近定点前兆台站分布图

Fig. 15　Distribution of precursory-monitoring stations around the M_S5. 1 Xichang earthquake

震中距 Δ≤200km 范围共有 13 个跨断层形变场地，其中：短基线和短水准 3 个监测场地，短水准 9 个监测场地，水平蠕变 1 个场地（图16），包含短水准、短基线测距和水平蠕变 3 个观测项目，共计 18 个测项。

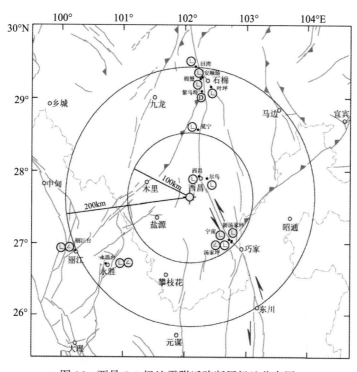

图 16　西昌 5.1 级地震附近跨断层场地分布图

Fig. 16　Distribution of monitoring field cross fault around the M_S5.1 Xichang earthquake

2. 地震前兆异常

此次地震共清理出异常 24 项，其中测震学异常 7 项，定点地球物理场观测异常 6 项，跨断层流动观测项目 10 项，流动重力 1 项。各类异常情况见表 7 和图 17 至图 36，其中，中长期异常 22 项，短期异常 2 项。

1) 道孚以南至川滇交界东侧存在 5、6 级地震空区嵌套异常

1975 年 1 月 15 日九龙 M_S6.2 地震以来，川滇菱形块体东边界道孚以南至巧家段形成 M_S6.0 地震空区（图17 红色椭圆）。在其内部嵌套有 1970 年以来形成的石棉至巧家 M_S5.0 地震空区（图17 蓝色椭圆）。2014 年 10 月 1 日越西 M_S5.0 地震打破了 1970 年以来该区域持续 44 年的 M_S5.0 地震平静，2014 年 11 月 22 日康定 M_S6.3 地震发生在 6 级地震空区内，表明道孚至巧家段地震活动持续增强，越西 M_S5.0 和康定 M_S6.3 地震后，6、5 级地震空区均有所收缩，且空区位于安宁河主干断裂上，此次西昌 5.1 级地震发生在空区内。道孚以南至川滇交界东侧的 5、6 级地震空区嵌套不仅仅是西昌 5.1 级地震的震兆异常，更是发生强震的背景性异常，西昌 5.1 级地震为打破空区的显著地震。

表 7　西昌 5.1 级地震震前异常情况登记表

Table 7　Summary table of precursory anomalies before the M_S5.1 Xichang earthquake

序号	异常项目	台站（点）或观测区	分析方法	异常判据及观测误差	震前异常起止时间	震后变化	最大幅度	震中距 Δ/km	异常类别及可靠性	图号	异常特点及备注
1	5、6 级地震空区嵌套	道孚以南至川滇交界东侧	M-T 震中分布	$M_S \geqslant 5.0$ 级地震平静	2014.10~2018.10	空区打破	44 年			17	震前提出：2018 年度四川强震中期异常。异常特点：中心点 27.97° N，102.32°E，空区长轴半径 136.3km，短轴半径 106.7km，长轴方位 108°
				$M_S \geqslant 6.0$ 级地震平静	1975.01~	空区持续	43 年9 个月				震前提出：2018 年度四川强震中期异常。异常特点：中心点 102.46° E，28.38°N，空区长轴半径 189.4km，短轴半径 81.2km，长轴方位 111°
2	M_L4.0 以上地震空区	川滇交界东侧	M-T 震中分布	$M_L \geqslant 4.0$ 级地震平静	2016.12~2018.05	空区打破	587 天			18	震前提出：2018 年四川中期异常。5~8 月打破 4 级平静且增强的短期异常。异常特点：中心点 29.34° N，103.46°E，长轴半径 250km，短轴 160km，长轴方位 40°
3	视应力	四川及邻区	$M_L \geqslant 3.0$ 级地震视应力空间分布	$M_L \geqslant 3.0$ 级地震视应力高值异常	2017.10~2018.10	持续				19	震前提出：2018 年度中期异常。异常特点：跟踪川滇交界东侧区域 $M_L \geqslant 3.0$ 级地震视应力，持续出现异常

续表

序号	异常项目	台站（点）或观测测区	分析方法	异常判据及观测误差	震前异常起止时间	震后变化	最大幅度	震中距 Δ/km	异常类别及可靠性	图号	异常特点及备注
4	震源机制一致性	道孚以南至川滇交界东侧	基于机制解，获得应力场空间分布	$M_L \geq 2.5$ 级地震，应力张量方差较小	2002.01~2018.10	持续				20	震前提出：2018 年度中期异常，跟踪过程中异常持续。异常特征：跟踪三岔口，川滇交界东侧应力场区域应力张量方差小，应力张量方差低值区对区域及附近的强震发生具有一定的指示意义
5	低 b 值	川滇块体东边界	b 值空间分布图像	低 b 值异常高，应力积累	1976.01~2018.09	持续				21	震前提出：2018 年度中期异常，异常特征：跟踪过程中，背景异常仍突出。西昌 5.1 级地震后，异常持续
6	长宁地震窗	以 28.77°N，104.95°E 为圆心，半径 50km 的圆	震中分布	窗口内发生 $M_L 3.5$ 以上地震	2017.10~2018.10					22	震前提出：2018 年度中期异常。异常特征：2018 年 5 月 5 日宜宾获县 $M_S 3.4$（$M_L 4.1$）地震发生在长宁地震窗内，且达到开窗指标
7	中等地震月频次	四川地区	月频次	四川地区 $M_L 3.5$ 以上地震月频次 ≥4 次（不包含汶川、芦山、九寨沟余震区）	2017.10~2018.10					23	震前提出：2018 年 9 月提出中期异常。异常特点：2018 年 3、5、7 和 8 月的中等地震月频次 ≥4 次，对四川及邻区未来 1 年发生强震具有指示意义
8	跨断层	西昌水准 BA	月值	破年变、趋势	2010.07~2018.09	断层持续张性活动	15.74mm	28	L_3	24	震前提出：2018 年度中期异常。异常特点：趋势变化显示裂存在张性活动，西昌 5.1 级震后趋势异常仍然持续存在
9	跨断层	西昌水准 BC	月值	破年变、趋势	2010.07~2018.09	断层持续张性活动	24.26mm	28	L_3	24	

续表

序号	异常项目	台站（点）或观测区	分析方法	异常判据及观测误差	震前异常起止时间	震后变化	最大幅度	震中距 Δ/km	异常类别及可靠性	图号	异常特点及备注
10	跨断层	尔乌水准	月值	破年变、趋势	2010.04~2018.09	断层由闭锁转张性活动	5.62mm	34	L_1	25	震前提出：2018年度中期异常。异常特点：2010年11月起出现趋势变化，2016年11月至2017年3月出现2.42 mm异常变化，趋势异常发展为短期异常，短期异常结束后，发生云南漾濞5.1级地震，趋势异常持续，2010年4月至2018年9月累计变化5.62mm，西昌5.1级震后，趋势异常仍然存在
11	跨断层	宁南支线水准	月值	破年变	2014.01~2018.09	高值波动	1.00mm	96	M_1	26	震前提出：2018年度中期异常。异常特点：2014年1月开始至2018年9月观测曲线持续显示断层活动性活动（幅度约1 mm），打破正常年变，表明该处断层拉张增强，西昌5.1级震后，趋势异常仍然存在
12	跨断层	汤家坪水准 AB	月值	破年变	2015.08~	高值波动	18.32mm	101	L_2	27	震前提出：2018年度中期异常。异常特征：2015年6月至2017年3月，AB、AC两测边同时持续波动下降，最大幅度AB边为18.32 mm，AC边为13.20mm，表明该时段内该处断层压性活动增强，2017年4月开始转折上升，该变化作为2018年中期异常跟踪，西昌5.1级震后，趋势异常仍然存在
13	跨断层	汤家坪水准 AC	月值	破年变	2015.08~	高值波动	13.20mm	101	L_2		

续表

序号	异常项目	台站（点）或观测测区	分析方法	异常判据及观测误差	震前异常起止时间	震后变化	最大幅度	震中距 Δ/km	异常类别及可靠性	图号	异常特点及备注
14	跨断层	紫马垮水平蠕变 1—2	月值	破年变	2015.10~	张性活动	0.73 mm	155	L_1	28	震前提出：2018 年度中期异常。异常特征：2010~2015 年资料展示的近场活动为"闭锁"，从 2016 年起由"闭锁"转为"张性"活动，该变化作为 2018 年中期异常跟踪。西昌 5.1 级震后，趋势异常仍然存在
15	跨断层	棉蟹支线水准	月值	破年变	2014.10~	闭锁	2.62mm	173	L_2	29	震前提出：2018 年度中期异常。异常特征：2014 年 10 月开始，棉蟹水准曲线未完成年变出现异常，表明该处断层处于"闭锁"的异常状态，西昌 5.1 级震后，趋势异常仍然存在期异常。
16	跨断层	叶坪水准	月值	破年变	2018.06~10	压性活动	1.83 mm	164	S_1	30	震前提出：2018 年 8 月会商提出短期异常。异常特征：2018 年 8 月超出往年同期出现 1.84mm 的大幅度上升变化，西昌 5.1 级震后，异常趋于恢复
17	跨断层	安顺场水准 AB	月值	破年变	2018.06~	张性弱活动 0.62 mm	0.62 mm	176	S_1	31	震前提出：2018 年 6 月出现破年变异常。异常特征：2018 年 6 月开始，BA 测线加速上升 0.62mm，打破了正常年变，变化量级超过 2 倍标准差达到异常指标

序号	异常项目	台站（点）或观测区	分析方法	异常判据及观测误差	震前异常起止时间	震后变化	最大幅度	震中距 Δ/km	异常类别及可靠性	图号	异常特点及备注
18	地电场	泸沽湖地震台	日值	波动变化	2016.05	突跳变化	660mv/km	120	L_3	32	震前提出：2018 年度中期异常。异常特征：E_{sp} 与 ΔE_{sp} 从 2016 年 5 月开始出现突跳现象，方位角出现发散，西昌 5.1 级震后，趋势异常仍然存在
19	流动重力	川滇东交界地区	年尺度	年尺度重力变化	2017.04~2018.04 与 2016.04~2017.04 对比	反向变化	120μGal	川滇东交界地区	L_3	33	震前提出：背景：3 年川滇东交界地区呈现约120μGal 重力差异异常；异常区域范围，300km 以上；2018 年年中会商提出：年尺度的反向变化异常
20	定点形变	渔洞水平摆 NS	日值	转折变化	2018.01~	持续变化	$598×10^{-3}$ ms	148	S_1	34	震前提出：NS 向 2018 年 1 月出现加速 S 倾后转折 N 倾异常，为短期异常
21	定点形变	渔洞水平摆 EW	日值	转折变化	2018.01~	持续变化	$671×10^{-3}$ ms	148	S_1	34	震前提出：EW 向自 2018 年 3 月起出现加速 W 倾，为短期异常
22	定点形变	永胜洞体应变 NS	日值	压缩速率变小	2018.05~10	震前结束	2064.3	169	S_1	35	震前提出：NS 向自 2018 年 5 月与往年同期相比压缩速率变小。为短期异常
23	定点形变	永胜洞体应变 EW	日值	压缩速率变小	2018.05~10	震前结束	2930.7	169	S_1	35	震前提出：NS，EW 向自 2018 年 5 月与往年同期相比压缩速率变小。为短期异常
24	流体	巧家 CO_2	日值	破年变	2018.05~	持续变化	8.4mg/L	117	L_3	36	震前提出：2018 年 5 月持续上升，持续高值且破年变

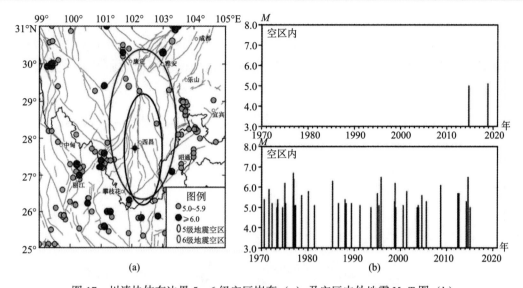

图 17　川滇块体东边界 5、6 级空区嵌套（a）及空区内外地震 M-T 图（b）

Fig. 17　The M_S5 and M_S6 seismic gap from east boundary of Sichuan-Yunnan block and M-T diagram

1970. 01. 01~2018. 10. 10,　M_S≥5. 0

2）四川东部地区 M_L4 地震空区被打破异常

据四川地震台网测定，2008 年汶川 M_S8.0 地震以来，四川东部地区 M_L≥4.0 级地震活跃。而在 2016 年 9 月 26 日云南永善 M_L4.0 地震之后，四川东部地区逐渐形成明显的 M_L4.0 地震空区，该空区内部平静，周边活跃（图 18）。2018 年 5 月 8 日云南永善 M_L4.5 地震打破了持续 587 天的 M_L4.0 地震空区，其后仅 8 天，于 5 月 16 日，该空区内接连发生两次石棉 M_L4.7（M_S4.3）地震，另外，7 月 23 日威远 M_L4.5（M_S4.2）地震，8 月 11 日马边 M_L4.2（M_S3.8）地震均发生在该空区边缘，显示空区内 M_L4 地震平静被打破且活动增强的短期异常。

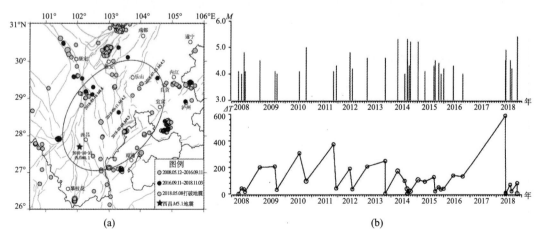

图 18　四川东部 M_L4.0 空区（a）、空区内地震 M-T 与发震间隔图（b）

Fig. 18　The M_L4. 0 gap from eastern Sichuan and M-T、ΔT diagram

3）地震视应力高值异常

基于 2017 年 10 月 1 日至 2018 年 10 月 10 日四川及邻区 $M_L \geqslant 3.0$ 级地震波形资料，计算获得了 2018 年度地震视应力空间分布图。结果显示，地震视应力相对偏高的区域为石棉—川滇交界东侧区域（图 19）。

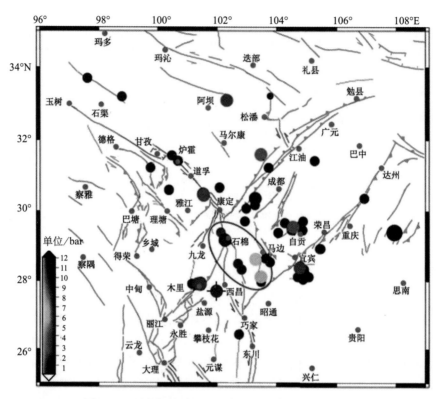

图 19　四川及邻区 $M_L \geqslant 3.0$ 级地震视应力空间分布图

Fig. 19　Spatial distribution of apparent stress in Sichuan and adjacent areas of $M_L \geqslant 3.0$ earthquake

资料时段：2017 年 10 月至 2018 年 10 月 10 日，不包括汶川、芦山、九寨沟余震区

4）震源机制一致性异常

基于道孚以南至川滇交界东侧 2002 年 1 月至 2018 年 10 月 $M_L \geqslant 2.5$ 级地震震源机制解，反演获得了该区应力场的空间分布（图 20），结果显示，三岔口、川滇交界东侧局部区域应力张量方差较小，表明上述区域构造应力水平相对较高，具有发生强震的应力条件。

5）低 b 值异常

基于四川区域地震台网 1976 年 1 月至 2018 年 9 月记录的 $M_L \geqslant 2.5$ 级地震正式目录，采用最小二乘法，获得了川滇块体东边界区域精细 b 值空间分布图像。计算结果（图 21）显示，川滇块体东边界断裂带安宁河中南段—则木河断裂带北段—大凉山断裂带中段昭觉一带、马边—盐津断裂带上的马边—峨边地区、昭通断裂带东北段存在大面积低 b 值异常，表明上述区域目前处于高应力积累，具有发生强震和大震的应力条件。此次西昌 5.1 级地震发生在川滇块体东边界断裂带安宁河中南段—则木河断裂带北段大面积低 b 值异常边缘。

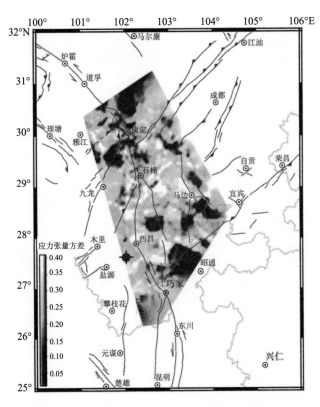

图 20　道孚以南至川滇交界东侧应力张量方差空间分布

Fig. 20　Spatial distribution of stress tensor variance from south Daofu to east boundary of Sichuan-Yunnan block

2002. 01～2018. 10；$M_L \geqslant 2.5$

6) 长宁地震窗

2018 年 5 月 5 日宜宾珙县 $M_S3.4$（$M_L4.1$）地震发生在长宁地震窗内（图 22），且达到开窗指标[6)]。震例总结显示，位于华蓥山断裂带附近的长宁地区（中心位于 104.95°E、28.77°N，50km 半径）为四川地区的地震窗口之一，长宁窗口地震对四川及邻区中强震具有一定的指示意义。窗口地震识别标准：窗口内 $M_L \geqslant 3.5$ 级。预测地震参数：对于单次窗口地震，未来 1 年四川及邻区 $M_S \geqslant 5.5$ 级地震；对于 1 月内 3 次以上密集窗口地震，未来 1 年四川及邻区 $M_S \geqslant 7.0$ 级地震[20]。2018 年 5 月 5 日宜宾珙县 $M_S3.4$（$M_L4.1$）地震为发生在长宁地震窗内单次窗口地震，该异常在震前提出。

7) 四川地区中等地震月频度异常

在 $M_S \geqslant 5.0$ 级地震平静的背景下，四川地区 $M_L \geqslant 3.5$ 级地震相对活跃，2017 年 10 月以来，2018 年 3、5、7、8 月四川地区 $M_L3.5～5.9$ 中等地震月频度均出现增强异常（图 23）。研究表明，四川地区中等地震月频度半年内出现 2 次单月高频异常，未来 1 年四川及邻区发生 $M_S \geqslant 6.0$ 级地震的可能性较大[21]。

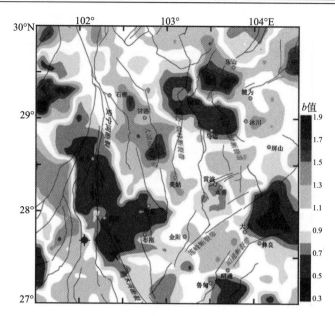

图 21 川滇块体东边界 b 值分布

Fig. 21 Distribution of b-value along east boundary of Sichuan-Yunnan block

资料：1976.01~2018.09，$M_L \geqslant 2.5$，最小样本量 30

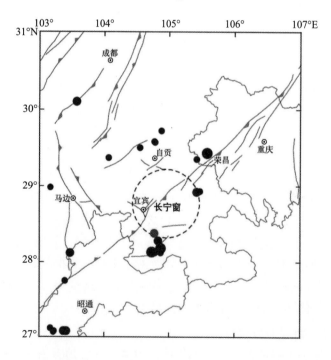

图 22 长宁地震窗及邻区 $M_L \geqslant 3.5$ 级地震空间分布（2016.10.01~2018.10.10）

Fig 22 Spatial distribution of $M_L \geqslant 3.5$ earthquake in windows of Changning and adjacent areas

红色代表 2018 年 5 月 5 日宜宾珙县 $M_L 4.1$ 地震

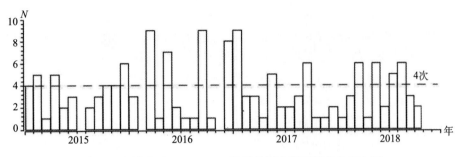

图 23 四川地区 M_L3.5~5.9 地震月频次随时间变化直方图

Fig. 23 Histogram of monthly frequency varying with time of M_L3.5~5.9 earthquakes in Sichuan area

8) 西昌水准 B—A/B—C 测边（C 级）（图 24）

观测点震中距 28km，该场地布设了 A—B—C—A 短水准监测环线，其中 A—B、B—C 为跨断层斜交边。2004~2009 年观测曲线的年变比较清晰，显示场地处的断层无明显变化，但也相继发生了 2008 年 8 月 30 日四川攀枝花仁和与凉山会理间的 M_S6.1 和 2009 年 7 月 9 日云南姚安 M_S6.0 地震。

2010 年 4~6 月的观测资料显示，B—A、B—C 测线同时出现明显的上升变化，上升幅度分别为 3.89 和 4.46mm，表明该处断层活动增强，此后该场地每年均作为年度异常跟踪。2017 年底将该观测曲线持续变化，因而继续列为 2018 年度中期趋势异常跟踪。2010 年 7 月至 2018 年 9 月，西昌水准两测边观测曲线持续上升，累计幅度达 15.74 和 24.26 mm，西昌 5.1 级地震后，趋势异常持续存在。

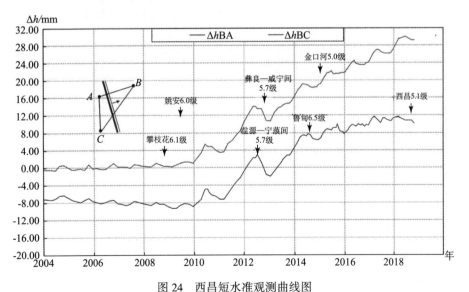

图 24 西昌短水准观测曲线图

Fig. 24 Curve diagram of short leveling line at Xichang site

　　针对此异常，四川省地震局从 2010 年开始即组织专家多次到现场开展核实工作，核实结果均未发现场地及附近有环境或人为干扰，期间在川滇交界地区发生了多次 $M_S \geqslant 5.0$ 级地震，两测边在 2014 年鲁甸 M_S6.5 地震后张性趋势明显减缓。2017 年通过无人机拍摄和现场调查，发现距该场地邻近的山坳里（与场地一山之隔的区域，直线距离 700 多米）从 2005 年开始持续堆积矿渣，2017 年发现时已经形成较大范围矿渣堆积场，可能对该观测场地造成影响，分析认为降低该异常的信度。

9）尔乌水准 1—3 测边（A 级）（图 25）

　　观测点震中距 34km，观测曲线异常映震能力较好，在川滇交界发生的多次中强震前均出现过明显异常，大多数强震发生在异常发展过程中，对发震时间的判定有一定的前兆指示意义。2010 年 4 月起出现趋势变化，显示断层由闭锁转为张性活动。2016 年 11 月至 2017 年 3 月，观测曲线再次出现了明显的张性变化，累积最大幅度为 2.42mm，分析认为：由之前的趋势异常发展为短期异常，加密观测结果显示该短期异常转折恢复，2017 年 3 月 27 日云南漾濞 M_S5.1 地震后曲线恢复，短期异常结束，但趋势异常仍然存在，确定为 2018 年度中期趋势异常跟踪，趋势异常持续，2010 年 3 月至 2018 年 9 月累计趋势变化 5.62 mm，西昌 5.1 级地震后，趋势异常持续存在。

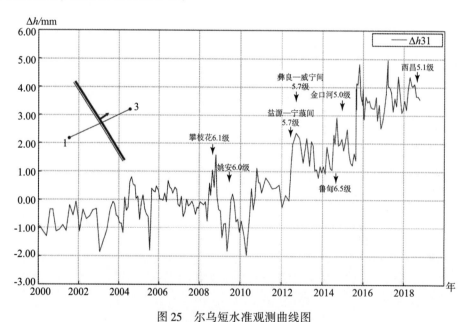

图 25　尔乌短水准观测曲线图

Fig. 25　Curve diagram of short leveling line at Erwu site

10）宁南水准 5—4 测边（A 级）（图 26）

　　观测点震中距 96km，2006~2011 年曲线年变幅度明显加大，2012 年逐渐恢复。2014 年 1 月开始至 2018 年 9 月曲线持续显示断层张性活动（幅度约 1 mm），打破正常年变，表明该处断层拉张活动增强，2017 年 5 月达到高值后在高值状态波动，12 月观测值出现 0.82 mm 的较大幅度下降变化，该异常趋势异常仍然继续，作为 2018 年度中期趋势异常跟踪，西昌 5.1 级地震后，趋势异常持续存在。

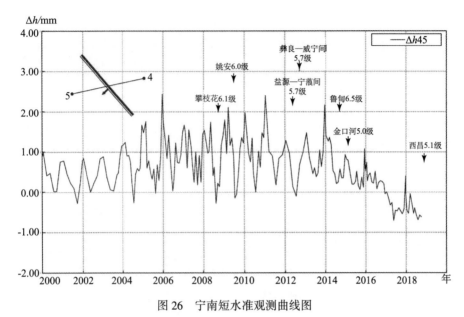

图 26　宁南短水准观测曲线图

Fig. 26　Curve diagram of short leveling line at Ningnan site

11）汤家坪水准 *A—B/A—C* 测边（B 级）（图 27）

观测点震中距 101km，该场地短水准观测曲线显示，2011 年 1 月至 2012 年 5 月，曲线上升变化明显，*AB* 测边变化幅度 20.23mm，*AC* 测边变化幅度 17.77mm。2012 年 6 月开始下降，2012 年 9 月略有上升变化，期间云、贵、川交界发生了三次中强地震（川滇交界的盐源—宁蒗 M_S5.7，云贵川交界 M_S5.7、5.6 地震），2012 年观测曲线出现明显的上升变化，之后一直在高值上持续波动。2015 年 6 月至 2017 年 3 月，*AB*、*AC* 两测边同时持续波动下降，最大幅度 *AB* 边为 18.32mm，*AC* 边为 13.20mm，表明该时段内该处断层压性活动增强，2017 年 4 月开始转折上升，该变化作为 2018 年中期异常跟踪。

12）紫马垮水平蠕变 1—2 测边（A 级）（图 28）

观测点震中距 155km，2010~2015 年资料展示的近场活动为"闭锁"，从 2016 年起由"闭锁"转为"张性"活动，该变化作为 2018 年中期异常跟踪。

13）棉蟹水准 *A—D* 测边（B 级）（图 29）

观测点震中距 173km，2014 年 10 月开始，棉蟹水准曲线未完成年变出现异常，表明该处断层处于"闭锁"的异常状态，2017 年 4 月出现 2.62mm 的下降变化，有破年变迹象，但未达到短期异常指标，该异常为趋势异常。

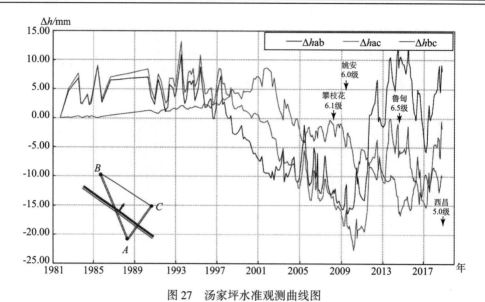

图 27　汤家坪水准观测曲线图

Fig. 27　Curve diagram of short leveling line at Tangjiaping site

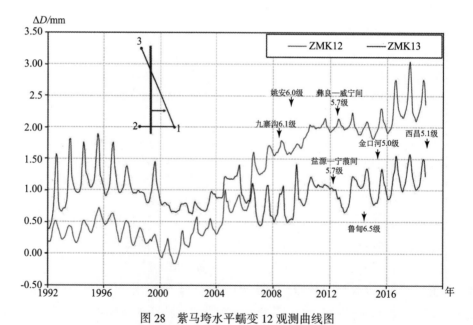

图 28　紫马垮水平蠕变 12 观测曲线图

Fig. 28　Curve diagram of horizontal creep line at Zimakua site

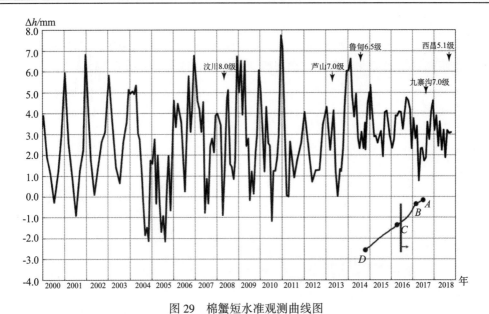

图 29　棉蟹短水准观测曲线图

Fig. 29　Curve diagram of short leveling line at Mianxie site

14）叶坪水准 *AD* 测线（B 级）（图 30）

观测点震中距 164km，2016 年 10 月出现较前两年幅度偏大的变化，2017 年 3 月 27 日云南漾濞 M_S5.1 地震后曲线恢复，2017 年下半年曲线未出现往年同期的年变化现象，而 2018 年 8 月超出往年同期出现 1.84 mm 的大幅度上升变化，经核实认为异常属实。

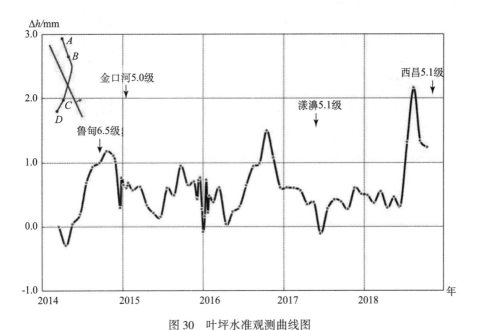

图 30　叶坪水准观测曲线图

Fig. 30　Curve diagram of short leveling line at Yeping site

15）安顺场水准 *BA* 测线（B 级）（图 31）

观测点震中距 176km，2018 年 6 月至今，*BA* 测边加速上升 0.62 mm，打破了正常年变，变化量级超过 2 倍标准差达到异常指标。经核实后认为异常属实。

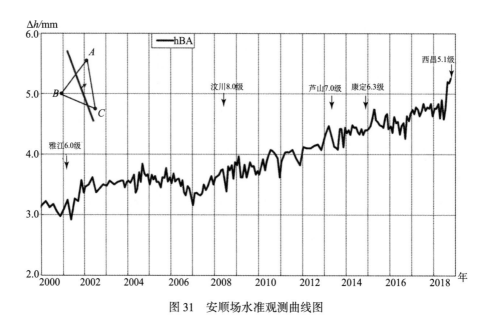

图 31　安顺场水准观测曲线图

Fig. 31　Curve diagram of short leveling line at Anshunchang site

16）泸沽湖地电场（C 级）（图 32）

观测点震中距 120km，E_{sp} 与 ΔE_{sp} 从 2016 年 5 月开始出现突跳现象，这一时期，云南地区地电场台站（元谋台方位角）同步出现发散现象，可能反映了同处的川滇菱形块体构造活动增强。

17）流动重力异常

图 33a 是 2016 年 4 月至 2017 年 4 月一年尺度的重力变化，可见西昌 5.1 级震中区域呈现自北向南的重力正值向负值变化；而图 32b 是 2017 年 4 月至 2018 年 4 月西昌 5.1 级震中区域北侧和南侧的出现短期反向变化，形成自北向南的重力负值向正值变化，相对变化达到 60~120μGal，表现出较大面积重力正和负差异变化和年尺度的反向变化异常。

18）渔洞水平摆异常

渔洞水平摆 NS、EW 向异常（图 34）：观测点震中距 148km，NS 向自 2018 年 1 月起出现加速南倾后转折北倾异常形态，EW 向自 2018 年 3 月起出现加速西倾的过程，目前仍在西倾过程中，两测项的异常均为短期异常。

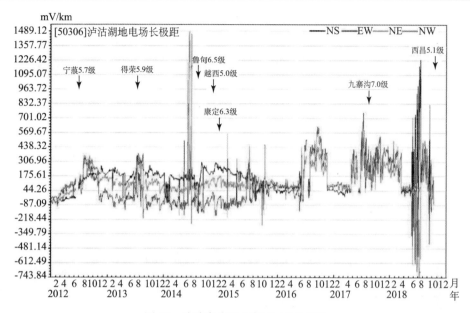

图 32　泸沽湖自然电场 E_{sp} 变化曲线

Fig. 32　Curves of E_{sp} at Luguhu site

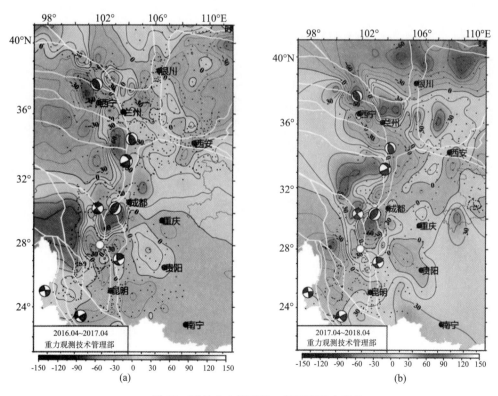

图 33　西昌 5.1 级震前一年尺度重力变化

Fig. 33　Gravity variation at one year scale before the M_S5.1 Xichang earthquake

(a) 2016 年 4 月至 2017 年 4 月；(b) 2017 年 4 月至 2018 年 4 月

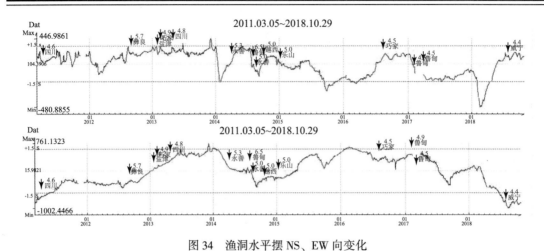

图 34　渔洞水平摆 NS、EW 向变化

Fig. 34　NS and EW components of horizontal pendulum at Yudong site

19）永胜洞体应变异常

永胜洞体应变 NS、EW 向异常（图 35）：观测点震中距 169km，NS、EW 自 2018 年 5 月与往年同期相比压缩速率变小，目前已恢复，两测项均为短期异常。

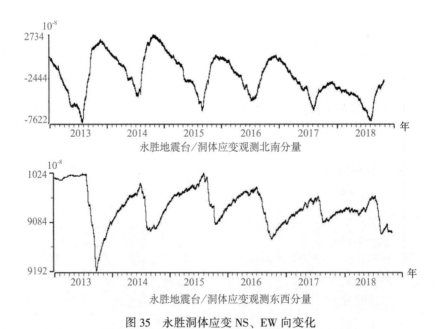

永胜地震台/洞体应变观测北南分量

永胜地震台/洞体应变观测东西分量

图 35　永胜洞体应变 NS、EW 向变化

Fig. 35　NS and EW strain anormalies at Yongsheng site

20）巧家 CO_2 持续高值异常

巧家 CO_2 持续高值异常（图 36）：观测点震中距 117km，CO_2 自 2018 年 5 月以来持续上升，高值破年变现象。

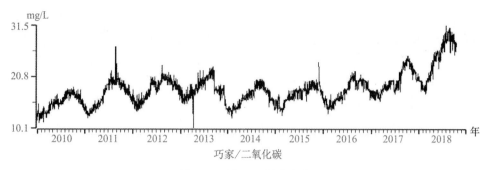

图 36　巧家 CO_2 异常变化

Fig. 36　Abnormal change of CO_2 at Qiaojia site

七、前兆异常特征

1. 地震学异常特征

此次地震前存在 7 项地震活动性异常，包括道孚以南—川滇交界东侧 5 级和 6 级地震空区嵌套、川滇交界东侧 4 级空区被打破、高视应力异常、低 b 值异常、震源机制一致性异常、长宁窗开窗、中等地震月频次异常。从时间紧迫性来看，均为中期异常，仅有"川滇交界东侧 M_L4 地震空区自 2018 年 5 月 8 日被云南永善 $M_L4.5$ 地震打破后，空区内持续发生 M_L4 以上地震事件"，为短期异常。但是其中部分异常对地点具有很强的预测意义。

从两项地震空区异常来看，西昌 5.1 级地震发生在川滇交界东侧 5 级空区内部，打破了自 2014 年 10 月 1 日越西 $M_S5.0$ 地震后持续 1491 天的 5 级地震平静，西昌地震属于打破 5 级空区的显著地震，该空区被打破的异常属于区域强震的中期异常；西昌 5.1 级地震发生在四川东部区域 $M_L4.0$ 空区内部，该空区自 2018 年 5 月 8 日被云南永善 $M_L4.5$ 地震打破后，空区内持续发生的 $M_L≥4.0$ 级地震事件具有短临指示意义。西昌 5.1 级地震的发生表明该区域地震活动持续增强，对川滇交界东侧后期强震的发生具有一定的预测意义。

值得一提的是，区域附近曾发生过 2014 年 10 月 1 日越西 $M_S5.0$ 地震，该地震发生前，区域存在 2 项测震学异常，分别为道孚以南至巧家段的 3 级以及 5 级空区，越西 $M_S5.0$ 地震即发生在空区内部。由此可见，空区对地震的发生，在地点上存在指示意义。

从 3 项地震学参数异常来看，高视应力、低 b 值和震源机制一致性的空间异常，均表明区域多处断裂段处于高应力应变的积累状态，西昌 5.1 级地震是发生在强震和大震的高应力应变积累的边缘区域，且高应力积累状态没有缓解和释放，具有发生强震和大震的条件。

从窗口地震的发生和月频次异常来看，依据四川区域地震预测指标[6]，在长宁地震窗开窗后 10 个月内，通常会在四川西部发生中强以上地震；四川地区中等地震月频度 2018 年 3、5、7 和 8 月 4 次出现增强异常，达到异常指标，表明未来 1 年四川及邻区发生中强地震的可能性较大。由此可见，这两项异常对西昌 5.1 级地震的发生具有时空上的预测意义。

2. 前兆异常特征

此次西昌 5.1 级地震震中距 $\Delta \leqslant 200km$ 范围内共有流动和固定地球物理场观测台 43 个，测项 241 个，其中固定地球物理场测项 223 个，流动观测测项 18 个；$\Delta \leqslant 100km$ 范围共有流动和定点地球物理观测台 11 个，测项 68 个，其中定点 61 个测项，约占总测项数的 28.22%，即有 71.78% 的观测台项分布在震中 $100<\Delta \leqslant 200km$ 的范围。

震前存在地球物理场流动和定点台异常 17 个测项，其中定点地球物理场观测 6 个测项，流动跨断层形变 10 个测项，流动重力 1 个测项。异常数占总观测台测项数的 6.6%，异常数量少。6 个短期异常为安顺场水准、叶坪水准、渔洞水平摆 NS、EW 向、永胜洞体应变 NS、EW 向变化，异常均位于震中距 $100<\Delta \leqslant 200km$ 的范围，震中附近测项均未出现短期异常，其中 4 个短期异常位于云南省。西昌 5.1 级地震发生后，原有趋势异常持续发展，并未发生明显变化，且流动跨断层形变异常以张性为主，由于川滇菱形块体 SSE 向的运动特征[16]，区域呈压性特征，与流动跨断层形变异常特征不符，分析认为：西昌 5.1 级地震并未对这些异常做出交代。另外，异常也未呈现出明显的时空迁移特征。

八、震前预测、预防和震后响应

西昌 5.1 级地震发生在《2018 年度四川地震趋势研究报告》[2]圈定的四川省 2018 年度的危险区内，但低于预测震级水平，不是年度预测的目标地震。此外，尽管在西昌 5.1 级地震前，川滇交界东侧区域出现了测震学及定点和流动地球物理场观测台项异常，但这些异常以中期异常为主，虽然出现了安顺场水准、叶坪水准的短临异常，但短临异常少，震前没有短临预测意见，地震发生后，这些中期趋势异常仍继续存在。

西昌 5.1 级地震后，四川省地震局紧急启动Ⅲ级应急响应，四川省地震预报研究中心立即召开紧急会商会，组织专家对震情趋势进行分析研判，密切跟踪震情趋势发展变化，根据 G-R 关系预判最大余震为 $M_L3.8$，地震发生当日即快速作出震后趋势判定："短期内原震区发生更大震级地震的可能性较小"，震型初步判断为孤立型或主震—余震型，序列趋势判定与震后实际震情趋势相吻合，序列早期显示孤立型特征，随序列发展显示为主震—余震型，最大余震为 $M_L3.9$。

西昌 5.1 级地震当天，四川省地震局立即组织和派出地震现场工作组赶赴地震灾区开展地震现场工作，共派出 9 组 30 人次，地震灾害损失评估工作历时 3 天，在灾区各级党委、政府的大力支持下，会同灾区有关部门，采用抽样调查、单项调查、抽样核实等方法，共调查 63 个调查点，取得了大量的基础数据资料，在实地灾害调查工作基础上，完成了地震烈度评定。

西昌 5.1 级地震之后，在极震区专门增设了 2 个流动台加强观测（L5122、L5123），并于 11 月 1 日 2 时开始运行，增加流动台站后，基本可保证序列 $M_L0.6$ 以上余震记录完整，极大地改善了余震的监测能力。

九、结论与讨论

1. 主要结论

西昌 M_S 5.1 级地震为主震—余震型。2018 年 11 月 20 日发生 M_S 3.3（M_L 3.9）最大余震。序列中主震与最大余震的震级差：$\Delta M = 1.8$，显示为主震—余震型序列[11]。序列能量释放以主震为主，序列中最大地震释放能量 E_{max} 与全序列地震释放总能量 E_{total} 的比 $R_E = E_{max}/E_{total} \approx 99.71\%$（$90\% \leqslant R_E < 99.9\%$ 为主余型）[11]，显示该序列类型为主震—余震型。

西昌 5.1 级地震最高烈度为 Ⅵ 度，等震线长轴呈近 NS 走向，长轴 34km，短轴 20km，Ⅵ 度区面积为 645km² ，共造成凉山彝族自治州西昌和盐源两个县（市）受灾。烈度 Ⅵ 度区：除极个别老旧无人居住的房屋破坏严重以外，其他房屋受灾较轻，生命线系统工程结构遭受破坏程度很轻，本次地震造成的直接经济损失总额为 2461 万元[1)]。

震源机制解结果为走滑型地震。西昌 5.1 级地震的震源机制解参数为：节面 Ⅰ 走向 274°、倾角 87°、滑动角 -153°，节面 Ⅱ 走向 182°、倾角 63°、滑动角 -4°。推测与等烈度线 NS 向长轴走向一致的节面 Ⅱ 为此次地震的发震断层面，断面倾向 W，倾角 87° 左右，震源机制类型为走滑型[21]。

精定位后的微观震中（重新定位：102.08°E，27.71°N，震源深度 15.6km）位于磨盘山—昔格达断裂带东侧，1∶20 万地质图未显示具体断裂，但磨盘山—昔格达断裂带东侧的海西—印支期岩浆岩明显受到磨盘山—昔格达断裂带的控制，故推测，受其活动和区域应力场的影响，可能在磨盘山—昔格达断裂带东侧的岩体里派生的规模不大的 SN 向次级断层，导致了此次西昌 5.1 级地震的发生。

2. 问题讨论

西昌 5.1 级地震前存在多项异常，其中测震学异常 7 条，地球物理场观测异常 17 条。异常出现时间较长，以中长期异常为主，出现了跨断层 2 条短期异常，以及云南的 4 条定点形变短期异常，但由于距离震源区相对较远，均在 $100 < \Delta \leqslant 200km$ 的区域范围，且西昌 5.1 级地震发生后，原有中期异常持续发展，并未发生明显变化，分析认为，西昌地震并未对这些异常做出交代。

西昌 5.1 级地震发生在川滇交界东侧 5 级空区内部，打破了自 2014 年 10 月 1 日越西 M_S 5.0 地震后持续 1491 天的 5 级地震平静，同时该地震又发生在四川东部区域 M_L 4 地震空区内部，该空区自 2018 年 5 月 8 日被云南永善 M_L 4.5 地震打破后，空区内持续发生 4 级以上地震事件，此次西昌 5.1 级地震的发生表明该区域地震活动持续增强，对空区及附近后期强震的发生具有一定的预测意义。

参 考 文 献

［1］唐荣昌、韩渭宾，四川活动断裂与地震，北京：地震出版社，1993

［2］四川省地震局，攀西地区地震危险性研究，成都：四川科学技术出版社，1986

［3］四川地震资料汇编编辑组，四川地震资料汇编（第一卷）［M］，成都：四川人民出版社，1980

［4］四川地震资料汇编编辑组，四川地震资料汇编（第二卷）［M］，成都：四川人民出版社，1981

［5］四川地震资料汇编编辑组，四川地震资料汇编（第三卷）［M］，成都：四川人民出版社，2000

［6］孙成民等，四川地震全纪录（上卷），四川出版集团四川人民出版社，2010

［7］孙成民等，四川地震全纪录（下卷），四川出版集团四川人民出版社，2010

［8］宋方敏、李如成、徐锡伟，四川大凉山断裂带古地震研究初步结果，地震地质，24（1）：27～34，2002

［9］M7专项工作组，中国大陆大地震中-长期危险性研究，北京：地震出版社，2012

［10］魏占玉、何宏林、石峰等，大凉山断裂带南段滑动速率估计，地震地质，34（2）：282～293，2012

［11］中国地震局监测预报司，中国大陆地震序列研究，北京：地震出版社，2007

［12］赵珠、张润生，四川地区地震波分区走时表的编制，四川地震，3：39～35，1987

［13］Zhao L S, Helmberger D V, Source estimation from broadband regional seismograms, Bull. Seismol. Soc. Amer., 84（1）：91－104，1994

［14］Zhu L P, Helmberger D V, Advancement in source estimation techniques using broadbandregional seismograms, Bull Seismol Soc Amer, 86（5）：1634－1641，1996

［15］郑勇、马宏生、吕坚等，汶川地震强余震（M_S≥5.6）的震源机制解及其与发震构造的关系，中国科学，39（4）：413～426，2009

［16］侯强、丁小军、赵宏等，青藏高原东南缘构造应力场重构，大地测量与地球动力学，39（5）：458～463，2019

［17］Bassin C, Laske G and Masters G, The Current limits of Resolution for Surface Wave Tomography in North America, EOS Trans AGU, 81, F897, 2000

［18］Dziewonski A M and Anderson D L, Preliminary reference Earth model, Phys. Earth Plan. Int., 25：297－356. 1981

［19］易桂喜、龙锋、宫悦等，2018年西昌M_S5.1地震序列震源机制与发震构造，国际地震动态，（8）：50～51，2019

［20］易桂喜、龙锋、张致伟等，长宁窗地震与四川级邻区M≥5.5地震的对应关系，地震研究，36（4）：427～432，2013

［21］易桂喜、韩渭宾，四川及邻区强震前地震活动频度的变化特征，地震研究：27（1）：8～13，2004

参 考 资 料

1）四川省地震局地震现场工作队，2018年10月31日四川西昌5.1级地震灾害直接损失评估报告，2018

2）四川省地震局，2018年度四川地震趋势研究报告，2017

3）中国地震台网中心，国家台网大震速报目录（来自中国地震台网中心）

4）四川省地震局监测研究中心，四川省地震台网地震目录

5）四川省地震地震预报研究中心测震室编写完成，2018年10月31日四川西昌M5.1地震序列及后续地震趋势分析报告，2018

6）四川省地震局，四川地区地震预测指标研究（成果汇编），2016

The M_S 5. 1 Xichang Earthquake on October 31, 2018 in Sichuan Province

Abstract

On October 31, 2018, at 16 : 29 : 55, an earthquake of M_S5. 1 occurred in Xichang city, Liangshan Yi Autonomous prefecture, Sichuan province (102. 08°E and 27. 7°N), with a focal depth of 19km. The macro-epicenter of the earthquake is located in the Mopan country area of Xichang city, Liangshan prefecture, Sichuan province (102. 08°E and 27. 72°N). The highest intensity of the earthquake area is Ⅵ degrees (6 degrees). The isoseismal line is nearly north-south ellipse with 34km long axis and 20km short axis. The two counties (cities) of Xichang and Yanyuan, Liangshan Yi Autonomous Prefecture, Sichuan province, were affected by the earthquake. The area of Ⅵ degree area is 645km², of which is 605km² in Xichang city and 40km² in Yanyuan county.

According to the statistics of the relevant departments of the local government, as of November 2, 2018, the earthquake caused a total of 4 minor injuries, including 3 in Xichang city and 1 in Yanyuan county.

The time-space intensity characteristics of the sequence show that the earthquake sequences are main-aftershocks. After the main shock, the frequency of aftershocks attenuates normally. The maximum aftershock is the event of M_S3. 3 (M_L3. 9) on November 20, 2018. The distribution of aftershocks is near the epicenter of the main shock.

The source fault is of left-lateral strike-slip type. It is inferred that the nodal plane Ⅱ, which is consistent with the long axis direction of the isointensity line NS, is the seismogenic fault plane of the earthquake.

There are 49 seismic stations within the range of $\Delta \leqslant 200$km, including 19 seismic stations, 2 mobile stations after the M_S5. 1 Xichang earthquake, 30 fixed-point geophysical stations and 223 items, 13 cross-fault monitoring sites and 18 items. There are 24 anomalies before the earthquake, including 7 seismological anomalies, 6 fixed-point geophysical anomaly and 11 cross-fault flow observation items. The number of anomalies accounts for 4. 98% of the total observation items, and the number of anomalies is small. The main anomalies are medium and long term anomalies, of which there are two short-term anomalies across faults.

The M_S5. 1 earthquake occurred in the dangerous area of Sichuan province in 2018 delineated by Sichuan Earthquake Trend Research Report 2018, but the M_S5. 1 earthquake is not the target earthquake for annual prediction. There are no short-term and imminent prediction opinions before the earthquake. The trend after the earthquake is judged accurately. The sequence shows the characteristics of isolated type in the early stage. The sequence shows the main-aftershock type with the development of the sequence.

报 告 附 件

附件一：

附表 1　固定前兆观测台（点）与观测项目汇总表

序号	台站（点）名称	测项	资料类别	震中距 Δ/km	按震中距 Δ 范围进行异常统计									
					0<Δ≤100km					100<Δ≤200km				
					L	M	S	I	U	L	M	S	I	U
1	金河地震台	YRY-4 钻孔线应变 NE	Ⅲ	20	—	—	—	—	—					
		YRY-4 钻孔线应变 EW	Ⅲ	20	—	—	—	—	—					
		YRY-4 钻孔线应变 NW	Ⅲ	20	—	—	—	—	—					
		YRY-4 钻孔线应变 NS	Ⅲ	20	—	—	—	—	—					
2	园艺场台	测震		24	—	—	—	—	—					
3	西昌川 32 井	pH 值	Ⅲ	31	—	—	—	—	—					
		氮（N_2）	Ⅲ	31	—	—	—	—	—					
		电导率	Ⅰ	31	—	—	—	—	—					
		钙（Ca^{2+}）	Ⅲ	31	—	—	—	—	—					
		氦（He）	Ⅲ	31	—	—	—	—	—					
		镁（Mg^{2+}）	Ⅲ	31	—	—	—	—	—					
		气氡	Ⅲ	31	—	—	—	—	—					
		气汞	Ⅱ	31	—	—	—	—	—					
		水氡	Ⅱ	31	—	—	—	—	—					
		氧（O_2）	Ⅱ	31	—	—	—	—	—					
		重碳酸根（HCO_3^-）	Ⅱ	31	—	—	—	—	—					
		动水位	Ⅲ	31	—	—	—	—	—					
		深层水温	Ⅲ	31	—	—	—	—	—					
		中层水温	Ⅲ	31	—	—	—	—	—					
		浅层水温	Ⅲ	31	—	—	—	—	—					
		井水流量	Ⅲ	31	—	—	—	—	—					

序号	台站（点）名称	测项	资料类别	震中距 Δ/km	按震中距 Δ 范围进行异常统计									
					0<Δ≤100km					100<Δ≤200km				
					L	M	S	I	U	L	M	S	I	U
4	小庙地震台	地电场（短极距）EW	Ⅲ	34	—	—	—	—	—					
		地电场（短极距）NE	Ⅲ	34	—	—	—	—	—					
		地电场（短极距）NS	Ⅲ	34	—	—	—	—	—					
		地电场（长极距）EW	Ⅲ	34	—	—	—	—	—					
		地电场（长极距）NE	N	34	—	—	—	—	—					
		地电场（长极距）NS	Ⅲ	34	—	—	—	—	—					
		地电阻率 EW	Ⅲ	34	—	—	—	—	—					
		地电阻率 NS	Ⅲ	34	—	—	—	—	—					
		自然电位差 EW	Ⅲ	34	—	—	—	—	—					
		自然电位差 NS	Ⅲ	34	—	—	—	—	—					
		YRY-4 钻孔线应变 EW	Ⅲ	34	—	—	—	—	—					
		YRY-4 钻孔线应变 NE	N	34	—	—	—	—	—					
		YRY-4 钻孔线应变 NS	N	34	—	—	—	—	—					
		YRY-4 钻孔线应变 NW	Ⅲ	34	—	—	—	—	—					
		垂直摆 EW	Ⅱ	34	—			—	—					
		垂直摆 NS	Ⅱ	34	—	—	—	—	—					
		洞体应变 EW	Ⅲ	34	—	—	—	—	—					
		洞体应变 NS	Ⅱ	34	—	—	—	—	—					
		连续重力	Ⅱ	34	—	—	—	—	—					
		水管仪 EW	Ⅱ	34	—	—	—	—	—					
		水管仪 NS	Ⅱ	34	—	—	—	—	—					
5	玄生坝台			40	—	—	—	—	—					
6	盐源台	测震台		47	—	—	—	—	—					
7	西昌地震台	地磁 GM4-D	Ⅱ	54	—	—	—	—	—					
		地磁 GM4-D	Ⅱ	54	—	—	—	—	—					
		地磁 GM4-H	Ⅱ	54	—	—	—	—	—					
		地磁 GM4-H	Ⅱ	54	—	—	—	—	—					
		地磁 GM4-Z	Ⅱ	54	—	—	—	—	—					
		地磁 GM4-Z	Ⅱ	54	—	—	—	—	—					

序号	台站（点）名称	测项	资料类别	震中距 Δ/km	按震中距 Δ 范围进行异常统计									
					0<Δ≤100km					100<Δ≤200km				
					L	M	S	I	U	L	M	S	I	U
8	普格台	测震台		58	—	—	—	—	—					
9	盐源地震台	断层气 CO_2	I	61	—	—	—	—	—					
		水氡	II	61	—	—	—	—	—					
		气氡	III	61	—	—	—	—	—					
		动水位	III	61	—	—	—	—	—					
		深层水温	III	61	—	—	—	—	—					
		地电场（短极距）EW	III	61	—	—	—	—	—					
		地电场（短极距）NE	III	61	—	—	—	—	—					
		地电场（短极距）NS	III	61	—	—	—	—	—					
		地电场（长极距）EW	III	61	—	—	—	—	—					
		地电场（长极距）NE	III	61	—	—	—	—	—					
		地电场（长极距）NS	III	61	—	—	—	—	—					
10	木里台	测震		83	—	—	—	—	—					
11	冕宁台	测震台		71	—	—	—	—	—					
12	昭觉地震台	水氡	II	85	—	—	—	—	—					
		气氡	III	85	—	—	—	—	—					
		气汞	III	85	—	—	—	—	—					
13	冕宁地震台	地电阻率 EW	III	101						—	—	—	—	—
		地电阻率 NS	III	101						—	—	—	—	—
		地电阻率 NW	III	101						—	—	—	—	—
		自然电位差 EW	III	101						—	—	—	—	—
		自然电位差 NS	III	101						—	—	—	—	—
		自然电位差 NW	III	101						—	—	—	—	—
14	丙乙底	测震台		110						—	—	—	—	—
15	石门坎	测震台		115						—	—	—	—	—

续表

序号	台站（点）名称	测项	资料类别	震中距 Δ/km	按震中距 Δ 范围进行异常统计									
					0<Δ≤100km					100<Δ≤200km				
					L	M	S	I	U	L	M	S	I	U
16	巧家	壤中气 CO_2	Ⅲ	117						—	—	—	—	—
		电导率	N	117						—	—	—	—	—
		F^-	Ⅱ	117						—	—	—	—	—
		气汞，十项措施	Ⅲ	117						—	—	—	—	—
		Mg^{2+}	Ⅱ	117						—	—	—	—	—
		气氡，十项措施	Ⅲ	117						—	—	—	—	—
		模拟水氡	Ⅱ	117						—	—	—	—	—
		Ca^{2+}	Ⅱ	117						—	—	—	—	—
		HCO_3^-	Ⅱ	117						—	—	—	—	—
		垂直摆 NS	N	117						—	—	—	—	—
		垂直摆 EW	N	117						—	—	—	—	—
17	九龙台	测震台		118						—	—	—	—	—
18	会理台	测震台		118						—	—	—	—	—
19	马兰山地震台	垂直摆 NS	Ⅲ	118						—	—	—	—	—
		垂直摆 EW	Ⅲ	118						—	—	—	—	—
		金属水平摆 NS	Ⅲ	118						—	—	—	—	—
		金属水平摆 EW	Ⅲ	118						—	—	—	—	—
20	泸沽湖地震台	静水位	Ⅱ	121						—	—	—	—	—
		深层水温	Ⅲ	121						—	—	—	—	—
		地电场（短极距）EW	Ⅲ	121						—	√	—	—	—
		地电场（短极距）NE	Ⅲ	121						—	√	—	—	—
		地电场（短极距）NS	Ⅲ	121						—	√	—	—	—
		地电场（长极距）EW	Ⅲ	121						—	√	—	—	—
		地电场（长极距）NE	Ⅲ	121						—	√	—	—	—
		地电场（长极距）NS	Ⅲ	121						—	√	—	—	—
21	攀枝花地龙井	金属水平摆 NS	Ⅲ	121						—	—	—	—	—
		金属水平摆 EW	Ⅲ	121						—	—	—	—	—

续表

序号	台站（点）名称	测项	资料类别	震中距 Δ/km	按震中距 Δ 范围进行异常统计									
					0<Δ≤100km					100<Δ≤200km				
					L	M	S	I	U	L	M	S	I	U
22	红格地震台	地电阻率 NS	Ⅱ	121						—	—	—	—	—
		地电阻率 EW	Ⅱ	121						—	—	—	—	—
		自然电位差 NS	Ⅱ	121						—	—	—	—	—
		自然电位差 EW	Ⅱ	121						—	—	—	—	—
		地电场（短极距）EW	Ⅱ	121						—	—	—	—	—
		地电场（短极距）NE	Ⅱ	121						—	—	—	—	—
		地电场（短极距）NS	Ⅱ	121						—	—	—	—	—
		地电场（长极距）EW	Ⅱ	121						—	—	—	—	—
		地电场（长极距）NE	Ⅱ	121						—	—	—	—	—
		地电场（长极距）NS	Ⅱ	121						—	—	—	—	—
23	攀枝花乌龟井	水氡	Ⅱ	122						—	—	—	—	—
24	美姑台	测震台		125										
25	南山地震台	地磁 GM4-D	N	125						—	—	—	—	—
		地磁 GM4-Z	N	125						—	—	—	—	—
		地磁 GM4-H	N	125						—	—	—	—	—
		水管仪 NS	Ⅰ	125						—	—	—	—	—
		水管仪 EW	Ⅰ	125						—	—	—	—	—
		垂直摆 NS	Ⅲ	125						—	—	—	—	—
		垂直摆 EW	Ⅲ	125						—	—	—	—	—
		洞体应变 NS	Ⅰ	125						—	—	—	—	—
		洞体应变 EW	Ⅰ	125						—	—	—	—	—
26	仁和地震台	YRY-4 钻孔线应变 NW	Ⅲ	128										
		YRY-4 钻孔线应变 NS	Ⅲ	128										
		YRY-4 钻孔线应变 NE	Ⅲ	128										
		YRY-4 钻孔线应变 EW	Ⅲ	128						—	—	—	—	—

续表

序号	台站（点）名称	测项	资料类别	震中距 Δ/km	按震中距 Δ 范围进行异常统计									
					0<Δ≤100km					100<Δ≤200km				
					L	M	S	I	U	L	M	S	I	U
27	攀枝花川 05 井	动水位	II	128						—	—	—	—	—
		中层水温	II	128						—	—	—	—	—
		水氡	II	128						—	—	—	—	—
		气氡	II	128						—	—	—	—	—
		气汞	III	128						—	—	—	—	—
	攀枝花台	测震台		137						—	—	—	—	—
28	巧家毛椿林	水温	N	141						—	—	—	—	—
		水位	N	141						—	—	—	—	—
		氟离子	N	141						—	—	—	—	—
		镁离子	N	141						—	—	—	—	—
		钙离子	N	141						—	—	—	—	—
		碳酸氢根	N	141						—	—	—	—	—
29	渔洞	石英水平摆 NS	N	148						—	—	—	—	—
		石英水平摆 EW	N	148						—	—	—	—	—
		四分量钻孔应变 NS	N	148						—	—	—	—	—
		四分量钻孔应变 NW	N	148						—	—	—	—	—
		四分量钻孔应变 EW	N	148						—	—	—	—	—
		四分量钻孔应变 NE	N	148						—	—	—	—	—
		水位	N	148						—	—	—	—	—
		水温	N	148						—	—	—	—	—

续表

序号	台站（点）名称	测项	资料类别	震中距 Δ/km	按震中距 Δ 范围进行异常统计									
					0<Δ≤100km					100<Δ≤200km				
					L	M	S	I	U	L	M	S	I	U
30	昭通	水位	III	148						—	—	—	—	—
		水温	III	148						—	—	—	—	—
		十五气氡	III	148						—	—	—	—	—
		气汞，十五	III	148						—	—	—	—	—
		钻孔应变 NS	II	148						—	—	—	—	—
		钻孔应变 EW	II	148						—	—	—	—	—
		钻孔应变 NE	II	148						—	—	—	—	—
		钻孔应变 NW	II	148						—	—	—	—	—
		水平摆 NS	III	148						—	—	—	—	—
		水平摆 EW	III	148						—	—	—	—	—
		水管倾斜 NS	III	148						—	—	—	—	—
		水管倾斜 EW	III	148						—	—	—	—	—
		洞体应变 NS	III	148						—	—	—	—	—
		洞体应变 EW	III	148						—	—	—	—	—
31	昭阳乐居	水位	N	149										
		水温	N	149										
32	华坪	测震		151						—	—	—	—	—
33	鲁甸地震台	壤中气 CO_2	III	153						—	—	—	—	—
		F^-	III	153						—	—	—	—	—
		HCO_3^-	III	153						—	—	—	—	—
		电导率	III	153						—	—	—	—	—
		pH 值	III	153						—	—	—	—	—
		HCO_3^-	III	153						—	—	—	—	—
		模拟水氡	II	153						—	—	—	—	—
		水位	N	153						—	—	—	—	—
		四分量钻孔应变 NS	N	153						—	—	—	—	—
		四分量钻孔应变 NW	N	153						—	—	—	—	—
		四分量钻孔应变 EW	N	153						—	—	—	—	—
		四分量钻孔应变 NE	N	153						—	—	—	—	—

续表

序号	台站（点）名称	测项	资料类别	震中距 Δ/km	按震中距 Δ 范围进行异常统计									
					0<Δ≤100km					100<Δ≤200km				
					L	M	S	I	U	L	M	S	I	U
34	马边地震台	地磁 GSM-F	N	155						—	—	—	—	—
		地磁 GM4-H	N	155						—	—	—	—	—
		地磁 GM4-D	N	155						—	—	—	—	—
		地磁 GM4-Z	N	155						—	—	—	—	—
		地磁 GM4-H	N	155						—	—	—	—	—
		地磁 GM4-Z	N	155						—	—	—	—	—
		地磁 GM4-D	N	155						—	—	—	—	—
35	平地磁通门点	地磁 GM4-D	N	159						—	—	—	—	—
		地磁 GM4-Z	N	159						—	—	—	—	—
		地磁 GM4-H	N	159						—	—	—	—	—
36	雷波台	测震台		160										
37	昭阳区一中	水温	N	163						—	—	—	—	—
		水位	N	163						—	—	—	—	—
38	永善	壤中气 CO_2	Ⅲ	166						—	—	—	—	—
		模拟水氡	Ⅱ	166						—	—	—	—	—
		石英水平摆 EW	N	166						—	—	—	—	—
		石英水平摆 NS	N	166						—	—	—	—	—

序号	台站（点）名称	测项	资料类别	震中距 Δ/km	按震中距 Δ 范围进行异常统计									
					0<Δ≤100km					100<Δ≤200km				
					L	M	S	I	U	L	M	S	I	U
39	永胜	洞体应变 NS	Ⅰ	169						—	—	—	—	—
		洞体应变 EW	Ⅰ	169						—	—	—	—	—
		水平摆 NS	Ⅱ	169						—	—	—	—	—
		水平摆 EW	Ⅱ	169						—	—	—	—	—
		水管倾斜 EW	Ⅰ	169						—	—	—	—	—
		钻孔应变 NW	Ⅱ	169						—	—	—	—	—
		钻孔应变 NE	Ⅱ	169						—	—	—	—	—
		钻孔应变 NS	Ⅱ	169						—	—	—	—	—
		钻孔应变 EW	Ⅱ	169						—	—	—	—	—
		垂直摆 EW	Ⅱ	169						—	—	—	—	—
		水管倾斜 EW	Ⅰ	169						—	—	—	—	—
		水管倾斜 NS	Ⅰ	169						—	—	—	—	—
		水温	Ⅲ	169						—	—	—	—	—
		水位	Ⅱ	169						—	—	—	—	—
		电磁 GSM-Z	Ⅱ	169						—	—	—	—	—
		地磁 GSM-D	Ⅱ	169						—	—	—	—	—
		地磁 GSM-F	Ⅱ	169						—	—	—	—	—
		测震台		171										
40	汤古乡基准站	测震		169										
41	石棉台	测震		172						—	—	—	—	—
42	会泽	水位	N	177						—	—	—	—	—
		十五气氡	N	177						—	—	—	—	—
		九五气氡	N	177						—	—	—	—	—
		水温	N	177						—	—	—	—	—

续表

序号	台站（点）名称	测项	资料类别	震中距 Δ/km	按震中距 Δ 范围进行异常统计									
					$0<\Delta\leqslant100km$					$100<\Delta\leqslant200km$				
					L	M	S	I	U	L	M	S	I	U
43	大关	水温	N	179						—	—	—	—	—
		水位	N	179						—	—	—	—	—
		模拟水氡	Ⅱ	179						—	—	—	—	—
		Mg^{2+}	Ⅲ	179						—	—	—	—	—
		Ca^{2+}	Ⅲ	179						—	—	—	—	—
		F^-	Ⅲ	179						—	—	—	—	—
		HCO_3^-	Ⅲ	179						—	—	—	—	—
		电导率	Ⅲ	179						—	—	—	—	—
		壤中气 CO_2	Ⅲ	179						—	—	—	—	—
		pH 值	Ⅲ	179						—	—	—	—	—
		四分量钻孔应变 NS	N	159						—	—	—	—	—
		四分量钻孔应变 NW	N	179						—	—	—	—	—
		四分量钻孔应变 EW	N	179						—	—	—	—	—
		四分量钻孔应变 NE	Ⅱ	179						—	—	—	—	—
44	马边台	测震台		190						—	—	—		
45	永仁	水温	N	191						—	—	—	—	—
46	彝良	气汞	N	193						—	—	—	—	—
		壤中气 CO_2	Ⅲ	193						—	—	—	—	—
		四分量钻孔应变 NS	N	193						—	—	—	—	—
		四分量钻孔应变 NW	N	193						—	—	—	—	—
		四分量钻孔应变 EW	N	193						—	—	—	—	—
		四分量钻孔应变 NE	N	193						—	—	—	—	—
		垂直摆 NS	N	193						—	—	—	—	—
		垂直摆 EW	N	193						—	—	—	—	—

续表

分类统计分类统计	0<Δ≤100km	100<Δ≤200km	总数
测项数 N	44	56	99
台项数 n	67	174	241
测震单项台数 a	6	11	17
形变单项台数 b	1	3	4
电磁单项台数 c	1	4	5
流体单项台数 d	2	7	9
综合台站数 e	2	10	12
综合台中有测震项目的台站数 f	0	1	1
测震台总数 $a+f$	6	12	18
台站总数 $a+b+c+d+e$	12	35	47
备注			

附表 2　测震以外固定前兆观测项目与异常统计表

序号	台站（点）名称	测项	资料类别	震中距 Δ/km	按震中距 Δ 范围进行异常统计									
					0<Δ≤100km					100<Δ≤200km				
					L	M	S	I	U	L	M	S	I	U
1	金河地震台	YRY-4 钻孔线应变 NE	Ⅲ	20	—	—	—	—	—					
		YRY-4 钻孔线应变 EW	Ⅲ	20	—	—	—	—	—					
		YRY-4 钻孔线应变 NW	Ⅲ	20	—	—	—	—	—					
		YRY-4 钻孔线应变 NS	Ⅲ	20	—	—	—	—	—					
2	西昌川 32 井	pH 值	Ⅲ	31	—	—	—	—	—					
		氮（N_2）	Ⅲ	31	—	—	—	—	—					
		电导率	Ⅰ	31	—	—	—	—	—					
		钙（Ca^{2+}）	Ⅲ	31	—	—	—	—	—					
		氦（He）	Ⅲ	31	—	—	—	—	—					
		镁（Mg^{2+}）	Ⅲ	31	—	—	—	—	—					
		气氡	Ⅲ	31	—	—	—	—	—					
		气汞	Ⅱ	31	—	—	—	—	—					
		水氡	Ⅱ	31	—	—	—	—	—					
		氧（O_2）	Ⅱ	31	—	—	—	—	—					
		重碳酸根（HCO_3^-）	Ⅱ	31	—	—	—	—	▬					
		动水位	Ⅲ	31										
		深层水温	Ⅲ	31	—	—	—	—	—					
		中层水温	Ⅲ	31										
		浅层水温	Ⅲ	31										
		井水流量	Ⅲ	31	—	—	—	—	—					

续表

序号	台站（点）名称	测项	资料类别	震中距 Δ/km	按震中距 Δ 范围进行异常统计									
					0<Δ≤100km					100<Δ≤200km				
					L	M	S	I	U	L	M	S	I	U
3	小庙地震台	地电场（短极距）EW	Ⅲ	34	—	—	—	—	—					
		地电场（短极距）NE	Ⅲ	34	—	—	—	—	—					
		地电场（短极距）NS	Ⅲ	34	—	—	—	—	—					
		地电场（长极距）EW	Ⅲ	34	—	—	—	—	—					
		地电场（长极距）NE	N	34	—	—	—	—	—					
		地电场（长极距）NS	Ⅲ	34	—	—	—	—	—					
		地电阻率 EW	Ⅲ	34	—	—	—	—	—					
		地电阻率 NS	Ⅲ	34	—	—	—	—	—					
		自然电位差 EW	Ⅲ	34	—	—	—	—	—					
		自然电位差 NS	Ⅲ	34	—	—	—	—	—					
		YRY-4 钻孔线应变 EW	Ⅲ	34	—	—	—	—	—					
		YRY-4 钻孔线应变 NE	N	34	—	—	—	—	—					
		YRY-4 钻孔线应变 NS	N	34	—	—	—	—	—					
		YRY-4 钻孔线应变 NW	Ⅲ	34	—	—	—	—	—					
		垂直摆 EW	Ⅱ	34	—	—	—	—	—					
		垂直摆 NS	Ⅱ	34	—	—	—	—	—					
		洞体应变 EW	Ⅲ	34	—	—	—	—	—					
		洞体应变 NS	Ⅱ	34	—	—	—	—	—					
		连续重力	Ⅱ	34	—	—	—	—	—					
		水管仪 EW	Ⅱ	34	—	—	—	—	—					
		水管仪 NS	Ⅱ	34	—	—	—	—	—					
4	西昌地震台	地磁 GM4-D	Ⅱ	54	—	—	—	—	—					
		地磁 GM4-D	Ⅱ	54	—	—	—	—	—					
		地磁 GM4-H	Ⅱ	54	—	—	—	—	—					
		地磁 GM4-H	Ⅱ	54	—	—	—	—	—					
		地磁 GM4-Z	Ⅱ	54	—	—	—	—	—					
		地磁 GM4-Z	Ⅱ	54	—	—	—	—	—					

续表

序号	台站（点）名称	测项	资料类别	震中距 Δ/km	按震中距 Δ 范围进行异常统计									
					0<Δ≤100km					100<Δ≤200km				
					L	M	S	I	U	L	M	S	I	U
5	盐源地震台	断层气 CO_2	I	61	—	—	—	—	—					
		水氢	II	61	—	—	—	—	—					
		气氢	III	61	—	—	—	—	—					
		动水位	III	61	—	—	—	—	—					
		深层水温	III	61	—	—	—	—	—					
		地电场（短极距）EW	III	61	—	—	—	—	—					
		地电场（短极距）NE	III	61	—	—	—	—	—					
		地电场（短极距）NS	III	61	—	—	—	—	—					
		地电场（长极距）EW	III	61	—	—	—	—	—					
		地电场（长极距）NE	III	61	—	—	—	—	—					
		地电场（长极距）NS	III	61	—	—	—	—	—					
6	昭觉地震台	水氢	II	85	—	—	—	—	—					
		气氢	III	85	—	—	—	—	—					
		气汞	III	85	—	—	—	—	—					
7	冕宁地震台	地电阻率 EW	III	101						—	—	—	—	—
		地电阻率 NS	III	101						—	—	—	—	—
		地电阻率 NW	III	101						—	—	—	—	—
		自然电位差 EW	III	101						—	—	—	—	—
		自然电位差 NS	III	101						—	—	—	—	—
		自然电位差 NW	III	101						—	—	—	—	—

续表

序号	台站（点）名称	测项	资料类别	震中距 Δ/km	按震中距 Δ 范围进行异常统计									
---	---	---	---	---	0<Δ≤100km					100<Δ≤200km				
					L	M	S	I	U	L	M	S	I	U
8	巧家	壤中气 CO_2	Ⅲ	117						—	—	—	—	—
		电导率	N	117						—	—	—	—	—
		F^-	Ⅱ	117						—	—	—	—	—
		气汞，十项措施	Ⅲ	117						—	—	—	—	—
		Mg^{2+}	Ⅱ	117						—	—	—	—	—
		气氡，十项措施	Ⅲ	117						—	—	—	—	—
		模拟水氡	Ⅱ	117						—	—	—	—	—
		Ca^{2+}	Ⅱ	117						—	—	—	—	—
		HCO_3^-	Ⅱ	117						—	—	—	—	—
		垂直摆 NS	N	117						—	—	—	—	—
		垂直摆 EW	N	117						—	—	—	—	—
9	马兰山地震台	垂直摆 NS	Ⅲ	118						—	—	—	—	—
		垂直摆 EW	Ⅲ	118						—	—	—	—	—
		金属水平摆 NS	Ⅲ	118						—	—	—	—	—
		金属水平摆 EW	Ⅲ	118						—	—	—	—	—
10	泸沽湖地震台	静水位	Ⅱ	121						—	—	—	—	—
		深层水温	Ⅲ	121						—	—	—	—	—
		地电场（短极距）EW	Ⅲ	121						—	√	—	—	—
		地电场（短极距）NE	Ⅲ	121						—	√	—	—	—
		地电场（短极距）NS	Ⅲ	121						—	√	—	—	—
		地电场（长极距）EW	Ⅲ	121						—	√	—	—	—
		地电场（长极距）NE	Ⅲ	121						—	√	—	—	—
		地电场（长极距）NS	Ⅲ	121						—	√	—	—	—
11	攀枝花地龙井	金属水平摆 NS	Ⅲ	121						—	—	—	—	—
		金属水平摆 EW	Ⅲ	121						—	—	—	—	—

续表

序号	台站（点）名称	测项	资料类别	震中距 Δ/km	0<Δ≤100km L	M	S	I	U	100<Δ≤200km L	M	S	I	U
12	红格地震台	地电阻率 NS	Ⅱ	121						—	—	—	—	—
		地电阻率 EW	Ⅱ	121						—	—	—	—	—
		自然电位差 NS	Ⅱ	121						—	—	—	—	—
		自然电位差 EW	Ⅱ	121						—	—	—	—	—
		地电场（短极距）EW	Ⅱ	121						—	—	—	—	—
		地电场（短极距）NE	Ⅱ	121						—	—	—	—	—
		地电场（短极距）NS	Ⅱ	121						—	—	—	—	—
		地电场（长极距）EW	Ⅱ	121						—	—	—	—	—
		地电场（长极距）NE	Ⅱ	121						—	—	—	—	—
		地电场（长极距）NS	Ⅱ	121						—	—	—	—	—
13	攀枝花乌龟井	水氡	Ⅱ	122										
14	南山地震台	地磁 GM4-D	N	125						—	—	—	—	—
		地磁 GM4-Z	N	125						—	—	—	—	—
		地磁 GM4-H	N	125						—	—	—	—	—
		水管仪 NS	Ⅰ	125										
		水管仪 EW	Ⅰ	125										
		垂直摆 NS	Ⅲ	125						—	—	—	—	—
		垂直摆 EW	Ⅲ	125						—	—	—	—	—
		洞体应变 NS	Ⅰ	125						—	—	—	—	—
		洞体应变 EW	Ⅰ	125						—	—	—	—	—
15	仁和地震台	YRY-4 钻孔线应变 NW	Ⅲ	128						—	—	—	—	—
		YRY-4 钻孔线应变 NS	Ⅲ	128						—	—	—	—	—
		YRY-4 钻孔线应变 NE	Ⅲ	128						—	—	—	—	—
		YRY-4 钻孔线应变 EW	Ⅲ	128						—	—	—	—	—
16	攀枝花川 05 井	动水位	Ⅱ	128										
		中层水温	Ⅱ	128										
		水氡	Ⅱ	128										
		气氡	Ⅱ	128										
		气汞	Ⅲ	128						—	—	—	—	—

序号	台站（点）名称	测项	资料类别	震中距 Δ/km	按震中距 Δ 范围进行异常统计									
					0<Δ≤100km					100<Δ≤200km				
					L	M	S	I	U	L	M	S	I	U
17	巧家毛椿林	水温	N	141						—	—	—	—	—
		水位	N	141						—	—	—	—	—
		氟离子	N	141						—	—	—	—	—
		镁离子	N	141						—	—	—	—	—
		钙离子	N	141						—	—	—	—	—
		碳酸氢根	N	141						—	—	—	—	—
18	渔洞	石英水平摆 NS	N	148						—	—	—	—	—
		石英水平摆 EW	N	148						—	—	—	—	—
		四分量钻孔应变 NS	N	148						—	—	—	—	—
		四分量钻孔应变 NW	N	148						—	—	—	—	—
		四分量钻孔应变 EW	N	148						—	—	—	—	—
		四分量钻孔应变 NE	N	148						—	—	—	—	—
		水位	N	148						—	—	—	—	—
		水温	N	148						—	—	—	—	—
19	昭通	水位	Ⅲ	148						—	—	—	—	—
		水温	Ⅲ	148						—	—	—	—	—
		十五气氡	Ⅲ	148						—	—	—	—	—
		气汞，十五	Ⅲ	148						—	—	—	—	—
		钻孔应变 NS	Ⅱ	148						—	—	—	—	—
		钻孔应变 EW	Ⅱ	148						—	—	—	—	—
		钻孔应变 NE	Ⅱ	148						—	—	—	—	—
		钻孔应变 NW	Ⅱ	148						—	—	—	—	—
		水平摆 NS	Ⅲ	148						—	—	—	—	—
		水平摆 EW	Ⅲ	148						—	—	—	—	—
		水管倾斜 NS	Ⅲ	148						—	—	—	—	—
		水管倾斜 EW	Ⅲ	148						—	—	—	—	—
		洞体应变 NS	Ⅲ	148						—	—	—	—	—
		洞体应变 EW	Ⅲ	148						—	—	—	—	—

续表

序号	台站（点）名称	测项	资料类别	震中距 Δ/km	按震中距 Δ 范围进行异常统计									
					0<Δ≤100km					100<Δ≤200km				
					L	M	S	I	U	L	M	S	I	U
20	昭阳乐居	水位	N	149						—	—	—	—	—
		水温	N	149			·			—	—	—	—	—
21	鲁甸地震台	壤中气 CO_2	Ⅲ	153						—	—	—	—	—
		F^-	Ⅲ	153						—				—
		HCO_3^-	Ⅲ	153						—	—	—	—	—
		电导率	Ⅲ	153						—	—	—	—	—
		pH 值	Ⅲ	153						—	—	—	—	—
		HCO_3^-	Ⅲ	153						—	—	—	—	—
		模拟水氡	Ⅱ	153						—	—	—	—	—
		水位	N	153						—	—	—	—	—
		四分量钻孔应变 NS	N	153						—	—	—	—	—
		四分量钻孔应变 NW	N	153						—	—	—	—	—
		四分量钻孔应变 EW	N	153						—	—	—	—	—
		四分量钻孔应变 NE	N	153						—	—	—	—	—
22	马边地震台	地磁 GSM-F	N	155						—	—	—	—	—
		地磁 GM4-H	N	155						—	—	—	—	—
		地磁 GM4-D	N	155						—	—	—	—	—
		地磁 GM4-Z	N	155						—	—	—	—	—
		地磁 GM4-H	N	155						—	—	—	—	—
		地磁 GM4-Z	N	155			·			—	—	—	—	—
		地磁 GM4-D	N	155						—	—	—	—	—
23	平地磁通门点	地磁 GM4-D	N	159						—	—	—	—	—
		地磁 GM4-Z	N	159						—	—	—	—	—
		地磁 GM4-H	N	159						—	—	—	—	—
24	昭阳区一中	水温	N	163						—	—	—	—	—
		水位	N	163						—	—	—	—	—

序号	台站（点）名称	测项	资料类别	震中距 Δ/km	按震中距 Δ 范围进行异常统计									
					$0<\Delta\leqslant100$km					$100<\Delta\leqslant200$km				
					L	M	S	I	U	L	M	S	I	U
25	永善	壤中气 CO_2	Ⅲ	166						—	—	—	—	—
		模拟水氡	Ⅱ	166						—	—	—	—	—
		石英水平摆 EW	N	166						—	—	—	—	—
		石英水平摆 NS	N	166						—	—	—	—	—
26	永胜	洞体应变 NS	I	169						—	—	—	—	—
		洞体应变 EW	I	169						—	—	—	—	—
		水平摆 NS	Ⅱ	169						—	—	—	—	—
		水平摆 EW	Ⅱ	169						—	—	—	—	—
		水管倾斜 EW	I	169						—	—	—	—	—
		钻孔应变 NW	Ⅱ	169						—	—	—	—	—
		钻孔应变 NE	Ⅱ	169						—	—	—	—	—
		钻孔应变 NS	Ⅱ	169						—	—	—	—	—
		钻孔应变 EW	Ⅱ	169						—	—	—	—	—
		垂直摆 EW	Ⅱ	169						—	—	—	—	—
		水管倾斜 EW	I	169						—	—	—	—	—
		水管倾斜 NS	I	169						—	—	—	—	—
		水温	Ⅲ	169						—	—	—	—	—
		水位	Ⅱ	169						—	—	—	—	—
		电磁 GSM-Z	Ⅱ	169						—	—	—	—	—
		地磁 GSM-D	Ⅱ	169						—	—	—	—	—
		地磁 GSM-F	Ⅱ	169						—	—	—	—	—
27	会泽	水位	N	177						—	—	—	—	—
		十五气氡	N	177						—	—	—	—	—
		九五气氡	N	177						—	—	—	—	—
		水温	N	177						—	—	—	—	—

续表

序号	台站（点）名称	测项	资料类别	震中距 Δ/km	按震中距 Δ 范围进行异常统计									
					0<Δ≤100km					100<Δ≤200km				
					L	M	S	I	U	L	M	S	I	U
28	大关	水温	N	179						—	—	—	—	—
		水位	N	179						—	—	—	—	—
		模拟水氡	Ⅱ	179						—	—	—	—	—
		Mg^{2+}	Ⅲ	179						—	—	—	—	—
		Ca^{2+}	Ⅲ	179						—	—	—	—	—
		F^-	Ⅲ	179						—	—	—	—	—
		HCO_3^-	Ⅲ	179						—	—	—	—	—
		电导率	Ⅲ	179						—	—	—	—	—
		壤中气 CO^2	Ⅲ	179						—	—	—	—	—
		pH 值	Ⅲ	179						—	—	—	—	—
		四分量钻孔应变 NS	N	159						—	—	—	—	—
		四分量钻孔应变 NW	N	179						—	—	—	—	—
		四分量钻孔应变 EW	N	179						—	—	—	—	—
		四分量钻孔应变 NE	Ⅱ	179						—	—	—	—	—
29	永仁	水温	N	191										
30	彝良	气汞	N	193						—	—	—	—	—
		壤中气 CO_2	Ⅲ	193						—	—	—	—	—
		四分量钻孔应变 NS	N	193						—	—	—	—	—
		四分量钻孔应变 NW	N	193						—	—	—	—	—
		四分量钻孔应变 EW	N	193						—	—	—	—	—
		四分量钻孔应变 NE	N	193						—	—	—	—	—
		垂直摆 NS	N	193						—	—	—	—	—
		垂直摆 EW	N	193						—	—	—	—	—

续表

分类统计	台项	异常台项数	0	0	0	0	0	0	6	0	0	0
		台项总数	61	61	61	61	61	162	162	162	162	162
		异常台项百分比/%	0	0	0	0	0	0	4	0	0	0
	观测台站（点）	异常台站数	0	0	0	0	0	0	1	0	0	0
		台站总数	6	6	6	6	6	24	24	24	24	24
		异常台站百分比/%	0	0	0	0	0	0	4	0	0	0
	测项总数		61					162				
	观测台站总数		6					24				
备注												

2018 年 11 月 4 日新疆维吾尔自治区阿图什 5.1 级地震

新疆维吾尔自治区地震局

高 荣 聂晓红 高 歌 刘 萍 张琳琳 闫 玮

摘 要

2018 年 11 月 4 日新疆维吾尔自治区克孜勒苏州阿图什市发生 5.1 级地震（以下统称为阿图什 5.1 级地震）。中国地震台网中心测定的微观震中为 40.24°N、77.63°E，震源深度为 22km。据科考结果，由于震中位于无人区，且震区房屋抗震设防水平高，地震灾害较轻，无法判定宏观震中的位置。此次地震有感范围较大，但烈度较小，最大仪器记录烈度小于Ⅵ度，地震未造成人员伤亡和财产损失。

此次地震序列为前震—主震—余震型，最大余震为 11 月 4 日 M_S2.6 地震。余震频度衰减较为迅速，强度呈现阶段性衰减特征，余震主要分布在主震以北地区。此次地震震源断错类型为逆冲型，节面Ⅰ走向 310°、倾角 44°、滑动角 41°，节面Ⅱ走向 187°、倾角 62°、滑动角 126°，其中节面Ⅱ走向与皮羌断裂走向较为一致。分析认为，节面Ⅱ可能为此次地震的破裂面，皮羌断裂为此次地震的发震构造。

此次地震震中 200km 范围内有 11 个测震固定台站，7 个定点地球物理观测台站，包括地倾斜、体应变、伸缩、定点重力、磁场总强度、地磁 H 分量、地磁 Z 分量、磁偏角、地电阻率、大地电场（自然电位）、井水位和水温等 12 个观测项目，共 24 个观测台项。此外该区还有流动 GPS、流动重力、流动地磁观测。此次地震前异常项目较少，仅出现 2 条异常，1 条测震学异常，1 条流体异常，定点地球物理观测和流动测项均未出现异常。

阿图什 5.1 级地震位于全国和新疆局地震趋势会商会划定的 2018 年度地震重点危险区内。震后新疆地震局启动了Ⅳ级响应，并联合驻村工作队、喀什地震台和克州地震局组成现场工作组开展灾害调查。震后新疆地震局对此次地震序列类型做出了准确的判断。

本震例报告中，无宏观震中、震中烈度、极震区烈度等相关内容，主要原因为震害较轻，现场工作队未给出相关评定。

前　言[1)]

2018 年 11 月 4 日 05 时 36 分，新疆维吾尔自治区克孜勒苏州阿图什市发生 5.1 级地震。中国地震台网中心测定的微观震中为 40.24°N、77.63°E，震源深度为 22km。地震未造成人员伤亡和财产损失[1)]，地震灾害较轻，未给出宏观震中、极震区烈度等相关内容，仪器记录最大烈度为Ⅵ度。此次地震有感范围较广，涉及阿图什市、阿克苏市、喀什市、和田市、巴楚县、图木舒克市、泽普县、莎车县、伽师县、叶城县、50 团等地。由于震区安居工程房屋普及率较高，房屋抗震设防水平高，此次地震房屋均完好，震时仅室内物品出现剧烈晃动，未出现破坏。

阿图什 5.1 级地震位于 2018 年度全国地震趋势会商会划定的"乌什—塔什库尔干地区 6.5 级左右地震"和新疆地震局划定的"乌什—乌恰地区 6.5 级左右地震"重点危险区内。震前由于未出现明显的短临异常，故未填报短期预测卡。地震发生后，自治区地震局迅速启动地震应急Ⅳ级响应，先后派出喀什地区驻村工作队、喀什地震台和克州地震局 15 人组成现场工作队，前往震区开展震害调查等现场应急工作[2,3)]。新疆地震局组织专家召开多次震后趋势判定会，对此次地震序列类型做出了准确的判断。

2011 年以来，新疆地区中强以上地震活跃，空间上形成了天山中段和南天山西段 2 个中强地震集中活动区，2014 年于田 7.3 级地震后，南天山西段集中活动区内地震活动逐步减弱，呈现出明显的"平静—活动"特征，2016 年阿克陶 6.7 级地震前，该区出现 685 天的中强地震平静，震后再次出现了 647 天的平静；此外南天山西段自 2017 年开始出现大面积的 4 级地震平静，2018 年 9 月伽师 5.5 级地震打破了上述的平静状态，阿图什 5.1 级地震则是平静状态打破后的又一次中强地震活动。

本报告在相关文献、资料整理的基础上，梳理此次地震前出现的各类异常、分析异常特征。此次地震前该区存在异常较多，但最终分析认为，能够作为此次地震的异常仅 2 条，多数异常根据预测指标认为，与 6 级地震相关，因此对震前异常的认定和震后中强以上地震可能的活动状态是值得讨论的问题。

一、测震台网及地震基本参数

图 1 给出阿图什 5.1 级地震附近的测震台站分布情况。震中 100km 范围内有西克尔台、哈拉峻台、八盘水磨台 3 个测震台站；100～200km 范围有乌苏台、阿合奇台、柯坪台、巴楚台、麦盖提台、岳普湖台、喀什中继台和阿图什台 8 个测震台站。在研究时段内该区地震监测能力可达到 $M_L \geqslant 2.0$ 级[1]，震后该区未架设临时台站。

表 1 列出中国地震台网、新疆地震台网、USGS 给出的阿图什 5.1 级地震的基本参数。此次地震基本参数采用中国地震台网中心目录给出的结果。

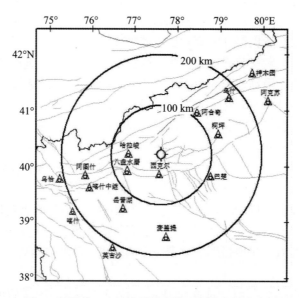

图 1   阿图什 5.1 级地震震中附近测震台站分布图

Fig. 1   Distribution of earthquake-monitoring stations around the epicenters of the M_S5.1 Artux earthquake

表 1   阿图什 5.1 级地震基本参数

Table 1   Basic parameters of the M_S5.1 Artux earthquake

编号	发震日期 年.月.日	发震时刻 时:分:秒	震中位置（°）		震级			震源深度 （km）	震中 地名	结果 来源
			φ_N	λ_E	M_S	M_L	M_W			
1	2018. 11. 04	05：36：19	40. 24	77. 63	5. 1			22	阿图什	CENC[2)]
2	2018. 11. 04	05：36：20	40. 20	77. 62	5. 1	5. 5		24	阿图什	新疆局
3	2018. 11. 04	05：36：22	40. 246	77. 656			4. 9	25	阿图什	USGS[3)]

二、地震地质背景[1)]

阿图什 5.1 级地震震中位于柯坪推覆构造带皮羌断裂上，柯坪推覆构造系是由一系列 NEE 向逆断裂及其控制的推覆构造平行分布组成。该构造系 EW 向长约 300km，NS 向最大宽约为 140km，为由北向南逆冲的铲状逆断层，其上盘发育复式倒转背斜或单斜，由寒武系至第四纪不同时代地层组成，影响的最新地层为早第四纪西域砾岩[2]。其北以迈丹断裂与南天山晚古生代造山带为界，南以柯坪断裂与塔里木盆地为界，推覆体由多排近 EW 向的逆断裂—背斜带组成。柯坪推覆构造系和天山主脉 NNE 向主断裂在第四纪均有过活动，而位于推覆构造系前缘的断裂则直至晚更新世以来至现代仍在活动[2]。该构造体系以皮羌断裂为界，分为东、西两个部分，西侧发育 4 排逆断裂—褶皱带，东段发育 5~6 排逆断裂—褶皱带，这些背斜的主体由古生代地层组成，断层在背斜南翼出露地表，柯坪推覆构造的滑脱面发育在地下 5~9km 的深度[3]，地表的褶皱带是滑脱面向上翘起产生断坡而形成的背斜构造，向北缓倾的滑脱面在天山根部汇聚到迈丹断裂上[3,4]。

　　沿皮羌断裂多处可见断层陡坎地貌，陡坎高度一般在 1.8~2.2m，由此计算得到皮羌断裂全新世以来的平均垂直滑动速率为 0.16~0.20mm/a。跨陡坎开挖的探槽揭露出断层剖面，剖面中出露的地层皆为冲洪积砾石层，受断层活动影响，有些层位发生褶曲。柯坪断裂属于山前断裂，位于阿克苏至巴楚段，断裂走向主要以 NE 向为主，由衣木干他吾断裂、奥兹格尔塔乌断裂等组成，其中西段由 NNW 向的普昌断裂切断，构造性质为左旋逆断型，地质构造非常复杂，最新的研究表明，柯坪断裂滑动速率为 1.45（+1.68/−0.44）mm/a，晚第四纪以来的柯坪断裂上发生过多次古地震事件，古地震的复发周期在 4~5ka，同震位错量在 3m 左右，最新一次古地震事件发生在距今 1.7 ka 左右[5]。迈丹断裂是位于南天山西段的山前大型断裂，历史上没有发生过 7 级以上地震，但从活动速率和地质勘查来看，断层活动很剧烈。该断裂由库齐断裂、库木格热木断裂等断裂组成，断裂总体走向为 NE 向，主要是以左行走滑逆断型为主。

　　该区是我国大陆内部地震较为活跃的地区，1900 年以来发生了 153 次 5 级以上地震，其中，5.0~5.9 级地震 122 次，6.0~6.9 级地震 29 次，7.0~7.9 级地震 1 次，8 级以上地震 1 次，最大地震为 1902 年 8 月 22 日阿图什 8¼ 级地震，其发震构造为带走滑分量的 NEE 向托特拱拜孜断裂。2005 年 2 月 12 日乌什 6.3 级地震后，该区地震活动以 5 级地震为主，近 14 年未发生 6 级地震，强震形势值得进一步关注。

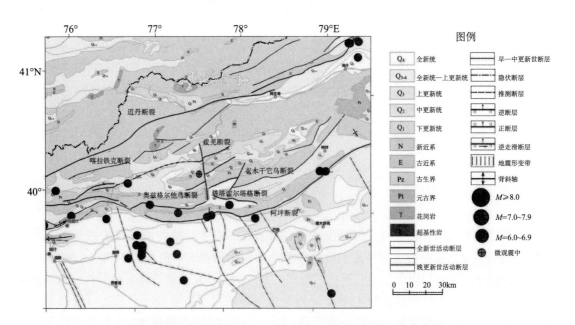

图 2　研究区主要断裂及 1900 年以来 6 级以上地震震中分布图

Fig. 2　Main faults and epicenter distribution of the $M_S \geq 6.0$ earthquakes since 1900 in the studied area

此次地震发生在皮羌断裂附近，该断裂北起普昌柯坪山，向南穿过叶尔羌河进入塔里木盆地，全长 300km，走向 NNW，断层面陡立，东倾为主，性质为左旋走滑断裂，错距 2.8~7km。该断裂在卫星影像上线性特征清晰，地貌标志明显，断裂断错了晚第四纪冲洪积扇和台地面，形成 NNW 向的断层陡坎，1961 年 4 月 14 日在巴楚西克尔镇发生的 6.8 级地震，形成 10km 长的地震地表破裂带[6]。

二、地震影响场和震害[1]

1. 地震影响场

阿图什 5.1 级地震位于新疆维吾尔自治区克孜勒苏州阿图什市哈拉峻乡，震中附近的阿图什市、阿克苏市、喀什市、和田市、巴楚县、图木舒克市、泽普县、莎车县、伽师县、叶城县、50 团等地均有震感。现场对震区周围 5 个乡镇团场，11 个点调查进行了调查（图 3），调查点周围未出现明显的破坏现象，无法确定震区烈度。

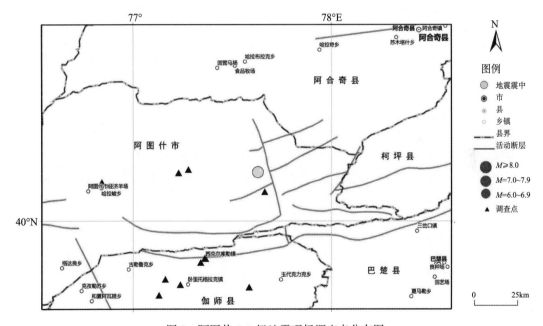

图 3　阿图什 5.1 级地震现场调查点分布图

Fig. 3　Isoseimal map of the M_S5.1 Artux earthquake

新疆强震动台网共有 25 个强震台站触发，其中 100km 范围内共有 6 个强震台站，100~200km 范围有 17 个强震台站，超过 200km 有 2 个强震台。西克尔强震台距离震中最近，其震中距为 52km，记录到最大峰值加速度 53.6Gal（NS 向），按《中国地震烈度表》（GB/T 17742—2008），仪器烈度为Ⅵ度以下。伽师总场、伽师县卧里托乎拉格乡、古勒鲁克乡和阿图什市哈拉峻乡、格达良乡等仪器烈度均小于Ⅴ度。初步分析认为，此次地震的仪器烈度小于Ⅵ度。此次地震周围强震台站加速度记录分析结果见表 2。

表2　阿图什5.1级地震强震加速度记录

Table 2　Seismic acceleration records of the M_S5.1 Artux earthquake

站名称	东经 (°)	北纬 (°)	高程	场地类型	震中距 (km)	最大加速度/Gal			记录长度
						东西	北南	垂直	
西克尔	77.36	39.81	1087	土层	52	−24.600	−53.600	−13.200	69.00
伽师总场	77.59	39.68	1108	土层	62	−10.700	−13.100	−5.000	90.00
卧里托乎拉格	77.28	39.68	1123	土层	68	6.500	−8.600	−4.900	76.00
哈拉峻	76.77	40.15	1590	土层	73	7.500	−8.600	−2.700	71.00
古勒鲁克	76.98	39.77	1143	土层	76	−7.900	10.500	−3.500	64.00
格达良	76.63	39.77	1161	土层	99	−5.700	−11.700	−5.700	62.00
色力布亚	77.8	39.29	1109	土层	106	−7.900	11.500	3.700	130.00
琼库尔恰克	77.65	39.27	1122	土层	107	−6.500	−7.700	−3.100	77.00
红旗农场	76.43	39.81	1198	土层	113	6.000	−4.700	2.600	51.00
毛拉	78.21	39.49	1108	土层	116	−10.800	10.500	10.700	87.00
阿洪鲁库木	77.33	39.19	1130	土层	119	−5.600	−4.300	−2.600	71.00
夏普吐勒	76.61	39.47	1171	土层	122	2.500	−2.800	1.900	49.00
42团	77.07	39.76	1136	土层	130	−4.000	4.800	−2.500	56.00
阿克喀什	76.39	39.52	1194	土层	132	−3.600	4.000	1.400	46.00
伽师	76.73	39.49	1170	土层	134	−4.200	−5.300	2.200	58.00
也可先巴扎	76.59	39.27	1179	土层	140	2.600	−2.700	−1.800	45.00
伯什克然木	76.12	39.55	1251	土层	149	3.100	4.400	2.100	43.00
罕南力克	76.17	39.26	1196	土层	150	−2.600	2.600	1.100	46.00
疏勒	76.05	39.4	1233	土层	164	−4.000	4.100	−2.000	42.00
牙普泉	76.17	39.2	1228	土层	170	2.600	−2.500	−1.200	46.00
托帕	75.59	39.77	1974	土层	182	−1.800	−2.300	−0.900	41.00
木什	75.63	39.48	1420	土层	190	3.100	−2.600	1.400	44.00
托云	75.32	40.16	2672	土层	196	3.100	−1.900	1.300	43.00
种羊场	75.55	39.23	1431	土层	210	2.300	1.800	−0.900	41.00
黑孜苇	75.19	39.7	2105	基岩	216	−1.900	−2.100	−1.400	41.00

2. 地震灾害

此次地震位于无人区，2009年以来该区连续发生过5次5级地震，因此安居富民房覆盖率较高。震中哈拉峻乡，安居工程覆盖率为96.7%，仅有少量老旧的石砌房屋、土木结构房屋，这些房屋在此次地震中也没有发生破坏。距离震中较近的哈拉峻乡克孜勒套村的牧民明显感觉上下晃动，距离震中较远的伽师县和夏阿瓦提乡达西村、伽师县卧里托格拉克镇拜什托普村等地震感明显，为左右晃动，屋内家具有明显晃动，但未发生破坏或损坏现象。

3. 震害特征

此次地震的影响场与灾害特征主要有以下几点：

（1）震区安居富民工程普及率较高，地震未造成人员伤亡和财产损失，体现了安居富民工程的减灾实效。

（2）震后各级政府反应迅速、震区社会稳定、群众生产生活正常有序，充分说明防震减灾工作扎实有效。

四、地震序列[4)]

1. 地震序列时间分析

根据新疆地震台网记录结果，截至 2018 年 12 月 1 日，共记录余震 29 次，其中 $M_L0.0\sim$ 0.9 地震 1 次，$M_L1.0\sim1.9$ 地震 19 次，$M_L2.0\sim2.9$ 地震 8 次，$M_L3.0\sim3.9$ 地震 1 次。最大余震为 11 月 4 日 $M_L3.3$ 地震。表 3 给出了新疆地震台网定位的 $M_L\geq2.0$ 级地震序列目录，包括阿图什 5.1 级主震前发生的 $M_L3.9$ 前震。

表 3　阿图什 5.1 级地震序列目录（$M_L\geq2.0$）

Table 3　Catalogue of the $M_S5.1$ Artux earthquake sequence（$M_L\geq2.0$）

编号	发震日期 年.月.日	发震时刻 时：分：秒	震中位置 φ_N	震中位置 λ_E	震级 M_L	震源深度 （km）	震中地名	结果来源
1	2018.11.04	01：20：53	40°25′	77°62′	3.9	15	阿图什	
2	2018.11.04	05：36：19	40°24′	77°63′	5.5	22	阿图什	
3	2018.11.04	10：29：04	40°18′	77°53′	3.3	8	阿图什	
4	2018.11.05	22：04：34	40°22′	77°68′	2.3	24	阿图什	
5	2018.11.06	04：49：26	40°22′	77°58′	2.4	15	阿图什	
6	2018.11.08	13：08：04	40°23′	77°60′	2.0	6	阿图什	新疆地震台网
7	2018.11.12	02：06：11	40°25′	77°65′	2.1	6	阿图什	
8	2018.11.12	04：27：01	40°25′	77°60′	2.1	7	阿图什	
9	2018.11.28	09：10：26	40°27′	77°62′	2.4	6	阿图什	
10	2018.11.29	13：00：54	40°23′	77°58′	2.3	6	阿图什	
11	2018.11.29	20：18：24	40°27′	77°60′	2.4	6	阿图什	

　　地震序列 M–T 曲线显示（图4），余震强度衰减较快，最大余震 $M_L3.3$ 发生在主震后5小时，其后地震强度逐步衰减，2级地震主要集中于震后9天。其后余震迅速衰减，发震时间间隔明显增大。

　　由地震序列 N–T 图可知（图5），余震主要集中发生在震后9天，期间余震频度占序列总量的92.3%；震后当天地震频度较高，其后余震日频度迅速衰减至3次以下，9日后余震序列衰减至历史平均活动水平，28~29日频度出现波动变化。

　　阿图什5.1级地震释放的能量 E_M 与整个序列释放的能量 $E_总$ 之比 $E_M/E_总$ 为99.78%。

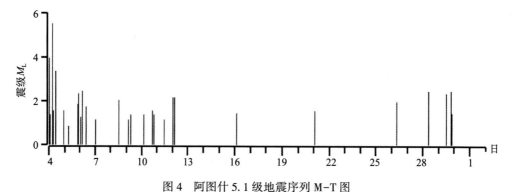

图4　阿图什5.1级地震序列 M–T 图

Fig. 4　M–T plot of the $M_S5.1$ Artux earthquake sequence

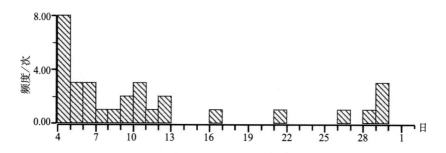

图5　阿图什5.1级地震序列 N–T 图

Fig. 5　N–T plot of the $M_S5.1$ Artux earthquake sequence

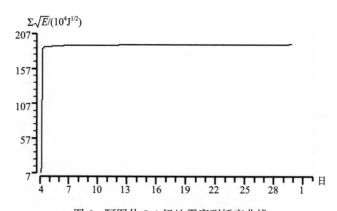

图6　阿图什5.1级地震序列蠕变曲线

Fig. 6　Strain release of the $M_S5.1$ Artux earthquake sequence

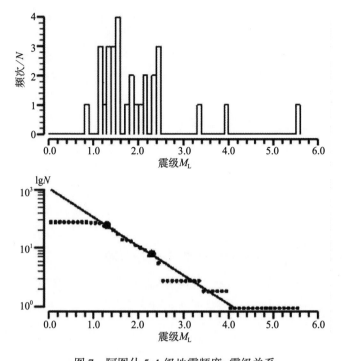

图 7　阿图什 5.1 级地震频度–震级关系

Fig. 7 The frequency-magnitude relationship of the M_S5.1 Artux earthquake sequence

由于余震序列较少，因此无法根据 lg$N$–M 图确立余震序列的最小完整性震级，其 b 值、h 值和 p 值等序列参数无法计算，因此本文对此不进行分析。

该序列最大余震为 M_S2.6（M_L3.3）地震，与主震震级差为 2.5，阿图什 5.1 级地震释放的能量 E_M 与整个序列释放的能量 $E_总$ 之比 $E_M/E_总$ 为 99.8%，满足主余型序列 80%<E_M/$E_总$<99.9%。在主震前 4 个小时发生 M_L3.9 前震，综合分析认为，2018 年 11 月 4 日阿图什 5.1 级地震序列属于前震—主震—余震型。

2. 余震空间分布

由于此次阿图什地震序列余震数量少，强度低，且该区台站记录波形数据信噪比较低，震相不清晰，未达到精定位计算的基本条件，故本报告中未给出该序列的精定位结果。根据新疆台网综合定位结果，余震序列主要分布在主震以北地区，无明显走向（图 8）。

3. 小结

阿图什 M_S5.1 地震序列类型为前震—主震—余震型。余震主要分布在主震以北地区，序列衰减较为迅速。与该区历史地震序列相比，此次地震序列频度和强度衰减基本正常。

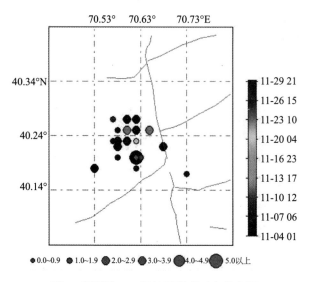

图8　阿图什5.1级地震序列时空分布图

Fig. 8　Spatial and temporal distribution of the M_S5. 1 Artux earthquake sequences

五、震源参数和地震破裂面

基于新疆及周边地区清晰的41个台站的P波初动资料，采用P波初动法，计算了此次地震震源机制解，其矛盾比为0.220，其中节面Ⅰ走向为259°、倾角29°、滑动角122°，节面Ⅱ走向为43°、倾角66°、滑动角74°；P轴方位为145°、仰角19°；T轴方位284°、仰角65°（表4，图9）。

表4　阿图什5.1级地震震源机制解

Table 4　Focal mechanism solutions of the M_S5. 1 Artux earthquake

编号	节面Ⅰ（°）			节面Ⅱ（°）			P轴（°）		T轴（°）		N轴（°）		矛盾比	结果来源
	走向	倾角	滑动角	走向	倾角	滑动角	方位	仰角	方位	仰角	方位	仰角		
1	310	44	41	187	62	126	252	11	146	56	350	32	—	新疆地震局（CAP）
2	259	29	122	43	66	74	145	19	284	65	50	15	0.220	新疆地震局（P波初动）

利用震中距500km范围内的11个台站波形资料，采用CAP方法，解算了阿图什5.1级主震的震源机制。得到的最佳矩心深度为24km，矩震级为3.7，P轴方位252°。最佳双力偶机制解节面Ⅰ走向310°、倾角44°、滑动角41°，节面Ⅱ走向187°、倾角62°、滑动角

126°，其理论波形和实际记录对比见图 10，可以看出波形拟合较好。由于此次地震强度较小，未收集到国内外其他研究机构的震源机制结果，结合台网分布和本区地质构造情况，最终本报告采用了 CAP 方法计算的震源机制结果。

新疆局（CAP）　　　　　　　　　　　　　　　新疆局（P波初动）

图 9　阿图什 5.1 级地震震源机制解

Fig. 9　Focal mechanism solutions of the M_S 5.1 Artux earthquake

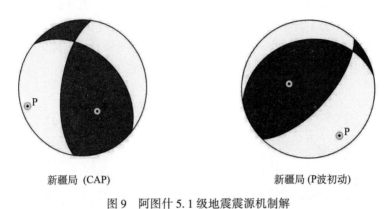

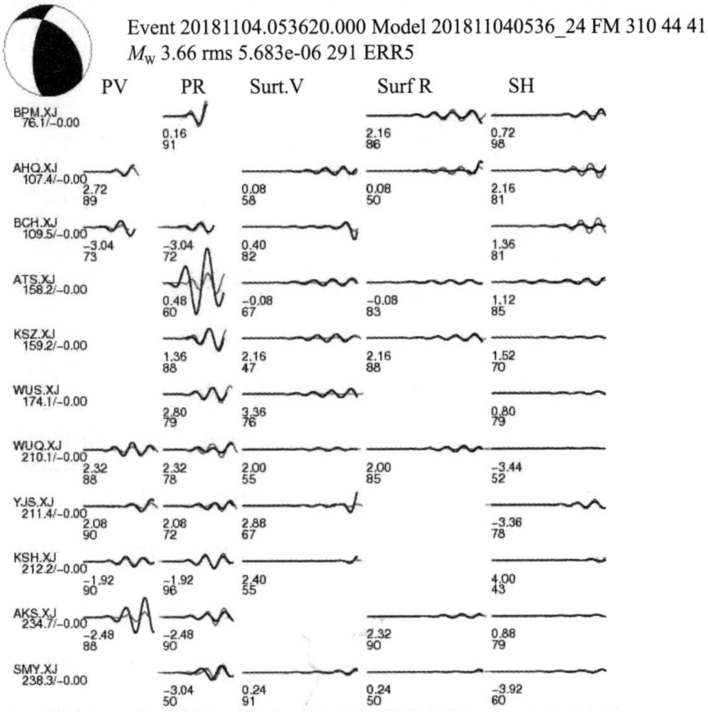

图 10　阿图什 5.1 级地震矩张量反演理论地震波形（红色）与实际观测地震波形（黑色）

Fig. 10　Moment tensor inversion theoretical seismic waveform (red)

and actual seismic waveform (black) of the M_S 5.1 Artux earthquake

阿图什5.1级地震周边台站包围间隙角约有120°，P波初动法计算震源机制解对台站方位角要求较高，此次地震利用P波初动法所得结果矛盾比偏大，可能会影响其结果的可靠性，而CAP方法对方位角需求不是很大，且波形拟合较好，认为CAP方法得到的震源机制解的可靠性较高。综合以上资料，最终采用新疆地震局CAP方法得到的结果为此次地震的最终结果，认为阿图什5.1级主震的断错性质为逆冲型。震源机制解所得到的节面Ⅱ走向为187°，与相邻的皮羌断裂走向较为一致，由此初步判定节面Ⅱ为地震破裂面。结合震源机制解、断裂走向，综合分析认为，此次地震的发震断层为皮羌断裂。

六、地球物理观测台网及前兆异常

1. 地球物理观测台网

阿图什5.1级地震震中附近定点地球物理观测台站及观测项目分布见图11。震中200km范围内有7个定点地球物理观测台站，包含地倾斜、体应变、伸缩、定点重力、磁场总强度、地磁H分量、地磁Z分量、磁偏角、地电阻率、大地电场（自然电位）、井水位和水温（注：深层水温和浅层水温共计为1项）12个观测项目，共24个观测台项。其中震中0~100km范围有伽师和哈拉峻2个定点前兆台，3个观测项目共4个观测台项；100~200km范围有阿合奇、柯坪、阿图什、喀什和乌什5个定点前兆台，12个观测项目共20个观测台项。

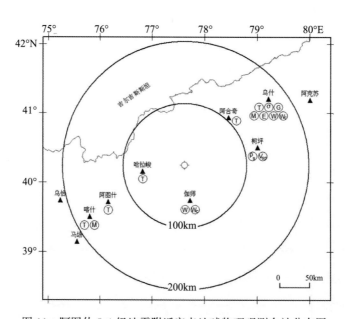

图11　阿图什5.1级地震附近定点地球物理观测台站分布图

Fig. 11　Distribution of fixed-point geophysical observation stations around the M_S5.1 Artux earthquake

新疆流动地球物理观测网由流动重力、流动GPS和流动地磁3个子网组成。震中附近区域（λ_E：73°~84°；φ_N：36°~42°）共有84个流动重力观测点，32个流动GPS观测点以及32个流动地磁观测点（图12）。

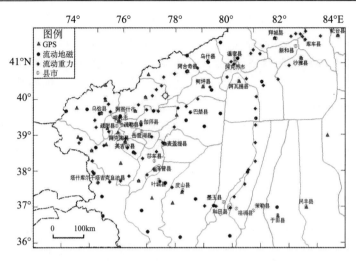

图 12　阿图什 5.1 级地震附近流动重力、GPS、地磁测点分布图

Fig. 12　Distribution of roving observation sites around the $M_S 5.1$ Artux earthquake

2. 地震前兆异常

此次震例总结，重点分析和梳理了震前测震学、定点地球物理观测及流动测量资料，明确为此次地震前的异常仅 2 项，包括 1 项测震学异常和 1 项地下流体异常，其他定点地球物理观测及流动测量资料未见明显异常（图 13）。

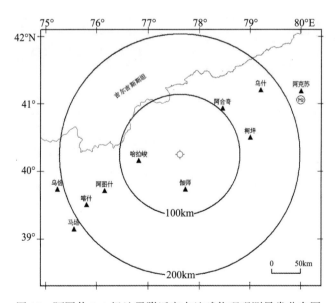

图 13　阿图什 5.1 级地震附近定点地球物理观测异常分布图

Fig. 13　Anomalous distribution map of fixed-point geophysical observations station around the $M_S 5.1$ Artux earthquake

1）柯坪块体 4 级平静[5]

1970 年以来柯坪块体震例研究显示，当该区 4 级地震平静≥120 天（即 4 个月），平静打破后 6 个月内南天山西段发生 5 级以上地震（含平静期内发生的地震）的比例为 19/24（79%），其中 6 级以上地震的比例为 8/19（42%），平静结束后 3 个月内发震的占 74%（表 5）。

2018 年 5 月 8 日至 10 月 24 日柯坪块体 4 级地震平静 5.5 个月，2018 年 10 月 24 日阿合奇 4.2 级地震打破了该平静，分析认为，平静打破后存在发生 5 级以上地震的可能（附件二）。阿图什 5.1 级地震即发生在平静结束后 10 天，该异常对应此次地震。

表 5　柯坪块体 4 级地震平静与该区后续 5 级以上地震的关系

Table 5　Relationship between Keping block seismic quiescence ($M_S \geqslant 4.0$) and subsequent $M_S \geqslant 5.0$ earthquake

序号	柯坪块体 4 级地震平静时段	平静时间（月）	后续半年内对应 5 级以上地震	时间间隔（月）
1	1970.10.17~1971.03.12	4.8	1971.03.23 乌什 M_S6.0 1971.03.24 乌什 M_S6.1	0.4
2	1971.03.25~07.26	4	1971.07.26 阿图什 M_S5.7	0
3	1972.02.11~08.17 1972.09.29~1973.03.03	6.2 5.3		
4	1976.12.17~1977.05.16 1977.05.16~10.26	5 5.3	1977.12.19 西克尔 M_S6.2 1978.03.12 温宿 M_S5.5	1.8 4.5
5	1979.01.02~05.10	4.3		
6	1980.02.15~09.01	6.5	1980.12.06 巴楚 M_S5.3	3
7	1981.06.01~12.14	6.5		
8	1982.05.20~11.22	6	1983.02.13 乌恰 M_S6.7	3
9	1984.07.25~1985.08.03	12	1985.08.23 乌恰 M_S7.1	0.7
10	1987.01.24~1988.01.25	12	1988.03.27 阿克陶 M_S5.5	2
11	1991.08.23~06.14 1992.06.25~12.19	10 6		
12	1993.07.16~1994.04.05	9	1994.08.23 巴楚 M_S5.2	4.5
13	1995.05.15~1996.03.19 1996.03.19~12.06	10 8.5	1996.03.19 阿图什 M_S6.7 1997.01.21 伽师震群	0 1.5
14	1999.12.17~2000.08.16 2000.08.16~2001.09.21			

续表

序号	柯坪块体 4 级地震平静时段	平静时间（月）	后续半年内对应 5 级以上地震	时间间隔（月）
15	2001. 12. 19~2002. 08. 22	8	2002. 12. 25 乌恰 M_S5. 7 2003. 02. 24 伽师 M_S6. 8	4 6
16	2005. 04. 06~11. 14	7		
17	2008. 03. 05~10. 23	7. 5	2008. 10. 05 乌恰 M_S6. 8 2009. 02. 20 柯坪 M_S5. 4 2009. 04. 19 阿合奇 M_S5. 8	0 4 6
18	2010. 05. 23~2011. 03. 17 2011. 03. 18~08. 11 2011. 08. 12~2012. 03. 03 2012. 04. 18~08. 11	10 5 6. 8 4	2011. 08. 11 阿图什 M_S5. 8 2012. 08. 11 阿图什 M_S5. 2	0 0
19	2013. 03. 11~12. 01	8. 7	2013. 12. 01 柯坪 M_S5. 3	0
20	2013. 12. 02~2014. 05. 05	5. 1	2014. 07. 09 麦盖提 M_S5. 1	2. 1
21	2014. 06. 21~12. 07 2015. 01. 10~07. 08	5. 4 6	2015. 01. 10 阿图什 M_S5. 0	1
22	2015. 08. 31~2016. 02. 02 2016. 02. 02~07. 10	5. 1 5. 3	2016. 06. 26 吉尔吉斯斯坦 M_S6. 7 2016. 11. 25 阿克陶 M_S6. 7	4. 5
23	2016. 08. 13~2018. 04. 12	20	2018. 09. 04 伽师 M_S5. 5	4. 7
24	2018. 05. 08~10. 24	5. 5	2018. 11. 04 阿图什 M_S5. 1	0. 3

表 6 阿图什 5.1 级地震异常情况登记表

Table 6 Anomalies catalog of the M_S5.1 Artux earthquake

序号	异常项目	台站（点）或观测区	分析方法	异常判据及观测误差	震前异常起止时间	震后变化	最大幅度	震中距 Δ/km	异常类别及可靠性	图号	异常特点及备注
1	平静	柯坪块体	$M_S \geqslant 4.0$ 级地震空间分布	4 级地震平静≥120 天	2018.05.08～10.24	平静打破		平静区内部	S_1	表 5	震前发现
2	断层氢氢气	阿克苏	形态法	高于阈值 2.377ppm	2018.08.25～11.03	恢复	0.6ppm	236	未定级	14	震前发现

2）阿克苏断层氢

阿克苏断层氢气浓度超过 2.377 ppm 即可判定为异常。震例显示，2013 年以来共出现过 4 组异常，其中 3 组异常后续有 5 级以上地震对应；2013 年以来测点周围 300km 范围内发生过 6 次 5 级以上地震，其中 3 次地震震前存在异常。该测项的预报效能 $R=0.658$（$R_0 = 0.41$）优势发震区域为南天山西段，优势震级为 5 级地震。

2013 年底观测以来，阿克苏断层氢气观测背景值为 0.5~1.0ppm。2018 年 8 月 25 日以后，氢气浓度超过 2.377ppm 阈值，达到异常标准。9 月 12 日氢气浓度达到最高值 4.05ppm，期间发生伽师 5.5 级地震（震中距 330km）。伽师地震后该测值呈下降变化，10 月 23 日至 11 月 3 日阿克苏断层氢再次出现高值异常，最高值为 3.47ppm。阿图什 5.1 级地震发生在氢气浓度由高值回落的过程中（图 14）。

震前分析认为，测点周围存在发生中强以上地震的可能（附件二），对阿图什 5.1 级地震做出了一定程度的短期预测。

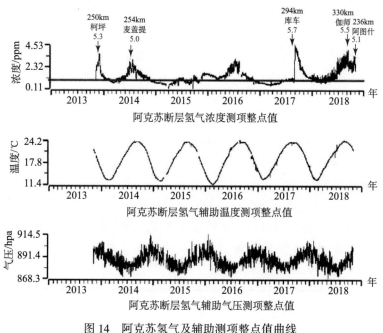

图 14　阿克苏氢气及辅助测项整点值曲线

Fig. 14　The point value curve of Aksu hydrogen and auxiliary measurement

七、地震前兆异常特征分析

阿图什 5.1 级地震前，地震前兆异常呈现如下特征：

1. 震前区域地震活动性异常多，与此次地震相关的异常少

阿图什 5.1 级地震前，震区周边存在库车—乌恰 5 级地震平静、伽师—乌恰 5 级地震平静、柯坪块体 4 级地震平静、南天山西段小震群累计频度增强等多项测震学异常，结合预测指标结果，经综合分析，最终确定与此次地震相关的异常仅有柯坪块体 4 级地震平静 1 项。

2. 定点地球物理观测测项多，震前无相关异常

震区周围200km共有7个定点地球物理观测台站（24个观测台项），3个流动观测台项，但震前未发现与此次地震相关的异常测项。

3. 与其他震例对比研究

阿图什5.1级地震与2018年9月4日伽师5.5级和2018年10月16日精河5.4级地震形成了成组连发状态，故对3次地震的震前异常情况做对比分析。

1）定点地球物理观测台站和测项数量及异常对比

伽师5.5级地震震中周围200km范围内有6个定点地球物理观测台站，共9个观测项，伽师5.5级地震前，该区定点地球物理观测资料未出现长、中、短、临的异常现象。前兆异常仅有1项流动重力异常，该地震的前兆特征为异常数量少，异常幅度小。

精河5.4级地震震中周围200km范围内有19个定点地球物理观测台站，共44个观测台项，震前出现定点地球物理观测异常5项，共10条前兆异常，均以中短期异常为主，类型以年变畸变和突变异常为主。地球物理异常包括流动重力、GPS、地倾斜、应力应变、水位、泥火山、地磁异常。

阿图什5.1级地震震中周围200km共有7个定点地球物理观测台站，共24个观测台项，震前未发现与此次地震相关的异常测项。前兆异常仅有1项阿克苏断层氢（距离震中236km）。

从定点地球物理观测台站和测项数量上对比，此次阿图什5.1级地震和伽师5.5级地震均明显少于精河5.4级地震。从震前异常数量上对比，阿图什5.1级地震和伽师5.5级地震也明显少于精河5.4级地震。

2）地震活动性异常

伽师5.5级地震震前地震活动性异常主要为平静异常（新疆地区4、5级地震平静，乌恰—库车地区5级地震平静，柯坪块体4级地震平静，南天山西段4级地震平静，巴楚—乌恰3级地震平静）。精河5.4级地震震前异常震前地震活动性异常较少，主要为地震增强（3、4级地震显著增强、天山中段3级地震3月累积频度增强和库米什地震窗）。阿图什5.1级地震前相关的异常仅有柯坪块体4级地震平静1项，相较伽师5.5级地震和精河5.4级地震异常数量明显偏少。

八、震前预测、预防和震后响应[6,7]

1. 震前预测、预防

2018年度会商报告新疆地震局给出了"乌什—乌恰地区6.5级左右地震"和中国地震局给出了南天山西段"乌什—塔什库尔干地区存在发生6.5级左右地震危险"的预测意见，为了加强对该地区的震情跟踪研判，根据中国地震局《关于2018年全国震情监视跟踪工作安排的意见》（中震测发〔2017〕6号）、《年度新疆地震重点危险区震情监视跟踪管理实施细则（试行）》（新震测发〔2017〕43号），新疆地震局预报中心安排专人负责，成立了危险区跟踪小组，对危险区附近及周边的地震活动及前兆观测资料进行实时跟踪。

由于 2018 年 4~5 月新疆地区 3、4 级地震活跃，部分异常状态发生改变，6 月以来地震活动呈现平静状态，8 月 18 日呼图壁 4.8 级地震的发生打破了新疆地区持续 60 天的 4 级地震平静，分析认为后续新疆地区中强以上地震的紧迫性正在逐步加强。鉴于上述情况，新疆地震局预报中心南天山西段危险区跟踪组于 8 月 30 日向监测处报备，拟于 9 月 5 日赴喀什开展震情跟踪工作，9 月 4 日伽师发生 5.5 级地震，震后跟踪组如期赴喀什开展工作。伽师地震的发生，打破新疆地区 $M_S \geqslant 5.0$ 级地震 271 天的平静，震例研究显示，新疆地区的 4、5 级地震嵌套平静，使得震情形势更为紧张；会商分析认为，该区域虽然发生了伽师 5.5 级地震，但强震危险性并未减弱，仍需关注该区震情发展。2018 年 10 月再次发生精河 5.4 级地震，震后新疆地区 3、4 级地震出现短期显著增强现象，鉴于震情的快速发展，新疆地震局和中国地震台网中心做出了加密会商的决定，针对每日地震活动、定点地球物理观测资料和陆态网络资料的发展进行滚动式跟踪。阿图什 5.1 级地震前未提出明确的临震预测意见，但震前较为准确的把握了震情趋势，做出了一定程度的中短期预测。

2. 震后响应

地震发生后，新疆地震局第一时间启动地震应急 Ⅳ 级响应，并派出驻喀什地区巴楚县"访惠聚"工作组、喀什地震台和克州地震局的同志组成现场工作队共 15 人赶赴震区开展应急处置和现场灾害调查与评估工作。在地震系统现场应急指挥部的领导下、在震区各级党委政府的协助下，现场工作队员对灾区 5 个乡镇场 11 个调查点开展了实地调查，顺利完成了此次地震现场工作。

地震发生后，新疆地震局预报中心立即召开了震后趋势会商会，综合分析发震构造、震区历史地震活动、震源机制、序列类型和余震活动等情况，判定该地震可能为前震—主震—余震型，后续原震区发生 5 级以上地震的可能性不大。震后联合中国地震台网中心视频会商，对震区震情进行判定，坚持每日进行加密会商，较为准确地把握了阿图什 5.1 级地震震区的余震活动水平，后续最大余震震级为 $M_L 3.3$（附件三）。

九、结论与讨论

1. 结论

（1）此次地震序列余震主要分布在主震以北地区，未有明显的走向分布，附近的皮羌断裂总体走向为 NNW。震源机制结果显示为逆断性质，主压应力 P 轴方位为 SWW 向，结合断裂性质等认为，走向 187° 的节面 Ⅱ 为此次地震的破裂面，皮羌断裂为此次地震的发震构造。

（2）余震序列衰减迅速，震后 9 日余震频次占总频次的 92%，强度呈阶梯式衰减。主震能量释放较为充分，占总序列能量的 99.8%。震前 4 小时震区发生 $M_L 3.9$ 地震，最大余震为 $M_L 3.3$（$M_S 2.6$），主震与最大余震的震级差为 2.5。综合分析认为，阿图什 5.1 级地震序列为前震—主震—余震型。

（3）震中 200km 范围内有 11 个测震台、7 个定点地球物理观测台、24 个观测项目及流动 GPS、流动重力、流动地磁观测网。震前异常少，仅 2 项异常，分别为柯坪块体 4 级地震平静和阿克苏断层氢高值，与该区历史 5 级地震相比异常明显偏少。

（4）此次地震虽然有感范围较大，但房屋均未出现损害，未造成人员伤亡和经济损失。震区历史中强地震活动频繁，自治区政府联合地方政府在震区进行安居工程建设，经受住了本次地震的考验。

2. 讨论

（1）2018年以来新疆地震活动在时间上呈现明显的"平静—活跃"状态，特别是8月以来，新疆地区一系列的地震活动性异常随着4、5级地震的发生，其状态发生了显著改变，形成了新疆5级地震长期平静打破后5级地震连发状态，阿图什5.1级地震前新疆地区及震区相关构造带地震活动性异常显著，但与此次地震关系不大，其原因是这些异常多为中期异常，且构成异常的震级下限较高，区域预测指标结果显示预测强度均高于6级，与此次地震的强度相差较大，故认为这些异常与此次地震无关，可能与后续强震有关。

（2）震区周围定点地球物理测项较多，但震前存在异常的测项较少，仅有乌什洞体应变、柯坪地电阻率和喀什地磁存在异常，且这些异常多为长趋势背景异常，预测指标显示，这种背景异常往往与强震、大震具有较好的相关性，学科组讨论认为这些异常与此次地震关系不密切，且震前其他测项并未出现短期或临震异常。

（3）此次地震与前期伽师5.5级和精河5.4级地震形成了连发状态，而这种连发发生在新疆地区5级地震长期平静的背景下，根据历史资料，5级以上地震"平静—成组"异常往往伴随着后续6级地震的发生，分析认为，连发现象的出现预示着新疆存在发生强震的危险。

参 考 文 献

[1] 尹光华、段天山、刘平仁等，新疆数字测震台网的监测能力及其构造意义［J］，内陆地震，24（2）：97~106，2010

[2] 邓起东、冯先岳、张培震等，天山活动构造［M］，北京：地震次出版社，2000

[3] 杨晓平、邓起东、张培震等，天山山前主要推覆构造区的地壳缩短［J］，地震地质，30（1）：111~131，2008

[4] 卢华复、王胜利、Suppe J 等，天山中段南麓的第四纪褶皱作用［J］，科学通报，47（21）：1675~1679，2002

[5] 李安、冉勇康、刘华国等，西南天山柯坪推覆系西段全新世构造活动特征和古地震［J］，地球科学进展，31（4）：377~390，2016

[6] 冯先岳，新疆古地震［M］，乌鲁木齐：新疆科技卫生出版社，1997

参 考 资 料

1）新疆维吾尔自治区地震局，2018年11月4日新疆阿图什5.1级地震现场工作报告，2018

2）中国地震台网中心，http：//news. ceic. ac. cn/，2018

3）美国地质调查局，https：//earthquake. usgs. gov/，2018

4）新疆维吾尔自治区地震局，2018年11月4日新疆阿图什 M_S5.1地震序列及后续地震趋势分析报告，2018

5）新疆维吾尔自治区地震局，新疆柯坪块体4级地震平静异常分析报告，2017

6）新疆地震局预报中心，（2018）第102期，（总字）第1557期震情监视报告，2018

7）新疆地震局预报中心，（2018）第107期，（总字）第1562期震情监视报告，2018

The M_S 5.1 Artux Earthquake on November 4, 2018 in Xinjiang Uygur Autonomous Region

Abstract

An earthquake of M_S5.1 occurred in the Artux city, Xinjiang Uygur Autonomous Region on November 4, 2018. The microcosmic epicenter is 40.24°N, 77.63°E, and focal depth is 22km. According to the results of the scientific research, due to the location of epicenter is unmanned area and the buildings in the earthquake zone had high level seismic fortification, the disaster is relatively light and unable to determine the location of the macro epicenter. The earthquake has a large sensible range, the maximum instrument recording intensity was less than Ⅵ degree. And there were no casualties or property losses.

The earthquake sequence is the Pre-mainshock-aftershock type. The largest aftershock is M_S2.6. The frequency attenuation of aftershocks is relatively rapid, the intensity shows the characteristics of stage attenuation, and aftershocks are mainly distributed in the north of the main earthquake. The fault type of the earthquake source is thrust type, and the plane Ⅱ strike is 187°, which is more consistent with the direction of the fracture of the Piqiang faults are determined to be the seismic structure of the earthquake.

In the 200km range of the earthquake, there are 11 earthquake-monitoring stations, 7 precursor earthquake-monitoring stations, including 12 observation items, such as ground tilt, volume strain, telescopic, gravity, total magnetic field intensity, geomagnetic H component, geomagnetic Z component, magnetic deflection angle, ground resistivity, earth electric field (natural potential), well water level and water temperature. A total of 24 observation stations. In addition, the area also have mobile GPS, mobile gravity, mobile geomagnetic observation. Before the earthquake, there were fewer abnormal items, only 2 abnormalities, seismic abnormalities and fluid abnormalities, and no abnormalities occurred in precursor observation and flow measurements.

The M_S5.1 Artux earthquake is located in the 2018 earthquake danger zone designated by national earthquake trend association. After the earthquake, Earthquake Agency of Xinjiang Uygur Autonomous Region launched a Ⅳ-level response, and the working group in Bachu county, Kashgar seismic station and the earthquake agency of Kizilsu Kirgiz autonomous prefecture formed a field working group to carry out disaster investigation. After the earthquake, Earthquake Agency of Xinjiang Uygur Autonomous Region made an accurate judgment on the type of seismic sequence.

In the report, there is no macroscopic epicenter, epicenter intensity, meizoseismal area and other related contents, the main reason was that the earthquake damage was relatively light, and working group did not give relevant assessment.

报 告 附 件

附件一：震例总结用表

附表 1　固定前兆观测台（点）与观测项目汇总表

序号	台站（点）名称	经纬度（°）		测项	资料类别	震中距 Δ/km	备注
		φ_N	λ_E				
1	西克尔	39.83	77.58	测震	I 类	47	
2	伽师	39.74	77.73	浅层水温	II 类	57	
				深层水温	II 类	57	
				水位	II 类	57	
3	哈拉峻	40.16	76.82	地倾斜（摆式）	II 类	69	仪器型号 CZB-II
				测震	I 类	69	
4	八盘水磨	39.88	76.84	测震	I 类	79	
5	阿合奇	40.94	78.46	地倾斜（摆式）	I 类	104	仪器型号 SQ-70
				测震	I 类	104	
6	巴楚	39.79	78.78	测震	I 类	110	
7	柯坪			地电阻率	I 类	123	
				自然电位	I 类	123	
				测震	I 类	123	
8	阿图什	39.72	76.17	地倾斜（摆式）	II 类	138	仪器型号 CBT
				测震	I 类	138	
9	岳普湖	39.21	76.74	测震	I 类	138	
10	麦盖提	38.90	77.65	测震	I 类	150	
11	喀什中继	39.59	75.94	测震	I 类	161	
12	喀什栏杆	39.51	75.81	地倾斜（摆式）	II 类	167	仪器型号 CZB-II
				地磁总强度	I 类	167	
				地磁 H 分量	I 类	167	
				地磁 Z 分量	I 类	167	
				地磁磁偏角	I 类	167	

续表

序号	台站（点）名称	经纬度（°）		测项	资料类别	震中距 Δ/km	备注
		φ_N	λ_E				
13	乌什	41.20	79.20	地倾斜（连通管）	Ⅰ类	170	仪器型号 DSQ
				地倾斜（摆式）	Ⅱ类	170	仪器型号 VP
				体积应变	Ⅰ类	170	
				伸缩	Ⅰ类	170	
				定点重力	Ⅰ类	170	
				地磁总强度	Ⅰ类	170	
				地磁 H 分量	Ⅰ类	170	
				地磁磁偏角	Ⅰ类	170	
				大地电场	Ⅱ类	170	
				井水位	Ⅰ类	170	
				水温	Ⅰ类	170	
				测震	Ⅰ类	170	

分类统计	0<Δ≤100km	100<Δ≤200km	总数
测项数 N	4	13	
台项数 n	7	28	
测震单项台数 a	2	4	
形变单项台数 b	0	0	
电磁单项台数 c	0	0	
流体单项台数 d	1	0	
综合台站数 e	1	5	
综合台中有测震项目的台站数 f	1	4	
测震台总数 a+f	3	8	
台站总数 a+b+c+d+e	4	9	
备注			

附表 2　测震以外固定前兆观测项目与异常统计表

序号	台站（点）名称	测项	资料类别	震中距 Δ/km	按震中距 Δ 范围进行异常统计									
					0<Δ≤100km					100<Δ≤200km				
					L	M	S	I	U	L	M	S	I	U
1	伽师	浅层水温	Ⅱ类	57	—	—	—	—	—					
		深层水温	Ⅱ类	57	—	—	—	—	—					
		水位	Ⅱ类	57	—	—	—	—	—					
2	哈拉峻	地倾斜（摆式）	Ⅱ类	69	—	—	—	—	—					
3	阿合奇	地倾斜（摆式）	Ⅰ类	104						—	—	—	—	—
4	柯坪	地电阻率	Ⅰ类	123						—	∨	—	—	—
		自然电位	Ⅰ类	123										
5	阿图什	地倾斜（摆式）	Ⅱ类	138						—	—	—	—	—
6	喀什	地倾斜（摆式）	Ⅱ类	167						—	—	—	—	—
		地磁总强度	Ⅰ类	167						—	—	—	—	—
		地磁 H 分量	Ⅰ类	167						—	—	—	—	—
		地磁 Z 分量	Ⅰ类	167						—	—	∨	—	—
		地磁磁偏角	Ⅰ类	167						—	—	—	—	—
7	乌什	地倾斜（水管）	Ⅰ类	170						—	—	—	—	—
		地倾斜（摆式）	Ⅱ类	170						—	—	—	—	—
		体积应变	Ⅰ类	170						—	—	—	—	—
		伸缩	Ⅰ类	170						—	—	—	—	—
		定点重力	Ⅰ类	170						—	—	—	—	—
		地磁总强度	Ⅰ类	170						—	—	—	—	—
		地磁 H 分量	Ⅰ类	170						—	—	—	—	—
		地磁磁偏角	Ⅰ类	170						—	—	—	—	—
		大地电场	Ⅱ类	170						—	—	—	—	—
		井水位	Ⅰ类	170						—	—	—	—	—
		水温	Ⅰ类	170						—	—	—	—	—

续表

分类统计	台项	异常台项数	0	0	0	0	0	0	2	1	0	0
		台项总数	4	4	4	4	4	20	20	20	20	20
		异常台项百分比/%	0	0	0	0	0	0	10	5	0	0
	观测台站（点）	异常台站数	0	0	0	0	0	0	2	1	0	0
		台站总数	2	2	2	2	2	5	5	5	5	5
		异常台站百分比/%	0	0	0	0	0	0	40	20	0	0
	测项总数		3					12				
	观测台站总数		2					20				
备注		乌什钻孔应变观测资料质量差，为Ⅲ类资料，为纳入表中。										

附件二：2018 年 10 月 31 日周会商监视报告

震情监视报告

单 位	新疆地震局预报中心	会商会类型	周震情跟踪例会
期 数	（2018）第 102 期	会商会地点	局五楼会商室
	（总字）第 1557 期	会商会时间	2018 年 10 月 31 日 10 时 30 分
主持人	吴传勇	发送时间	2018 年 10 月 31 日 18 时 50 分
签发人	郑黎明	收到时间	月　日　时
Apnet 网络编码	AP65	发 送 人	温少妍

2018年10月31日，新疆地震局围绕近期新疆地震活动和前兆观测资料异常变化，召开周震情跟踪监视例会，意见如下：

一、地震活动概况

1.1 全疆地震活动概况

2018年10月22日-28日，全疆共定位Ms≥1.0地震103次。震级分档统计如下：Ms1.0-1.9地震90次，Ms2.0-2.9地震8次，Ms3.0-3.9地震3次，Ms4.0-4.9地震2次，最大地震为10月23日精河4.5级地震。边境地区共定位Ms≥1.0地震12次。分区统计情况如下：

富蕴地区3次（Msmax=1.2）；乌鲁木齐10次（Msmax=1.5）；北天山西段7次（Msmax=4.5）；中天山3次（Msmax=1.3）；南天山东段25次（Msmax=3.2）；柯坪块体25次（Msmax=4.2）；乌恰地区10次（Msmax=2.8）；西昆仑地区4次（Msmax=1.3）；阿尔金地区1次（Msmax=1.5）；其他地区15次（Msmax=2.0）。

与上周相比，柯坪块体地震活动水平高于上周；富蕴地区、西准噶尔山地、乌鲁木齐、北天山西段、南天山东段、西昆仑、阿尔金和其他地区地震活动水平低于上周；中天山和乌恰地区地震活动水平与上周相当。

1.2 显著事件

2018年10月30日乌恰4.7级地震

据新疆地震台网观测，截止10月30日，共记录到余震5次，最大余震为10月30日Ms1.4，分析认为，本次4.7级地震序列类型为主余型，与震区历史地震序列类型一致。P波初动计算本次4.7级地震震源机制类型为逆冲型，与震区周围历史地震震源机制类型基本一致。4.7级地震应力降为5.81bar，与震区历史地震应力降水平相当。

2018年10月24日阿合奇4.2级地震

据新疆地震台网观测，截止10月28日23时59分，共记录到余震35次，其中ML0.0-0.9地震3次，ML1.0-1.9地震24次，ML2.0-2.9地震7次，ML3.0-3.9地震1次，最大余震为10月24日17时58分ML3.8，分析认为本次4.2级地震序列类型为主余型，与震区周围历史地震序列类型一致。P波初动计算本次4.2级地震震源机制类型为逆冲型，与震区周围历史地震震源机制类型一致。4.2级地震应力降为11.3bar，低于震区同等强度应力降。

2018年10月16日精河5.4级地震

据新疆地震台网观测，本周新增6个余震，其中ML1.0-1.9地震5次，ML4.0-4.9地震1次。截止10月28日23时59分，共记录到余震52次，其中ML0.0-0.9地震1次，ML1.0-1.9地震42次，ML2.0-2.9地震7次，ML3.0-3.9地震1次，ML4.0-4.9地震1次，最大余震为10月23日Ms4.5，分析认为，本次地震序列类型为主余型，余震活动水平为3-4级，与震区历史地震序列类型一致。P波初动计算本次地震震源机制类型为逆冲型，与周围历史地震震源断错类型基本一致，主压应力P轴以NS向为主。1970年以来，本次5.4级地震100km范围内共有8次5级以上地震，其中5次地震后新疆境内有6级以上地震发生，优势发震时间为1个月。23日4.5级地震应力降为10.5bar，与该区域同等强度地震应力值相当。

2018年9月4日伽师5.5级地震

据新疆台网定位结果,本周新增13次余震,其中ML1.0-1.9地震9次,ML2.0-2.9地震4次。截止到10月28日,共记录余震602次,其中ML0-0.9地震7次,ML1.0-1.9地震347次,ML2.0-2.9地震201次,ML3.0-3.9地震41次,ML4.0-4.9地震4次,ML5.0-5.9地震2次,最大余震为9月4日10时51分Ms4.6。目前序列频次明显减弱,强度有所衰减。1970年以来,本次5.5级地震周围100km范围内5级以上地震序列类型以主余型和多震型为主,震中50km范围内以多震型为主。P波初动计算本次4.7级前震是逆冲型,其后5.5级地震和3.5级以上余震的断错类型均为走滑型,与震中周围历史地震震源机制解基本一致。

1.3 震群活动

本周新增拜城震群。

①拜城震群 拜城地区2018年10月20日开始出现震群活动,本周新增9次地震,其中ML1.0-1.9地震2次,ML2.0-2.9地震5次,ML3.0-3.9地震2次。截止10月28日,新疆地震台网共记录到1级以上地震48次,其中ML1.0-1.9地震23次,ML2.0-2.9地震15次,ML3.0-3.9地震8次,ML4.0-4.9地震2次,最大地震为10月20日拜城4.5级地震。

②库车东南震群 库车东南地区2018年1月19日开始出现震群活动,截止10月28日,新疆地震台网共记录到1级以上地震164次,其中ML1.0-1.9地震33次,ML2.0-2.9地震107次,ML3.0-3.9地震22次,ML4.0-4.9地震2次。本周新增3个地震,最大地震为10月28日ML3.2地震。震群活动处于起伏活跃状态。

二、异常分析

1. 新增异常变化及核实情况

1.1 测震

无

1.2 形变

本周新增巴音布鲁克钻孔倾斜NS分量加速N倾变化,幅度为0.182″。

1.3 流体

无

1.4 电磁

本周新增喀什地磁垂直分量拟合差值高值回返。

1.5 宏观

无

1.6 地球物理场及其他

无

2. 取消异常

无

三、既有异常分析

3.1 测震

①新疆境内5级地震平静271天状态被2018年9月4日伽师5.5级地震打破。1950年以来,新疆境内5级地震平静超过242天的有16组,其中13组平静后1年内新疆有6级以上地震发生,对应率为81.25%(13/16),其中3个月内6级地震的对应率为56.25%(10/16),优势区域是柯坪块体;②新疆境内4级地震平静60天,1970年以来,新疆境内4级地震平静超过60天的29组,其中23组平静后1年内新疆有6级以上地震发生,对应率为79.3%(23/29),其中3个月内6级地震的对应率为44.8%(13/29),优势区域是南天山西段;③天山中段Ms≥3.0地震1月步长,3月窗长累积频度时间扫描结果显示,2018年3月以来累积频度超过12次阈值限,已达到异常指标。统计显示,天山中段Ms≥5.0地震前累积频度超过12次的异常现象共12组,其中8组对应5级以上地震,对应率为67%,目前处在等待对应阶段;④2016年8月13日阿合奇4.7级地震后,柯坪块体21个月的4级地震平静被2018年5月8日乌恰4.1级地震打破,4级地震平静打破后又持续平静了5.5个月,平静区边缘发生2018年9月4日伽师5.5级地震。震例统计结果显示,柯坪块体4级地震平

静打破后，6个月内柯坪块体级喀什-乌恰交汇区发生5级以上地震的比例为19/24。⑤2017年5-8月，乌恰西南地区3、4级地震形成异常增强区，2017年12月26日以来，帕米尔弧发生的24次3级以上地震（包括2次5级地震）位于该增强区西侧，对中强地震地点具有预测意义；⑥自2017年6月开始南天山西段小震群累积月频度呈现加速趋势，震例统计结果表明，出现"加速-减弱"现象后，该区发生5.8级以上地震的比例为5/7，目前该异常仍从处于加速过程中。近期在天山中段出现多个震群集中活动，地震累积频次再次出现加速现象。

3.2 形变

①榆树沟洞体应变NS分量6月5日至8月23日年变幅小，破年变异常；②小泉沟分量钻孔应变2017年11月17日之后频繁出现台阶畸变现象，近期台阶畸变频率较少；③新源分量钻孔应变自2017年11月28日NS、EW两个分量同步多次出现速率加快变化，9月5日再次出现类似异常变化，异常持续8天后恢复；④精河水平摆EW分量W倾转向时间较往年同期滞后3个月，目前已完成转向，但变化速率慢；⑤榆树沟水管仪NE分量4月5之后出现反向正倾变化，7月13日异常结束，异常核实表明，该异常与洞温变化相关，异常信度较低；⑥巴仑台分量钻孔应变四分量自2018年6月15日同时出现速率变化，其中NS、NW分量呈快速压缩变化，EW分量拉张速率变缓，NE分量快速拉张，9月9日异常结束。

3.3 流体

地下流体学科近期主要异常变化是：①自2017年8月以来白杨沟1号泥火山溢出气氡测值持续高值变化，2018年9月28日以来测值持续高值；②阿克苏断层氢2018年8月至今测值一直处于高值波动变化，最大达到3.726ppm。9月4日伽师5.5级地震后，测值仍保持超过阈值波动变化。③博乐新32井水位2018年9月3日以来持续波动上升变化，上升幅度0.23m，年变畸变异常。10月13日开始出现转平趋势，16日精河5.4级地震后出现转向迹象。

3.4 电磁

①柯坪地电阻率NS测道2017-2018年年变下降幅度明显增大，偏离背景趋势；②乌鲁木齐、克拉玛依、温泉、乌什和喀什台2018年8月28日同步出现地磁逐日比高值异常，目前异常结束；③2018年9月底出现地磁日变化空间相关异常，边界线穿过西昆仑地震带。

3.5 宏观

乌苏艾其沟2号泥火山2018年4月13日出现喷涌现象，6月4日起干涸，8月14日再次出现喷涌活动。10月18日喷涌活动有所增强，泥浆外溢增多。

3.6 地球物理场及其它

GNSS基准站时间序列异常变化：乌恰、布伦口基准站自2017年开始东西向持续加速变化；伊宁基准站北南向和垂直向自2016年年变不正常变化。

块体应变时间序列异常变化：①和田-巴楚-叶城块体最大剪应变自2017年4月以来快速增加，目前处于高值状态；②巴楚-乌什-乌恰块体东西向应变自2015年年底持续减小，目前处于低值变化状态。

基线时间序列异常变化：①乌恰-巴楚基线自2016年年底持续缩短，目前处于低值变化状态；②塔什库尔干-布伦口基线自2016年年底呈明显拉张趋势变化，以往呈压缩状态，目前变化平稳；③昭苏-乌什2018年拉张速率明显不同于2017年，值得关注。

四、综合分析

（1）新疆境内5级地震平静271天和60天的4级地震平静被2018年9月4日伽师5.5级地震打破，统计显示，这种嵌套平静打破后半年内南天山西段发生6级地震的比例为5/6（83.3%）。1980年以来，库车-乌恰地区4级地震平静超过700天的有5组，其中4组平静后3个月内新疆有6级以上地震发生，对应率为80%（4/5），其中6级地震直接打破有3组，对应率为60%（3/5），优势区域为喀什-乌恰地区。目前境内已发生2次5级地震，地震强度偏低。

（2）在上述境内地震平静被打破的背景下，2018年10月7日-9日，新疆境内4级地震再次异常活跃，在4级地震活跃状态下发生10月16日精河5.4级地震，5.4级地震位于天山中段3、4级地震增强区内。测震、前兆测项和流体异常仍集中在天山中段。历史地震活动显示，该区 3 级以上地震异常增多之后，天山中段 5 级地震成组活动的可能性大。

（3）2018 年 10 月以来，新疆境内 3 级以上地震频度再次达到阈值限，分别在乌鲁木齐-塔里木盆地、温泉-乌鲁木齐和乌什-塔什库尔干地区出现 2 级地震带状分布。此外，近期天山中段定点形变、应变、流体和电磁学科存在较多的异常测项，其中榆树沟水管仪、精河水平摆、新源钻孔应变、小泉沟钻孔应变及巴仑台分量钻孔应变等异常有的恢复正常，有的有新的变化，新增榆树沟洞体应变破年变异常和巴仑台钻孔应变快速变化，流体异常测项持续，须关注这些异常的后续变化。

（4）目前南天山西段地震活动出现增强-异常平静-平静打破的变化过程，平静打破后的地震统计显示，南天山西段至西昆仑地区发生强震的可能性较大，但目前该区仅存在柯坪地电阻率和阿克苏断层氢气 2 项中短期异常，其他观测手段无显著的短临异常显示。

五、会商结论

维持月会商意见。新疆境内仍存在发生 6 级左右地震的危险，重点关注天山中段和南天山西段地区资料变化，关注阿勒泰地区震情发展变化。

附件三：2018 年 11 月 04 日周会商监视报告

震情监视报告

单　位	新疆地震局预报中心		会商会类型	震后应急会商
期　数	（2018）第 107 期		会商会地点	14 楼会商室
	（总字）第 1562 期		会商会时间	2018 年 11 月 04 日 07 时 00 分
主持人	吴传勇		发送时间	2018 年 11 月 04 日 08 时 30 分
签发人	郑黎明		收到时间	月　　日　　时
Apnet 网络编码		AP65	发送人	魏芸芸

据中国地震台网测定，2018 年 11 月 04 日 05 时 36 分在新疆克孜勒苏州阿图什市发生 5.1 级地震，震源深度 22 公里。新疆地震局预报中心立即组织召开震后应急会商会，主要针对震区的地震趋势进行了初步的分析和讨论，初步意见如下：

1、阿图什 5.1 级地震距巴楚县 94km，距阿合奇县 104km。1970 年以来震中 100km 范围内发生 46 次 5 级以上地震，其中 6 级地震 13 次，最大地震为 2003 年 2 月 24 日伽师 6.8 级地震，距离此次地震 77km；距离最近的是 2013 年 3 月 11 日 5.2 级地震，距离此次地震 13km，时间上最近的是 2018 年 9 月 4 日伽师 5.5 级地震，距离此次地震 98km。

2、1970 年以来，本次 5.1 级地震周围 100km 范围内 5 级以上地震序列类型以主余型为主。

3、本次 5.1 级地震震源断错类型为逆冲型，与历史地震断错类型一致。

4、截止到 11 月 4 日 06 时 24 分，西克尔单台共记录余震 1 次，即 ML 2.5 地震。

5、2018 年 8 月以来新疆境内接连发生 3 次 5 级以上地震，统计 1970 年以来新疆境内 3 个月连续发生 3 次 5 级以上地震有 22 组，其中有 6 级地震的有 15 组。

6、2016 年 8 月 13 日阿合奇 4.7 级地震后，柯坪块体 21 个月的 4 级地震平静被 2018 年 5 月 8 日乌恰 4.1 级地震打破，4 级地震平静打破后又持续平静了 5.5 个月，平静区及边缘接连发生 2018 年 9 月 4 日伽师 5.5 级地震和 2018 年 11 月 4 日阿图什 5.1 级地震，故该异常已经对应。

7、阿图什 5.1 地震震中 100km 范围内有哈拉峻 1 个定点前兆台，100~200km 范围内有阿合奇、柯坪、阿图什、喀什和乌什 5 个台，共 14 套定点形变、电磁观测。震前震中 200km 范围内有乌什洞体应变 1 项背景异常和柯坪地电阻率、喀什地磁拟合插值 2 项中期异常，均不对应本次 5.1 级地震。100km 范围内流体有伽师 55 井 1 个测点，资料正常；100~250km 范围内有 7 个测点，其中存在阿克苏断层氢 1 项短期异常，目前异常持续，继续跟踪资料发展变化。

二、综合分析结论

初步分析认为，此次地震类型可能为主余型，近几日震区发生 5 级以上地震的可能性不大。目前正在密切跟踪资料的发展变化，随时对震情作出进一步的判定。

2018 年 12 月 16 日四川省兴文 5.7 级地震和
2019 年 1 月 3 日四川省珙县 5.3 级震群

四川省地震局

龙 锋 杜 方 何 畅 宫 悦

摘　要

　　2018 年 12 月 16 日 12 时 46 分，四川省宜宾市兴文县发生 5.7 级地震（简称为兴文 5.7 级地震），震源深度 12km，微观震中为 104.95°E、28.24°N。2019 年 1 月 3 日 8 时 48 分，兴文 5.7 级地震西南约 7km 处的宜宾市珙县发生 5.3 级地震（简称为珙县 5.3 级地震），震源深度 15km，微观震中为 104.86°E、28.20°N。现场调查显示，兴文 5.7 级地震极震区烈度为Ⅶ度，等震线长轴呈近 NWW 走向，涉及兴文县周家镇、毓秀苗族乡、仙峰苗族乡和珙县底洞镇 4 个乡镇，造成 17 人轻伤，转移安置 918 人；珙县 5.3 级地震极震区烈度为Ⅵ度，等震线长轴呈 NEE 走向，涉及珙县玉和苗族乡、底洞镇、上罗镇、下罗镇、仁义乡、沐滩镇、孝儿镇、曹营镇、兴文县毓秀苗族乡、周家镇、仙峰苗族乡、九丝城镇共 12 个乡镇，造成 1 人轻伤，转移安置 251 人。

　　序列中最大的两次地震震级差为 0.4 级，将震级标度统一归算到 M_S 后，二者在序列中的能量占比分别为 82.55%（兴文 5.7 级）和 17.32%（珙县 5.3 级），为多（双）震型（统称为兴文—珙县地震）。序列完整性震级为 $M_L1.2$，序列整体衰减缓慢。

　　兴文 5.7 级地震后，主震及其周边地震的空间分布呈长条状的 3 丛，其中北部 NWW 走向的一丛地震较为分散，南部两丛更为致密，走向分别为 NNE 向和 NW 向，并以 5.7 级主震为轴点，形成类似共轭状分布。兴文 5.7 级地震位于 NW 向一丛的端部，而珙县 5.3 级地震位于原有的南部 NNE 向一丛的中部。从主震与周围地震的空间关系来看，北部的 NWW 向地震丛可能与这两次主震关联性不大。

　　兴文 5.7 级地震的机制解为走滑略带正断的类型，节面Ⅰ走向 80°、倾角 85°、滑动角 -166°，节面Ⅱ走向 349°、倾角 76°、滑动角 -5°，结合此次地震的地震序列及等震线的长轴分布方向，可判定 NNW 向节面Ⅱ为其主破裂面；珙县 5.3 级地震的机制解为逆冲略带走滑的类型，节面Ⅰ走向 351°、倾角 46°、滑动角 46°，节面Ⅱ走向 226°、倾角 59°、滑动角 126°，结合其位于 NE 向序列分支，可判定沿

NE—SW 向展布的节面 Ⅱ 为其主破裂面。

综合两次主震后余震的空间分布、极震区长轴方向、震源机制解节面信息及当地构造信息，可初步判定兴文 5.7 级地震的发震构造为双河大背斜，珙县 5.3 级地震的发震构造为建武向斜。

兴文 5.7 级和珙县 5.3 级主震 200km 震中距范围内有 39 个测震台，地震发生后，新加入的两个流动台使得对序列的监测能力提高到 $M_L1.0$。震中距 200km 范围内有 21 个固定地球物理场观测台站共计 100 个台项数，震前出现 5 项异常，其中测震学异常 1 项，地球物理场观测异常 4 项（分属 2 个台站）。异常台项比为 9%，异常测项比为 4%。

此次地震前有较好的中期预测意见，虽然前兆异常项数较少，且无明显时空迁移规律，但对未来地震的时空强有较好约束；两次主震发生后的趋势判定意见都为 "发生更大地震的可能性不大"，事实证明判断是准确的。兴文 5.7 级地震发生后，四川省地震局启动 Ⅲ 级应急响应，派出现场工作组赶赴灾区架设流动观测仪器，开展灾害评估。珙县 5.3 级地震发生后，四川省地震局再次派出工作组进行了现场调研。

前　言

2018 年 12 月 16 日 12 时 46 分，四川省宜宾市兴文县发生 5.7 级地震（104.95°E，28.24°N），震源深度 12km。2019 年 1 月 3 日 8 时 48 分，四川省宜宾市珙县发生 5.3 级地震（104.86°E，28.20°N），震源深度 15km。现场调查显示，兴文 5.7 级地震极震区烈度为 Ⅶ 度，等震线长轴近 NWW 走向；珙县 5.3 级地震极震区烈度为 Ⅵ 度，等震线长轴呈 NEE 走向。两次地震共造成 18 人轻伤，转移安置 1169 人[1,2]。

兴文-珙县地震前，对该区域有较好的中期预测意见[3,4]。主要依据是川东南地区 4 级地震平静打破后中等地震持续活跃、水富和鱼洞形变测量异常。震例总结表明，这些异常对未来半年内异常台站附近区域 5~6 级地震有指示意义。但由于缺少可靠的短临异常，此次地震并没有作出有效的短临预测。地震发生后，四川省地震局启动 Ⅲ 级应急响应，派遣现场工作组，在震中区架设流动台，并开展震后趋势判定工作[5~8]。

从地震历史记录来看，震中所在的区域地震活动相对较弱，强震较少。震中 50km 范围内仅有两次 5 级以上地震记录，分别是 1610 年 2 月 3 日高县 5½ 级和 1973 年 8 月 2 日筠连 5.2 级地震，无 6 级以上地震记录。若将统计半径扩大至 100km，则区域内有 15 次 5 级以上地震记录，其中 6 级以上地震 2 次，分别为 1917 年 7 月 31 日大关 6¾ 级和 1974 年 5 月 11 日大关 7.1 级地震，但这两次地震与此次地震构造无直接联系。震区附近地表断裂规模不大，不具备晚第四纪活动的地质、地貌证据，这也限制了可能孕育的地震震级。

该区域地震类型多为震群型，兴文-珙县地震达到震群判别的标准，构成震群型序列。

此次震例总结通过收集和整理相关资料，总结了此次地震事件的宏观破坏和序列发展的特点，归纳了可能存在的前兆演化规律，回顾了强震前后的监测、预测、应急过程，对发震构造进行了初步分析，并对发震机理进行了讨论。

一、测震台网及地震基本参数

兴文和珙县 5.7、5.3 级地震的基本参数如表 1 和图 1 所示。地震发生时，震中距 200km 以内有 39 个测震台，其中 100km 以内 23 个，大多为宜宾区域地震台网所属台站，最近的 XIC 台与主震的距离不到 5km，100~200km 范围有 16 个台站。主震发生后，四川省地震局又在余震区布设了 2 个流动台（图 1）。较为密集的台站分布使得当地的监测能力达到 $M_L1.0$，定位精度可控制在百米级别。

表 1　地震基本参数

Table 1　Basic parameters of the mainshocks

编号	发震日期 年 . 月 . 日	发震时刻 时：分：秒	震中位置（°）		震级			震源深度（km）	震中地名	结果来源
			φ_N	λ_E	M_S	M_L	M_W			
1	2018. 12. 16	12：46：07	28.24	104.95	5.7			12	四川宜宾兴文	中国地震台网中心
		12：46：07	28.24	104.95		6.0		9		四川地震台网
		12：46：09	28.295	105.013			5.3	18.6		USGS
2	2019. 01. 03	08：48：06	28.20	104.86	5.3			15	四川宜宾珙县	中国地震台网中心
		08：48：07	28.20	104.86		5.6		5		四川地震台网
		08：48：08	28.190	104.918			4.8	10		USGS

注：USGS 网站 https：//earthquake. usgs. gov

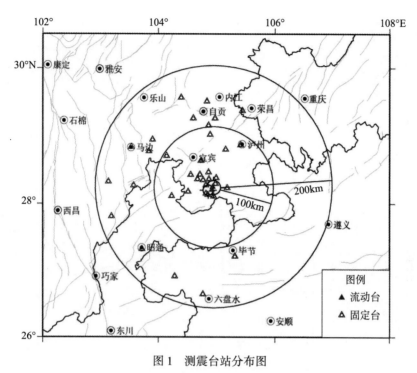

图 1 测震台站分布图

Fig. 1 Map of the seismic station distribution

二、地震地质背景

四川盆地位于扬子地台西北缘（图2），呈 NE 向菱形展布，盆地周边为环绕盆地的相连山脉，自古生代至中、新生代以来，四川盆地经过复杂的地质构造过程，完成了克拉通盆地到前陆盆地的演化，是一个海陆相复杂叠合的盆地。广义的四川盆地包括了川、滇、黔、渝三省一市各一部分，属于青藏高原东缘一个中、新生代前陆盆地。根据沉积建造及变形的强弱可将四川盆地进一步划分为上扬子台褶带（Ⅰ）和四川台坳（Ⅱ）两个二级大地构造单元，四川台坳以华蓥山断裂带为界又可进一步划分为川中台拱（Ⅱ-1）和川东陷褶束（Ⅱ-2）两个三级大地构造单元[1~3]。川中台拱（Ⅱ-1）地层近水平，变形微弱，以鼻状或短穹隆状背斜构造为特点，地表几乎未见断裂构造；川东陷褶束（Ⅱ-2）变形稍强，以狭长的背斜和宽缓的向斜大致等距平行展布为特点，地表断裂与背斜构造具有伴生现象，且大多断于背斜的轴部或陡翼（图3）。

鉴于四川盆地在中国地质构造单元上的重要性，众多研究者利用多种地球物理方法对其开展了研究：江为为[4]利用重磁数据计算出盆地地壳厚度为 37~41km；楼海与王椿镛[5]利用布格重力异常对四川地区进行了计算，结果显示四川盆地地壳密度较高；而波速反演则显示盆地相对于川西高原有更高的速度[6]。

兴文县位于四川盆地南缘，地质构造属川南褶皱带 EW 向构造体系"川黔右坳陷"范围，该区域构造主要由海相原型盆地经过构造—沉积多旋回叠加演化而来。地层出露从新生

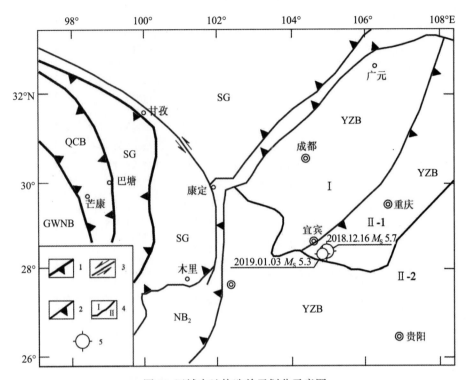

图 2　区域大地构造单元划分示意图

Fig. 2　Sketch map of regional geological settings

1. 板块缝合线；2. 逆冲断裂；3. 走滑断裂；4. 次级大地构造单元界线；5. 主震震中

Ⅰ. 上扬子台褶带；Ⅱ-1. 川中台拱，Ⅱ-2. 川东陷褶束；

构造单元代号：CWNB. 冈瓦纳大陆；QCB. 羌塘—昌都陆块；SG. 松潘—甘孜造山带；

YZB. 扬子陆块；NB1. 龙门山前陆逆冲楔；NB2. 盐源前陆逆冲楔；

界第四系近代河流新冲积到古生界寒武系娄山关群共 8 个系 27 个组（群）。县内中南部仙峰山隆起，将全县分为南、北两翼，北翼北低南高，海拔 275～1795m；南翼北高南低，海拔 501～1795m。

珙县与兴文一样地处四川盆地南缘，总体地势南高北低，一般沟谷切割不深，多在 500m 以内，以低山为主，低中山与丘陵分布零星狭小；地貌发育在形态上以构造地貌为主。由于出露地层的岩性差异而形成山谷平行，岭脊环抱的一系列对应的岩链、马头丘、单面山、猪背脊和方山地貌。区内出露的地层较为齐全，从寒武纪中、上统娄山关群至侏罗系上统遂宁组，除泥盆系和石炭系缺失外，各时代地层均有出露。第四系主要为现代河流冲积层[7]。

区域内主要断裂为大地湾—瓦房头断裂、阴阳背断裂、松林断裂（图 3），现将主要断裂带特征及其活动性简述如下：

大地湾—瓦房头断裂总体走向 NEE，长约 13km，沿主断层发育有 NW 向的小断层，与主断层斜交。断层主要断于下古生代地层中，断面倾向 NW，倾角约 70°，垂直断距在 300m

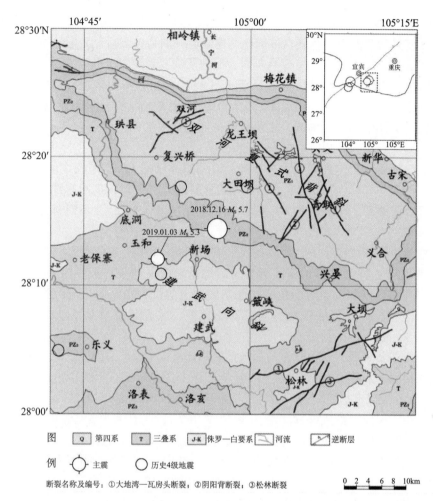

图 3 兴文—珙县及其附近地质及历史地震活动分布图（有记载以来，$M_S \geq 4$）

Fig. 3 Map of geological structures and historic earthquake distribution
($M_S \geq 4$ since the record）in Xingwen-Gongxian region and its surroundings

以上。历史上沿该断层无破坏性地震记载，且现今小震活动仅零星分布，该断层为第四纪一
般性活动断裂。

阴阳背断裂发育在兴文附近，走向 NE—SW 向，断裂长度约为 10km，历史上沿该断层
未有破坏性地震记载，该断裂不具备晚第四纪活动性。

松林断裂在松林村以南出露良好。断层发育于三叠系下统（T1x）中厚层状砂岩、薄层
粉砂岩中，岩层产状：N20°W/NE∠25°；共发育了 3 条断层，断面清晰，劈理发育，断面
紧闭，节理较发育，节理面垂直。主断层面产状为 NE/S∠70°，主破碎带宽约 1.5m，无明
显位移和强烈错磨。断层物质为破裂岩—角砾岩，半胶结—胶结。主断面左侧的较大的次级
断层，产状为 N10°E/S∠68°。从断裂结构及其地貌表现特征，综合判定该断裂不具备晚第
四纪活动性。

兴文 5.7 级地震震中位于双河复式大背斜翼部与建武向斜交会处附近。双河背斜总体走向 NWW—SEE，表现为北翼陡、南翼缓的不对称单箱形花边状肥大背斜，北翼及西端倾角为 40°～60°，南翼及东端缓。背斜自核部向两翼地层分别为奥陶系泥灰岩、页岩，志留系灰岩、页岩，二叠系灰岩、页岩，三叠系灰岩、泥岩及侏罗系泥岩、砂岩。

双河大背斜内次级褶皱和断裂构造发育（图 3），存在着不同构造行迹的叠加，故产生多高点、多断裂、多鼻状构造、轴线不衔接，次级构造线方向多异的特点，包含了不同方向的褶皱构造组及其伴生的断裂构造。主要断裂构造包括 NW 向断裂组及 NE 向两组，NW 向如大地湾—瓦房头断裂组，NE 向如阴阳背断裂组。

珙县 5.3 级地震位于建武向斜北东翼部，该构造体轴向 EW，东端在大山坪以北翘起，其地层产状逐渐变为 SN 走向，构成大院子鼻状背斜西翼，向斜核部出露侏罗系地层，两翼地层为侏罗系和三叠系。北翼倾角 10°～25°，南翼倾角 15°～20°，为不对称向斜，在向斜东段发育松林断裂。

以上这些地表断裂规模不大，不具备晚第四纪活动的地质、地貌证据。

从区域地震构造特点分析，震区所处的四川盆地中强地震一般发生在 NE、近 EW 或 NNE 向背斜核部或其陡翼，且震源位于结晶基底之上的沉积盖层内，与沉积盖层内的背斜核部盲冲断裂有关，而这些中强地震与背斜的规模、地表断裂及其活动时代没有明显的关系。

从地震历史记录来看，震中所在的区域地震活动相对较弱，强震较少。震中 50km 范围内仅有两次 5 级以上地震记录，分别是 1610 年 2 月 3 日高县 5½级和 1973 年 8 月 2 日筠连 5.2 级地震，无 6 级以上地震记录。若将统计半径扩大至 100km，则区域内有 15 次 5 级以上地震记录，其中 6 级以上地震 2 次，分别为 1917 年 7 月 31 日大关 6¾级和 1974 年 5 月 11 日大关 7.1 级地震，但这两次地震与此次地震构造无直接联系。

兴文 5.7 级地震等烈度线长轴分布为 NWW—SEE 向，与双河大背斜长轴方向一致。因此，推测此次地震的发生可能与双河大背斜核部存在的断层活动有关；而珙县 5.3 级地震则可能与建武向斜核部存在的盲冲断层活动有着成因上的联系。

三、烈度分布及震害

四川省地震现场工作队依照《地震现场工作　第三部分：调查规范》（GB/T 18208.3—2011）、《地震现场工作　第四部分：灾害直接损失评估》（GB/T 18208.4—2011）、《中国地震烈度表》（GB/T 17742—2008），通过灾区震害调查、强震动观测记录分析等工作，并结合四川省地震局地震现场工作队成果，确定了这两次地震的烈度分布。

1. 兴文地震 5.7 级地震

在灾区范围内共采集了 106 个烈度调查点，此次地震灾区最高烈度为Ⅶ度，等震线长轴呈近 NWW 走向，长轴 50km，短轴 31km，Ⅵ度区及以上总面积为 1145km²，共造成四川省宜宾市兴文县、珙县、长宁县三个县受灾（图 4）。

Ⅶ度区面积为 70km²，主要涉及兴文县周家镇、毓秀苗族乡、仙峰苗族乡和珙县底洞镇 4 个乡镇。

Ⅵ度区面积为 1075km²，主要涉及兴文县九丝城镇、仙峰苗族乡、大坝苗族乡、石海镇、僰王山镇、毓秀苗族乡、周家镇、麒麟苗族乡，珙县底洞镇、上罗镇、珙泉镇、下罗镇、仁义乡、玉和苗族乡、石碑乡、曹营镇、恒丰乡、孝儿镇、沐滩镇，长宁县双河镇、梅硐镇、富兴乡共 22 个乡镇。

此外，位于Ⅵ度区之外的部分地区也受到波及，零星老旧房屋出现破坏受损现象。

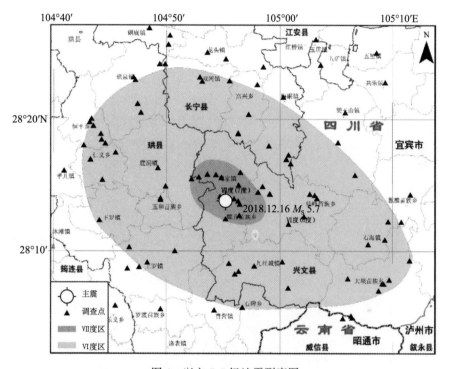

图 4　兴文 5.7 级地震烈度图

Fig. 4　Isoseismal map of the M_S5.7 Xingwen earthquake

此次地震震害特征主要表现为部分房屋建筑和工程结构的不同程度破坏。

Ⅶ度区：砖木和土木结构房屋多数墙体开裂，旧裂缝加宽，少数老旧房屋墙体局部垮塌，个别房屋整体倒塌；砖混结构房屋多数墙体出现轻微裂缝，少数墙体开裂严重，个别老旧房屋倒塌；框架结构房屋个别梁柱出现细微裂缝，填充墙开裂明显。

Ⅵ度区：砖木和土木结构房屋个别墙体开裂，旧裂缝加宽，极个别老旧房屋墙体局部垮塌，少数房屋梭瓦掉瓦；砖混结构房屋个别墙体出现裂纹，大多数基本完好；框架结构房屋个别填充墙体出现细微裂纹，大多数基本完好。

此次地震中生命线系统工程结构遭受破坏程度很轻。地震造成个别道路边坡垮塌和路基沉降。另外山坪塘、蓄水池、渠道等水利设施也受到轻微震损。

可用的最近的强震台为宜宾高场台，震中距 81.9km（更近的珙县中学台当时损坏），其在 EW、NS、UD 向加速度峰值分别为 4.8、4.09、−1.73cm/s²。

根据当地政府上报数据，截至 2018 年 12 月 17 日，此次地震共造成 17 人轻伤，其中兴

文县内 16 人，珙县内 1 人。截至 2018 年 12 月 18 日 12 时分，此次地震共紧急转移安置 918
人，其中集中安置 653 人，分散安置 265 人。

2. 珙县 5.3 级地震

此次四川省地震现场工作队在灾区范围内共采集了 53 个烈度调查点，灾区最高烈度为
Ⅵ度，等震线长轴呈 NEE 走向，长轴 29km，短轴 18km，Ⅵ度区以上总面积为 416km²，造
成四川省宜宾市珙县、兴文县受灾（图 5）。

Ⅵ度区总面积为 416km²，造成四川省宜宾市珙县和兴文县 2 个县受灾，主要涉及珙县
玉和苗族乡、底洞镇、上罗镇、下罗镇、仁义乡、沐滩镇，孝儿镇、曹营镇、兴文县毓秀苗
族乡、周家镇、仙峰苗族乡、九丝城镇共 12 个乡镇。

此外，位于Ⅵ度区之外的部分地区也受到波及，零星老旧房屋出现破坏受损现象。

珙县中学强震台与主震的震中距最小，为 30.3km，其 EW、NS、UD 向加速度峰值分别
为 29.21、83.54、−46.22cm/s²。

据珙县政府报告，截至 1 月 4 日 10 时，地震造成 3250 人受灾，因灾受伤 1 人，转移安
置 74 户 251 人。

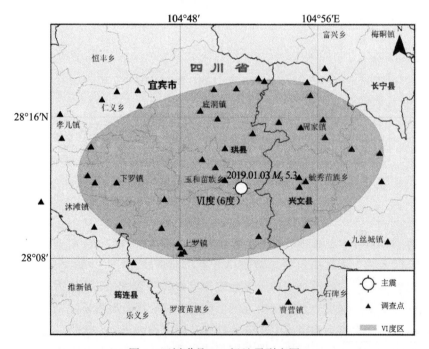

图 5　四川珙县 5.3 级地震烈度图

Fig. 5　Isoseismal map of the M_S5.3 Gongxian earthquake

四、地震序列

1. 序列概况

从 2018 年 12 月 16 日 5.7 级主震开始，截至 2019 年 3 月 1 日，此次地震序列共记录到 $M_L 0$ 以上地震 3964 次，其中 5.0 级以上地震 2 次，4.0~4.9 级地震 3 次，3.0~3.9 级地震 10 次，2.0~2.9 级地震 146 次，1.0~1.9 级地震 1629 次，1 级以下地震 2174 次。表 2 是序列中 $M_L 3$ 以上地震的信息。两次 5 级以上地震的震级分别为 $M_S 5.7$（$M_L 6.0$）和 $M_S 5.3$（$M_L 5.6$），震级差为 0.4。将序列统一到 M_S 震级标度，两次地震的能量占比分别为 82.55% 和 17.32%，按照序列的分类标准，这是一次震群型地震序列。

表 2　兴文—珙县地震序列目录（$M_L \geqslant 3.0$）

Table 2　Catalogue of the Xingwen−Gongxian earthquake sequence（$M_L \geqslant 3.0$）

编号	发震日期 年.月.日	发震时刻 时：分：秒	震中位置（°）		震级 M_L	震源深度（km）	结果来源
			φ_N	λ_E			
1	2018.12.16	12：46：07	104.92	28.24	6.0（$M_S 5.7$）	9	
2	2018.12.16	20：16：23	104.92	28.22	3.6	7	
3	2018.12.18	12：39：55	104.92	28.21	3.4	3	
4	2018.12.28	16：21：08	104.66	28.15	4.1	7	
5	2019.01.03	08：48：07	104.86	28.20	5.6（$M_S 5.3$）	5	
6	2019.01.04	15：59：31	104.93	28.37	3.8	4	
7	2019.01.11	04：37：43	104.93	28.37	3.2	2	
8	2019.01.15	23：52：24	105.06	28.08	4.1	5	四川地震台网
9	2019.01.19	22：20：32	104.88	28.10	3.5	10	
10	2019.01.20	00：38：23	104.85	28.25	4	8	
11	2019.01.27	15：36：14	104.91	28.24	3.3	5	
12	2019.02.07	22：09：55	104.85	28.18	3.0	8	
13	2019.02.20	17：10：57	104.86	28.21	3.2	5	
14	2019.02.21	15：18：12	104.77	28.45	3.1	7	
15	2019.02.24	00：17：00	104.82	28.13	3.4	7	

2. 序列的时间分布特征

序列的时间进程显示两次主震所在的时间点是频度和能量释放的主体位置，但仅从 $N-T$ 图来看，序列的衰减并不显著（图 6）。从 2000 年以来的背景地震活动来看，该区域 2006 年开始活跃，0 级以上地震年频度约 500 次，2012 年开始提升至 2000 次左右，2017 年再次增加至 7000 次左右，兴文—珙县地震即在这样的高地震活动频度背景下发生（图 7）。

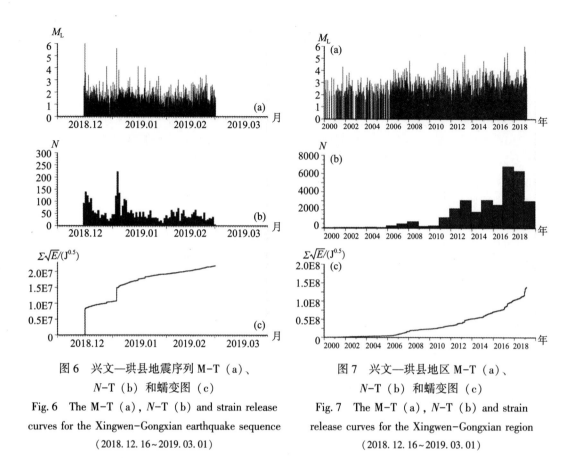

图 6　兴文—珙县地震序列 M-T（a）、
N-T（b）和蠕变图（c）

Fig. 6　The M-T（a）, N-T（b）and strain release
curves for the Xingwen-Gongxian earthquake sequence
（2018.12.16~2019.03.01）

图 7　兴文—珙县地区 M-T（a）、
N-T（b）和蠕变图（c）

Fig. 7　The M-T（a）, N-T（b）and strain
release curves for the Xingwen-Gongxian region
（2018.12.16~2019.03.01）

　　G-R 关系显示（图8），序列的最小完整性震级 M_C 为 M_L1.2，在此基础上计算得到的 a 值为4.36，b 值为1.05，与背景地震（时间段2012~2018年）的参数存在明显差异（a 值4.81，b 值0.85）。以 M_L1.2 为起始震级，计算了整个序列的 p 值为0.38（图9），反映了整个序列衰减十分缓慢，而若以2019年1月3日珙县5.3级地震为节点，将该序列划分为前后两段，则它们的 p 值分别为0.97（图9b）和0.75（图9c），说明序列前段衰减快于后段。采用类似的分段规则计算了序列整体、前段和后段的 h 值，皆为0.3（图10）。

3. 序列的空间分布特征

　　兴文 5.7 和珙县 5.3 级两次主震空间上相距约 7km，后者位于前者的西南方。从2018年12月16日兴文5.7级地震开始至2019年1月3日珙县5.3级地震前，主震及其周边地震的空间分布呈长条状的3丛（图11a），其中北部 NWW 走向的一丛地震较为分散，长、短轴长度分别约为33和8km；南部两丛的走向分别为 NNE 向和 NW 向，它们以兴文5.7级主震为轴点，形成类似共轭状分布。南部两丛的余震在空间上更为致密。其中 NNE 向一丛的长、短轴长度为24和7km，而 NW 向一丛的长、短轴长度为22和8km。兴文5.7级地震位于 NW 向一丛的端部（图11a）。而北部 NWW 向地震丛与这两次主震的空间关联不明显，应该不属于这两次地震的余震。

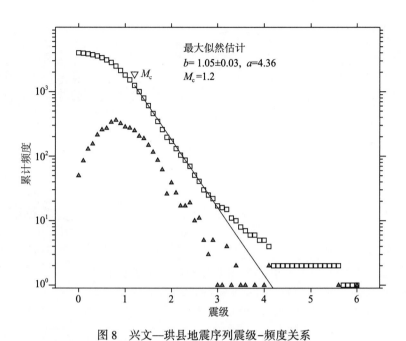

图 8   兴文—珙县地震序列震级–频度关系

Fig. 8   The frequency-magnitude distribution of the Xingwen-Gongxian earthquake sequence

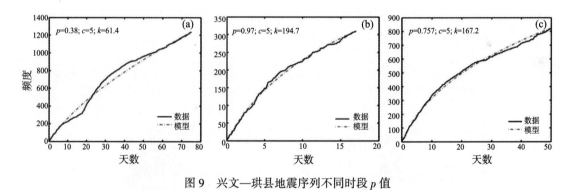

图 9   兴文—珙县地震序列不同时段 p 值

Fig. 9   Different p values of the Xingwen-Gongxian earthquake sequence in different stages

（a）2018. 12. 16~2019. 03. 01；（b）2018. 12. 16~2019. 01. 02；（c）2019. 01. 03~03. 01

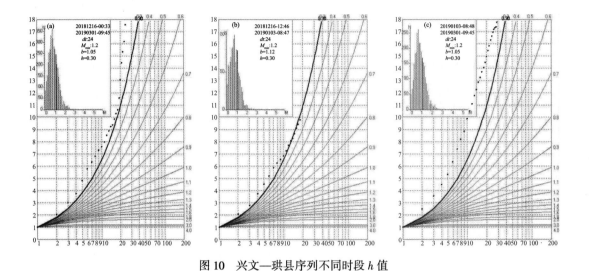

图 10　兴文—珙县序列不同时段 h 值

Fig. 10　Different h values of the Xingwen-Gongxian earthquake sequence in different stages

(a) 2018. 12. 16~2019. 03. 01；(b) 2018. 12. 16~2019. 01. 02；(c) 2019. 01. 03~03. 01

　　2019 年 1 月 3 日珙县 5.3 级地震后至 2019 年 3 月的序列总体上仍分布在前一个时间段内圈定的余震区范围内，北部 NWW 向一<u>丛</u>地震次数有所增加，但形态未明显改变，但南部的两<u>丛</u>已发展成一片，无法分辨优势方向，但可确定的是 2019 年 1 月 3 日珙县 5.3 级地震位于原有的南部 NNE 向一<u>丛</u>的中部（图 11b）。

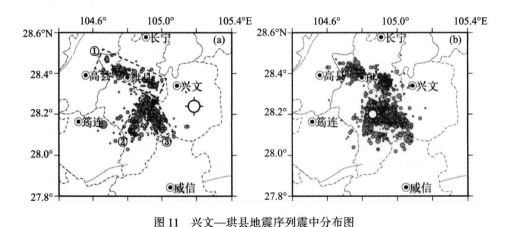

图 11　兴文—珙县地震序列震中分布图

Fig. 11　Epicentral distribution map of the Xingwen-Gongxian earthquake sequence

(a) 2018. 12. 16~2019. 01. 02，三个序号分别表示三丛地震；(b) 2019. 01. 03~2019. 03. 01

五、震源机制解和地震主破裂面

采用 CAP（Cut And Paste）波形反演方法[8]，反演这两次地震的震源机制解与震源矩心深度。在反演时选用震中距 250km 范围内的台站记录，Pnl 与 S 波滤波频率范围分别为 0.05~0.2 和 0.05~0.1Hz；走向、倾角与滑动角的搜索间隔均为 1°，深度搜索间隔为 1km；格林函数采用频率波数法[9]计算，采样间隔设为 0.08 s、采样点为 2048 个，并使用了长宁地区的速度模型[10]。从表 3 来看，除了震源深度，两次主震的 CAP 反演结果与 USGS 的结果几乎一致。其中 5.7 级主震表现为走滑型错动特征，其节面 I 走向 NEE，节面 II 走向 NNW（图 12），最佳矩心深度 3km（图 13）；而 5.3 级主震表现为逆冲为主兼少量走滑的错动类型，节面 I 走向近 NS，节面 II 则为 NE 向（图 14），矩中心深度 2km（图 15）。

表 3　兴文—珙县地震最佳双力偶解

Table 3　Best-double-couple solutions of the Xingwen-Gongxian mainshocks

编号	节面 I（°）			节面 II（°）			P 轴（°）		T 轴（°）		M_W	M_S	深度（km）	来源
	走向	倾角	滑动角	走向	倾角	滑动角	方位	仰角	方位	仰角				
1	80	85	−166	349	76	−5	305	13	214	6	5.17	5.7	3	文献 [10]
	80	87	−173	349	83	−3	305	7	214	3	5.28		17.5	USGS
2	351	46	46	226	59	126	291	7	189	59	4.8	5.3	2	文献 [10]
	355	48	59	217	50	119	286	1	193	68	4.85		11.5	USGS

注：USGS：http://www.usgs.gov；编号与表 2 相同。

对于 5.7 级主震，尽管震后触发了 3 丛地震，但该主震主要位于南部 NW 向地震丛，结合等震线长轴方向为 NW 向（图 4），因此可认定节面 II 为此次地震的主破裂面；而对于 5.3 级主震，鉴于其位于走向 NE 的一丛余震分支上，等震线长轴方向也偏向 NE（图 5），因此其主破裂面也应为节面 II。

Event data Model newjcg_3 FM 80.85-166 M_W 5.17

 Event data Model ncwjcg_3 FM 351 46 46 M_W 4.81

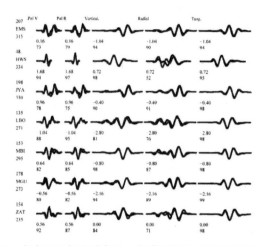

图 12　兴文 5.7 级地震在 3km 深度时的 CAP 反演结果

Fig. 12　CAP inversion result of the M_S5.7 Xingwen

earthquake at depth of 3km

波形下方的数字表示理论波形相对于实际波形的移动

时间（s）和二者的相关系数（%），左侧大写字母表示台

站名，台站下方数字为震中距（km）和方位角（°）

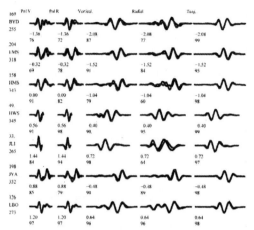

图 13　珙县 5.3 级地震在 2km

深度时的 CAP 反演结果

Fig. 13　CAP inversion result of the M_S5.3

Gongxian earthquake at depth of 2km

相关说明同图 12

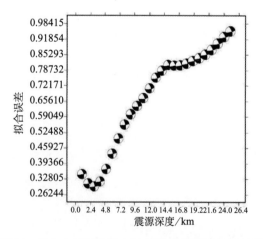

图 14　兴文 5.7 级地震 CAP 反演误差随深度分布图

Fig. 14　The diagram of CAP inversion error varies

with focal depth of the M_S5.7 Xingwen earthquake

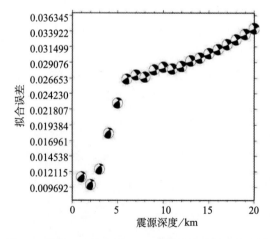

图 15　珙县 5.3 级地震 CAP 反演误差随深度分布图

Fig. 15　The diagram of CAP inversion error varies with

focal depth of the M_S5.3 Gongxian earthquake

六、观测台网及前兆异常

兴文—珙县地震发生前，震中距 200km 范围内有 21 个固定地球物理场观测观测台站共计 100 个台项，涵盖流体、电磁、重力、形变等各观测学科。其中 100km 范围内有 7 个台站，以流体和形变观测为主，四川省内有 3 个台站，云南省内有 4 个；100～200km 范围有 14 个台站，其中云南有 8 个、四川 3 个、重庆 2 个、贵州 1 个，同样以流体和形变观测为主（图 16）。

通过收集并归纳兴文—珙县地震前震中距 200km 内所出现的异常，共得到 5 项异常。其中地震活动异常 1 项，地球物理场观测异常 4 项（图 17），均为中期异常（表 4）。

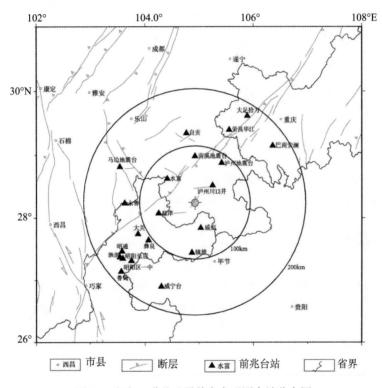

图 16　兴文—珙县地震前定点观测台站分布图

Fig. 16　Distribution of the fixed precursor monitoring stations before the Xingwen-Gongxian earthquake swarm

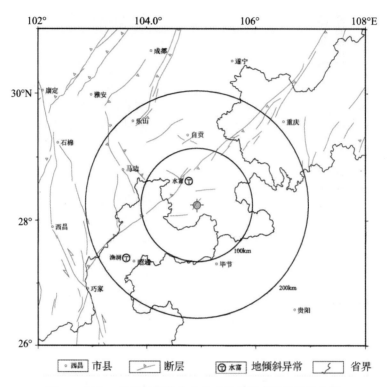

图 17　兴文—珙县地震前定点地球物理场观测异常分布图

Fig. 17　Map of fixed geophysical precursory anomalies before the Xingwen-Gongxian earthquake swarm

1. 地震活动异常

川东南 4 级平静打破后中等地震持续活动：

2008 年汶川 8.0 级地震以来，四川东部地区 4 级地震活跃。而在 2016 年 9 月 26 日云南永善 4.0 级地震之后，四川东部地区逐渐形成明显的 4 级地震空区，内部平静，周边活跃（图 18a）。2018 年 5 月 8 日云南永善 $M_L4.5$ 地震打破了 2016 年 9 月 26 日云南永善 4.0 级地震后在四川东部地区形成的持续 587 天 4 级地震空区后仅 8 天，该区域接连发生两次石棉 4.3 级地震，并于 7 月 23 日、8 月 15 日在贵州威宁陆续发生了 4.2 和 4.4 级地震，在此之后的 10 月 31 日、12 月 16 日、2019 年 1 月 3 日又陆续发生了西昌 5.1 级、兴文 5.7 级和珙县 5.3 级地震，以及 2019 年 2 月份的荣县 4 级震群，进一步表明该区域的应力水平增强（图 18b~d）。四川地区的 4 级平静打破后中等地震持续增强活动对未来 1 年该地区 6 级地震活动有指示意义。

表 4　兴文—珙县地震前兆异常登记表

Table 4　Summary table of precursory anomalies for the Xingwen-Gongxian earthquake swarm

序号	观测项目	台站或观测区	分析方法	异常判据及观测误差	震前异常起止时间	震后变化	最大幅度	震中距(km)	异常类别	图号	异常特点及备注
1	4级以上地震平静打破后中等地震持续活动	川东南地区	震中分布	打破平静后的4级以上地震持续增强活动	2016.09.26~2018.05.07	持续活动		300以内	M_1	18	川东南地区长达528天的4级地震平静打破后,4、5级地震持续活动。该异常在震前被发现
2	石英水平摆NS向	云南水富	原始曲线	测值加速北倾	2018.01	恢复	5291.048mV	66	M_1	19	2018年1月,水富石英水平摆NS向开始出现加速N倾,变化速率较大。该异常在震前被发现,7月转折下降
3	石英水平摆EW向	云南水富	原始曲线	测值加速东倾	2018.01	恢复	4050.061mV	66	M_1	19	2018年1月,水富石英水平摆EW向开始出现加速E倾,变化速率较大,7月转折下降。该异常在震前被发现
4	石英水平摆NS向	云南昭通渔洞	原始曲线	加速南倾后转折北倾	2018.01~05	恢复	585.772mV	162	M_1	20	渔洞水平摆NS分量自2018年起出现加速S倾后转折N倾,与2014年鲁甸6.5级地震前速率相当,幅度略大,5月转折恢复,半年后发生兴文5.7级地震
5	石英水平摆EW向	云南昭通渔洞	原始曲线	加速南倾	2018.03~05	恢复	1305.105 mV	162	M_1	20	渔洞水平摆EW向自2018年3月起加速W倾,5月转折恢复,半年后发生兴文5.7级地震

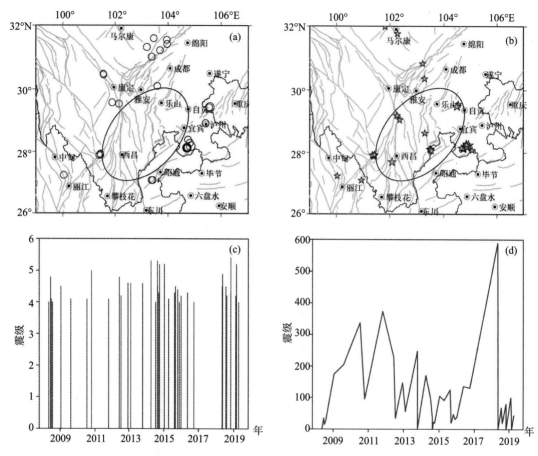

图 18　川东南地区 2016.09.26~2018.05.07 震中分布图（a）；

2018.05.08~2019.03.01 M_L>4 级震中分布图（b）；

异常区域内 M-T 图（c）；异常区域内 dT-T 图（d）

Fig. 18　Epicentral distribution map of the southeastern Sichuan region in the time of

2016.09.26-2018.05.07（a）；epicentral distribution map of

the southeastern Sichuan region in the time of 2018.05.07-2019.03.01（b）；

M-T diagram（c）；dT-T diagram（d）

起始震级 M_L=4 级，图（a）、（b）中的椭圆为异常区域

2. 前兆异常

1）云南水富石英水平摆 EW、NS 向

2018 年 1 月，震中距 66km 的云南水富石英水平摆 NS 和 EW 向开始出现加速 N 倾和 E 倾现象，变化速率较大，7 月转折下降，其后 5 个月发生兴文 5.7 级地震，异常形态与 2012 年彝良 5.7 级地震前的变化形态类似。

历史上水富石英水平摆向对云南地区 5 级以上地震中短期预测有较好对应，其 NS 和 EW 向同时出现加速破年变大幅变化异常，且加速变化转折后一段时间内（一般为几个月）

发生地震，如 2011 年底石英水平摆 NS 和 EW 向同时出现大幅加速变化，并在加速变化转折后约 5 个月发生彝良 5.7 级地震（图 19）。由于仪器不能标定，所以没有格值，算不出倾斜值，因此图中测值为电压值（mV）。

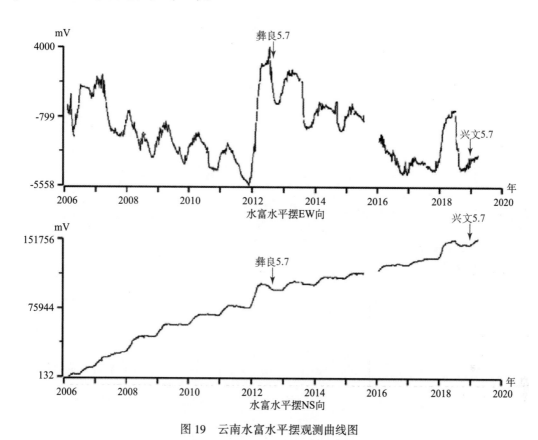

图 19　云南水富水平摆观测曲线图

Fig. 19　The curves of horizontal pendulum at Shuifu station in Yunnan province

2）云南昭通渔洞石英水平摆 EW、NS 向

震中距 162km 的云南昭通渔洞水平摆 NS 分量自 2018 年起出现加速南倾后转折 N 倾，与 2014 年永善 5.3 级、鲁甸 6.5 级地震前速率相当，幅度略大；EW 向自 2018 年 3 月起加速 W 倾，5 月转折恢复，半年后发生兴文—珙县地震（图 20）。

渔洞水平摆自观测以来，NS 分量共出现加速 S 倾 5 次，除去此次异常，2 次加速后续在滇东北区域有地震发生，虽然 2014 年 1 月出现异常后续有永善 5.3 级、鲁甸 6.5 级地震，但是根据 2012 年异常变化幅度和后续对应震级类比分析，认为 2014 年 1 月出现的异常可能与鲁甸 6.5 级地震相关性更大；EW 向共出现 6 次加速异常，后续有对应地震一次，此次异常幅度速率与 2014 年 1 月异常相当；考虑到鲁甸震前 NS、EW 向准同步出现异常且形态速率与此次异常相当，因此认为此次异常可靠性较高。由于仪器不能标定，所以没有格值，算不出倾斜值，因此图中测值为电压值（mV）。

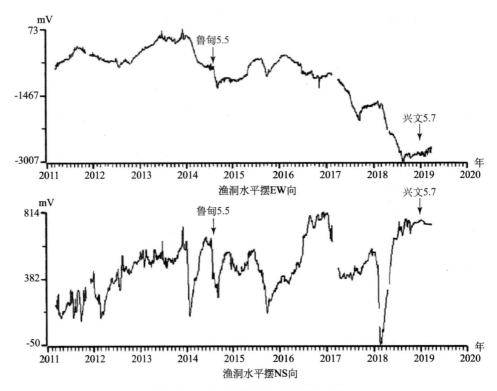

图 20　云南昭通渔洞水平摆观测曲线

Fig. 20　The curves of horizontal pendulum at Yudong station in Zhaotong county, Yunnan province

七、前兆异常特征分析

兴文—珙县地震的前兆异常具有如下特征：

（1）地震活动规律方面，川东南地区持续多年的小震活动对当地 5 级以上中强震的预测效能并不显著。但 2016 年 9 月 26 日云南永善 4.0 级地震后在四川东部地区形成的 4 级地震空区十分明显，随着空区被打破，永善、石棉、威宁、西昌等 4~5 级地震相继发生表明该区域应力增强，处于平静后的加速活动状态。然而也要注意的是异常区域面积较大，可能并不是一两次 5 级地震的前兆异常，还是应重点关注重点危险区的边界断裂带。

（2）地球物理场观测异常记录台项数少，异常无明显的时空演化规律。经仔细甄别，在兴文 5.7 级地震震中 200km 范围内共有地球物理场观测台项 100 项，出现异常 4 项，为云南渔洞、水富两个台站水平摆 EW、NS 向异常，异常数占观测项目总数的 4%，异常数量少。4 项异常均为中期异常，异常形态与川滇交界东侧几次中强震前相似。

在兴文—珙县地震之前，1996 年 2 月 28 日四川宜宾发生了 5.4 级地震（简称为 1996 年宜宾 5.4 级地震），空间上距离本组地震事件约 90km，这也是川东南地区首次有震例总结的显著地震。1996 年宜宾 5.4 级地震前震中距 200km 范围内共有 7 项异常，其中测震学异常 4

项，主要体现在中小地震的强度和频度增强；地球物理场异常 3 项，分别为南溪的水位破年变以及马边和重庆的地磁日变形态异常。然而近年来随着人工诱发地震在川东南地区普遍发生，测震观测环境已今非昔比，因此震例总结出的测震学异常差异显著。此外，地球物理场异常无论是在观测物理量，还是台站分布，都与本组地震事件不同。

八、震前预测、预防与震后响应

1. 震前预测、预防[4,5]

四川省地震局在 2018 年底提交的《2019 年度四川地震趋势研究报告》中圈定筠连—珙县—长宁区域为 5 级左右地震注意区，此次兴文—珙县震群就发生在这个注意区内部，表明中期预测预报效果较好。此外，兴文—珙县震群前，川滇交界东侧区域出现了测震学异常及地球物理场观测异常，但这些异常以中期异常为主。云南省地震局在《2019 年度云南地震趋势研究报告》中提出水富、昭通渔洞石英水平摆 EW、NS 向短期异常，对异常台站附近区域 6 级地震有一定的预报意义。

2. 震后响应

1）震后趋势判定[6~8]

地震发生后，四川省地震局紧急启动Ⅲ级应急响应，四川省地震预报研究中心立即召开紧急会商会，组织专家对震情趋势进行分析研判，密切跟踪震情趋势发展变化，2018 年 12 月 16 日兴文 5.7 级地震后，四川省地震局于当日召开的紧急会商中指出"原震区近几日发生更大地震的可能性不大，存在发生 4.5 级左右较强余震的可能"；2019 年 1 月 3 日珙县 5.3 级地震发生后，四川省地震局判定"珙县 5.3 级地震不属于 2018 年 12 月 16 日兴文 5.7 级地震的余震，此次 5.3 级地震原震区近几日发生更大地震的可能性不大，存在发生 4~5 级地震的可能"；1 月 4 日的会商结论为："珙县 5.3 级地震原震区近几日发生更大地震的可能性不大，但存在发生 4~5 级地震的可能"，1 月 5 日的结论为"珙县 5.3 级地震与 2018 年 12 月 16 日兴文 5.7 级地震构成多震型序列，震区还存在发生 4~5 级地震的可能"。

2）震后现场调查

兴文 5.7 级地震发生后，四川省地震局立即组织和派出地震现场工作组赶赴地震灾区开展地震现场工作，在灾区各级党委、政府的大力支持下，会同灾区有关部门，采用抽样调查、单项调查、抽样核实等方法，共采集了 106 个烈度调查点，取得了大量的基础数据资料，在实地灾害调查工作基础上，完成了地震烈度评定。珙县 5.3 级地震采取了同样的震后现场调查措施，共采集了 53 个烈度调查点。

兴文 5.7 级地震之后，在极震区专门增设了 2 个流动台加强观测，增加流动台站后，较为密集的台站分布使得当地的监测能力达到 $M_L 1.0$，极大地改善了余震及后续珙县 5.3 级地震序列的监测能力。

鉴于此次地震序列的特殊性，建议在该区域增设一定数量的测震台站，密切监视该区域微震活动，尽力捕捉强震前的微观地震异常信息。

九、总结与讨论

1. 兴文 5.7 级、珙县 5.3 级地震的发震构造分析

四川地区以往中、强地震的发震构造往往是位于块体或次级块体边界的深大断裂，此次兴文地震的发震构造初步判断为位于稳定华南地块内部的双河大背斜。该构造总体走向 NWW—SEE，包含了不同方向的褶皱构造组及其伴生的断裂构造。此次地震等烈度线长轴分布为 NWW—SEE 向，结合震源机制解的 NW 向节面，与双河大背斜长轴方向基本一致。因此，推测此次地震的发生可能与双河大背斜核部存在的盲冲断层活动有着成因上的联系。

珙县 5.3 级地震发生在建武向斜轴部，虽然 NE 向的等烈度线长轴分布及震源机制解节面方向与建武向斜近 EW 的走向并不一致，然而结合地质构造图（图 2）可以看出，此次地震震中位于建武向斜轴部西端的三叠系与侏罗—白垩系 NE 向不整合面附近，因此建武向斜中的 NE 向次级断裂应该是此次地震的发震构造。

震中 50km 范围内仅有两次 5 级以上历史地震记录，最高 5.2 级，无 6 级以上地震记录。此次兴文—珙县地震在震级上有所提升，但并未突破中—强震的范畴，这与发震构造的活动特性及规模等因素有关，可以预估的是，该区域特征地震的期望震级应该为 5~6 级。

2. 震前异常少，无明显时空迁移规律，但对未来地震的时空强有一定约束

此次兴文—珙县地震前共存在 5 项异常，异常数量较少。其中测震学 1 项，为川东南地区 4 级平静打破后中等地震持续活动；地球物理场观测异常 4 项，分属两个台站各自的两个测向，分别为云南水富和云南昭通鱼洞的水平摆 EW 和 NS 分量。

5 项异常都分布在川东南地区附近，时空上无明显的承继关系，亦无明显的迁移规律。

4 级地震平静打破后的持续活动，限定了异常区的空间范围；水富和鱼洞形变测量异常对附近区域（200km 以内）的 5~6 级地震有预测意义，且预测时间在半年以内。即 5 项异常对未来地震的时空强有一定约束。

3. 较为准确的年度预测意见与震后趋势判定

鉴于长时间的 4~5 级震群活动，川东南宜宾地区长宁—筠连—珙县一带在 2019 年年度会商时被判定为 5 级左右注意地区，随着兴文—珙县地震的发生，说明对此次地震的中—长期预测有较好的把握，但由于缺乏足够多有效的地球物理观测手段，并没有短临预报意见。

兴文、珙县地震发生后，考虑到发震构造的活动特性，给出"不会发生更大地震可能"的判断，事实证实了这个判断。再考虑到兴文和珙县地震的时空关系，二者构成震群型序列。

4. 构造地震还是诱发地震尚待更进一步研究

川东南地区是我国重要的天然气和页岩气产区，从 21 世纪初开始，这里先后开展了不同作业方式的天然气开采过程和页岩气开采过程，到目前为止仍在持续。众多研究表明，工业开采活动中的流体注入会诱发地震，增加当地的地震活动风险，这种现象已经在美国[11,12]，加拿大西部[13,14]发现，2017 年 11 月 15 日的韩国浦项 5.4 级地震也被证实与人工流体注入有关[15]。对于川东南地区的震群活动，Lei 等[16]采用多种地震学方法，分析了地震活动、应力状态与注水井位置的关系，指出震群中几次震级高达 $M_W4.7$ 的地震是由浅层流体注水诱发的；Meng 等[17]结合地震活动和当地单个油气井 8 天的注水数据，指出震群活动在时空分布上与注水作业高度相关。

但地震孕育过程十分复杂，简单数据之间的相关并不见得有因果。川东南地区存在页岩气开采的涪陵、泸州等地区诱发地震现象则不显著。除此之外，油气开采的商业机密属性使得研究人员无法获得完整的作业数据，增加了研究诱发地震机理的难度。总之，包括兴文—珙县地震在内的川东南地区的震群活动机理，尚需要开展进一步的研究。

参 考 文 献

[1] 黄汲清，中国大地构造基本特征，地质出版社，1962

[2] 黄汲清、任纪舜、姜春发，中国大地构造及其演化，科学出版社，1980

[3] 赵友年、李春生、赖祥符，四川省大地构造及其演化，中国区域地质，(01)：1~21，1984

[4] 江为为、刘伊克、郝天珧等，四川盆地综合地质、地球物理研究，地球物理学进展，16 (01)：11~23，2001

[5] 楼海、王椿镛，川滇地区重力异常的小波分解与解释，地震学报，27 (05)：515~523，2005

[6] 王椿镛、吴建平、楼海等，川西藏东地区的地壳 P 波速度结构，中国科学（D 辑：地球科学），33 (S1)：181~189，2003

[7] 王文俊、向喜琼、黄润秋等，区域崩塌滑坡的易发性评价——以四川省珙县为例，中国地质灾害与防治学报，14 (2)：31~38，2003

[8] Zhu L P, Ben-Zion Y, Parametrization of general seismic potency and moment tensors for source inversion of seismic waveform data, Geophys. J. int, doi: 10. 1093/gji/ggt137, 2013

[9] Zhu L P, Rivera L A, A note on the dynamic and static displacements from a point source in multilayered media, Geophys. J. Int., 148 (3)：619-627, 2002

[10] 易桂喜、龙锋、梁明剑等，2019 年 6 月 17 日四川长宁 $M_S6.0$ 地震序列震源机制解与发震构造分析，地球物理学报，62 (9)：3432~3447，2019

[11] Ellsworth W L, Llenos A L, McGarr A F et al., Increasing seismicity in the U. S. midcontinent：Implications for earthquake hazard, The Leading Edge, 34：618-626, doi: 10. 1190/tle34060618. 1, 2015

[12] Walsh F R, Zoback M D, Oklahoma's recent earthquakes and saltwater disposal, Science advances, 1, e1500195, 2015

[13] Farahbod A M, Kao H, Cassidy J F et al., How did hydraulic-fracturing operations in the Horn River Basin changeseismicity patterns in northeastern British Columbia, Canada？The Leading Edge, 34, 658-663, doi：10. 1190/tle34060658. 1, 2015

[14] Mahani A B, Schultz R, Kao H et al., Fluid Injection and Seismic Activity in the Northern Montney Play, British Columbia, Canada, with SpecialReference to the 17 August 2015 $M_w4.6$ Induced Earthquake, Bulletin of the Seismological Society of America, 107, 542-552, 2017

[15] http：//gskorea. or. kr/custom/27/data/Summray Report on Pohang Earthquake March 20 2019. pdf, 2019

[16] Lei Xinglin, Huang Dongjian, Su jinrong et al., Fault reactivation and earthquakeswith magnitudes of up to $M_W4.7$ induced by shale-gas hydraulicfracturing in Sichuan Basin, China, Scientific Reports, 7 (7971)：2045-2322, doi：10. 1038/s41598-017-08557-y, 2017

[17] Meng Lingyuan, Arthur McGar, Zhou Longquan et al., An investigation of seismicity induced by hydraulic fracturing in the Sichuan Basin of China based on data from temporary seismic network, Bulletin of the Seismological Society of America, doi: 10. 1785/0120180310, 2019

参 考 资 料

1）四川省地震局，2018 年 12 月 16 日四川兴文 5. 7 级地震灾害调查报告，2018

2）四川省地震局，2019 年 1 月 3 日四川珙县 5. 3 级地震灾害调查报告，2019

3）四川省地震局，2019 年度四川地震趋势研究报告，2018

4）云南省地震局，2019 年度云南地震趋势研究报告，2018

5）四川省地震局，2018 年 12 月 16 日震情监视报告，2018

6）四川省地震局，2019 年 1 月 3 日震情监视报告，2019

7）四川省地震局，2019 年 1 月 4 日震情监视报告，2019

8）四川省地震局，2019 年 1 月 5 日震情监视报告，2019

The M_S 5.7 Xingwen Earthquake on December 16, 2018 and M_S 5.3 Gongxian Earthquake Swarm on January 3, 2019 in Sichuan Province

Abstract

An earthquake of M_S5.7 occurred in Xingwen county, Yibin city, Sichuan province, at 12 : 46 on Dec. 16, 2018. The focal depth was 12km, and the micro epicenter was 104.95 °E and 28.24 °N. Several days later, another M_S5.3 event occurred in Gongxian county, at 8 : 48, on Jun. 3, 2019, which is about 7km southwest of the former, its focal depth was 15km, and the micro epicenter was 104.86°E and 28.20 °N. The field investigation showed the epicentral intensity of the M_S5.7 Xingwen was Ⅶ, the isoseismal long-axis orientation was NWW, involved Zhoujiazhen, Yuxiu, Xianfeng and Didong towns. 17 people were slightly injured and 918 people were re-settled down after the earthquake. The epicentral intensity of the M_S5.3 Gongxian was Ⅵ, the isoseismal long-axis orientation was NEE, involved Yuhe, Didong, Shangluo, Xialuo, Renyi, Mutan, Xiao'er, Caoying, Yuxiu, Zhoujiazhen, Xianfeng, Jiusicheng towns. 1 person was slightly injured and 251 people were re-settled down.

The magnitude difference of the two biggest events in the sequence was 0.4, and the energy ratio was 82.55% (M_S5.7 Xingwen) and 17.32% (M_S5.3 Gongxian), respectively, therefore, the earthquake sequence type could be determined as Multi-type (or duo-type). The magnitude completeness of the sequence was M_L1.2, the sequence decayed slowly.

After the M_S5.7 Xingwen earthquake, the epicentral distribution of the mainshock and its surrounding events located in 3 long-strip shaped clusters. The NWW trending cluster in the north was more dispersed, and the two clusters in the south were more dense, with NNE and NW directions, respectively. Taking the M_S5.7 event as the axis point, the epicentral map was similar to conjugate distribution. The M_S5.7 Xingwen earthquake was located at the end of the NW trending cluster, while the M_S5.3 Gongxian earthquake was located in the middle segment of the NNE trending cluster in the south. From the relationship between the mainshocks and the surrounding earthquakes, the NWW trending cluster in the north may have little correlation with the two mainshocks.

The focal mechanism solution of the M_S5.7 Xingwen earthquake was strike-slip with slightly normal faulting, combined with the long-axis orientation of the sequence and isoseismal lines, the NNW-trending nodal plane Ⅱ could be determined as the main rupture plane, the parameters were: strike 349°, dip 76°, rake −5°; the focal mechanism solution of the M_S5.3 Gongxian earthquake was thrust with strike-slip, combined with the NE-trend branch where the event located in, the NE-SW trending nodal plain Ⅱ could be determined as the main rupture plane, the parameters were:

strike 226°, dip 59°, rake 126°.

Based on the spatial distribution of aftershocks, the isoseismal long-axis direction, the focal mechanism nodal plane information and the local geological settings, it can be preliminarily determined that the seismogenic structure of the M_S5.7 Xingwen earthquake was Shuanghe anticline, and that of the M_S5.3 Gongxian earthquake was Jianwu syncline.

There were 39 seismic stations within 200km epicentral distance of the M_S5.7 Xingwen and M_S5.3 Gongxian earthquakes, and two newly-added temporal stations improved the monitoring capability to M_L1.0 after the first mainshock. There were 21 fixed geophysical stations with a total number of 100 observations within the range of 200km. There were 5 anomalies before the mainshock, including 1 seismology item and 4 geological field items (belonging to 2 stations). The abnormal station ratio and the abnormal observation ratio is 9% and 4%, respectively.

There were good medium-term predictions before the mainshocks. The precursory anomalies constraint the time, location and energy of the future strong earthquakes well, though the number of anomalies was small and there was no obvious spatial-temporal migration regular. The prediction after the occurrence of the two mainshocks were "the possibility of a larger earthquake is low", and the following facts proved the prediction was true. After the M_S5.7 Xingwen earthquake, Sichuan Earthquake Agency engaged the grade Ⅲ emergency response and sent field working group to the disaster area to set up temporal instruments and carry out disaster assessment. After the M_S5.3 Gongxian earthquake, the group was dispatched again to conduct on-site investigation.

报 告 附 件

附件一：震例总结用表

附表 1 固定前兆观测台（点）与观测项目汇总表

（2018 年 12 月 26 日兴文 5.7 级地震）

序号	台站（点）名称	测项	资料类别	震中距 Δ/km	备注
1	泸州 13 井	水位	I	44	
2	威信	氦气	N	45	
		水氡	N	45	
		四分量钻孔应变 NS	N	45	
		四分量钻孔应变 EW	N	45	
		四分量钻孔应变 NW	N	45	
		四分量钻孔应变 NE	N	45	
3	水富	水位	N	66	
		石英水平摆 NS	N	66	
		石英水平摆 EW	N	66	
4	盐津	壤中气 CO_2	III	68	
		四分量钻孔应变 NS	N	68	
		四分量钻孔应变 NW	N	68	
		四分量钻孔应变 EW	N	68	
		四分量钻孔应变 NE	N	68	
5	南溪地震台	水位	III	82	
		水温	III	82	
6	泸州地震台	YRY-4 钻孔线应变 NW	III	85	
		YRY-4 钻孔线应变 NS	III	85	
		YRY-4 钻孔线应变 NE	III	85	
		YRY-4 钻孔线应变 EW	III	85	
7	镇雄	模拟水氡	II	87	
8	彝良	壤中气 CO_2	III	109	
		气汞	N	109	
		四分量钻孔应变 NS	N	109	

序号	台站（点）名称	测项	资料类别	震中距 Δ/km	备注
8	彝良	四分量钻孔应变 NW	N	109	
		四分量钻孔应变 EW	N	109	
		四分量钻孔应变 NE	N	109	
		垂直摆 NS	N	109	
		垂直摆 EW	N	109	
9	大关	模拟水氡	II	114	
		Mg^{2+}	III	114	
		Ca^{2+}	III	114	
		F^-	III	114	
		HCO_3^-	III	114	
		电导率	III	114	
		壤中气 CO_2	III	114	
		pH 值	III	114	
		水温	N	114	
		水位	N	114	
		四分量钻孔应变 NS	N	114	
		四分量钻孔应变 NW	N	114	
		四分量钻孔应变 EW	N	114	
		四分量钻孔应变 NE	II	114	
10	自贡	重力相对	N	124	
11	永善	壤中气 CO_2	III	126	
		模拟水氡	II	126	
		石英水平摆 EW	N	126	
		石英水平摆 NS	N	126	
12	荣昌华江	静水位	II	142	
		水温（深）	II	142	
13	马边地震台	地磁 Z	N	150	
		地磁 D	N	150	
		地磁 H	N	150	
		地磁 F	N	150	

序号	台站（点）名称	测项	资料类别	震中距 Δ/km	备注
14	昭阳区一中	水温	N	156	
		水位	N	156	
15	昭通	水位	Ⅲ	158	
		水温	Ⅲ	158	
		十五气氡	Ⅲ	158	
		气汞	Ⅲ	158	
		钻孔应变 NS	Ⅱ	158	
		钻孔应变 EW	Ⅱ	158	
		钻孔应变 NE	Ⅱ	158	
		钻孔应变 NW	Ⅱ	158	
		水平摆 NS	Ⅲ	158	
		水平摆 EW	Ⅲ	158	
		水管倾斜 NS	Ⅲ	158	
		水管倾斜 EW	Ⅲ	158	
		洞体应变 NS	Ⅲ	158	
		洞体应变 EW	Ⅲ	158	
16	威宁台	四分量钻孔应变仪	N	159	
		四分量钻孔应变仪	N	159	
17	昭阳乐居	水位	N	162	
		水温	N	162	
18	渔洞	水位	N	162	
		水温	N	162	
		石英水平摆 NS	N	162	
		石英水平摆 EW	N	162	
		四分量钻孔应变 NS	N	162	
		四分量钻孔应变 NW	N	162	
		四分量钻孔应变 EW	N	162	
		四分量钻孔应变 NE	N	162	

续表

序号	台站（点）名称	测项	资料类别	震中距 Δ/km	备注
19	巴南安澜	动水位	Ⅲ	173	
		水温（深）	Ⅲ	173	
		水温（深）	Ⅲ	173	
20	大足拾万	静水位	Ⅱ	179	
		水温（深）	Ⅱ	179	
21	鲁甸	壤中气 CO_2	Ⅲ	181	
		F^-	Ⅲ	181	
		HCO_3^-	Ⅲ	181	
		水位	Ⅲ	181	
		电导率	Ⅱ	181	
		pH 值	Ⅱ	181	
		HCO_3^-	Ⅱ	181	
		模拟水氡	Ⅱ	181	
		四分量钻孔应变 NS	Ⅱ	181	
		四分量钻孔应变 NW	Ⅱ	181	
		四分量钻孔应变 EW	Ⅱ	181	
		四分量钻孔应变 NE	Ⅱ	181	

分类统计	$0<\Delta\leqslant100km$	$100<\Delta\leqslant200km$	总数
测项数 N	12	32	44
台项数 n	22	78	100
测震单项台数 a			
形变单项台数 b	1	2	3
电磁单项台数 c	0	1	1
流体单项台数 d	3	5	8
综合台站数 e	3	6	9
综合台中有测震项目的台站数 f			
测震台总数 $a+f$			
台站总数 $a+b+c+d+e$			
备注			

附表 2 测震以外固定前兆观测项目与异常统计表

（2018 年 12 月 26 日兴文 5.7 级地震）

序号	台站（点）名称	测项	资料类别	震中距 Δ/km	按震中距 Δ 范围进行异常统计									
					$0<\Delta\leq100$km					$100<\Delta\leq200$km				
					L	M	S	I	U	L	M	S	I	U
1	泸州 13 井	水位	I	44	—	—	—	—	—					
2	威信	氡气	N	45	—	—	—	—	—					
		水氡	N	45	—	—	—	—	—					
		四分量钻孔应变 NS	N	45	—	—	—	—	—					
		四分量钻孔应变 EW	N	45	—	—	—	—	—					
		四分量钻孔应变 NW	N	45	—	—	—	—	—					
		四分量钻孔应变 NE	N	45	—	—	—	—	—					
3	水富	水位	N	66	—	—	—	—	—					
		石英水平摆 NS	N	66	—	√								
		石英水平摆 EW	N	66	—	√								
4	盐津	壤中气 CO_2	III	68	—	—	—	—	—					
		四分量钻孔应变 NS	N	68	—	—	—	—	—					
		四分量钻孔应变 NW	N	68	—	—	—	—	—					
		四分量钻孔应变 EW	N	68	—	—	—	—	—					
		四分量钻孔应变 NE	N	68	—	—	—	—	—					
5	南溪地震台	水位	III	82	—	—	—	—	—					
		水温	III	82	—	—	—	—	—					
6	泸州地震台	YRY-4 钻孔线应变 NW	III	85	—	—	—	—	—					
		YRY-4 钻孔线应变 NS	III	85	—	—	—	—	—					
		YRY-4 钻孔线应变 NE	III	85	—	—	—	—	—					
		YRY-4 钻孔线应变 EW	III	85	—	—	—	—	—					
7	镇雄	模拟水氡	II	87	—	—	—	—	—					
8	彝良	壤中气 CO_2	III	109						—	—	—	—	—
		气汞	N	109						—	—	—	—	—
		四分量钻孔应变 NS	N	109						—	—	—	—	—
		四分量钻孔应变 NW	N	109						—	—	—	—	—
		四分量钻孔应变 EW	N	109						—	—	—	—	—
		四分量钻孔应变 NE	N	109						—	—	—	—	—

续表

序号	台站（点）名称	测项	资料类别	震中距 Δ/km	按震中距 Δ 范围进行异常统计									
					0<Δ≤100km					100<Δ≤200km				
					L	M	S	I	U	L	M	S	I	U
8	彝良	垂直摆 NS	N	109						—	—	—	—	—
		垂直摆 EW	N	109						—	—	—	—	—
9	大关	模拟水氡	II	114						—	—	—	—	—
		Mg^{2+}	III	114						—	—	—	—	—
		Ca^{2+}	III	114						—	—	—	—	—
		F^-	III	114						—	—	—	—	—
		HCO_3^-	III	114						—	—	—	—	—
		电导率	III	114						—	—	—	—	—
		壤中气 CO_2	III	114						—	—	—	—	—
		pH 值	III	114						—	—	—	—	—
		水温	N	114						—	—	—	—	—
		水位	N	114						—	—	—	—	—
		四分量钻孔应变 NS	N	114						—	—	—	—	—
		四分量钻孔应变 NW	N	114						—	—	—	—	—
		四分量钻孔应变 EW	N	114						—	—	—	—	—
		四分量钻孔应变 NE	II	114						—	—	—	—	—
10	自贡	重力相对	N	124	—	—	—	—	—	—	—	—	—	—
11	永善	壤中气 CO_2	III	126						—	—	—	—	—
		模拟水氡	II	126						—	—	—	—	—
		石英水平摆 EW	N	126						—	—	—	—	—
		石英水平摆 NS	N	126						—	—	—	—	—
12	荣昌华江	静水位	II	142						—	—	—	—	—
		水温（深）	II	142						—	—	—	—	—
13	马边地震台	地磁 Z	N	150	—	—	—	—	—	—	—	—	—	—
		地磁 D	N	150						—	—	—	—	—
		地磁 H	N	150						—	—	—	—	—
		地磁 F	N	150						—	—	—	—	—
14	昭阳区一中	水温	N	156						—	—	—	—	—
		水位	N	156										

续表

序号	台站（点）名称	测项	资料类别	震中距 Δ/km	按震中距 Δ 范围进行异常统计										
					0<Δ≤100km					100<Δ≤200km					
					L	M	S	I	U	L	M	S	I	U
15	昭通	水位	Ⅲ	158						—	—	—	—	—
		水温	Ⅲ	158						—	—	—	—	—
		十五气氡	Ⅲ	158						—	—	—	—	—
		气汞	Ⅲ	158						—	—	—	—	—
		钻孔应变 NS	Ⅱ	158						—	—	—	—	—
		钻孔应变 EW	Ⅱ	158						—	—	—	—	—
		钻孔应变 NE	Ⅱ	158						—	—	—	—	—
		钻孔应变 NW	Ⅱ	158						—	—	—	—	—
		水平摆 NS	Ⅲ	158						—	—	—	—	—
		水平摆 EW	Ⅲ	158						—	—	—	—	—
		水管倾斜 NS	Ⅲ	158						—	—	—	—	—
		水管倾斜 EW	Ⅲ	158						—	—	—	—	—
		洞体应变 NS	Ⅲ	158						—	—	—	—	—
		洞体应变 EW	Ⅲ	158						—	—	—	—	—
16	威宁台	四分量钻孔应变仪	N	159						—	—	—	—	—
		四分量钻孔应变仪	N	159						—	—	—	—	—
17	昭阳乐居	水位	N	162						—	—	—	—	—
		水温	N	162						—	—	—	—	—
18	渔洞	水位	N	162						—	—	—	—	—
		水温	N	162						—	—	—	—	—
		石英水平摆 NS	N	162						—	√	—	—	—
		石英水平摆 EW	N	162						—	√	—	—	—
		四分量钻孔应变 NS	N	162						—	—	—	—	—
		四分量钻孔应变 NW	N	162						—	—	—	—	—
		四分量钻孔应变 EW	N	162						—	—	—	—	—
		四分量钻孔应变 NE	N	162						—	—	—	—	—
19	巴南安澜	动水位	Ⅲ	173						—	—	—	—	—
		水温（深）	Ⅲ	173						—	—	—	—	—
		水温（深）	Ⅲ	173						—	—	—	—	—

序号	台站（点）名称	测项	资料类别	震中距 Δ/km	按震中距 Δ 范围进行异常统计									
					$0<\Delta\leqslant100$km					$100<\Delta\leqslant200$km				
					L	M	S	I	U	L	M	S	I	U
20	大足拾万	静水位	Ⅱ	179						—	—	—	—	—
		水温（深）	Ⅱ	179						—	—	—	—	—
21	鲁甸	壤中气 CO_2	Ⅲ	181						—	—	—	—	—
		F^-	Ⅲ	181						—	—	—	—	—
		HCO_3^-	Ⅲ	181						—	—	—	—	—
		水位	Ⅲ	181						—	—	—	—	—
		电导率	Ⅱ	181						—	—	—	—	—
		pH 值	Ⅱ	181						—	—	—	—	—
		HCO_3^-	Ⅱ	181						—	—	—	—	—
		模拟水氡	Ⅱ	181						—	—	—	—	—
		四分量钻孔应变 NS	Ⅱ	181						—	—	—	—	—
		四分量钻孔应变 NW	Ⅱ	181						—	—	—	—	—
		四分量钻孔应变 EW	Ⅱ	181										
		四分量钻孔应变 NE	Ⅱ	181						—	—	—	—	—
分类统计	台项	异常台项数			0	2	0	0	0	0	2	0	0	0
		台项总数			22	22	22	22	22	78	78	78	78	78
		异常台项百分比/%			0	9	0	0	0	0	3	0	0	0
	观测台站（点）	异常台站数			0	1	0	0	0	0	1	0	0	0
		台站总数			7	7	7	7	7	14	14	14	14	14
		异常台站百分比/%			0	14	0	0	0	0	7	0	0	0
	测项总数				12					32				
	观测台站总数				7					14				
	备注													

2018 年 12 月 20 日新疆维吾尔自治区阿克陶 5.2 级地震

新疆维吾尔自治区地震局

温少妍　高　歌　聂晓红　张琳琳

摘　要

2018 年 12 月 20 日 19 时 08 分，新疆维吾尔自治区阿克陶县发生 5.2 级地震。中国地震台网中心测定的微观震中为 39.08°N、74.75°E，震源深度为 10km。根据现场考察结果，由于震区房屋抗震设防水平高，地震灾害较轻，未造成人员伤亡和财产损失，无法开展地震烈度评定和灾害损失及评估工作，故无法判定宏观震中的位置。此次地震有感范围较大，但烈度较小，最大仪器记录烈度小于Ⅴ度。

此次地震序列为主震—余震型，最大余震为 4.2 级（$M_L4.7$）地震，余震主要发生在主震当天，其后余震处于迅速衰减状态，余震集中区整体呈近 EW 向分布，长轴约 13km、短轴约 11km。此次地震震源断错性质为走滑型，其中节面Ⅰ走向为 185°、倾角 85°、滑动角-158°，节面Ⅱ走向 278°、倾角 68°、滑动角-5°，结合余震和等震线的分布情况，推测节面Ⅰ为主破裂面。结合震源机制和震区周围构造断错性质分析认为，木吉盆地北缘断裂为此次地震的发震构造。

此次地震震中 200km 范围内有 9 个测震台、5 个定点地球物理观测台、5 套岩石地温及流动 GPS、重力、地磁观测网，其中定点地球物理观测包括地倾斜、体应变、磁场总强度、地磁 H 分量、地磁 Z 分量、磁偏角和水温 7 个测项。此次地震前出现地震平静，小震群累积频度，3、4 级地震增强区，流动地磁和喀什地磁 Z 分量 5 个异常项目，共 7 条异常，其中测震学异常 5 项次，占总异常项次的 71%；流动观测 1 项，占总项次的 14%；定点地球物理观测异常 1 项，占总项次的 14%。震前无临震异常。

阿克陶 5.2 级地震发生在 2018 年度新疆地震局和中国地震局划定的危险区内，震后新疆地震局启动了Ⅳ级响应，并派出由新疆地震局"访惠聚"驻村工作队、喀什基准地震台、克孜勒苏柯尔克孜自治州地震局和阿克陶县地震局组成的现场工作队，开展震情趋势判定、烈度评定、灾害调查评估等现场应急工作。新疆地震局对此次地震序列类型做出了准确的判断。

本文所收集资料难免有所遗漏，同时在部分异常的认定上可能存在偏差，所得结论难免以偏概全。

前　言

2018 年 12 月 20 日 19 时 08 分，新疆维吾尔自治区克孜勒苏州阿克陶县发生 5.2 级地震。中国地震台网中心测定的微观震中为 39.08°N、74.75°E，震源深度 10km。1970 年以来，震中周围 100km 范围内共发生过 41 次 5 级以上地震，其中 M_S5.0~5.9 地震 32 次，M_S6.0~6.9 地震 7 次，M_S7.0~7.9 地震 2 次，最大地震为 1974 年 8 月 11 日乌恰西南 7.3 级地震。现场科学考察结果显示，由于震区房屋抗震设防水平高，地震灾害较轻，现场工作队对震区周围 8 个乡镇，9 个调查点进行了调查，调查点周围未出现明显的破坏现象，无法开展震区烈度评估及灾害损失及评估工作，故无法判定此次 5.2 级地震宏观震中的位置。此次地震有感区域涉及喀什市、阿克陶县、巴楚县、疏勒县、英吉沙县、岳普湖县、麦盖提县及莎车县，其中喀什市和阿克陶县震感强烈，但该地震未造成直接经济财产损失和人员伤亡。

阿克陶 5.2 级地震发生于新疆维吾尔自治区地震局（以下简称"新疆地震局"）和中国地震局划定的 2018 年度"塔什库尔干—乌什地区 6.5 级左右地震危险区"内部（附件三，与预测震级相比强度偏弱。震前未做出短期预测意见。地震发生后，新疆地震局启动了地震应急Ⅳ级响应，派出由新疆地震局"访惠聚"驻村工作队、喀什基准地震台、克孜勒苏柯尔克孜自治州地震局和阿克陶县地震局 16 人组成的现场工作队，前往震区开展震害调查、居民安抚等现场应急工作。新疆地震局组织专家召开多次震后趋势判定会，并结合历史地震序列特征，对此次地震序列类型做出了准确的判断。

2016 年 11 月至 2017 年 10 月新疆地区连续发生了 3 次 6 级和 5 次 5 级地震，地震活动较为活跃。进入 2018 年，新疆地区地震活动呈现出明显平静状态，5 级地震平静 271 天，期间新疆周边地区发生了 1 次 6 级和 4 次 5 级地震。2018 年 9 月 4 日伽师 5.5 级地震的发生打破了这种平静状态，其后新疆地区 5 级地震呈现连发状态（即每月 1 次），阿克陶 5.2 级地震发生在这种平静结束后的连发状态下。阿克陶 5.2 级地震距离 2016 年 11 月 25 日阿克陶 6.7 级地震约 65km，位于 6.7 级地震余震区的东南端部，两次地震之间的关系值得我们探讨。

本报告可供参考的相关文献和资料较少，因此报告中给出的结果和认识更多代表了作者的观点。

一、测震台网及地震基本参数

图 1 所示为阿克陶 5.2 级地震附近的测震台站分布情况。震中 100km 范围内有乌恰台和克州马场 2 个测震台；100~200km 范围有喀什台、喀什中继台、阿图什台、英吉沙台、岳普湖台、八盘水磨台和塔什库尔干台 7 个测震台。根据台站仪器参数及环境背景噪声水平，理论计算得到该区地震监测能力为 M_L≥2.0 级，定位精度 10~30km[1]。由于此次地震震害轻，震后该区未架设临时台站。

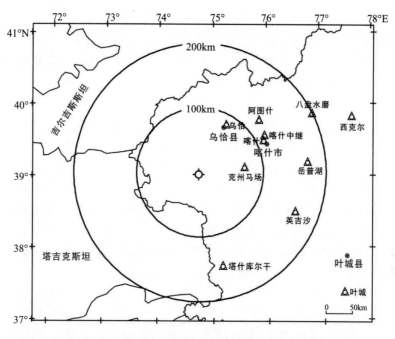

图 1　阿克陶 5.2 级地震震中附近测震台站分布图

Fig. 1　Distribution of earthquake-monitoring stations around the epicenters of the M_S5. 2 Aketao earthquake

表 1 所列为中国地震台网、新疆地震台网和 USGS 给出的阿克陶 5.2 级地震的基本参数。此次地震基本参数采用中国地震台网中心正式目录给出的结果。

表 1　阿克陶 5.2 级地震基本参数

Table 1　Basic parameters of the M_S5. 2 Aketao earthquake

编号	发震日期 年．月．日	发震时刻 时：分：秒	震中位置（°）		震级				震源深度 （km）	震中 地名	结果 来源
			φ_N	λ_E	M_S	M_L	M_b	M_W			
1	2018. 12. 20	19：08：08. 0	39.08	74.75	5. 2				10	阿克陶	CENC [4)]
2	2018. 12. 20	19：08：09. 0	39.02	74.70	5. 2				21	阿克陶	新疆地震台网[5)]
3	2018. 12. 20	19：08：11. 0	39. 101	74. 770			5. 2	5. 1	8		USGS[6)]

二、地震地质背景

1. 地形地貌

此次 5.2 级地震震区位于昆仑山与南天山西段的相间部位，主体位于昆仑山内高山区（图 2）。昆仑山脉环绕塔里木盆地的南缘，形成一条向南突出的环形山脉。震区内昆仑山山体走向先由近 EW 向，逐渐转为 NW—SE 向，海拔高度在 3000~6000m，最高山峰为公格尔山，海拔 7649 m，相对高差 3000 m。在震区内，山体陡峭险峻，发育有大型河流与冲沟，如喀拉阿特河、克牙克巴什河，同时伴随着河流的还发育有山间盆地，呈串珠状分布，由北向南分别为木吉盆地、苏巴什盆地、塔合曼盆地，人口也多居住在这些盆地内。此次宏观震中位于帕米尔内部木吉拉张盆地东侧的昆盖山处，海拔为 4500~5000m。

2. 发震构造

阿克陶 5.2 级地震震中主要位于公格尔拉张系北端的转换断层——木吉断裂东侧附近，晚第四纪以来，沿断裂新活动特征明显，断层错断现代河流阶地及水系，为全新世活动断层。木吉盆地北缘断裂总体走向 NWW，全长约 120km，断错类型为右旋走滑兼正断性质，沿断裂存在多期古地震形变带，断裂的右旋走滑速率为 6.9 mm/a[2]。该断层线性影像十分清晰，地貌上表现为连续性较好的断层陡坎或陡崖，局部还发育有小规模的地堑、堰塞塘和泉水溢出带，性质以正断层兼右旋走滑为主，局部有逆冲性质，为全新世活动断层。以公格尔拉张系为界，以西所有 GPS 观测点均有明显的向西运动分量，以东的站点则显示了向东的运动分量，且 EW 向拉张速率北部明显大于南部（图2）。

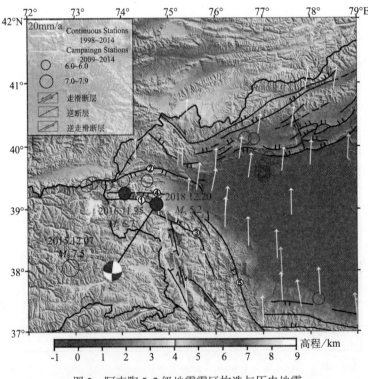

图 2　阿克陶 5.2 级地震震区构造与历史地震

Fig. 2　Major faults and historical earthquakes around the M_S5. 2 Aketao earthquake

①木吉盆地北缘断裂；②卡兹克阿尔特断裂；③布伦口断裂；④艾肯尔特断裂；⑤米牙断裂

沿公格尔拉张系发生的最大历史记录地震为 1895 年 7 月 5 日的塔什库尔干 7 级地震，是 1 次正断型地震，使得慕士塔格峰正断层南段的部分和整个塔合曼正断层发生破裂，形成了长约 27km 的地震地表破裂带，根据地表破裂规模估算其矩震级为 7.0~7.3。

此次地震震中位于公格尔拉张系——木吉盆地北缘断层附近。综合此次地震震源机制解以及余震空间分布特征，初步推断此次地震的发震断层与木吉盆地北缘断裂有关。该断裂 2016 年 11 月 25 日发生阿克陶 6.7 级地震，此次 5.2 级地震位于 2016 年阿克陶 6.7 级地震余震区的东南端部，距离 6.7 级地震约 60km。

三、地震影响场和震害

1. 地震影响场

此次地震震中位于新疆喀什地区阿克陶县，震中周边有感区域包括喀什市、阿克陶县、巴楚县、疏勒县、英吉沙县、岳普湖县、麦盖提县及莎车县，其中喀什市和阿克陶县震感强烈。对震区周围 8 个乡镇，9 个调查点进行了调查，调查点位置如图 3 所示。调查点周围未出现明显的破坏现象，无法确定震区烈度。地震未造成人员伤亡和财产损失。

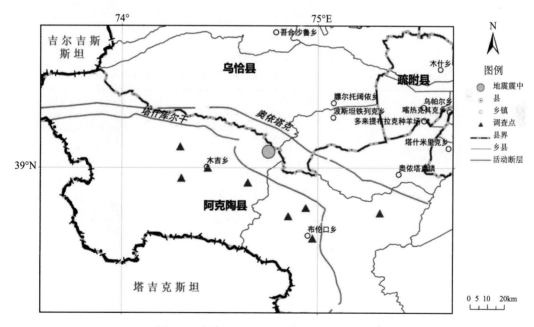

图 3 阿克陶 5.2 级地震现场调查点分布图[1)]

Fig. 3 Distribution of field investigation points of the M_S5.2 Aketao earthquake

此次地震发生在南疆强震监视区内，有 18 个强震台站触发（图 4），震中距最近、水平向峰值最大的为乌恰县波斯坦铁列克台，距震中 32km，水平向峰值加速度为 9Gal，仪器烈度小于 V 度。由于震中位于高山无人区，仅从强震观测数据分析此次地震影响有限，造成人员伤亡和严重震害的可能比较小。表 2 为此次地震强震动记录分析表。

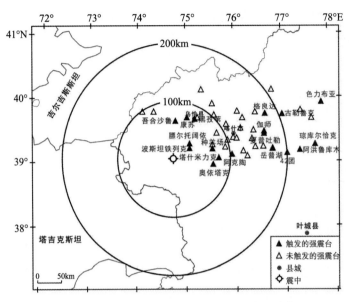

图 4　阿克陶 5.2 级地震震中附近强震动台站分布图

Fig. 4　Distribution of strong seismic stations around the epicenter of the M_S5.2 Aketao earthquake

表 2　阿克陶 5.2 级地震强震加速度记录[1]

Table 2　Seismic acceleration records of the M_S5.2 Aketao earthquake

序号	强震台	峰值加速度/Gal			仪器烈度	台站坐标（°）	
		EW	NS	UD		东经	北纬
1	波斯坦铁列克	9.0	7.2	6.9	V 度以下	75.08	39.32
2	黑孜苇	4.5	-3.3	1.5	V 度以下	75.19	39.70
3	膘尔托阔依	5.2	-5.3	7.4	V 度以下	75.08	39.32
4	种羊场	5.0	-4.4	-2.9	V 度以下	75.55	39.23
5	吾合沙鲁	1.6	-2.6	-0.9	V 度以下	74.79	39.68
6	阿克陶	-2.1	-3.0	0.9	V 度以下	75.94	39.15
7	康苏	2.8	2.2	1.7	V 度以下	75.03	39.73
8	塔什米力克	-2.3	1.9	1.0	V 度以下	75.67	39.10
9	奥依塔克	4.8	3.9	-3.2	V 度以下	75.55	39.00
10	阿洪鲁库木	2.0	3.6	-0.4	V 度以下	77.33	39.19
11	格达良	2.4	1.8	0.6	V 度以下	76.63	39.77
12	古勒鲁克	2.3	1.7	-0.6	V 度以下	76.98	39.77
13	伽师	2.1	2.1	-1.0	V 度以下	76.73	39.49

续表

序号	强震台	峰值加速度/Gal			仪器烈度	台站坐标（°）	
		EW	NS	UD		东经	北纬
14	琼库尔恰克	−2.1	3.9	−0.7	Ⅴ度以下	77.65	39.27
15	色力布亚	2.1	−1.9	−0.7	Ⅴ度以下	77.80	39.29
16	42 团	−1.9	3.0	0.5	Ⅴ度以下	77.07	39.76
17	夏普吐勒	2.1	2.5	0.9	Ⅴ度以下	76.61	39.47
18	岳普湖	3.0	−2.5	1.5	Ⅴ度以下	76.77	39.23

2. 地震灾害

此次 5.2 级地震震中位于高海拔山区，人口稀少，且震区位于Ⅷ度设防区，经过 2016 年 11 月 25 日阿克陶 6.7 级地震恢复重建后，老旧房屋全部拆除，震区房屋均为抗震设防房屋，且建设标准高，施工质量可靠，此次地震未出现倒塌、开裂等灾损情况。

表 3　地震现场调查点统计表[1)]

Table 3　Point records of earthquake field investigation

序号	行政区	地点	东经（°）	北纬（°）
1	木吉乡	布拉克村	39.10499	74.29882
2	木吉乡	昆提别斯村	38.92685	74.64584
3	木吉乡	琼让村	38.94963	74.30498
4	木吉乡	木吉村	39.00001	74.44078
5	布伦口乡	盖孜村	38.77513	75.31829
6	布伦口乡	布伦口村	38.64978	74.97282
7	布伦口乡	恰克尔艾格勒村	38.80118	74.93873
8	布伦口乡	恰克尔艾格勒村第 3 小组	38.75991	74.84998
9	奥依塔克镇	新奥依塔克村	39.00437	75.55437

3. 震害特征

通过地震现场入户走访调查，此次地震的影响场与灾害特征主要有以下几点：

（1）此次地震未造成人员伤亡和财产损失。

（2）震区为抗震设防高烈度区，虽然个别房屋院墙及墙体由于受基础不均匀沉降影响，产生裂缝，但未造成结构性破坏。

（3）此次地震多地有感，震中附近乡镇村震感较为强烈，但影响不大。震后震区社会稳定，群众生产生活井然有序。

四、地 震 序 列

1. 地震序列时间分析

新疆地震台网综合定位结果显示，截至 2019 年 1 月 18 日，共记录地震 17 次，其中 $M_L1.0\sim1.9$ 地震 6 次；$M_L2.0\sim2.9$ 地震 7 次；$M_L3.0\sim3.9$ 地震 2 次；$M_L4.0\sim4.9$ 地震 1 次；$M_L5.0\sim5.9$ 地震 1 次，最大余震为 12 月 20 日 19 时 49 分 $M_L4.7$。表 4 给出了 $M_L\geq3.0$ 级地震序列目录。

表 4　阿克陶 5.2 级地震序列目录（$M_L\geq3.0$）

Table 4　Catalogue of the $M_S5.2$ Aketao earthquake sequence（$M_L\geq3.0$）

编号	发震日期 年.月.日	发震时刻 时：分：秒	震中位置（°）		震级 M_L	深度 （km）	震中地名	结果来源
			φ_N	λ_E				
1	2018.12.20	19：08：09	39.03	74.70	5.5	23	阿克陶	新疆地震台网[5]
2	2018.12.20	19：13：22	39.03	74.78	3.6	5	阿克陶	
3	2018.12.20	19：49：44	39.05	74.77	4.7	12	阿克陶	
4	2018.12.20	21：40：29	39.03	74.65	3.2	7	阿克陶	

序列 M-T 和 N-T 图显示（图 5）：主震后 41 分钟发生最大余震，其后余震强度迅速衰减，震后 3 小时余震强度衰减至 $M_L\leq2.0$ 级，21 日后余震主要以 1 级地震为主。余震序列频度衰减较快，地震当日余震频度为 12 次，其后余震日频度迅速衰减至 2 次，24 日后余震序列基本结束。

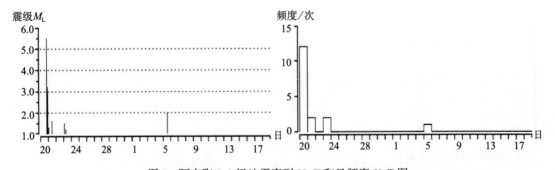

图 5　阿克陶 5.2 级地震序列 M-T 和日频度 N-T 图

Fig. 5　M-T and N-T plots of the $M_S5.2$ Aketao earthquake sequence

1）地震序列参数及类型判定

该区监测能力较弱，仅为 $M_L\geq2.0$ 级[1]，阿克陶 5.2 级地震余震次数较少，$M_L\geq2.0$ 级地震仅 11 次，且余震震级分档不均匀，震级和频度拟合较差，呈现非正态分布（图 6），因此，该地震序列的 b 值、p 值和 h 值均无法计算。

该地震序列最大余震为 4.2 级地震，与主震之间的震级差为 1.0，处于主余型地震序列的判别标准 $0.6 \leqslant \Delta M \leqslant 2.4$ 级内；截至 2019 年 1 月 18 日，主震 M_L5.5 地震占序列能量的 95.7%，满足 $80\% < E_M/E_总 < 99.9\%$。分析认为，阿克陶 5.2 级地震序列属于主震—余震型[3]。

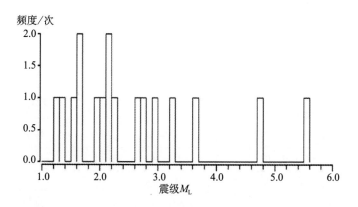

图 6　阿克陶 5.2 级地震序列 N-M 图

Fig. 6　N-M of the M_S5.2 Aketao earthquake sequence

2)　历史地震序列类比

此次地震的发震断裂为木吉盆地北缘断裂，震源及附近区域构造较复杂，地震序列类型多样。分析此次地震周边 100km 范围内历史 $M_S \geqslant 5.0$ 级地震类型及后续最大余震（结果见表 5），结果显示，26 组地震中孤立型地震的比例为 10/26，主—余型地震的比例为 13/26。阿克陶 5.2 级地震序列为主—余型地震序列[8]，与历史情况相符。

表 5　1970 年以来阿克陶及邻区 $M_S \geqslant 5.0$ 级地震余震与序列类型

Table 5　The aftershocks and sequence types of $M_S \geqslant 5.0$ earthquakes around Aketao and its adjacent regions from 1970

序号	发震日期 年.月.日	震中位置（°）		震级	参考地名	最大余震	与主震间隔时间 （天）	震型
		北纬	东经					
1	1970.03.29	39.68	75.28	5.0	新疆乌恰			孤立
2	1973.06.11	39.55	74.83	5.0	新疆乌恰	2.6	50	孤立
3	1974.08.11	39.23	73.83	7.3	新疆阿克陶	6.4	1	主—余
4	1975.02.12	38.43	75.48	5.1	新疆阿克陶	3.3	1	主—余
5	1978.10.08	39.50	74.80	6.0	新疆乌恰	3.9	1	主—余
6	1980.08.01	39.75	75.38	5.3	新疆乌恰	2.9	6	主—余
7	1983.06.05	39.22	75.82	5.0	新疆喀什	2.3	当天	孤立

续表

序号	发震日期 年．月．日	震中位置（°） 北纬	震中位置（°） 东经	震级	参考地名	最大余震	与主震间隔时间 （天）	震型
8	1985.08.23	39.43	75.48	7.1	新疆乌恰	6.8	20	前—主—余
9	1987.04.30	39.82	74.68	5.8	新疆乌恰	5.0	38	主—余
10	1987.06.08	39.83	74.43	5.0	新疆乌恰	3.2	4	主—余
11	1988.03.27	38.75	74.82	5.5	新疆阿克陶			孤立
12	1988.08.13	39.80	74.37	5.5	新疆乌恰	5.2	40	震群
13	1989.06.10	39.72	74.30	5.0	新疆乌恰	3.0	69	主—余
14	1990.04.17	39.45	75.63	6.4	新疆乌恰	4.3	138	孤立
15	1990.05.17	38.72	74.32	5.7	新疆阿克陶	3.1	当天	孤立
16	1993.12.01	39.32	75.06	6.2	新疆疏附	5.8	42	震群
17	1994.10.03	38.72	75.14	5.1	新疆阿克陶			孤立
18	2002.12.25	39.59	73.69	5.7	新疆乌恰	2.3	11	孤立
19	2003.09.02	38.57	74.04	5.6	新疆阿克陶	4.1	当天	主—余
20	2008.10.05	39.46	74.71	6.8	新疆乌恰	6.5	当天	震群
21	2010.06.10	39.90	74.96	5.2	新疆乌恰			孤立
22	2010.09.07	39.52	74.15	5.4	新疆乌恰	3.7	2	主—余
23	2011.01.01	39.44	74.93	5.1	新疆乌恰	3.0	70	主—余
24	2012.03.02	39.71	74.05	5.0	新疆乌恰	3.6	4	主—余
25	2012.06.01	39.78	74.07	5.1	新疆乌恰	2.2	当天	孤立
26	2016.11.25	39.25	74.70	6.7	新疆阿克陶	5.0	1	主—余

注：地震信息来源于1970年以来新疆区域地震台网目录

3）P波初动

地震波初动方向是指地震波到达地面时，地表质点的最初振动方向。阿克陶5.2级地震发生后，利用距离震中48km的布伦口台记录的波形资料，读取信噪比较好的P波初动（图7），截至1月18日，共读取到清晰初动9次，其中8次向下，1次向上。序列初动一致性较好。

4）应力降

阿克陶5.2级地震序列中较大地震很少，符合计算条件的余震仅1次，采用多台联合反演方法计算主震和符合条件的余震的应力降，得到主震应力降为9.16bar，余震应力降值为2.92bar，为判定该序列应力降值是否正常，对比其周围地区强度相当的3.0~3.9级地震应力降值，表明该序列主震能量释放较为完全，余震未出现高应力状态。

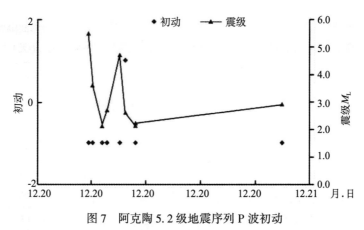

图 7　阿克陶 5.2 级地震序列 P 波初动

Fig. 7　P wave initial motion of the M_S5.2 Aketao earthquake sequence

2. 余震空间分布

根据新疆地震台网综合定位结果，此次阿克陶 5.2 级地震序列空间图像显示，余震主要分布在主震北侧，长轴约 13km，短轴约 11km（图 8）。为进一步明确地震与构造的相关性，采用 HypoDD 方法[4]对阿克陶 5.2 级地震序列的震源位置进行重新定位，最终符合计算条件的地震仅 4 次，均为 M_L≥2.0 级地震（图 9），结果显示，阿克陶 5.2 级地震发生在木吉盆地北缘断裂，主震深度 10km，余震深度分布在 8～10km 范围。由于台站分布格局较差，余震较少，可用于精定位的地震很少，无法进行剖面分析。

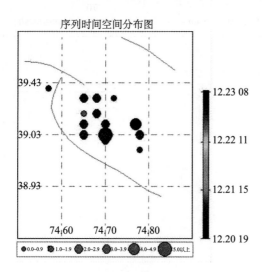

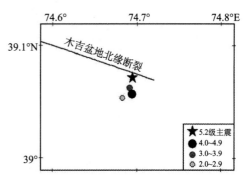

图 8　阿克陶 5.2 级地震序列空间分布图

Fig. 8　Spatial distribution of the M_S5.2

Aketao earthquake sequence

图 9　阿克陶地震序列精定位震中分布图

Fig. 9　Precision positioning of the M_S5.2

Aketao earthquake sequence

3. 小结

此次地震的序列类型为主—余型，序列衰减较快，余震主要集中在主震当日，余震序列主要分布在主震西北侧，长轴约13km，短轴约11km。震区100km范围内5级以上地震序列类型以主—余型和孤立型为主。

五、震源参数和地震破裂面

1. 主震震源机制解

利用新疆及周边P波初动清晰的20个台站资料，计算了此次地震震源机制解（图10），其中节面Ⅰ走向185°、倾角85°、滑动角-158°；节面Ⅱ走向278°、倾角68°、滑动角-5°；P轴方位为140°、仰角19°；T轴方位234°、仰角12°。

由于台站记录的波形数据质量较差，无法利用CAP方法解算5.2级主震的震源机制，且主震震级偏小，国外研究机构GFZ给出此次地震震源机制类型为走滑型。

2. 最大余震震源机制解

利用P波初动方法计算了最大余震$M_S4.3$的震源机制解（图10），其中节面Ⅰ走向188°、倾角85°、滑动角-178°，节面Ⅱ走向为278°、倾角88°、滑动角-5°；主压应力P轴方位为143°、仰角5°；主张应力T轴方位53°、仰角2°。余震与主震的震源机制解类型一致，其P轴方位近NNW向，与该区域历史地震P轴方位及构造应力场主压应力方向基本一致。

表6　阿克陶5.2级地震及其最大余震震源机制解

Table 6　Focal mechanism solutions of the $M_S5.2$ Aketao and its biggest aftershock earthquakes

震级	节面Ⅰ（°）			节面Ⅱ（°）			P轴（°）		T轴（°）		N轴（°）		结果来源
	走向	倾角	滑动角	走向	倾角	滑动角	方位	仰角	方位	仰角	方位	仰角	
$M_S5.2$	185	85	-158	278	68	-5	140	19	234	12	354	68	新疆地震局
$M_S4.3$	188	85	-178	278	88	-5	143	5	53	2	295	85	新疆地震局[7]

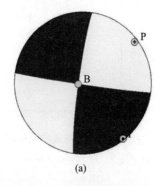
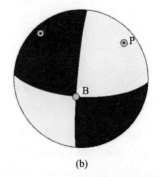

(a)　　　　　　　　　　　　　(b)

图10　阿克陶5.2级地震震源机制解（a）及余震阿克陶4.3级地震震源机制解（b）

Fig. 10　Focal mechanism of the $M_S5.2$ Aketao earthquake（a）and its $M_S4.3$ aftershock（b）

综合以上资料，最终采用 P 波初动算法得到的结果为此次地震的最终结果，认为阿克陶 5.2 级主震的断错性质为走滑型。震源机制解所得到的节面 I 走向为 185°，与附近走向为 NWW，倾角较陡，走滑性质的木吉盆地北缘断裂最为接近，分析认为节面 I 为地震破裂面。结合震源机制解、断裂走向以及余震分布，综合分析认为，此次地震的发震断层为木吉盆地北缘断裂。

六、地球物理观测台网及地震前兆异常

1. 地球物理观测台网

震中附近定点地球物理观测台站及观测项目分布见图 11。震中 200km 范围内有 5 个定点地球物理观测台站以及 GPS、流动重力、流动地磁观测。其中定点地球物理观测包含地倾斜、体应变、磁场总强度、地磁 H 分量、地磁 Z 分量、磁偏角和水温 7 个观测项目，共 10 个观测台项。其中震中 0~100km 范围有马场和乌恰 2 个地球物理观测台，2 个观测项目共 3 个观测台项；100~200km 范围有喀什、阿图什和塔什库尔干 3 个地球物理观测台，6 个观测项目共 7 个观测台项。

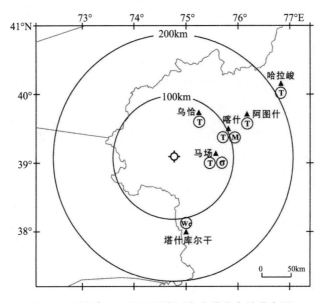

图 11　阿克陶 5.2 级地震附近定点前兆台站分布图

Fig. 11　Distribution of precursory-monitoring stations around the M_S5.2 Aketao earthquake

除了上述定点地球物理观测，2016 年 4 月中国地震局地质研究所陈顺云博士在喀什—乌恰交会区附近架设了 5 套岩石地温观测（图 12）。其中膘尔托阔依、奥依塔格、乌帕尔和康苏 4 个台位于阿克陶 5.2 级地震震中 100km 范围内，上阿图什台位于 100~200km 范围。2015 年 11 月和 2016 年 6 月中国地震局地壳研究所郭泉博士在新疆分两批架设了 10 个观测点共 12 套次声波观测仪器。其中喀什观测点位于阿克陶 5.2 级地震震中 200km 范围内，其

余观测点距震中较远。岩石地温与次声波观测均为科研性质的地震前兆观测，未正式纳入地震前兆观测网络。

新疆流动地球物理观测网由流动重力、GPS和地磁3个子网组成。震中附近区域（λ_E：73°~84°，φ_N：36°~42°）共有84个流动重力观测点，32个流动GPS观测点以及32个流动地磁观测点（图13）。

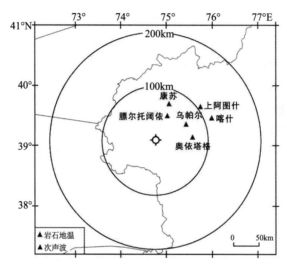

图 12　阿克陶 5.2 级地震附近岩石地温与次声波台站分布图

Fig. 12　Distribution of rock geotemperature and infrasonic stations around the M_S5.2 Aketao earthquake

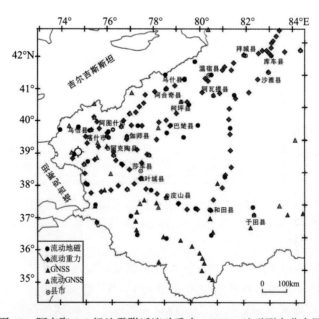

图 13　阿克陶 5.2 级地震附近流动重力、GPS、地磁测点分布图

Fig. 13　Distribution of flowing observation sites around the M_S5.2 Aketao earthquake

2. 地震前兆异常

此次震例总结，梳理出测震学异常共 5 项，主要为地震平静、地震增强区和小震群累积月频度的异常；定点地球物理观测未出现异常；流动观测仅 1 项，为流动地磁异常。这些异常均为中期或中短期异常，未出现短临异常。

1) 库车—乌恰地区 5 级地震平静[3,9]

2015 年 1 月 10 日阿图什 M_S5.0 地震后，新疆乌恰—库车地区 $M_S \geqslant 5.0$ 级地震一直处于平静状态，平静时长达 1331 天，2018 年 9 月 4 日伽师 M_S5.5 地震将其打破。预测指标结果显示，该区 $M_S \geqslant 5.0$ 级地震出现超过 738 天的平静后，平静打破后 1 年内发生 $M_S \geqslant 6.0$ 级地震的比例为 4/5，其中直接打破平静的占 60%，$M_S \geqslant 6.5$ 级地震比例为 3/5。会商结果认为，该异常结束后，平静区内存在发生 $M_S \geqslant 6.0$ 级地震的可能（见附件二）。阿克陶 5.2 级地震发生在平静区边缘，且前期平静区内发生过 9 月 4 日伽师 M_S5.5 和 11 月 4 日阿图什 $M_S \geqslant 5.1$ 级地震，但与目标地震具有明显的差别，分析认为，该异常未对应此次地震（图 14）。

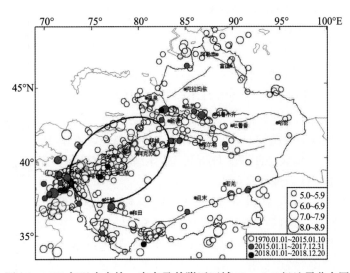

图 14　1970 年以来乌恰—库车及其附近区域 $M_S \geqslant 5.0$ 级地震分布图

Fig. 14　Epicenter distribution with $M_S \geqslant 5.0$ earthquakes in Xinjiang and its nearby areas from 1970

2) 乌恰—伽师地区 5 级地震平静[10]

2016 年 11 月 25 日阿克陶 M_S6.7 地震后，乌恰—伽师地区 $M_S \geqslant 5.0$ 级地震出现了 647 天的平静，这种长时间的平静在阿克陶 M_S6.7 地震前亦出现过（平静时长 1638 天）（图 15）；震例研究显示，该区 $M_S \geqslant 5.0$ 级地震出现超过 524 天的平静后，1.5 年内平静区发生 $M_S \geqslant 6.0$ 级地震的比例为 12/14（85.5%）。会商结果认为，该异常结束后，平静期内存在发生 $M_S \geqslant 6.0$ 级地震的可能（见附件二）。该区 647 天的平静被 2018 年 9 月 4 日伽师 M_S5.5 地震发打破，平静打破后该区又发生阿克陶 M_S5.2 地震，分析认为，虽然平静区内发生了多次 5 级地震，但与目标地震的强度差别较大，认为该异常仍未对应。

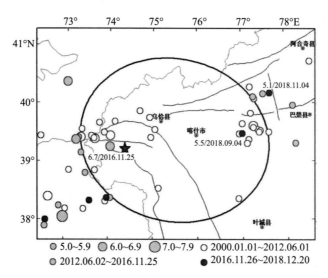

图 15　2000 年以来喀什—乌恰交会区 M_S≥5 级地震分布图

Fig. 15　Distribution of M_S≥5 earthquakes in Kashi–Wuqia intersection from 2000

3）新疆地区 4、5 级地震平静[11]

新疆地区 4 级地震平静：2018 年 6 月 19 日皮山 M_S4.1 地震后，新疆地区 4 级地震平静 60 天，2018 年 8 月 18 日呼图壁 M_S4.8 地震打破了该平静。震例研究显示，1970 年以来新疆地区 M_S≥4.0 级地震平静超过 60 天后，后续 1 年新疆地区发生 M_S≥6.0 级地震的比例为 20/29，优势发震区域为南天山西段。分析认为，4 级地震打破后，新疆地区连续发生 5 次 5 级地震，但震级偏小，认为该异常仍未对应。

新疆地区 5 级地震平静：2017 年 12 月 7 日叶城 M_S5.2 地震后，新疆地区 M_S≥5.0 级地震呈现明显的平静特征，2018 年 9 月 4 日伽师 M_S5.5 地震前，平静时间已达 271 天。震例研究显示，1950 年以来，新疆地区 M_S≥5.0 级地震平静超过 242 天，平静结束后 1 年内发生 M_S≥6.0 级地震的比例为 13/16 (81%)，优势发震区域为柯坪块体。分析认为，5 级地震平静打破后，新疆 5 级地震呈现连发状态，但比目标地震强度小，认为该异常仍未对应。

震例研究显示，当新疆地区 M_S4、5 地震出现嵌套平静后，往往 4 级地震先打破平静，后续 5 级地震平静打破后，1 年内发生 M_S≥6.0 级地震的比例为 6/6 (表 7)。伽师 M_S5.5 地震的发生打破了新疆地区 5 级地震平静，亦表明 4、5 级地震嵌套平静进入强震对应期。分析认为，阿克陶 5.2 级地震为伽师 M_S5.5 地震后新疆 5 级地震连发状态下的又一次 5 级地震，但与目标地震强度相比较弱，认为该异常仍未对应。

表 7　新疆 M_S5 地震和 M_S4 地震同期平静与后续 M_S6 地震的关系

Table 7　The relationship between seismic quiescence M_S5 and M_S4

and the subsequence M_S6 earthquakes in Xinjiang

序号	5级平静时长（天）	4级平静时长（天）	后续6级地震情况		
			发生时间 地点 震级	间隔时间/天	
				5级平静	4级平静
1	1976.10.01~1977.07.23 295	1977.02.27~05.16 78	1977.12.19 西克尔 6.2 1978.10.08 乌恰 6.0	149 442	217 510
2	1986.04.26~1987.01.06 255	1986.11.06~1987.01.06 61	1987.01.24 乌什 6.4 1987.04.30 乌恰 6.0	18 114	18 114
3	1996.03.22~11.19 242	1996.03.22~06.04 74	1996.11.19 喀喇昆仑山口 7.1 1997.01.21 伽师震群	0 63	168 231
4	2000.12.10~2001.11.14 339	2001.03.24~06.22 90	2001.11.14 昆仑山口西 8.1 2003.02.24 伽师 6.8	0 467	145 612
5	2003.12.01~2005.02.15 442	2004.06.07~09.03 88	2005.02.15 乌什 6.3	0	165
6	2016.02.11~11.25 268	2016.08.13~11.03 82	2016.11.25 阿克陶 6.7 2016.12.08 呼图壁 6.2 2017.08.09 精河 6.6	0 13 257	22 35 279
7	2017.12.07~2018.09.04 271	2018.06.19~08.18 60			

4）3、4 级地震增强区[12)

预测指标显示，3 个月内，2°×2°范围内南天山地震带发生 4 次以上 $M_S \geqslant 3.5$ 级地震，且必须包含 3 次以上 4 级地震，其后集中区及其附近地区为未来 $M_S \geqslant 5.0$ 级地震的危险区域[5]。乌恰—喀什交会区于 2017 年 6~9 月，2017 年 12 月至 2018 年 1 月和 2018 年 3~5 月形成 3 个异常增强区（图 16），会商结果认为，该异常区及其附近地区存在发生多次 $M_S \geqslant 5.0$ 级地震的可能（见附件二）。此次阿克陶 5.2 级地震发生即在 M_S3、4 地震异常增强区内。但由于预测指标中预测的后续地震可能为多个 $M_S \geqslant 5.0$ 级地震，因此认为该异常仍然持续。

5）南天山西段小震群活跃[13)

新疆小震群活动与后续中强地震关系较为密切，特别是短时间发生小震群的频度相关性较好。预测指标显示，当南天山西段小震群累积月频度出现"加速—减弱"现象后，该区发生 $M_S \geqslant 5.8$ 级地震的比例为 5/7（图 17）。2017 年 6 月至 2018 年 5 月南天山西段小震群累积月频度出现加速现象，会商结果认为，该加速异常现象结束后，南天山西段存在发生 $M_S \geqslant 5.8$ 级地震的可能（见附件二）。2018 年 6 月后小震群活动平静。阿克陶 5.2 级地震发生震群活动结束后 6 个月。

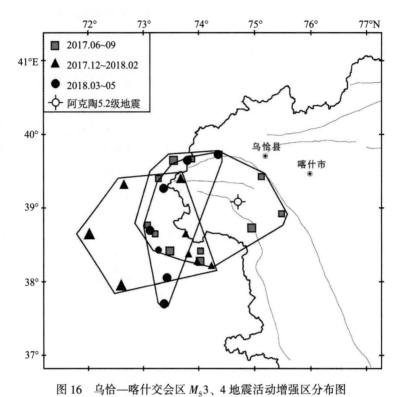

图 16　乌恰—喀什交会区 M_S3、4 地震活动增强区分布图

Fig. 16　Seismicity enhanced region of M_S4 and M_S4 in Wuqia-Kashi intersection

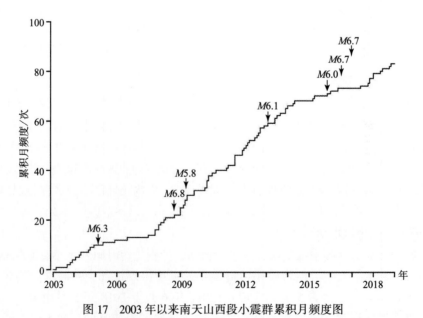

图 17　2003 年以来南天山西段小震群累积月频度图

Fig. 17　Cumulative monthly frequency of small earthquake swarms for south Tianshan since 2003

表 8　阿克陶 5.2 级地震异常情况登记表

Table 8　Anomalies catalog of the M_S5.2 Aketao earthquake

序号	异常项目	台站（点）或观测区	分析方法	异常判据及观测误差	震前异常起止时间	震后变化	最大幅度	震中距 Δ/km	异常类别及可靠性	图号	异常特点及备注
1	地震平静	乌恰—库车 5 级	$M_S≥5.0$ 级地震空间分布	①取地震活动性增强的空间范围作 $\Sigma\sqrt{E}$-T 曲线，将曲线加速后的减慢时段作为平静时期。②Δ-T 图。Δ应取尽可能大的值以确定平静与异常区的界限。③利用小震频度的变化研究震前平静	2015.01.10~2018.09.04	平静打破		平静区边缘	M_1	14	震前发现[2]
		乌恰—伽师 5 级	$M_S≥5.0$ 级地震空间分布		2016.11.25~2018.09.04	平静打破		平静区内部		15	震前发现[2]
		新疆 4、5 级	4、5 级同期平静		2017.12.07~2018.09.04	平静打破			S_1		震前发现[2]
2	小震群	南天山山西段	累积月频次	小震群累积月频度出现"加速—减弱"现象	2017.09~2018.04				S_1	17	震前发现[2]
3	地震增强	乌恰西南	3、4 级地震频次	3 个月内，2°×2°范围频次大于 4 次	2017.05.01~2018.05.31					16	震前发现[2]
4	流动地磁	新疆	地磁各要素空间分布差异		2017~2018.07			异常区外围	M_1	18	震前发现[2]
5	喀什地磁	喀什	自动归零拟合差值	超 2 倍均方差	2018.07.04~	持续	$2.5×10^{-5}$	167	S_2	19	震前发现[2]

6）流动地磁[2)]

2018 年流动地磁观测结果显示，新疆地区存在阿克陶—英吉沙、和布克赛尔—吉木乃 2 个岩石圈磁场局部异常变化区域及博乐—精河值得注意区（图 18）。分析认为，该异常区区域及附近地区存在发生 $M_S \geq 5.0$ 级地震的可能（见附件二）。震例统计显示，2015~2017 年 5 次 $M_S \geq 5.0$ 级地震（2 次 6 级，3 次 5 级）发生在流动地磁观测的预测区内及其边缘，其中包括 2016 年呼图壁 $M_S6.2$ 和 2017 年精河 $M_S6.6$ 地震，该异常对地点判定具有较好的预测效能。此次阿克陶 5.2 级地震发生也在阿克陶—英吉沙异常区域边缘。

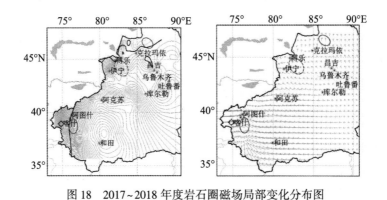

图 18　2017~2018 年度岩石圈磁场局部变化分布图

Fig. 18　Local variation distribution of lithospheric magnetic field in 2017-2018

（a）dD 变化矢量；（b）dH 变化矢量

7）喀什地磁 Z 分量拟合差值

喀什地磁距离阿克陶 5.2 级地震 112km。喀什地磁 Z 分量拟合差值曲线自 2018 年 7 月开始超 1 倍均方差，并持续上升，9 月 11 日趋势转折下降（图 19），阿克陶 $M_S5.2$ 级地震发生在异常持续过程中。

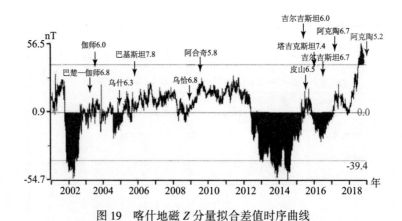

图 19　喀什地磁 Z 分量拟合差值时序曲线

Fig. 19　Fitting interpolation temporal curve of geomagnetism Z component in Kashi

历史震例表明，拟合差值低于零线异常对 $M_S \geq 6.0$ 级地震的对应效果较好；超 2 倍均方差异常历史上出现过 3 次，其中 2001～2002 年、2014 年 2 次异常结束后 1 年内分别发生了巴楚—伽师 $M_S6.8$ 和皮山 $M_S6.5$ 地震。2018 年阿克陶 $M_S5.2$ 地震震级偏小，震后异常仍然持续。

七、地震前兆异常特征分析

阿克陶 5.2 级地震前，地震前兆异常呈现如下特征：

1. 震前异常多，与此次地震相关的异常少

阿克陶 5.2 级地震前，全疆及南天山西段预测该区域存在发生中强以上地震的异常有 5 项，多为平静异常，这些异常从空间来看由小区域向大区域发展，从时间上看异常基本同时结束。而这些平静异常的预测指标结果显示，其后的目标地震均为 $M_S \geq 6.0$ 级，因此与此次 $M_S5.2$ 地震的相关性较小，而与此次地震具有一定相关性的仅有 1 项增强类异常和 1 项小震群累积月频度异常。

2. 定点地球物理观测异常少

震中周围 200km 范围内共有 5 个定点地球物理观测台，10 个观测台项，1 个流动观测台项，此次地震前存在 1 项中期异常。

《中国震例》中与 2018 年阿克陶 $M_S \geq 5.2$ 级地震处于同一构造区的中强以上地震有 8 次。2008 年乌恰 $M_S6.8$ 地震前存在 4 项定点前兆异常，为 8 次地震中异常数量最多的地震；1985 年乌恰 $M_S7.4$ 地震前存在 3 项异常；其他 6 次地震前定点前兆异常数量仅有 0 项或 1 项，占 75%（表 9）。该构造区中强以上地震前定点地球物理观测异常数量普遍偏少，可能与该区地震监测能力偏弱，台站分布不合理有关。

表 9　同一构造区内中强以上地震前定点地球物理观测异常统计表

Table 9　The fixed-point geophysical observation anomalies before several moderate earthquakes in the same tectonic

序号	地震	错动性质	研究区内台项数量	异常项目	异常台项数量
1	1983.02.13 乌恰 6.8	走滑型	4*	无	0
2	1985.08.23 乌恰 7.4	逆冲兼走滑	10*	喀什地磁、乌什地倾斜、乌什压容应力	3
3	1990.04.17 乌恰 6.4	走滑型	3*	无	0
4	1993.12.01 疏附 6.2	走滑型	4*	无	0
5	2002.12.25 乌恰 5.7	逆断型	7*	无	0
6	2003.09.02 阿克陶 5.9	正断型	5*	喀什地倾斜	1

续表

序号	地震	错动性质	研究区内台项数量	异常项目	异常台项数量
7	2008.10.05 乌恰 6.8	逆断型	10	喀什土层应力、喀什地倾斜、喀什地磁、莎车土层应力	4
8	2016.11.25 阿克陶 6.7	走滑型	18	喀什地磁（逐日比、加卸载响应比）	1
9	2018.12.20 阿克陶 5.2	走滑型	10	无	0

注：《中国震例》中1~6号地震的地磁观测按1台项统计，按照规范要求地磁台的总强度、垂直分量和偏角各算一个测项。为便于对比分析，修正了1~6号地震的台项数量，表中∗号表示。

与阿克陶 5.2 级地震位于同一构造区的 8 次地震中有 4 次地震的错动性质为走滑型，其中震前定点前兆异常数量最多的地震为 2016 年阿克陶 M_S6.7 地震，仅 1 项，其他 3 次地震前均无定点前兆异常。该区走滑型地震前定点前兆异常数量普遍偏少。此次阿克陶 5.2 级地震为走滑型且震前无定点前兆异常，与这一特征相符。梅世蓉等[6]根据岩石破坏的两种机制将我国大陆地震分为错断型地震和走滑型地震。前者的岩体破坏遵循 Coulomb 准则，必克服岩石本身的破坏强度，因此地震孕育过程的后期和发震时的应力水平很高，地震前兆异常明显，且异常范围广。后者遵循 Byerlee 定律，即必须克服断面上的摩擦强度，所以发震时的应力水平较低，前兆异常表现不如前者明显，异常范围也较小。因而作为走滑型地震的阿克陶地震，其前兆异常不显著是合理的。

八、震前预测、预防和震后响应

1. 震前预测、预防

阿克陶 5.2 级地震位于新疆地震局和中国地震局于 2018 年度划定的"塔什库尔干—乌什地区 6.5 级左右地震"的危险区内[2]。为了加强对该地区的震情跟踪研判，根据中国地震局《关于 2018 年全国震情监视跟踪工作安排的意见》（中震测发〔2017〕6 号）及《2018 年度新疆地震重点危险区震情监视跟踪管理实施细则（试行）》（新震测发〔2017〕14 号），新疆地震局预报中心安排专人负责，成立了危险区跟踪小组，对危险区附近及周边的地震活动及前兆数据进行实时跟踪。

此次地震前虽然未填报短期预测卡片，但日常跟踪过程中对该地震的发生是有所察觉的。震前可以作为该区预测依据的测震学异常较多，多数依据的优势时段位于异常结束后的 6 个月内，时间跨度较大，因此无法给出明确的短期预测意见。日常周、月会商中明确提出"南天山西段存在发生 6 级地震的可能"，此次地震发生预测期内，较好地做到了震情的滚动跟踪，但将该地震作为目标地震强度偏弱，震前测震学异常预测指标的地震强度多为 6 级以上，故本报告中的多数异常不能对应此次地震。

2. 震后响应与震后趋势判定

地震发生后，新疆地震局第一时间启动地震应急Ⅳ级响应，派出由新疆地震局"访惠聚" 驻村工作队、喀什基准地震台、克孜勒苏柯尔克孜自治州地震局、和阿克陶县地震局16 人组成的现场工作队赶赴震区，于震区开展应急处置和现场灾害调查工作。在地震系统现场应急指挥部的领导下、在震区各级党委政府的协助下，现场工作队对灾区 8 个乡（镇）9 个调查点开展了实地调查工作。由于该区强震台网相对较多，且余震较少，故未架设临时台和强震台。

地震发生后，新疆地震局预报中心立即召开了震后趋势会商会，综合分析发震构造、震区历史地震活动、震源机制、序列类型和余震活动等情况，判定该地震为主震—余震型[14]。同时，召开加密会商会，密切跟踪和动态研判序列的发展变化，较为准确地把握了阿克陶5.2 级地震震区的余震活动水平。

九、结论与讨论

1. 主要结论

2018 年 12 月 20 日阿克陶 5.2 级地震余震数量较少，整体呈近 EW 向分布，位于木吉盆地北缘断裂附近，余震展布方向与该断裂的走向较为吻合；震源机制解结果显示此次地震为走滑型，P 轴方位为 NNW 向，与走滑兼正断性质的木吉盆地北缘断裂一致。因此，结合余震分布和断裂性质等认为，走向为 185° 的节面 I 为此次地震的破裂面，木吉盆地北缘断裂为此次地震的发震构造。

此次地震余震序列的频度和强度衰减较快，71% 的余震主要发生在主震当日，较强余震集中发生在主震后 41 分钟。主震能量释放较为充分，占总序列能量的 95.7%。最大余震为4.2 级地震（M_L4.7），主震与最大余震的震级差 ΔM 为 1.0。综合分析认为，阿克陶 5.2 级地震序列为主震—余震型。

阿克陶 5.2 级地震震中周围为新疆监测能力较弱地区，震前存在多项测震学异常，主要为平静类异常。根据同一构造区中强异常地震前异常统计，分析认为多数异常所预测的目标地震强度在 6.0 级以上，此次地震前该区域已发生 2 次 5 级地震，但这些地震的强度均明显小于目标地震的强度，而此次地震是前期异常结束后一系列连发状态中的再一次 5 级地震活动，进一步加剧了该区域强震危险性，但前期异常依据不能够完全作为此次地震的异常，可能为后续 6 级地震和前期多次 5 级地震共同的异常。此外，定点地球物理观测异常较少，仅有 1 项中期异常和 1 项流动地磁异常，该异常对地点和强度的判定具有一定的指示意义，但时间尺度预测难以判定；因此，对于新疆地区而言，尤其是监测能力薄弱地区，加强地球物理观测手段的建设是有效捕捉震前异常信号的重要手段。

2018 年 9 月 4 日伽师 5.5 级地震后，新疆地区连续发生了 4 次 5 级地震，结束了 2014年于田地震后中强地震逐步恢复背景水平的活动状态，再次进入了连发状态，此次 5.2 级地震处于连发过程中的一次 5 级地震，5.2 级地震后 5 级地震连发状态可能持续。历史震例统计结果显示，5 级地震长期平静结束后的连发过程中往往伴随 6 级地震的发生，而连发过程结束后发生 6.5 级左右地震的危险性增强。这种现象进一步表明南天山西段前期的各项异常，特别是测震学异常与前期的 5 级地震相关性较小，或可能为 1 组 5、6 级地震的共同异常，表明后续新疆仍具有发生 6 级以上地震的危险。

2. 讨论

（1）空间上，5.2级地震发生在2016年11月25日阿克陶6.7级地震余震序列的端部；时间上，6.7级地震序列M-T图显示（图20），余震序列2018年出现45天的地震平静，其后出现活动增强后发生了5.2级地震，分析认为，阿克陶5.2级地震为6.7级地震的晚期强余震。

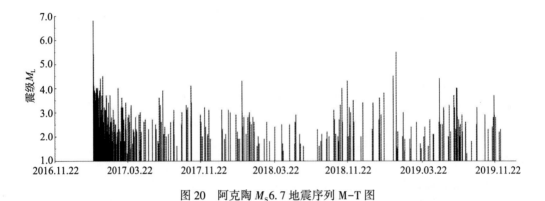

图20　阿克陶 M_S6.7地震序列 M-T 图

Fig. 20　The M-T of the M_S6.7 Aketao earthquake sequence

（2）张琳琳等[7]计算了2016年阿克陶6.7级地震后库伦应力变化图（图21），图中显示5.2级地震发生在阿克陶6.7级地震所引起的库仑应力累积变化的增强区，由此认为，阿克陶6.7级地震的发生对5.2级地震具有一定的触发作用。

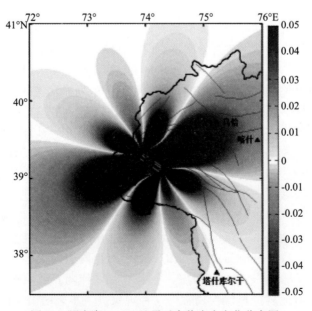

图21　阿克陶 M_S6.7地震后库伦应力变化分布图

Fig. 21　Coulomb stress change after the M_S6.7 Aketao earthquake

参 考 文 献

［1］尹光华等，新疆数字测震台网的监测能力及其构造意义，内陆地震，24（2）：97～106，2010

［2］李文巧，帕米尔高原东北部塔什库尔干谷地活动构造及强震，中国地震局地质研究所博士论文，2013

［3］蒋海昆、李永莉、曲延军等，中国大陆中强地震序列类型空间分布特征，地震学报，28（4）：389～398，2006

［4］Waldhauser F, Ellsworth W L, A double-difference earthquake location algorithm：Method and application to the northern Hayward fault, Bull. Seismol, Soc. Am., 90：1353－1368, 2000

［5］王筱荣，新疆强震前地震活动增强研究，华南地震，25（1）：17～23，2005

［6］梅世蓉，地震前兆场物理模式与前兆时空分布机制研究（三）：强震孕育时地震活动与地壳形变场异常及机制，地震学报，18（2）：170～178，1996

［7］张琳琳、聂晓红、高朝军等，2016 年 11 月 25 日阿克陶 M_S6.7 地震前后库仑应力变化分析，内陆地震，31（2）：115～121，2017

参 考 资 料

1）新疆维吾尔自治区地震局，新疆阿克陶 5.2 级地震现场工作情况报告，2018

2）新疆地震局，新疆维吾尔自治区 2019 年度地震趋势研究报告，2018

3）新疆维吾尔自治区地震局，新疆维吾尔自治区 2018 年中地震趋势研究报告，2018

4）中国地震局，全国地震目录（中国地震台网中心），2018

5）新疆维吾尔自治区地震局，新疆地震目录（区域台网），2018

6）USGS, https：//earthquake. usgs. gov/earthquakes/eventpage/us2000ivaw/origin/detail, 2018

7）新疆维吾尔自治区地震局，新疆地震局预报中心测震组，2018

8）新疆维吾尔自治区地震局，2018 年 12 月 20 日新疆阿克陶 M5.2 地震序列及后续地震趋势分析报告，2018

9）新疆维吾尔自治区地震局，新疆乌恰—库车地区 M5 地震平静异常分析报告，2017

10）新疆维吾尔自治区地震局，新疆乌恰—伽师地区 M5 地震平静异常分析报告，2016

11）新疆维吾尔自治区地震局，新疆境内 5 级地震和 4 级地震平静异常分析报告，2018

12）新疆维吾尔自治区地震局，新疆拜城—库车地区、乌恰西南地区 3、4 级地震异常增强分析报告，2017

13）新疆维吾尔自治区地震局，2017 年 6～12 月新疆南天山西段震群累积月频次分析报告，2018

14）新疆地震局预报中心，（2018）第 160 期，（总字）第 1615 期震情监视报告，2018

The M_S 5.2 Aktao Earthquake on December 20, 2018 in Xinjiang Uygur Autonomous Region

Abstract

The microscopic epicenter was measured by China Earthquake Networks Center is 39.08°N, 74.75°E with the depth of 10km. Based on scientific investigation, the estimation of seismic intensity and disaster loss assessment hadn't been carried out because of the high aseismic capacity of buildings in earthquake region and the gentle damage, so that the macro-epicenter was unable to be determined. The earthquake intensity is low, but the perceptible area is relatively large and the largest instrument recording intensity is less than Ⅴ. The earthquake doesn't inflict casualties and property loss.

The seismic sequence of this earthquake is main-aftershock type. The magnitude of maximum aftershock is $M_S4.2$ ($M_L4.7$). The aftershocks mainly occurred on the same day of main shock. Overall, the dense area of aftershocks extends the direction of EW, the long axis is about 13km and the minor axis is about 11km. The focal mechanism is strike-slip and the nodal plane Ⅰ is 185°. The nodal plane Ⅰ is inferred as the main facture plane in terms of the aftershocks distribution. The fault of northern edge of Muji basin might be seismogenic structure of $M5.2$ earthquake.

Within 200km of epicenter, there are 9 seismic stations, 5 seismic precursor stations, 5 rocky geothermal stations and mobile GPS, mobile gravity and mobile geomagnetic observations. The seismic precursory observations are total 7 items, including ground tilt, volumetric strain, total magnetic field intensity, geomagnetic Z-value and H-value, magnetic declination and water temperature. The 5 anomaly items, including seismic quiescence, the cumulative frequency of small earthquake swarms, seismicity increasing zone of the magnitude of 3 and 4, mobile geomagnetic and geomagnetic Z-value of Kashgar, total 7 anomalies have been found before the $M5.2$ earthquake. There are 5 seismographic anomaly items, constituting a total of 71%; 1 mobile observation item, accounts for 14%; 1 precursor anomaly, accounts for 14%. There is no imminent anomaly before main shock.

The $M_S5.2$ Aketao earthquake occurred in the annual dangerous zone designed by Earthquake Agency of Xinjiang Uygur Autonomous Region and China Earthquake Administration in 2018. Earthquake Agency of Xinjiang Uygur Autonomous Region started Ⅳ emergency response and sent a task force at the scene, which is comprised of "Fang-Hui-Ju" village working team, reference seismic monitoring station of Kashgar, Earthquake Agency of Kizilsu Autonomous Prefecture and Aketao. They carried out post-seismic trend judgement, seismic intensity assessment, hazard investigation and estimation and so on field emergency work. The type of seismic sequence is accurately judged by Earthquake Agency of Xinjian Uygur Autonomous Region.

This report is finished within one month after the M_S5. 2 Aketao earthquake, and the related research achievements have not been finished and published publicly so that the materials in this report is incomplete. In additional, partial anomalies recognition might exist cognitive bias. But above all, the conclusion is unavoidable overgeneralization.

报 告 附 件

附件一：震例总结用表

附表1　固定前兆观测台（点）与观测项目汇总表

序号	台站（点）名称	经纬度（°）		测项	资料类别	震中距 Δ/km	备注
		φ_N	λ_E				
1	马场	39.15	75.57	地倾斜（摆式）	Ⅱ类	71	仪器型号 CZB-Ⅱ
				体应变	Ⅱ类	71	
				测震	Ⅰ类	71	
2	乌恰	39.74	75.24	地倾斜（摆式）	Ⅱ类	84	仪器型号 CZB-Ⅱ
				测震	Ⅰ类	84	
3	喀什栏杆	39.51	75.81	地倾斜（摆式）	Ⅱ类	112	仪器型号 CZB-Ⅱ
				地磁总强度	Ⅰ类	112	
				地磁 H 分量	Ⅰ类	112	
				地磁 Z 分量	Ⅰ类	112	
				地磁磁偏角	Ⅰ类	112	
4	喀什中继	39.59	75.94	测震	Ⅰ类	116	
5	阿图什	39.72	76.17	地倾斜（摆式）	Ⅱ类	140	仪器型号 CBT
				测震	Ⅰ类	140	
6	塔什库尔干	37.78	75.17	水温	Ⅱ类	150	
				测震	Ⅰ类	150	
7	英吉沙	38.52	76.49	测震	Ⅰ类	164	
8	岳普湖	39.21	76.74	测震	Ⅰ类	172	

续表

分类统计	$0<\Delta\leqslant100$km	$100<\Delta\leqslant200$km	总数
测项数 N	3	7	10
台项数 n	5	12	17
测震单项台数 a	0	3	3
形变单项台数 b	0	0	0
电磁单项台数 c	0	0	0
流体单项台数 d	0	0	0
综合台站数 e	2	3	5
综合台中有测震项目的台站数 f	2	2	4
测震台总数 $a+f$	2	5	7
台站总数 $a+b+c+d+e$	2	6	8
备注			

附表 2　测震以外固定前兆观测项目与异常统计表

序号	台站（点）名称	测项	资料类别	震中距 Δ/km	按震中距 Δ 范围进行异常统计									
					0<Δ≤100km					100<Δ≤200km				
					L	M	S	I	U	L	M	S	I	U
1	马场	地倾斜（摆式）	Ⅱ类	71	—	—	—	—	—					
		体应变	Ⅱ类	71	—	—	—	—	—					
2	乌恰	地倾斜（摆式）	Ⅱ类	84	—	—	—	—	—					
3	喀什栏杆	地倾斜（摆式）	Ⅱ类	112						—	—	—	—	—
		地磁总强度	Ⅰ类	112						—	—	—	—	—
		地磁 H 分量	Ⅰ类	112						—	—	—	—	—
		地磁 Z 分量	Ⅰ类	112						—	—	V	—	—
		地磁磁偏角	Ⅰ类	112						—	—	—	—	—
4	阿图什	地倾斜（摆式）	Ⅱ类	140						—	—	—	—	—
5	塔什库尔干	水温	Ⅱ类	150						—	—	—	—	—
分类统计	台项	异常台项数			0	0	0	0	0	0	0	1	0	0
		台项总数			3	3	3	3	3	7	7	7	7	7
		异常台项百分比/%			0	0	0	0	0	0	0	14	0	0
	观测台站（点）	异常台站数			0	0	0	0	0	0	0	1	0	0
		台站总数			2	2	2	2	2	3	3	3	3	3
		异常台站百分比/%			0	0	0	0	0	0	0	33	0	0
	测项总数				2					6				
	观测台站总数				2					3				
备注														

附件二：

<table>
<tr><td colspan="4" align="center">震情监视报告</td></tr>
<tr><td>单　位</td><td>新疆地震局预报中心</td><td>会商会类型</td><td>周震情跟踪例会</td></tr>
<tr><td rowspan="2">期　数</td><td>（2018）第 141 期</td><td>会商会地点</td><td>局五楼会商室</td></tr>
<tr><td>（总字）第 1596 期</td><td>会商会时间</td><td>2018 年 12 月 5 日 11 时 00 分</td></tr>
<tr><td>主持人</td><td>杨　欣</td><td>发送时间</td><td>2018 年 12 月 5 日 16 时 30 分</td></tr>
<tr><td>签发人</td><td>郑黎明</td><td>收到时间</td><td>　月　日　时</td></tr>
<tr><td>Apnet 网络编码</td><td>AP65</td><td>发　送　人</td><td>尼鲁帕尔</td></tr>
</table>

三、跟有异常分析

3.1 测震

①新疆境内 5 级地震平静 271 天状态被 2018 年 9 月 4 日伽师 5.5 级地震打破。1950 年以来，新疆境内 5 级地震平静超过 242 天的有 16 组，其中 13 组平静后 1 年内新疆有 6 级以上地震发生，对应率为 81.25%（13/16）。其中 3 个月内有 6 级地震的对应率为 56.25%（10/16），优势区域是柯坪块体；

②新疆境内 4 级地震平静 60 天，1970 年以来，新疆境内 4 级地震平静超过 60 天的 29 组，其中 23 组平静后 1 年内新疆有 6 级以上地震发生，对应率为 79.3%（23/29），其中 3 个月内有 6 级地震的对应率为 44.8%（13/29），优势区域是南天山西段；

③新疆境内 4、5 级地震嵌套平静，新疆境内同时出现 5 级地震平静≥242 天，且 4 级地震平静≥60 天，后续 1 年发生 6 级地震比例为 6/6；

④天山中段 $M_S \geq 3.0$ 地震 1 月步长，3 月窗长累积频度时间扫描结果显示，2018 年 3 月以来累积频度超过 12 次阈值限，已达到异常指标，统计显示，天山中段 $M_S \geq 3.0$ 地震前累积频度超过 12 次的异常现象共 12 组，其中 8 组对应 5 级以上地震，对应率为 67%，目前处在等待对应阶段；

⑤乌恰-库车 5 级地震平静 1331 天打破，统计分析显示，该区存在发生 4.5 级以上地震的可能，对应率为 80%（4/5）；

⑥2017 年 5-8 月，乌恰西南地区 3、4 级地震形成异常增强区，2017 年 12 月 26 日以来，帕米尔弧发生的 24 次 3 级以上地震（包括 2 次 5 级地震）位于该增强区西侧，对中强地震地点有预测意义；

⑦小震群累积月频度　自 2017 年 6 月开始南天山西段小震群累积月频度呈现加速趋势，历次统计结果表明，出现"加速-减弱"现象后，该区发生 5.8 级以上地震的比例为 5/7，目前该异常仍处于加速过程中。近期在天山中段出现多个震群集中活动，地震累积频次再次出现加速现象。

3.2 形变

①新源台分量钻孔应变自 2017 年 11 月 28 日 NS、EW 两个分量同步多次出现速率加快变化，9 月 5 日再次出现变化异常变化，异常持续 8 天后恢复；

②精河水平摆 EW 分量 W 倾转向时间较往年同期滞后 3 个月，目前已完成转向，但变化速率慢；

③巴仑台分量钻孔应变四分量自 2018 年 6 月 15 日同时出现速率变化，其中 NS、NW 分量呈快速压缩变化，EW 分量拉张速率变缓，NE 分量快速拉张，9 月 9 日异常结束；

④石场水平摆 NS 分量年变幅减小，目前异常结束待地震对应；

⑤榆树沟水管仪 NS 向年变异常；

⑥榆树沟钻孔倾斜 NS 分量年变畸变异常；

⑦巴音布鲁克钻孔倾斜 NS 分量 10 月 5 日-11 月 14 日加速 N 倾，异常幅度为 0.25°，目前加速 N 倾变化结束；

⑧榆树沟洞体应变 NS 分量年变畸变异常。

3.3 流体

①新 10 泉氢气呈趋势性高值异常变化，目前处于高值波动变化；

②郭普 41 井水位 2017 年年变畸变异常，目前异常持续；

③柯克苏新层氢 2018 年 8 月至今测值一直处于高值波动变化，最大达到 3.726ppm，9 月 4 日伽师 5.5 级地震后，测值有所下降，12 月 4 日测值为 2.277ppm；

④自 2017 年 8 月以来白杨沟 1 号泥火山溢出气氡测值持续高值变化，2018 年 9 月 28 日以来氡值持续高值，11 月 15 日测值为 51.6Bq/L。

3.4 电磁

①柯坪地电阻率 NS 测道 2017-2018 年年变下降幅度明显增大，偏离背景趋势；

②乌鲁木齐、克拉玛依、温泉、乌什和峰台山 2018 年 8 月 28 日同步出现地磁逐日比高值异常，目前资料正常。

3

③2018年9月底出现地磁日变化空间相关异常，边界线穿过西昆仑地震带；

④喀什地磁垂直分量拟合差值高值回返。

3.5 宏观

乌苏艾其沟2号泥火山2018年4月13日出现喷溢现象，6月4日起干涸，8月14日再次出现喷溢活动，12月2-4日艾其沟1号、2号泥火山出现泥浆喷涌增多变化。

3.6 地球物理场及其它

GNSS基准站时间序列异常变化：乌恰、布伦口等基准站自2018年8月开始东西向加速东向运动；伊宁基准站水平向和垂直向自2016年年变不正常。

块体应变时间序列异常变化：

①和田-巴楚-叶城块体最大剪应变自2017年4月以来变化速率加快；

②巴楚-乌什-乌恰块体东西向应变自2015年年底变化速率加快，目前已恢复。

基线时间序列异常变化：塔什库尔干-布伦口基线约2016年10月至12月显明显拉张趋势变化，目前已恢复至原先的波动变化状态且变化平稳。

四、综合分析

（1）本周境内3级以上地震持续活跃，最大地震为11月26日乌恰3.7级地震。统计1970年以来博乐4.9级地震震中周围50km 4级以上地震有13次，其后1个月内境内发生5级以上的6次，其中天山中段3次，南天山西段3次。

（2）2018年8月以来疆内4级以上地震持续活跃，9、10、11月连续发生3次5级以上地震。统计1950年以来，境内5级地震平静242天后，平静打破后连续发生3次5级以上地震的共有6组，其中有5组有6级地震活动参与其中，目前，境内5级地震平静271天被打破后，已有3次5级地震活动，所以境内后续发生6级地震的可能性较大。

（3）境内5级地震平静271天和60天的4级地震平静被2018年9月4日伽师5.5级地震打破。统计显示，这种很强平静打破后半年内南天山西段发生6级地震的比例为5/6（83.3%），1980年以来，库车-乌恰地区4级地震平静超过700天的有5组，其中4组平静后3个月内新疆有6级以上地震发生，对应率为80%（4/5），其中6级地震直接打破有3组，对应率为60%（3/5），优势发震区域为喀什-乌恰地区。

（4）近期天山中段定点形变、应变、流体和电磁学科存在较多的异常测项，除部分流体测项异常持续外，大部分定点形变、应变异常项均已恢复正常，该区域情进入短期异常阶段。

（5）目前南天山地震活动出现起伏增强变化，本周3次3级地震均位于南天山西段，在境内4、5级地震平静打破背景下，这种地震活动尤为引人关注，虽然该区域未有明显前兆异常显示，但震例统计表明，此区域也是发生中强以上地震的危险地区。

五、会商结论

维持月会商意见，重点跟踪天山中段和南天山西段至西昆仑地区的震情变化。

附件三：

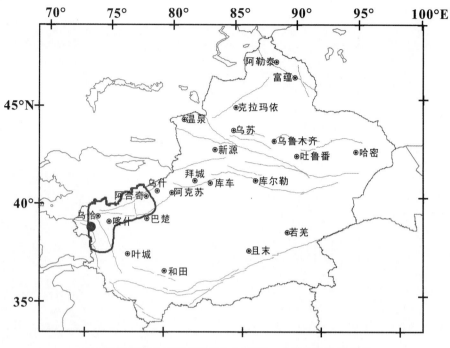

2018 年度新疆地震局危险区与阿克陶 5.2 级地震位置关系

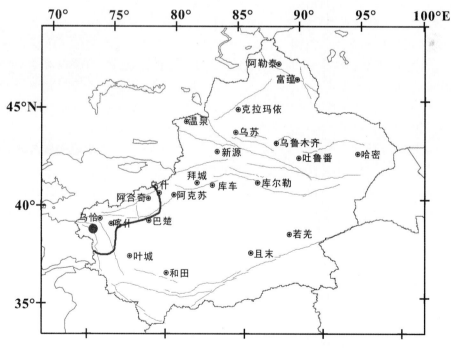

2018 年度中国地震局危险区与阿克陶 5.2 级地震位置关系

2007年6月3日云南省宁洱6.4级地震

1）云南省地震局；2）昆明市地震局

赵小艳[1]　　朱荣欢[2]　　苏有锦[1]

摘　　要

2007年6月3日在云南省宁洱县发生6.4级地震，宏观震中位于宁洱县宁洱镇太达—宁洱—同心乡曼连一带，极震区烈度为Ⅷ度，呈北北西向的椭圆形。地震造成3人死亡，28人重伤，直接经济总损失约为189860万元。

此次地震序列为主余震型，最大余震为5.1级。余震分布呈北北西向，与极震区长轴走向一致。节面Ⅱ为主破裂面，主压应力轴方位NNE向，北北西向的普洱断裂为发震构造。

震中周围300km范围内共有地震台站44个，其中测震台19个，定点前兆观测台站43。震前共出现12个项目37条前兆异常，其中，地震学出现7个项目的异常，定点前兆出现了6个异常项目的25条异常，宏观5条异常。中期异常19条，短临异常9条，短临异常4项（不包括宏观异常）。前兆异常的显著特征是：中期异常多为测震学、水位破年变；短临异常表现为水位、水氡、水质的大幅单点突跳；异常无明显集中区，震中区异常并不显著。

云南省地震局对宁洱6.4级地震危险性作了较好的中、短临预测预报工作。尤其是在临震阶段，2007年5月16日老挝6.5级地震的发生以及部分水质出现了比老挝地震前更大幅度的异常，使得我们成功地对该次地震作出短临预测，并以《震情反映》（200706）上报云南省委省政府和中国地震局。

前　　言

2007年6月3日05时34分云南省普洱市宁洱县发生6.4级地震，据云南测震台网测定，微观震中位于北纬23°00′，东经101°06′，宏观震中位于宁洱县宁洱镇太达—宁洱—同心乡曼连一带，极震区烈度为Ⅷ度，呈北北西向的椭圆形。地震造成3人死亡，28人重伤，直接经济总损失约为189860万元。

宁洱6.4级地震发生在《2007年云南省地震趋势研究报告》中划定的5~6级地震重点危险区以及2007年全国6级地震监视区内。宁洱地震前17天老挝发生6.5级地震，5月24

日云南省地震局组织召开云南近期震情研讨会，会议根据历史上老挝地震与滇西南境内地震的相关性以及部分前兆异常出现了比老挝地震前更大幅度异常，分析认为老挝 6.5 级地震后云南省内仍然存在发生 5~6 级地震的危险，危险区为《2007 年云南省地震趋势研究报告》判定的地震重点危险区，特别要注意滇西南及边境地区、滇西及川滇交界地区。并在 5 月 25 日将该意见以《震情反映》（200706）上报了省委省政府和中国地震局。

宁洱 6.4 级地震震中位于思茅—普洱地震带内，是云南省主要强震活动区。历史上多次发生 6 级地震，在震中周围约 50km 范围内，曾发生过 1979 年普洱 6.8 级地震。

宁洱 6.4 级地震震中 300km 范围内共有地震台 44 个，震前出现 12 个异常项目 37 条前兆异常。

一、测震台网及地震基本参数

宁洱 6.4 级地震前，震中周围 300km 范围内共有测震台 19 个，其中 100km 范围内有 3 个，101~200km 范围有 7 个，201~300km 范围有 9 个（图 1）。云南省测震台网对此次地震发震地区的 $M_L1.0$ 以上地震完全能控制。此次地震的基本参数列于表 1 中。

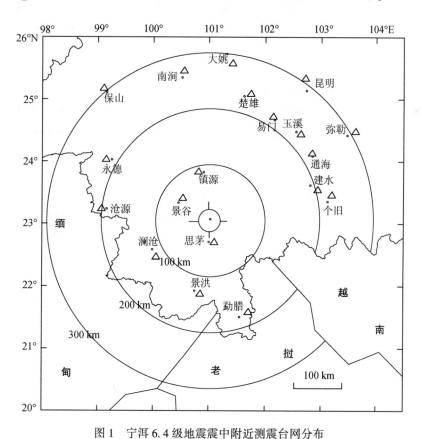

图 1　宁洱 6.4 级地震震中附近测震台网分布

Fig. 1　Distribution of seismometric stations around the epicentral area of the $M_S6.4$ Ninger earthquake

表 1 地震基本参数
Table 1 Basic parameters of the earthquake

编号	发震日期 年.月.日	发震时刻 时：分：秒	震中位置		震级 M_S	震源深度 （km）	震中 地名	结果 来源
			φ_N	λ_E				
1	2007.06.03	05：34：57	23°03′	101°01′	6.6 （M_S）	5	宁洱	资料[1]
2	2007.06.03	05：34：57	23°00′	101°06′	6.4 （M_S）	6	宁洱	资料[2]
3	2007.06.02	21：34：58	23°02′	101°03′	6.1 （M_w）	6		USGS

二、地震地质背景

1. 地质构造概况

2007 年 6 月 3 日宁洱 6.4 级地震，震区地处唐古拉—昌都—兰坪—思茅褶皱系兰坪—思茅褶皱带景谷—勐腊褶皱束，位于宁洱新构造隆起区，地质构造复杂，新构造活动强烈，区域断裂发育。按照徐锡伟等（2003）给出的川滇地区活动块体划分，宁洱地震所处的滇西南地区的活动块体可以 NW 向红河断裂、腾冲—澜沧新生断裂和近 SN 向 Sagaing 断裂为界，划分出保山—普洱块体、密支那—西盟块体，其中前者内部以 NE 向南汀河断裂和打洛断裂为界，可进一步细分为保山、景谷、勐腊 3 个次级块体。宁洱震区位于保山—普洱块体的次级块体——景谷块体中，其边界断裂可发生 $M_S \geqslant 7.0$ 级地震，内部断裂以中强地震为主。

杨晓平等（2008）研究 2007 年 6 月 3 日宁洱 6.4 级地震地表变形的构造时认为：由于印度板块的向北推挤，导致了青藏高原东向挤出，在滇西南地区转化成向南南东方向的推挤，造成了北北西向宁洱断裂的右旋错动和北东东向断裂的左旋错动，在两组断裂的交会部位发生了 2007 年宁洱 6.4 级地震。宁洱地区的北北西和北东东向的两组断裂均为晚更新世—全新世活动断裂，构成了网络状活动断裂体系（邓起东等，2002，2007）。由于活动断裂的相互截错，使每个断层段的长度一般小于 20km。依据地震震级与活动断层段长度之间的统计关系（邓起东等，1992），计算得到了宁洱地区发生地震的震级小于 7.0 级。这一结论与本区已经发生的地震震级一致。也就是说，宁洱地区破碎的地壳结构是本区发生多次 6.1～6.8 级地震的原因，也是本区没有发生更大地震的构造条件。

滇西南地区主要发育 NW、SN 及 NE 向活动断裂（图2）。其中，NW、SN 向断裂规模大，斜贯全区，是主体构造，二者走向上可互相变化，形成向南西凸出的弧形构造；NE 向断裂规模小，断续延伸，为次要构造。区域构造中通过震区的主要地震构造是 NNW—NW 向无量山断裂带和沿孟连—宁洱—墨江一线分布的 NE 向孟连—墨江断裂带。

1）NNW—NW 向无量山断裂

北起回龙山，向南东沿无量山东麓，经里崴街、宁洱、勐旺进入老挝，其中在景谷盆地北端可分成西、中、东 3 支次级断裂，分别称为普文断裂、普洱断裂、磨黑断裂。断裂带南、北两段的走向呈 NW 向、中段为 NNW 向（或近 SN 向），倾向 NE，倾角 60°～80°，总长大于 340km，宽度最大 50km。沿断裂带岩石受强烈挤压破碎，片理发育，部分地方见构

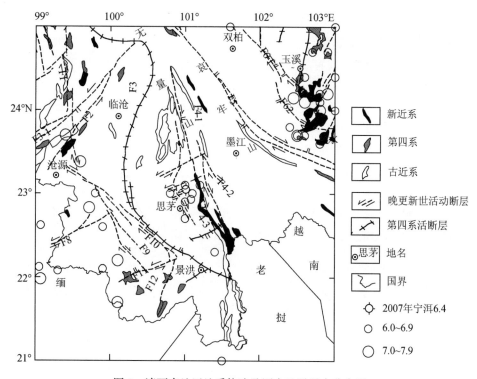

图 2 滇西南地区地质构造及历史地震震中分布图

Fig. 2 Map of geology structure and distribution of historical epicenter in south-west Yunnan area

F1. 柯街断裂；F2. 南汀河断裂；F3. 澜沧江断裂；F4. 无量山断裂；

F5. 红河断裂；F6. 石屏—建水断裂；F7. 曲江断裂；F8. 孟连断裂；

F9. 澜沧—勐遮断裂；F10. 木戛断裂；F11. 打洛断裂；F12. 景洪断裂

造透镜体或糜棱岩。断裂带对中、新生代盆地及沉积的形成、发展、分布具有较明显的控制作用。地形地貌受该断裂带的控制也很明显，红河（东部）与澜沧江（西部）两大水系的分水岭均以无量山断裂为界。沿断裂带具有喜山期酸性侵入岩、基性火山岩及温泉分布（云南省地质矿产局，1990）。断裂带南部地震活动较强烈，已发生过 10 次 6.1~6.8 级地震，其中普洱断裂最多，发生过 7 次，普文断裂发生过 2 次，磨黑断裂发生过 1 次。

2）NE 向孟连—墨江断裂带

由孟连断裂以及向北东直到红河断裂断续分布的 NE 向小断裂共同构成，总体走向 60°，倾向多变，倾角较陡，总长大于 325km；破坏性地震尤其是仪器观测到的小地震沿该断裂带明显成带分布，带宽 20~40km。震区地表发育近百条小断层，长 0.5~26km，走向 NE—NEE、少数近 EW 向。其中有 40 余条断层错断普洱断裂，错动方向左旋为主，部分右旋。断裂及地震活动强度显示，该断裂带在 SW 至 NE 方向上活动性由强趋弱，并且这种活动性与 NW 向断裂有明显的依存关系。

2. 地壳结构

宁洱地震震区位于地幔隆起区，地壳具有多层结构，厚度 38~40km（上地壳厚 15.5~

17.0km，中地壳厚 18.5~19.5km，下地壳厚 8.0~10.0km）。遮放—马龙地学断面资料显示上地壳底部有一低速层，厚 8~11km，顶部埋深 10~20km，速度 5.7~5.8km/s（阚荣举等，1992）。

3. 布格重力异常的构造意义

宁洱地震及周边区域主要发育半闭合舌形、串珠状闭合椭圆形及重力梯度带等线、带状重力异常，其展布方向及形态变化特征可与 NW 向及 SN 向断裂构造较好地重叠对应。其中，无量山断裂也与 NW、NNW 向分布的半闭合舌形及串珠状闭合椭圆形带状异常重合，在宁洱盆地还有一反映质量亏损的重力负异常对应。NE 向孟连—墨江断裂与线、带状重力异常的重叠对应不是很明显，但在断裂沿线仍可见舌形异常的轻微弯曲变形（谢英情等，2007）。

4. 航磁异常的构造意义

区内航磁异常密集带以及正、负异常相互交替的线、带状异常与红河断裂、澜沧江断裂的重叠对应关系明显，与 NW 向无量山断裂和 NE 向孟连—墨江断裂的重叠对应关系不很明显，只是断裂沿线的航磁异常线的方向略有对应变化（谢英情等，2007）。

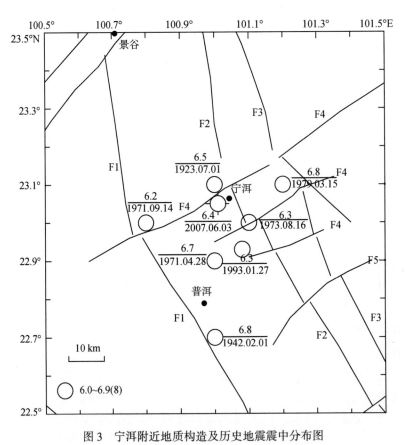

图 3　宁洱附近地质构造及历史地震震中分布图

Fig. 3　Map of geology structure and distribution of historical epicenters around Ninger area

F1. 普洱断裂；F2. 磨黑断裂；F3. 普文断裂

5. 历史地震活动

宁洱地震震中位于思茅—普洱地震带内，西邻澜沧—耿马地震带。由历史地震资料统计，震区附近 1920 年以来 6 级以上地震记录相对完成，共发生 6 级以上地震 8 次，其中有 4 次是在 20 世纪 70 年代发生的，区内最大地震为 1942 年 2 月 1 日思茅 6.8 和 1979 年 3 月 15 日普洱 6.8 级地震。震中所处的思茅—普洱地震带多为主余型地震，但紧邻震区的澜沧—耿马地震带地震类型复杂，既有主余型，也有震群型。此次宁洱 6.4 级地震序列为主震—余震型。

三、烈度分布及震害

据现场调查资料，宁洱 6.4 级地震宏观震中位于宁洱县宁洱镇太达—宁洱—同心乡曼连一带。震中区烈度为Ⅷ度，呈 NNW 向的椭圆形分布（图 4）。

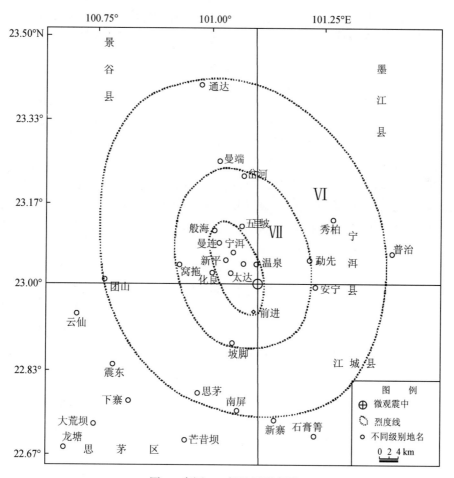

图 4　宁洱 6.4 级地震烈度图

Fig. 4　Isoseimal map of the M_S 6.4 Ninger earthquake

Ⅷ度区：北自宁洱镇般海村，南到同心乡前进村，东自宁洱镇温泉村，西近宁洱镇化良村，面积约167km²。主要震害特征为：房屋破坏严重，约53%的土木、25%的砖木房屋倒塌，14%的砖混房屋严重破坏，其中：土木结构部分房屋整体倒毁，部分有墙体倒塌、屋架倾斜现象；砖木结构房屋个别倒塌，少数有屋架倾斜，多数有梭瓦、掉瓦现象；砖混结构少数构造柱断裂、墙体位错，多数墙体开裂明显；框架结构房屋个别框架梁柱开裂。Ⅷ度区道路损坏严重，路面多处开裂，震后部分排水系统开裂漏水。地表破坏分布广，地面开裂，喷砂冒水，山体滑坡，陡崖崩塌，在曼连—新平—太达一带出现雁列状地裂缝。

Ⅶ度区：主要分布在宁洱县内，北近宁洱县宁洱镇曼端村，南到思茅区思茅镇坡脚村，东自宁洱县勐先乡政府驻地，西到宁洱县德化乡的窝拖村，面积约775km²。主要震害特征为：土木及砖木结构个别房屋墙倒架歪，部分墙体局部倒塌，多数墙体开裂、梭瓦；砖混结构房屋个别墙体开裂严重，少数墙体开裂普遍，部分墙体开裂明显；框架结构个别承重构件产生轻微裂缝，部分填充墙开裂、抹灰层脱落。生命线工程少数受损，地表破坏现象较少。

Ⅵ度区范围：北自景谷县正兴乡通达村，南到思茅区南屏镇政府驻地，东近宁洱县普义乡普治村，西到思茅区云仙乡团山村，面积约2948km²，思茅镇城区位于该区。房屋以轻微破坏和基本完好为主，极个别墙体出现贯通裂缝，少数墙体出现显见裂纹。未见地表破坏现象。

此次地震中，生命线系统的破坏以公路破坏和水利工程为主，主要表现在路面破坏、路基下沉、桥涵、挡墙损坏以及码头开裂等。水利工程表现为各型水库、引水渠道、人畜饮水工程、河道堤防的破坏。另外，此次地震中还造成了供排水系统如水源水库、自来水厂、干管、支管、排水管道受损严重。地震造成3人死亡，28人重伤，与当地民房特殊的房屋建筑结构以及发震时间密切相关。直接经济总损失约为189860万元。

解丽等（2007）研究认为，由于1993年普洱6.3级地震的影响，2007年宁洱6.4级地震在建筑物破坏方面的震害积累效应比较突出。另外，地基失效、边坡效应、含煤地层采空区及孤立山包等原因也加重了震害。

四、地 震 序 列

据云南地震台网测定，截至2007年12月3日共发生$M_L \geq 1.0$级地震3317次，其中1~1.9级2739次，2~2.9级519次，3~3.9级53次，4~4.9级4次，5~5.9级1次，6~6.9级1次。

表2 宁洱6.4级地震序列目录（$M_L \geq 4.0$级）

Table 2 Catalogue of the M_S6.4 Ninger earthquake sequence（$M_L \geq 4.0$）

编号	发震日期 年.月.日	发震时刻 时：分：秒	震中位置		震级		深度 （km）	震中 地名	结果 来源
			φ_N	λ_E	M_L	M_S			
1	2007.06.03	05：34：57	23°00′	101°06′	6.6	6.4	5	宁洱	资料1）

编号	发震日期 年．月．日	发震时刻 时：分：秒	震中位置		震级		深度 (km)	震中 地名	结果 来源
			φ_N	λ_E	M_L	M_S			
2	2007.06.03	05：42：00	23°09′	100°56′	4.0			宁洱	资料 2)
3	2007.06.03	08：09：36	23°01′	101°01′	4.1			宁洱	资料 2)
4	2007.06.03	10：49：01	23°02′	101°06′	5.1	5.1	4	宁洱	资料 2)
4	2007.06.04	19：53：41	23°05′	100°57′	4.3			宁洱	资料 2)
5	2007.09.16	02：00：44	23°16′	101°12′	4.2			宁洱	资料 2)

1. 地震序列类型

2007 年 6 月 3 日最大地震能量占整个序列能量的 98%，2007 年 6 月 3 日 5.1 级次大地震占整个序列能量的 1.1%，最大地震与次大地震震级差 $\Delta M = 6.4 - 5.1 = 1.3$，$\Delta M \geqslant 0.6$，表明 2007 年 6 月 3 日宁洱 6.4 级地震为主余型。

2. 地震序列衰减情况

云南地震台网对宁洱地震的监控能力达到 $M = 1.0$ 级。从地震目录和序列 M-T 图来看，余震序列次数多，能量释放充分。从 M-T 看（图 5），宁洱 6.4 级地震的最大余震（5.1 级）发生在主震后 5 个小时内，次大余震（4.3 级）发生在主震后的第 2 天；从地震的强度、频度上看，此次 6.4 级地震余震的能量主要是在震后三天内释放，6 月 20 日后余震活动的频次衰减速度增大（刘翔等，2008）。

3. 该区历史 $M \geqslant 6$ 级地震序列衰减特点

1970 年云南有小震记录以来思茅、宁洱地区共发生 $M \geqslant 6$ 级地震 7 次，分析 1970 年有小震记录以来的地震序列，发现有以下特点：①该区 6 级地震余震衰减比较快，$M \geqslant 6$ 级的主震—余震型序列，80% 的 $M \geqslant 4.0$ 级余震都发生在主震后的前 3 天，3 天后再发生 4 级以上余震的震例有 1973 年 8 月 16 日普洱 6.3 级和 1979 年 3 月 15 日普洱 6.8 级地震（见历史地震目录），但 4 级地震都集中在主震后的 10 天内；②主震—余震型的地震最大余震震级在 4.9~5.5，且基本发生在主震当天；③h 值对该区序列类型判断有较好指导作用，主震—余震型的地震序列 h 值均大于 1.1，只有 1971 年 4 月 28 日 6.7 级地震 $h = 0.93$，9 月 14 日（139 天后）再次发生 6.2 级地震。

表 3　思茅、宁洱地震区 $M \geqslant 6$ 级地震衰减特征统计表

Table 3　Attenuation Earthquake with $M \geqslant 6$ in Simao，Ninger area

序号	时间 年．月．日	震级	序列参数		最大余震	最大余震发生时间/主震后
			b	h		
1	1970.02.07	6.2	0.56	1.35	5.5	22 分钟
2	1971.04.28	6.7	0.93	0.93	6.2	139 天

续表

序号	时间 年.月.日	震级	序列参数		最大余震	最大余震发生时间/主震后
			b	h		
3	1973.08.16	6.2	0.57	1.57	5.2	2 分钟
4	1979.03.15	6.8	0.88	1.87	4.9	6 分钟
5	1993.01.27	6.3	0.79	1.35	5.3	6.5 个小时
6	2007.06.03	6.4	0.87	1.80	5.1	5 小时

2007 年宁洱地震相比前 6 次地震较为特殊的是，由于震区地处网状断裂构造带，前几次 6 级地震使得震区地壳岩石介子比较破碎，故余震活动持续时间较长，在主震后 3.5 个月内仍有少量的 4.0 级左右的余震活动。

2007 年宁洱 6.4 级地震序列衰减与历史上该区序列衰减类似。1970 年以来宁洱地震带共发生 7 次 6 级地震，除了 1971 年 4 月 28 日 6.7 级和 1971 年 9 月 14 日 6.2 级双震外，其余 5 次 6 级地震均有 1~2 次 4.9 级以上强余震，发震时间多在主震后 6 分钟至 8.5 小时。此次 6.4 级地震的最大余震发生在主震后 5 小时，也在这一时间范围内。宁洱地区 6 级地震后，其 3.8 级以上中等余震主要发生在主震后 3 天内，优势时段在主震后的第 1 天内。

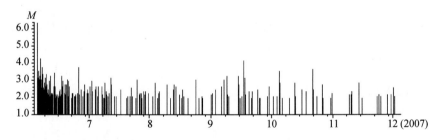

图 5　宁洱 6.4 级地震序列 M-T 图 （$M_L \geq 2.0$ 级）

Fig. 5　M-T diagram of the M_S6.4 Ninger earthquake sequence （$M_L \geq 2.0$）

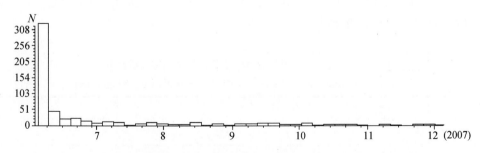

图 6　宁洱 6.4 级地震序列 N-T 曲线 （$M_L \geq 2.0$ 级）

Fig. 6　N-T diagram of the M_S6.4 Ninger earthquake sequence （$M_L \geq 2.0$）

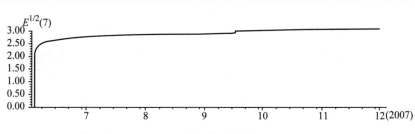

图 7　宁洱 6.4 级地震序列蠕变曲线图（$M_L \geqslant 2.0$ 级）

Fig. 7　Strain release of the M_S6.4 Ninger earthquake sequence（$M_L \geqslant 2.0$）

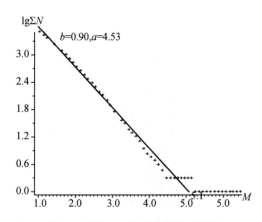

图 8　宁洱 6.4 级地震序列 b 值图

Fig. 8　b-value diagram of the M_S6.4 Ninger earthquake sequence

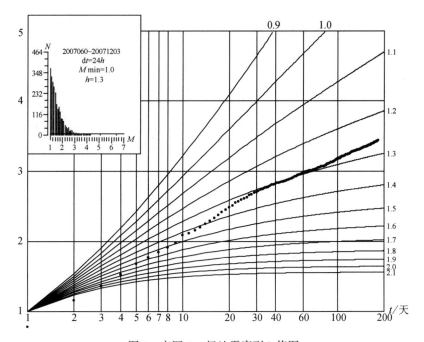

图 9　宁洱 6.4 级地震序列 h 值图

Fig. 9　h-value diagram of the M_S6.4 Ninger earthquake sequence

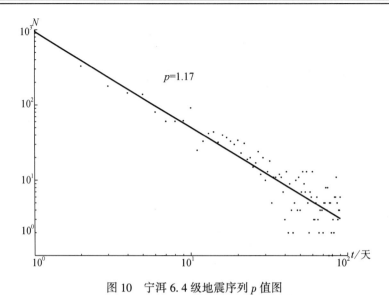

图 10　宁洱 6.4 级地震序列 p 值图

Fig. 10　*p*-value diagram of the M_S6.4 Ninger earthquake sequence

4. 序列空间分布特征

图 11 为云南数字台网记录的宁洱 6.4 级地震的主震和地震序列震中分布图像。由图可见，6.4 级地震序列分布主体呈北西方向，分布范围在 40km 左右，且 3 级以上余震均分布在主震 10km 范围内。

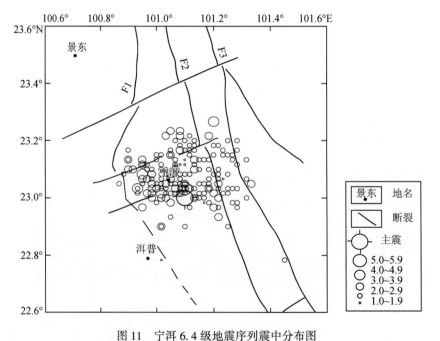

图 11　宁洱 6.4 级地震序列震中分布图

Fig. 11　Distribution of the the the M_S6.4 Ninger sequence

（2007. 06. 03～2007. 12. 03）

五、震源机制解及地震主破裂面

付虹等（2009）利用昆明数字地震台网记录到的清晰可靠的 P 波初动符号，采用初动符号格点尝试法求解得到主震和 M_S5.1 最大余震的震源机制解，其参数列在表 4，图 12 为尔弗网图解。表 4 还给出了美国地质调查局（USGS）的矩张量解和哈佛大学的矩心矩张量解参数。由表 4 可以看出，主震的 3 个结果都比较相似。主震发震应力场为近 SN 向，压应力以水平作用为主，NW 向节面以右旋走滑错动为主。M_S5.1 余震结果与主震相似，由 P 波初动求得的结果是 NW 向节面倾滑分量较大。依据此次地震宏观烈度等震线长轴方向及序列震中优势分布方向等，推断此次地震的发震断裂是 NW 向破裂面，在 NNE 向以水平作用为主的压应力作用下，发生的右旋走滑错动。

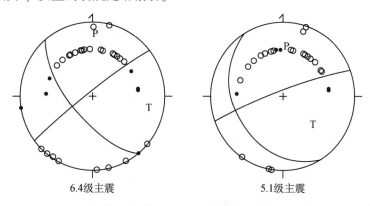

6.4 级主震　　　　　　　　　　　5.1 级主震

图 12　宁洱 6.4 级地震震源机制解

Fig. 12　Focal mechanism solution of the M_S6.4 Ninger earthquake

表 4　6.4 级主震及 5.1 级余震源机制解

Table 4　Focal mechanism solutions of the M_S6.4, M_S5.1 Ninger earthquakes

编号	节面 I （°）			节面 II （°）			P 轴 （°）		T 轴 （°）		N 轴 （°）		结果来源
	走向	倾角	滑动角	走向	倾角	滑动角	方位	仰角	方位	仰角	方位	仰角	
M_S6.4	140	86	175	232	86	24	4	14	99	20	242	65	付虹
	138	57	140	252	58	40	15	0	105	50	285	40	USGS
	146	63	156	247	69	29	15	4	108	35	280	54	Harvard
M_S5.1	148	32	157	250	83	59	5	31	129	43	254	31	付虹
	147	80	169	238	79	10	193	1	102	15	285	75	USGS
	157	79	157	12	67	62	201	24	108	8	0	64	Harvard

此次地震的等震线长轴方向为 NNW 向，余震展布也主要呈 NW 方向，结合宁洱地震周边构造来看，节面 I 更符合震区的实际情况，能够较好地反映与宁洱地震成因有关联的普洱断裂产状及破裂活动特征。据此推测，宁洱 6.4 级地震发生在无量山断裂带的西支普洱断裂构造上，是在近水平的压应力作用下产生右旋走滑错动的结果。

这一结论与震区区域构造应力场的结果是相符的。滇西南地区根据震源机制解和野外断层滑动资料反演构造应力张量结果显示，滇西南现代构造应力场具有复杂性特征：整个滇西南压应力场优势方位是 NNE—NE 或 SSW—SW 向，应力结构以走滑型为主（谢富仁等，2001）；思茅—普洱地震带主要受 SSE 方向压应力场作用，但也有 NE 向压应力场作用的显示（王绍晋等，1989）。震区主要地壳动力源来自印度板块的侧向挤压和川滇菱形块体的楔入，以及保山—普洱块体及内部次级块体的顺时针旋转（马杏垣，1989；谢富仁等，2001；徐锡伟等，2003）。

付虹等（2009）还对 53 个余震的震源机制解与主震进行了对比：绝大多数余震的震源机制解结果与主震一致，即走滑型是地震序列的主要破裂类型，但还存在与主要类型不一致的倾向滑动类型，这可能与余震破裂起始点的微构造控制作用有关，其呈水平向的应力轴与主震的主应力轴一致。

六、观测台网及前兆异常

1. 定点前兆异常

图 1 和图 13 为震中附近地区测震台站和定点前兆观测台站分布图，地震发生在前兆观测台站相对稀疏地区，200~300km 范围内为前兆、测震台网密集区。

宁洱 6.4 级地震周围 300km 范围内共有地震台站 44 个，其中测震台 19 个，定点前兆观测台站 43 个，有水氡、水位、水质、水温、地倾斜、地电、地磁等 10 个定点前兆观测项目共 144 个台项，这些定点前兆观测项目大多数均有 5 年以上连续可靠的观测资料。在 0~100km、101~200km、201~300km 范围内分别有测震台 3、7、9 个；定点前兆观测台站 6、17、20 个。随距离增加，台站及测项数呈逐渐增加的趋势，表明震中区域为观测台站相对稀疏地区。

震前测震学出现了 7 条异常，它们是云南省内 6 级地震平静、5 级地震有序、破裂时间、A 值、省内 3 级地震平静、滇西南 3 级地震高频次、地震空区。定点前兆出现了 24 条异常（图 14），它们是水位、水温、水氡、水质。震前半年以内仅出现了 5 项宏观异常，且部分为震后发现。各类异常的具体情况详见表 5 和图 15 至图 47。

表 5　异常情况登记表
Table 5　Summary table of precursory anomalies

序号	观测项目	台站或观测区	分析方法	异常判据及观测误差	震前异常起止时间	震后变化	最大幅度	震中距	异常类别及可靠性	图号	异常特点及备注	震前提出/震后总结
1	地震平静	云南省内	$M_S \geqslant 6.0$ 级	$dt \geqslant 3$ 年	2003.10 ~2007.06	结束	3.6 年		M_1	15	6 级地震 3.6 年平静	震前提出
2	地震有序	云南地区 21°~29°N 97°~106°E	$M_S \geqslant 5.0$ 级月频次	北东向有序分布	2004.01 ~2007.06	消失	1 个月后消失		M_1	16	震前 3.5 年中强地震有序分布	震前提出

序号	观测项目	台站或观测区	分析方法	异常判据及观测误差	震前异常起止时间	震后变化	最大幅度	震中距	异常类别及可靠性	图号	异常特点及备注	震前提出/震后总结
3	破裂时间法	云南地区 21°~29°N 97°~106°E	破裂时间法	$M \geqslant 6$ 级地震的异常区域	2006~2007.05	持续	异常范围大	0km	M_1	17	滇西南存在 $M \geqslant 6$ 级地震的异常区域	震前提出
4	A 值空间分布	云南地区 21°~29°N 97°~106°E	A 值	$A \geqslant 0.40$	2006.06~2007.05	结束	0.60	0km	M_1	18	滇西南 A 值异常明显	震前提出
5	地震平静	云南省内	$M \geqslant 3$ 级地震平静	$dt \geqslant 15$ 天	2007.02.07~2007.03.06	结束	平静28天		S_1	19	省内3级地震平静28天	震前提出
6	地震频度	滇西南地区	月频次	$N \geqslant 8$ 次	2007.01~2007.05	持续	12次		S_1	20	滇西南3级地震月频次持续半年高值	震前提出
7	地震空区	滇西南	$M \geqslant 3$ 级地震空区		2007.01~2007.05	空区消失			M_1	21		震后总结
8	水位	景谷	日均值	破坏正常动态	2007.05.02	持续	0.7m	60km	I_1	22	有干扰	震后总结
9		勐腊	日均值	高水位	2006.08.02~2006.12.31	井孔数字化改造无数据	1.03m	186km	M_2	23	观测以来最大幅度异常	震前提出
10		易门	日均值	趋势性下降	2003.12~2007.07	恢复上升	0.8m	215km	M_1	24	抽水站抽水有影响	震前提出
11		江川	日均值	破年变	2005.04~2006.07	正常	0.15m	216km	M_1	25	年度报告异常	震前提出
12		高大	日均值	破年变	2006.07~2006.10	正常		220km	M_1	26	年度报告异常	震前提出
13		个旧	日均值	日均值低于90m	2004~2006	正常	97.7m	221km	M_1	27	抽水有干扰	震前提出
14		施甸	日均值	破年变	2005~2006	正常		262km	M_1	28	年度报告异常	震前提出

序号	观测项目	台站或观测区	分析方法	异常判据及观测误差	震前异常起止时间	震后变化	最大幅度	震中距	异常类别及可靠性	图号	异常特点及备注	震前提出/震后总结
15	水温	思茅翠云	日均值	加速上升	2005.12~2007.01	正常	0.06℃	30km	M₂	29	墨江地震后继承性新异常	震前提出
16		勐海	日均值	破坏正常动态	2007.04.15~2007.05.28	异常	0.002℃	134km	S₂	30	老挝地震后仍然异常	震前提出
17		景东	日均值	大幅波动	2007.04.28	异常	0.008℃	157km	S₁	31	老挝地震后仍然异常	震前提出
18		孟连	日均值	大幅波动	2007.05.22~2007.08	异常	20.4℃	166km	I₁	32		震前提出
19		峨山	日均值	大幅升温	2007.04.28	正常	0.009℃	186km	S₁	33	缅甸地震后恢复正常	震前提出
20		曲江	日均值	大幅升温	2007.05.07	正常	7.5℃	195km	I₁	34	老挝地震前异常显著	震后总结
21		弥渡	日均值	大幅升温	2006.04.15~2007.05.22	结束	0.01℃	256km	M₁	35	趋势上升异常	震前提出
22	气氡	高大	日均值	破坏正常动态	2007.05~2007.08	异常	17Bq/L	220km	S₁	36	3组地震前测值不断上升	震前提出
23		思茅	日均值	破坏正常动态	2006.04~2007.06	逐渐恢复	0.9Bq/L	31km	M₁	37	长时间的低值异常	震前提出
24	水氡	孟连	日均值	破坏正常动态	2007.05~2007.08	异常	20Bq/L	166km	S₁	38	大幅下降波动	震前提出
25		保山台	日均值	破坏正常动态	2006.12~2007.12	异常	21Bq/L	295km	M₂	39	正常形态不明显	震前提出
26	水质	思茅台	碳酸氢根	破坏正常动态	2005.09~2006.11	正常	18mg/L	31km	M₂	40	趋势性上升	震后总结
27		思茅台	氟离子	下降	2007.05.05~2007.08.20	异常	0.276mg/L	31km	I₂	41	下降后对应滇西南地震	震后总结

续表

序号	观测项目	台站或观测区	分析方法	异常判据及观测误差	震前异常起止时间	震后变化	最大幅度	震中距	异常类别及可靠性	图号	异常特点及备注	震前提出/震后总结
28	水质	思茅台	水汞	大幅上升	2005.09~2006.05	正常	22 ng/L	31km	M_2	42	墨江地震后继承性新异常	震前提出
29		保山台	镁离子	大幅下降	2005.04	逐渐恢复	2.7 mg/L	296km	M_1	43	大幅下降后恢复中对应6级地震	震前提出
30		保山台	钙离子	破坏正常动态	2007.03.05~2007.04.27	正常	2.9 mg/	296km	S_2	44	短期异常	震前提出
31		保山台	硫酸根	下降	2006.08~2007.04	正常	5.4 mg/	296km	M_2	45	大幅下降后恢复中对应地震	震后总结
32	磁电	云南省	磁暴		2007.05.23~24	正常	总强29		S_2	无		震前提出
33	形变	云县	倾斜	速率加大破年变	2005.06~2006.12	正常		179km		46	破年变对应6级地震	震前提出
34		云龙	倾斜EW向		2007.03.27~	异常				47		震前提出
33	宏观	红河州建水县水库	跃进水库冒泡		2007.04.04	正常			S_2	无		震前提出
34		红河州开远市三角海水库	水库水发黑		2007.05.30	正常			I_2	无		震前提出
35		宁洱县	动物异常		2007.06.02	正常			I_2	无		震后发现
36		宁洱庙山	地声、蓝光		震时	正常			I_2	无		震后发现
37		大理市南涧县地震局水氡取水点	水发浑		2007.06.02 17:58	正常			I_2	无		震前发现,震后提出

注:震前提出/震后总结一栏以年度、周月会商报告中提到的异常为震前提出,反之为震后总结。

附表 1 所列出的异常，其信度及预测效能简述如下：

（1）异常项目：资料信度高，异常清晰，具有较好的对应率，预测效能好。

（2）定点前兆异常项目：绝大多数观测项目均有 5 年以上连续、完整的资料，震前异常幅度显著，远大于观测误差，并具有较好的地震对应率，预测效能好。部分观测手段为"九五"数据，观测年限在 5 年以下。

（3）宏观异常：外围地区震前出现的宏观异常较少，而且不突出；极震区在震前 1 天出现的宏观异常较多，且主要集中在Ⅷ度区。

（4）绝大多数异常均为震前提出，震后总结的异常有：3 级地震空区、景谷水位、思茅水质（碳酸氢根离子、氟离子）。总结原因之一是对震前地震活动图像的动态把握不足。二是前兆测量本身由于仪器及观测环境给异常识别带来一定的干扰。

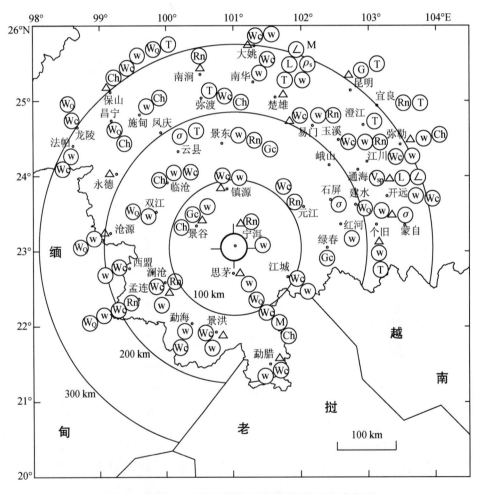

图 13　宁洱 6.4 级地震前定点前兆观测台站的分布图

Fig. 13　Distribution of the precursor observation stations before the $M_s 6.4$ Ninger earthquake

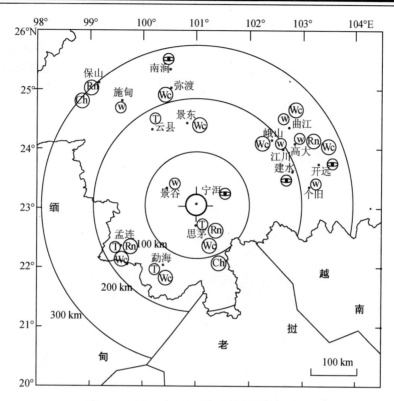

图 14　宁洱 6.4 级地震定点前兆异常分布图

Fig. 14　Distribution of precursory anomalies of the M_S6.4 Ninger earthquake

on the fixed observation points

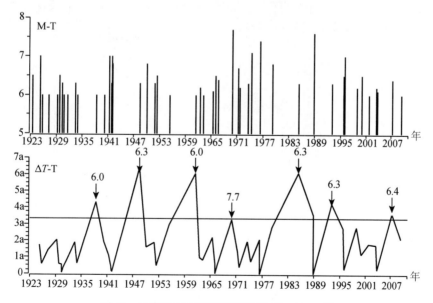

图 15　云南省内 6 级地震平静 M-T、ΔT-T 图

Fig. 15　The M-T and ΔT-T chart of $M \geqslant 6$ earthquake in Yunnan province

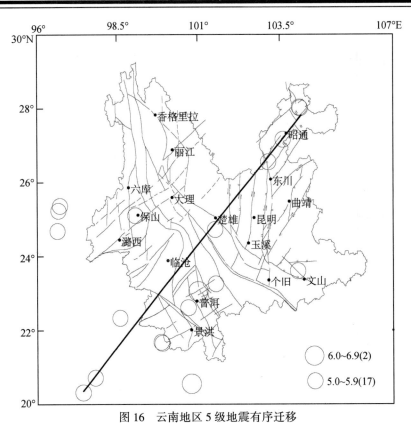

图 16　云南地区 5 级地震有序迁移

Fig. 16　The $M \geqslant 5$ earthquake order migrate in Yunnan area

（2004. 01. 01～2007. 12. 31）

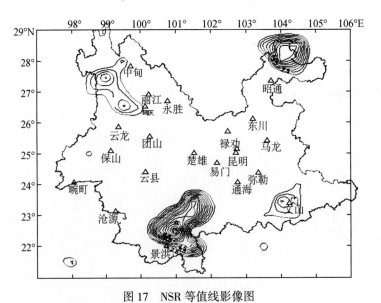

图 17　NSR 等值线影像图

Fig. 17　Isolines of NSR

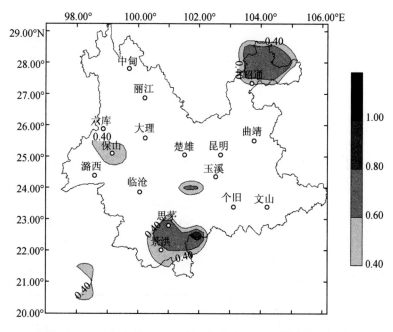

图 18　2006 年 6 月至 2007 年 5 月云南地区 A 值异常分布图

Fig. 18　Isolines of A value in the Yunnan area （2006. 06-2007. 05）

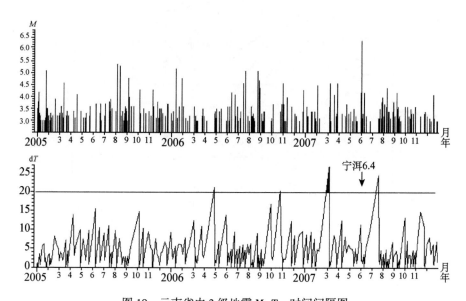

图 19　云南省内 3 级地震 M-T、时间间隔图

Fig. 19　The M-T、dt-T chart of $M \geqslant 3$ earthquake in Yunnan province

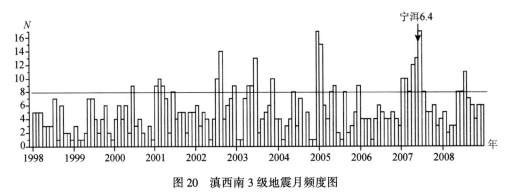

图 20　滇西南 3 级地震月频度图

Fig. 20　The monthly N-T diagram of the $M_S \geqslant 3.0$ earthquakes in southwest Yunnan area

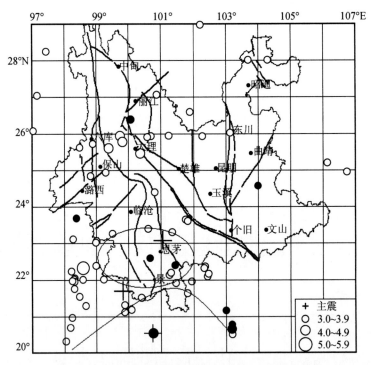

图 21　宁洱 6.4 级地震前滇西南 3 级地震空区示意图

Fig. 21　Sketch map of the $M_S \geqslant 3.0$ seismogenic gap before the M_S 6.4 Ninger earthquake

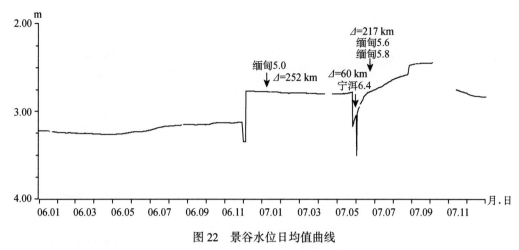

图 22 景谷水位日均值曲线

Fig. 22 Daily mean value of water level in groundwater at Jinggu station

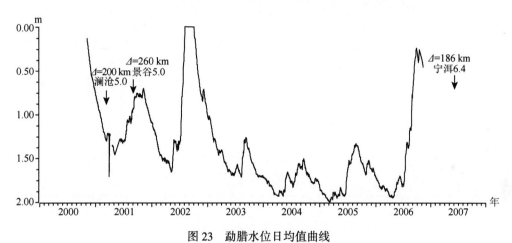

图 23 勐腊水位日均值曲线

Fig. 23 Daily mean value of water level in groundwater at Mengla station

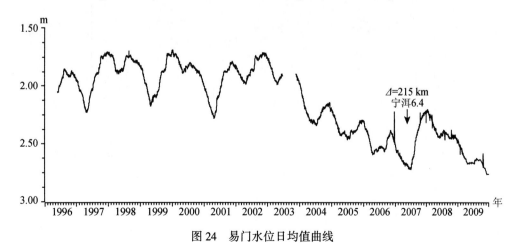

图 24 易门水位日均值曲线

Fig. 24 Daily mean value of water level in groundwater at Yimen station

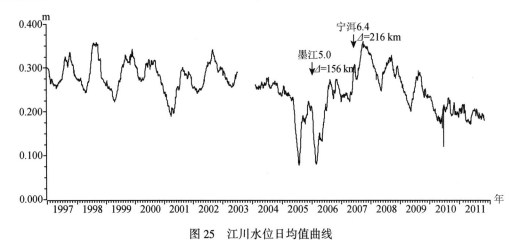

图 25　江川水位日均值曲线

Fig. 25　Daily mean value of water level in groundwater at Jiangchuan station

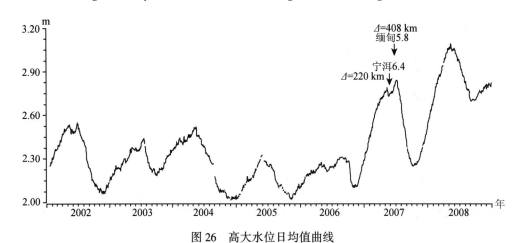

图 26　高大水位日均值曲线

Fig. 26　Daily mean value of water level in groundwater at Gaoda station

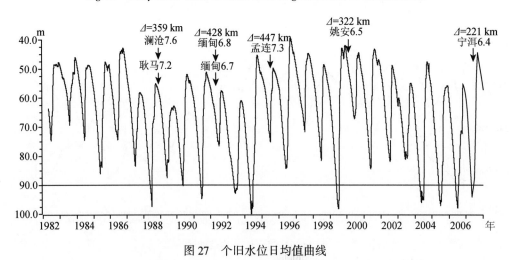

图 27　个旧水位日均值曲线

Fig. 27　Daily mean value of water level in groundwater at Gejiu station

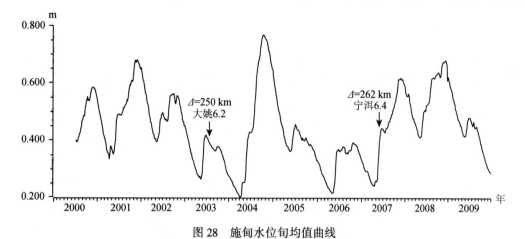

图 28　施甸水位旬均值曲线

Fig. 28　Daily mean value of water level at Shidian station

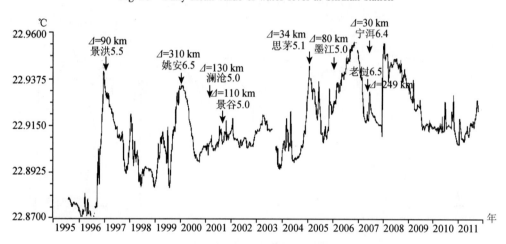

图 29　思茅市水温日均值曲线

Fig. 29　Daily mean value of water temperature at Simao City station

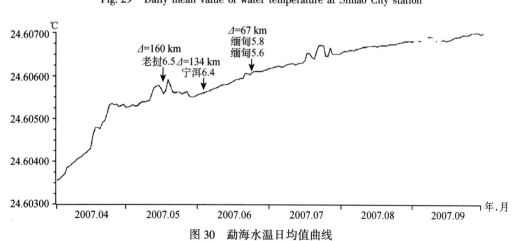

图 30　勐海水温日均值曲线

Fig. 30　Daily mean value of water temperature at Menghai station

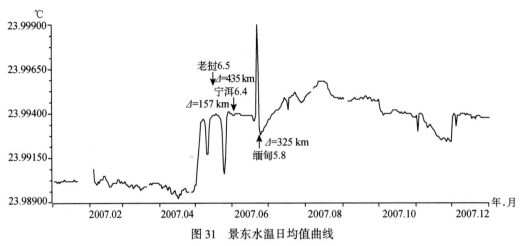

图 31　景东水温日均值曲线

Fig. 31　Daily mean value of water temperature at Jingdong station

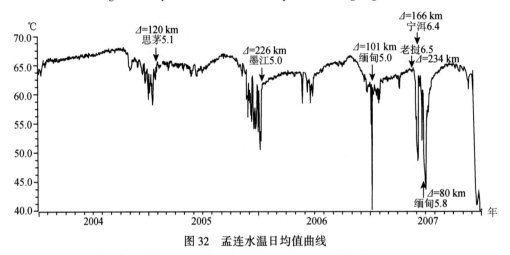

图 32　孟连水温日均值曲线

Fig. 32　Daily mean value of water temperature at Menglian station

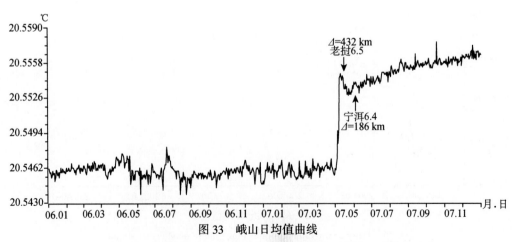

图 33　峨山日均值曲线

Fig. 33　Daily mean value of water temperature at Eshan station

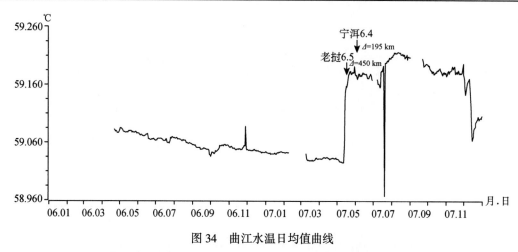

图 34　曲江水温日均值曲线

Fig. 34　Daily mean value of water temperature at Qujiang station

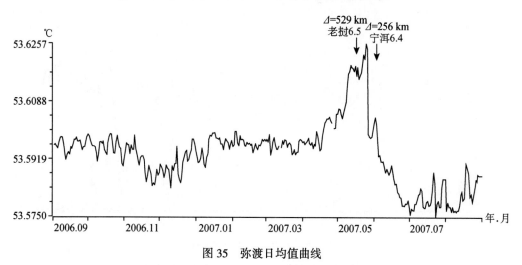

图 35　弥渡日均值曲线

Fig. 35　Daily mean value of water temperature at Midu station

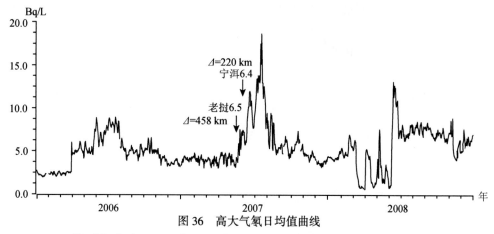

图 36　高大气氡日均值曲线

Fig. 36　Daily mean value of radon content in groundwater at Gaoda station

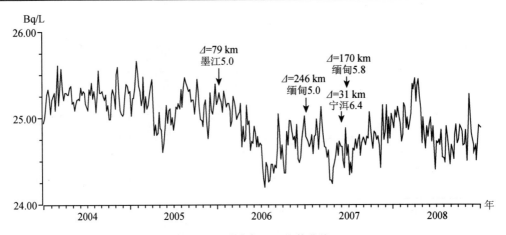

图 37　思茅水氡五日均值曲线

Fig. 37　5-day mean value of radon content in groundwater at Simao station

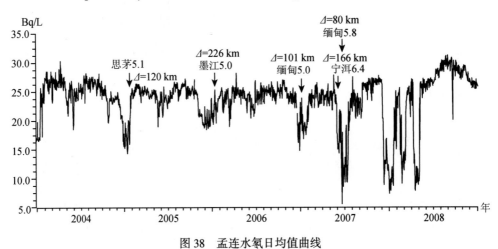

图 38　孟连水氡日均值曲线

Fig. 38　Daily mean value of radon content in groundwater at Menglian station

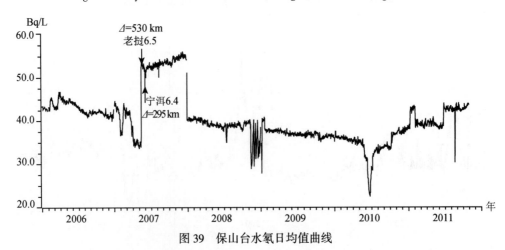

图 39　保山台水氡日均值曲线

Fig. 39　Daily mean value of radon content in groundwater at Baoshan station

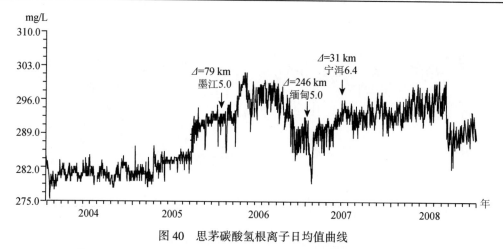

图 40　思茅碳酸氢根离子日均值曲线

Fig. 40　Daily mean value of HCO_3^- content in groundwater at Simao station

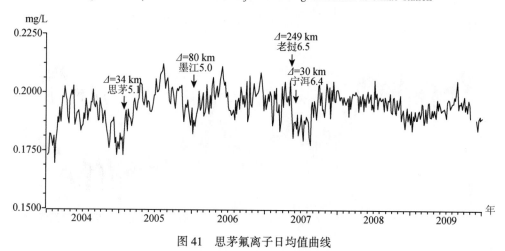

图 41　思茅氟离子日均值曲线

Fig. 41　Daily mean value of F^- content in groundwater at Simao station

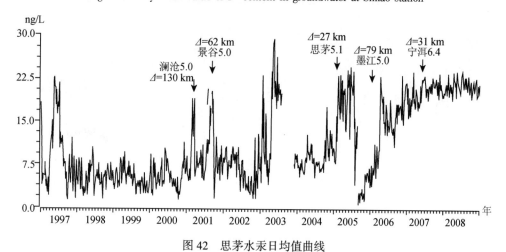

图 42　思茅水汞日均值曲线

Fig. 42　Daily mean value of mercury content in groundwater at Simao station

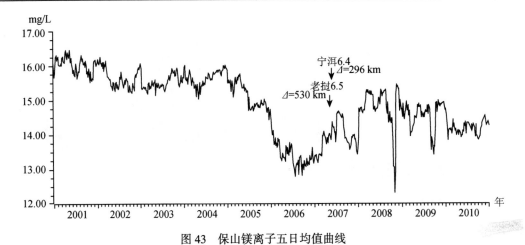

图 43　保山镁离子五日均值曲线

Fig. 43　5-day mean value of Mg²⁺ content in groundwater at Baoshan station

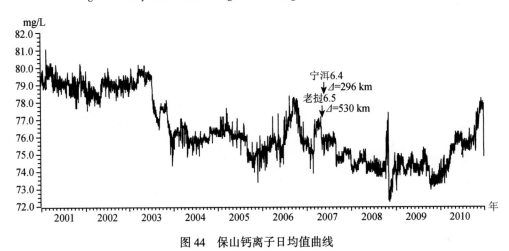

图 44　保山钙离子日均值曲线

Fig. 44　Daily mean value of Ca²⁺ content in groundwater at Baoshan station

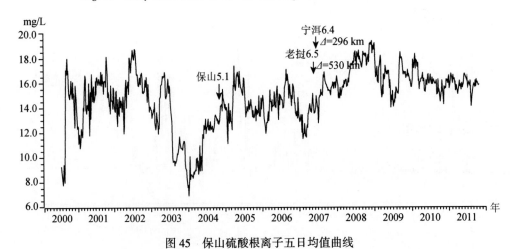

图 45　保山硫酸根离子五日均值曲线

Fig. 45　5-day mean value of SO₄²⁻ content in groundwater at Baoshan station

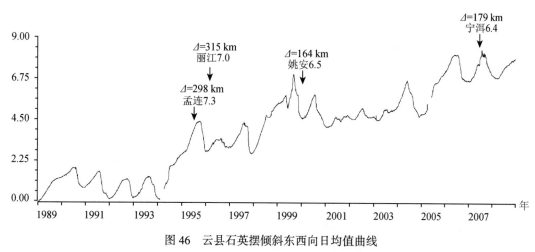

图46 云县石英摆倾斜东西向日均值曲线

Fig. 46 Value of quartz pendulum tiltmeter of EW side at Yunxian station

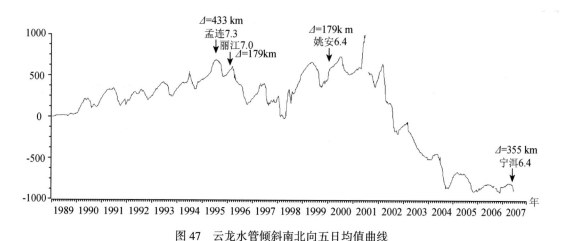

图47 云龙水管倾斜南北向五日均值曲线

Fig. 47 5-day mean value of water-tube tiltmeter of NS side at Yunlong station

2. 震后宏观异常调查

宁洱 M_S6.4 地震震前宏观异常主要表现为：①外围地区震前出现的宏观异常较少，且不突出；②宏观异常主要集中在Ⅷ度区；③极震区在震前 1 天出现的宏观异常较多，主要表现为鸡、鸭、狗、燕子、鱼等动物异常，以及部分流体异常，如水发浑、发黑；④宏观异常分布呈北西向，临近普洱西支断裂，可能与发震构造活动有关（图48）。

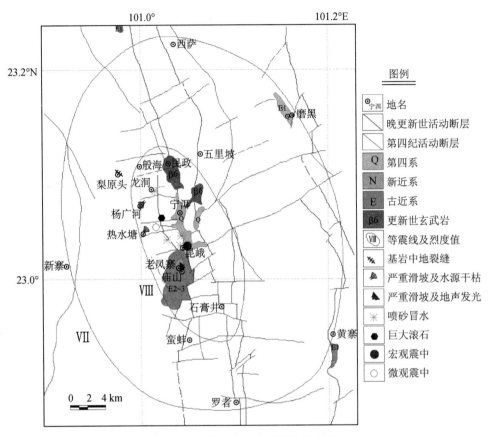

图 48　　地质灾害和宏观异常分布图

Fig. 48　Geological disaster and macro-anomalies distribution

七、前兆异常特征

综上所述，宁洱6.4级地震前观测到较丰富的前兆异常现象，异常主要特征如下：

1. 异常数量多

地震前共出现地震学、定点前兆及宏观异常三大类观测项目37项异常，且以水温短临异常最为显著，数量多、幅度大，临震异常表现为大幅度升温。水位以趋势性中期异常为主，共7项。水质异常多集中在外围的保山、腾冲等地。宁洱地震所处滇西南地区无形变观测台站，固无定点形变异常。此外，震前地震活动以中期的地震参数平面异常和活动图像为主，短临阶段地震活动异常以3级地震活动增强为最显著。

2. 异常持续时间短

地震活动异常以中期异常为主，定点前兆异常以短临异常为主，水温、水位异常较为显著。震中100km内的前兆以趋势异常为主，在震源区（宁洱县城）的水位、水氡观测未见明显的异常，短临的突变异常全部在 100km 外的台站。100km 外的部分台站也不同程度的出现过趋势异常，从异常幅度和短临异常出现的时间分析，与震中没有明显的线性关系，因此如果用前兆异常预测地点是困难的。

老挝 6.5 级地震前，云南出现了一组显著的水温准同步突变异常，之后有的异常再次出现重新升高的新异常过程，同时氡的观测出现了一些老挝地震前没有出现的新异常，由此可见前兆的短临突变对时间有较好的预测效果，中等地震丛集活动过程中，不断有新异常出现可作为下次地震进入短临阶段的标志。

震源区周围震前小震特别活跃，可能是小的单元体破裂后把能量集中到更大的单元体，继而发生了更大的地震。$M \geq 5$ 级地震后小震持续增强，特别是出现小震群活跃以及前兆新异常不断出现，可能是区域应力场增强的标志，在这种区域应力场的增强过程中，有利于 $M \geq 5$ 级地震的丛集活动。

3. 短临突变性异常突出

按时间发展的进程把异常分为临震异常（震前 1 月内）、短期异常（震前 1~6 个月）和中期异常（震前 0.5~5 年）。则此次宁洱 6.4 级地震前出现的 32 项前兆异常中（部包括宏观异常），临震异常 4 项，短期异常 9 项，中期异常 19 项。测震学异常中有 5 项为中期异常，对为《2007 年云南省地震趋势研究报告》中提到的异常。另外中期异常多为水位破年变，水氡持续高/低值异常及水温、水质突跳异常明显。另外震前 1 个月的临震异常，主要表现为水位、水氡、水质的大幅单点突跳。

4. 异常空间范围广

宁洱地震震中 100km 范围内有 13 个台站观测到了显著且异常信度较高的异常，其中有 2 个台站位于震中 100km 范围内，101~200km、201~300km 范围内异常台站数均为 5 个。由此可以看出，此次宁洱地震震中区前兆异常较少，绝大多数的短临突变异常全部在 100km 外的台站。

5. 宏观异常

宏观异常出现的时间距离宁洱地震发震时间分别为 2、1 个月，有两项宏观异常分布在红河地区，震前震中区并无宏观异常上报。编号 35~37 号宏观异常为震后上报。

八、震前预测、预防和震后响应

1. 预测情况

此次宁洱 6.4 级地震前，云南省地震局对该地区的地震危险性作了较好的中、短预测预报工作。

1）中长期预报

2003 年，我局组织完成了"云南省 2020 年前强震危险性预测及防震减灾对策"研究项目。该项研究认为，2020 年前，云南地区将经历下一个强震活跃期，强震活动的主体地区在金沙江—红河断裂及其以东的云南中东部地区，其间可能发生 2~3 次 7 级地震和 5~9 次 6 级地震。该项研究共划定了 8 个地震重点危险区，此次地震就发生在所预测的普洱—思茅

6级地震重点危险区内。

　　该危险区划定的主要依据是：历史强震活动性、6级地震平静时间等。滇西南思普地区是云南的一个6级强震活动带，该区在1965~1979年约15年的时间内，有一个6级地震丛集活跃过程，共发生了6次6级地震；此后平静了14年，于1993年发生了6.3级地震；1993~2003年又平静了近10年，据此认为2020年前思普地区发生6级地震的危险性很大。事实上，从1993年至此次地震发生，该区6级地震平静时间也是14年。

　　2006年11月云南省地震趋势会商会，根据云南地区2006年地震活动和前兆异常，判定云南省2007年度地震活动水平为6~7级，并把滇西南地区作为5~6级地震的重点危险区，随着震情的不断发展，2007年1月在和中国地震局的专家进一步讨论后，把滇西南思茅、宁洱到滇南的石屏建水一带确定为2007年全国6级地震监视区。

　　2）短期预报

　　2007年1月以来，云南地区中小地震活动出现了明显的增强，2007年2~3月，在滇西的洱源、漾濞、下关和云龙相继发生了4次4级地震，在时间和空间上高度丛集，滇西南地区3级地震月频度持续高值。2007年3月8日，中国地震局监测预报司在昆明主持召开"川滇震情跟踪工作会议"，对川滇地区的地震趋势进行分析研究，根据地震活动和前兆异常，形成2条判定意见：①川滇地区存在发生6~7级强震的危险背景，短期内有发生6级左右地震的危险。②重点关注川滇交界地区、滇南—滇西南及滇缅交界地区。

　　2007年4月以来云南省内部分水温、水位、水氡及水质等前兆异常出现大幅变化，显示了云南地区有发生6级左右地震的危险性。5月16~18日，云南省地震局派出技术人员前往曲靖、寻甸、易门等地进行了前兆异常落实，异常落实过程中发生了5月16日老挝6.5级地震。

　　2007年5月16日老挝6.6级地震后，根据历史上老挝地震和滇西南境内地震有较好的相关性以及前兆异常的进一步发展，5月24日云南省地震局组织召开云南近期震情研讨会，对老挝地震发生后，我省的震情形势进行了进一步的分析研究。认为老挝6.6级地震的发生，没有缓解我省面临的严峻震情形势，首先需要关注的是近期我省存在发生5~6级地震的危险。发震危险区主要为我省2007年度判定的地震重点危险区，特别要注意滇西南及边境地区、滇西及川滇交界地区。并在5月25日将该意见以《震情反映》（200706）及时上报云南省委省政府和中国地震局。2007年5月26~29日，继续派出学科组人员前往思茅、峨山等地落实前兆异常，并和普洱市地震局进行了震情会商，强调了滇西南地区的地震危险性。

　　2007年6月3日宁洱6.4级地震后，2007年6月11日云南省2007年下半年地震趋势会商会，仍然判定下半年滇西南有发生5~6级地震的危险。6月23日在距中缅边境8km的缅甸境内又发生了5.8、5.6级地震。

　　此次地震的预测成功，受到云南省委、省政府和中国地震局的表彰和奖励。

　　2. 震后响应

　　宁洱6.4地震发生后，云南省地震局立即启动地震应急预案，皇甫岗总指挥长率地震现场工作队一行44人，携带5台流动数字测震仪、4台强震仪和必要的应急通信及相关设备，第一时间赶到宁洱地震灾区，迅速开展了震情趋势判断、余震活动监测、灾害调查和经济损失评估等工作。中国地震局立即派出了由党组成员、副局长岳明生带队，21 名专家组成的国家地震现场应急工作队，赶赴宁洱地震灾区，协助当地政府开展抗震救灾工作，统一组织指挥地震系统在地震现场的各项工作。

3. 余震趋势判定

宁洱 6.4 级地震发生后，因适逢高考临近，云南省人民政府要求省地震局立即作出当前震情形势判定，提交省政府，6 月 3 日的紧急会商会上分析认为，震区今后几天应注意 5 级左右地震发生；6 月 3 日 11 时宁洱发生 1 次 5.1 级地震，6 月 4 日的紧急会商会，初步判定 6.4 地震序列类型为主震—余震型，今后几天注意 4~5 级余震的发生；上述震情判断意见迅速上报了云南省人民政府。地震现场工作人员也及时加强沟通，接受众多新闻媒体的采访，对高考顺利进行以及消除恐慌、安定社会起到了积极作用。

现场震情分析组在 2007 年 6 月 8 日向普洱市委、市政府汇报宁洱 6.4 级地震趋势，根据该地区的地震衰减特征，指出该地震序列的主要能量已在震后的前 3 天释放，今后一段时间主要注意 3~4 级地震活动，可以开始恢复重建工作。普洱市及宁洱县抗震救灾工作及时迅速、有序开展，宁洱市区的生产与生活秩序井然。准确、科学的地震发展趋势判断，为顺利开展抗震救灾工作，保证社会秩序稳定起到了保障作用。

九、总结与讨论

通过本震例研究，我们得出下述重要认识：

（1）2007 年 6 月 3 日宁洱 6.4 级地震是在云南地区（20°~30°N，97°~106°E）$M \geqslant 6$ 级地震平静 1308 天、滇西南地区 $M \geqslant 6$ 级地震平静 11.8 年的背景下发生的。强震前的长时间 6 级地震平静是有物理意义的预报指标。它可能标明在能量释放前，有一定时间段的积累过程，这一过程也有利于中小地震的丛集活动。

（2）震前云南尤其是滇西南地区 $M \geqslant 3$ 级地震活动增强，3、4 级地震活动不断向近场区和震源区迁移，是老挝 6.6、宁洱 6.4 和缅甸 5.8、5.6 级这组中强震孕育进入短临阶段地震活动异常的显著标志，这种时间上进入短临阶段的标志和在空间上的显示，为这种类型的地震预测提供了判据。

（3）震中 100km 内的台站主要以趋势异常为主，在震源区（宁洱县城）未见明显的异常。短临的突变异常全部在 100km 外的台站。100km 外的部分台站也出现了不同程度的趋势异常，从异常幅度和短临异常出现的时间分析，与震中没有明显的线性关系，因此如果用前兆异常预测地点是困难的。

（4）同时，由于宁洱 6.4 级地震与 5 月 16 日老挝 6.5 级地震仅间隔 17 天，老挝地震后，部分同志认为老挝地震解释了滇南、滇西南的部分前兆异常。但老挝地震后，有的异常再次出现重新升高的新异常过程，同时氡的观测出现了一些老挝地震前没有出现的新异常。由此可见前兆的短临突变对时间有较好的预测效果，中等地震丛集活动过程中，不断有新异常出现可作为下次地震进入短临阶段的标志。

（5）同区域的余震衰减具有很好地相似性，根据宁洱震区附近历史 $M \geqslant 6$ 级地震序列衰减余震衰减比较快、80% 的 $M \geqslant 4.0$ 级地震都发生在主震后前 3 天的特点，对序列判断取得了较好的成效。历史震例类比分析并结合参数计算是判断序列后续趋势的好方法。

（6）虽然在这组中等地震活动前，云南省地震预报中心也曾不同程度的作过一些分析预测，但从预测内容可知，目前的地震预报水平还是有限的，虽然我们已积累了一些经验，但距离解决地震预报问题、满足公众的要求，还有遥远的距离，我们还需要不断地积累经验，深入研究地震孕育、发生的机理。

参 考 文 献

邓起东、于贵华、叶文华，1992，地震地表破裂参数与震级关系的研究［G］，见：《活动断裂研究》编委会编，活动断裂研究理论与应用，2 期，北京：地震出版社，247～264

邓起东、张培震、冉勇康等，2002，中国活动构造基本特征［J］，中国科学（D 辑），32（12）：1020～1030

解丽、非明伦、卢永坤，2007，2007 年宁洱 6.4 级地震建（构）筑物震害特征［J］，地震研究，30（4）：373～378

阚荣举、韩源，1992，云南遮放至马龙地学断面（说明书）［M］，北京：地震出版社

刘翔、吴国华、陈慧等，2008，2007 年宁洱 6.4 级地震研究［J］，地震，28（4）：136～144

谢英情、李岩峰、张建国等，2007，2007 年宁洱 6.4 级地震发震构造分析［J］，地震研究，30（4）：350～358

杨晓平、陈立春、马文涛等，2008，2007 年 6 月 3 日宁洱 6.4 级地震地表变形的构造分析和解释［J］，地震学报，30（2）：165～175

云南省地质矿产局，1990，云南省区域地质志［M］，北京：地质出版社

邓起东、冉勇康、杨晓平、闵伟、楚全芝，2007，中国活动构造图（1400 万）［M］，北京：地震出版社

付虹、王绍晋、龙晓帆等，2009，宁洱地震序列的震源机制解分析［J］，地震研究，32（3）：353～357

付虹、王世芹、秦嘉政等，2007，2007 年 5～6 月滇西南地区 $M \geqslant 5$ 级成组地震活动中、短临异常特征及预测［J］，地震研究，30（4）：303～310

徐锡伟、闻学泽、郑荣章等，2003，川滇地区活动块体最新构造变动样式及其动力来源［J］，中国科学（D 辑），33（B04）：151～162

参 考 资 料

1）云南省地震局，云南地震目录（区域台网），2011

2）中国地震局，全国地震目录（正式），2011

3）云南省地震局，2007 年 6 月 4 日宁洱 6.4 级地震灾害直接损失评估报告，2007

4）云南省地震局，《2007 年云南宁洱 6.4 级地预报与现场应急》成果申报材料

5）中国地震局，震例总结规范，2007

The M_S 6.4 Ninger Earthquake on June 3, 2007 in Yunnan Province

Abstract

On June 3, 2007, an earthquake of M_S 6.4 occurred in Ninger district, Yunnan province. The macroscopic epicenter was located in Taida-Ninger-Tongxin country in Ninger town. Intensity in the meizoseismal area of Ninger M_S6.4 was Ⅷ. The shape of isoseismic line was elliptic with major axis in NNW direction. 3 people were killed, 28 were seriously injured, and the total economic loss reached 1.89860 billion Yuan RMB.

The M_S6.4 Ninger earthquake sequence was of mainshock aftershock type. The largest aftershock was M_L5.1. The major axis of sequence area is in the NNW direction, consistent with the meizoseismal area strike. The sode plane Ⅱ of its focal mechanism solution is the main rupture plane with NNE direction principal compressive axis. Its seismogenic geological structure was the Puer fault in NNW direction.

There were 44 seismic stations around this earthquake, among them, there were 19 seicmometric stations and 43 precursory observation stations. There were 7 items of seismometric anomalies, 6 items with 25 precursory observation anomalies and 5 macroscopic items in 37 items of mid-tem and imminent anomalies. There were 19 mid-tem anomalies items, 9 short-term anomalies and 4 imminent anomalies (macroscopic items were not include). Characters of precursory anomalies follow as: mid-tem anomalies were mostly seismometric anomalies and water-level annual break; short and imminent anomalies were mostly single point jump with big amplitude in water-level, radon content ingroudwater; There were no spatial characterisitic before the earthquakes happened. Anomalies in epicental area were not prominent.

The Earthquake Administration of Yunnan Province made appropriate medium、short and imminent-term predictions of this earthquake. Especially in the imminent-term, the happened of Laowo M_S6.6 and some chemistry matter in ground water showed bigger amplitude anomalies, made us make an appropriate imminent-term predictions of Ninger M_S6.4. This opinion was represent as 《Earthquake condition reflection》 (200706) and reported to the Yunnan province government and China Earthquake Administration.

报 告 附 件

附表 1　测震以外固定前兆观测项目与异常统计表

序号	台站（点）名称	λN	φE	观测项目	资料类别	震中距 Δ/km	0<Δ≤100km					100<Δ≤200km					200<Δ≤300km				
							L	M	S	I	U	L	M	S	I	U	L	M	S	I	U
1	宁洱（原名普洱）	101.03	23.07	水氡	I	8	—	—	—	—	—										
				水位	I	8	—	—	—	—	—										
2	思茅	101.95	22.77	水位	II	30	—	√	—	—	—										
				水温	II	30	—	√	—	—	—										
3	思茅大寨（滇17）	101.00	22.77	水位	I	31	—	—	—	—	—										
				流量	II		—	√	—	—	—										
				水氡	II		—	√	—	—	—										
				水汞	II		—	—	—	—	—										
				水质	II		—	—	—	—	—										
				Ca^{2+}	II		—	—	—	—	—										
				Mg^{2+}	II		—	—	—	—	—										
				HCO_3^-	II		—	—	—	—	—										
				F^-	II		—	—	—	√	—										
				电磁波	II		—	—	—	—	—										
4	景合	100.58	23.47	地温	I	31	—	√	—	—	—										
				水位	II		—	—	—	—	—										
				水氡	II		—	—	—	—	—										
				pH值	II		—	—	—	—	—										

续表

序号	台站（点）名称	λ_N	φ_E	观测项目	资料类别	震中距 Δ/km	0<Δ≤100km L	M	S	I	U	100<Δ≤200km L	M	S	I	U	200<Δ≤300km L	M	S	I	U
5	江城	101.85	22.60	水位	I	31	—	—	—	—	—										
				水温	I		—	—	—	—	—										
				水位	II		—	—	—	—											
				水温	II		—	—	—	—											
7	元江	102.00	23.62	水氡	I	120						—	—	—	—	—					
				水温	II							—	—	—	—	—					
8	景洪	100.73	21.85	水位	II	120						—	—	—	—	—					
				水温	II							—	—	—	—	—					
9	澜沧	99.92	22.65	水氡	I	120						—	—	—	—	—					
				水位	II							—	—	—	—	—					
				水温	II							—	—	—	—	—					
10	临沧	100.07	23.89	水氡	II	125						—	—	—	—	—					
				水位	II							—	—	—	—	—					
				高精度水温	II							—	—	—	—	—					
				F⁻	II							—	—	—	—	—					
11	双江	99.82	23.50	水位	I	130						—	—	—	—	—					
				流量	II							—	—	—	—	—					
12	勐海	100.35	21.97	水位	II	136						—	—	—	—	—					
				水温	II							—	—	—	—	—					
13	绿春	102.42	23.00	地温	II	145						—	—	—	—	—					

续表

序号	台站（点）名称	λ_N (°)	φ_E (°)	观测项目	资料类别	震中距 Δ/km	0<Δ≤100km L	M	S	I	U	100<Δ≤200km L	M	S	I	U	200<Δ≤300km L	M	S	I	U
14	红河	103.13	23.37	水位	II	150						—	—	—	—	—					
15	景东	100.82	24.45	水位	I	157						—	—	—	—	—					
				水氡	II							—	—	—	—	—					
				气压	II							—	—	—	—	—					
				地温	II							—	—	—	—	—					
16	孟连	99.55	22.33	水位	II	166						—	—	—	—	—					
				水氡	II							—	—	—	—	—					
				水温	II							—	—	—	—	—					
				流量	II							—	—	—	—	—					
				短基线	I							—	—	—	—	—					
17	石屏	102.47	23.67	短水准	I	168						—	—	—	—	—					
				地倾斜	II							—	—	—	—	—					
				金属水平摆	II							—	—	—	—	—					
				陶瓷日幅值	II							—	—	—	—	—					
				陶瓷日均值	II							—	—	—	—	—					
18	西盟	99.58	22.65	水位	II	178						—	—	—	—	—					
				水温	II							—	—	—	—	—					
19	云县	100.13	24.40	石英倾斜仪	I	180						—	—	—	—	—					
20	峨山	102.383	24.183	水温	I	186						—	—	—	—	—					

续表

序号	台站（点）名称	经纬度（°） λ_N	经纬度（°） φ_E	观测项目	资料类别	震中距 Δ/km	按震中距Δ进行异常同基 0<Δ≤100km L	M	S	I	U	100<Δ≤200km L	M	S	I	U	200<Δ≤300km L	M	S	I	U
21	勐腊	101.55	21.50	水位	Ⅱ	186						—	—	—	—	—					
				水温	Ⅱ							—	—	—	—	—					
22	沧源	99.22	23.22	水位	Ⅰ	192						—	—	—	—	—					
				水温	Ⅱ							—	—	—	—	—					
				流量	Ⅱ							—	—	—	—	—					
23	建水	102.77	23.65	水位	Ⅱ	207											—	—	—	—	—
				地温	Ⅱ												—	—	—	—	—
				电感地应力	Ⅱ												—	—	—	—	—
24	玉溪	102.55	24.37	水位	Ⅰ	207											—	—	—	—	—
				水温	Ⅱ												—	—	—	—	—
				水氡	Ⅱ												—	—	—	—	—
25	通海	102.50	24.13	短水准	Ⅱ	207											—	—	—	—	—
				短基线	Ⅱ												—	—	—	—	—
				电阻率	Ⅰ												—	—	—	—	—
				自然电位	Ⅱ												—	—	—	—	—
26	易门	102.17	24.67	水位	Ⅱ	215											—	—	—	—	—
				水温	Ⅱ												—	—	—	—	—
				水氡	Ⅱ												—	—	—	—	—
27	江川	102.75	24.3	水位	Ⅰ	216											—	—	—	—	—
				水温	Ⅱ												—	—	—	—	—

续表

序号	台站（点）名称	经纬度（°） λN	经纬度（°） φE	观测项目	资料类别	震中距 Δ/km	0<Δ≤100km L	M	S	I	U	100<Δ≤200km L	M	S	I	U	200<Δ≤300km L	M	S	I	U
28	个旧	103.15	23.37	石英倾斜仪	II	221															
				水位	I																
				地倾斜	II																
				短基线	I																
				短水准	I																
29	楚雄	101.53	25.03	地磁	I	240															
				视电阻率	I																
				自然电位	I																
				水位	I																
30	华宁	102.95	24.20	水温	II	241															
31	南华	101.3	25.25	水位	II	248															
32	开远	103.25	23.75	水温	II	254															
33	弥渡	100.50	25.35	水位	II	256															
				水温	II																
				地倾斜	II																
				水温	I																
				水汞	II																
				水氢	II																
				CO_2	II																

续表

序号	台站（点）名称	经纬度（°） λ_N	经纬度（°） φ_E	观测项目	资料类别	震中距 Δ/km	0<Δ≤100km L	M	S	I	U	100<Δ≤200km L	M	S	I	U	200<Δ≤300km L	M	S	I	U
34	施甸	99.17	24.74	水氡	II	262															
				pH 值	II																
				HCO_3^-	II																
				F^-	II																
				Ca^{2+}	II																
				Mg^{2+}	II																
				水位	II																
35	昌宁	99.60	24.82	水氡	II	262															
				电导率	II																
				流量	II																
				pH 值	II																
				氟离子	II																
				氯离子	II																
36	澄江	102.92	24.68	水平摆	II	278															
	南洞	100.52	25.05	水氡	II	280															
37	昆明	102.73	25.13	重力	II	285															
				石英倾斜仪	II																
38	龙陵	98.67	24.65	水氡	II	291															
				水汞	II																
				水温	II																

续表

序号	台站（点）名称	λ_N	φ_E	观测项目	资料类别	震中距 Δ/km	按震中距 Δ 进行异常常同基 0<Δ≤100km L	M	S	I	U	100<Δ≤200km L	M	S	I	U	200<Δ≤300km L	M	S	I	U
				HCO_3^-	Ⅱ																
				氟离子	Ⅱ																
				流量	Ⅱ																
39	法帕	98.60	24.40	水温	Ⅱ	295															
				水位	Ⅱ																
40	弥勒	103.43	24.40	水位	Ⅱ	295															
				水氡	Ⅱ																
				水汞	Ⅰ																
				地倾斜（水管）	Ⅱ																
				地倾斜（洞体应变）	Ⅰ																
				气氡	Ⅱ																
				水氡	Ⅱ																
				水汞	Ⅱ																
41	保山	99.16	25.11	气汞	Ⅱ	296															
				pH值	Ⅱ																
				HSO_4^-	Ⅱ																
				HCO_3^-	Ⅱ																
				F^-	Ⅱ																
				Ca^{2+}	Ⅱ																
				Mg^{2+}	Ⅱ																

续表

序号	台站(点)名称	λN (°)	φE (°)	观测项目	资料类别	震中距 Δ/km	0<Δ≤100km L	M	S	I	U	100<Δ≤200km L	M	S	I	U	200<Δ≤300km L	M	S	I	U	异常同基
42	保山	99.16	25.11	水温	Ⅱ																	
43	大姚	101.32	25.73	水位 流量 高精度水温 水位	Ⅱ	300																
44	宜良	103.12	24.93	水氡 金属水平摆	Ⅱ	300																

测震学以外前兆异常百分比统计

台项

项目	0<Δ≤100km L	M	S	I	U	100<Δ≤200km L	M	S	I	U	200<Δ≤300km L	M	S	I	U	异常同基
异常台站数	0	4	1	0	0	0	1	4	4	0	2	5	0	1	0	7
台站总数	26	26	26	26	26	43	43	43	43	43	78	78	78	78	78	17
异常百分比/%	0	0.15	0.04	0.00	0.00	0.00	0.02	0.09	0.00	0.00	0.03	0.06	0.00	0.01	0.00	47

台站(点)

项目	0<Δ≤100km L	M	S	I	U	100<Δ≤200km L	M	S	I	U	200<Δ≤300km L	M	S	I	U	异常同基
异常台站数	0	2	1	1	0	0	1	1	4	4	2	4	0	0	0	3
台站总数	5	5	5	5	5	17	17	17	17	17	21	21	21	21	21	6
异常百分比/%	0.00	0.40	0.20	0.20	0.00	0.00	0.06	0.00	0.24	0.00	0.10	0.19	0.00	0.05	0.00	25

测震台总数	19
观测台站总数	44
观测项目总数	145

备 注